この一冊があなたのビジネス力を育てる!

文書を作るって難しい!
どうしてあの人あんなに早く作れるの?
Wordで効率よく文書を作る方法を誰か教えて!
FOM出版のテキストはそんなあなたのビジネス力を育てます。
しっかり学んでステップアップしましょう。

Word習得の第一歩 基本操作をマスターしよう

第1章 Wordの基礎知識

Wordってお知らせやチラシなどの様々な
文書が作成できるアプリだよね。
画面にたくさんボタンがあって
使い方がよくわからないなあ…。

Wordの画面構成は、基本的に
Office共通。ひとつ覚えたらほかの
アプリにも応用できる!

表示倍率を調整して、
文書全体や横向きの
文書もしっかり確認!

文字を入力するとき、レイアウトを確認
しながら編集するとき、作業に合わせて
表示モードを切り替える!

Wordも画面構成や基本操作から
マスターした方がよさそうだね。

Wordの基礎知識については 10ページ を

どんな文書も入力が必須 文字の入力からはじめよう

ひらがな、カタカナ、英字、数字、それから漢字…。
文字の種類ってたくさんあるけど、どうやって切り替えて入力するの？
漢字の読み方がわからなかったら入力できないの？
文字入力に関する便利な機能も知りたいな。

入力できる文字の種類は、入力モードですばやく切り替え！

ひらがなを入力後、スペースキーを押して、漢字に変換！
同音異義語は、意味を確認しながら選択できる！

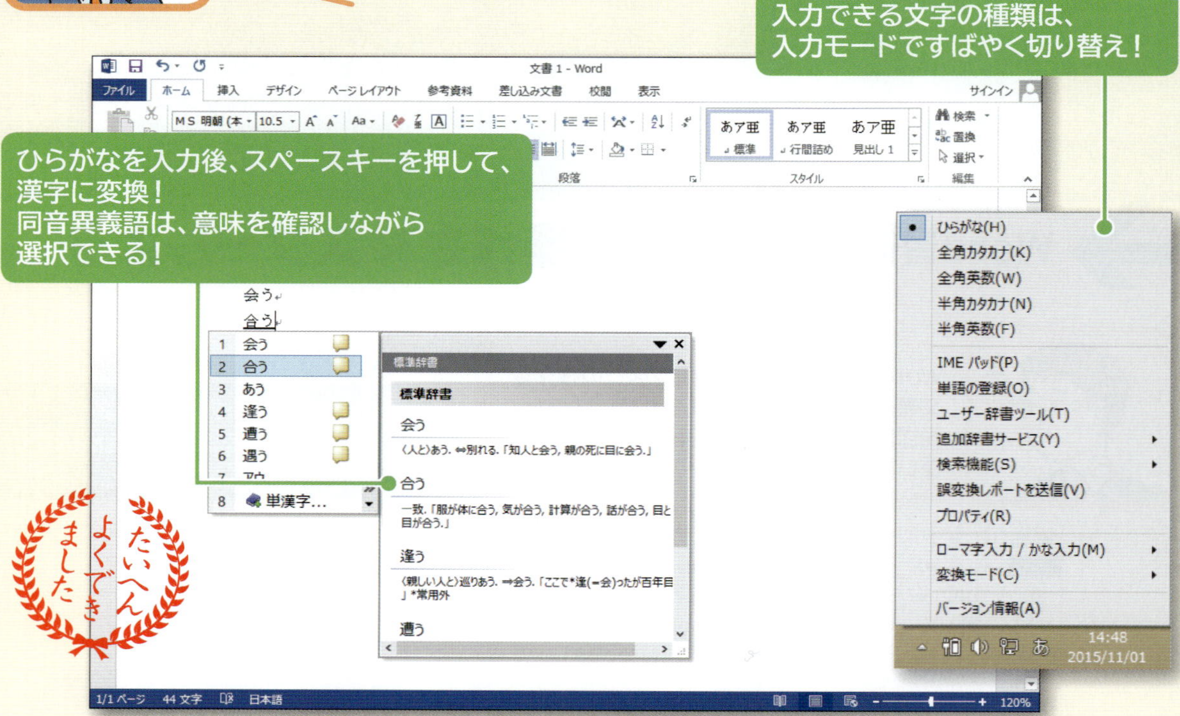

インターネットを使って、入力中の文字の意味を即検索！

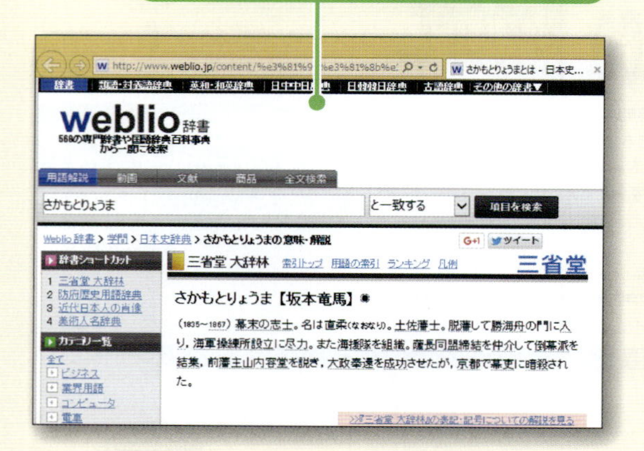

読めない漢字は、ドラッグ操作で形を描いて入力！

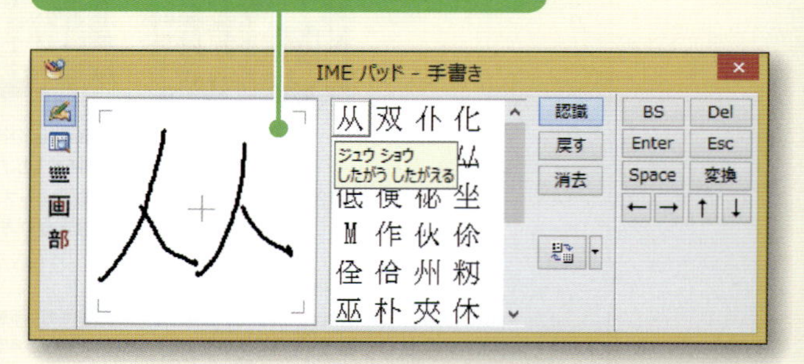

文字の入力は、Wordだけでなく
パソコン操作全般で利用するから、
しっかりマスターしておかなくちゃ！

文字の入力については 32ページ を check!

文書作成の基本テクニックを習得 **ビジネス文書を作って印刷しよう**

お客様宛の案内状。どんなあいさつの言葉を入れたらいいのかな？
ビジネス文書の形式として合っているのかな？
印刷したら見栄えが悪い。何度も印刷しなおして用紙を無駄にしてしまった…。

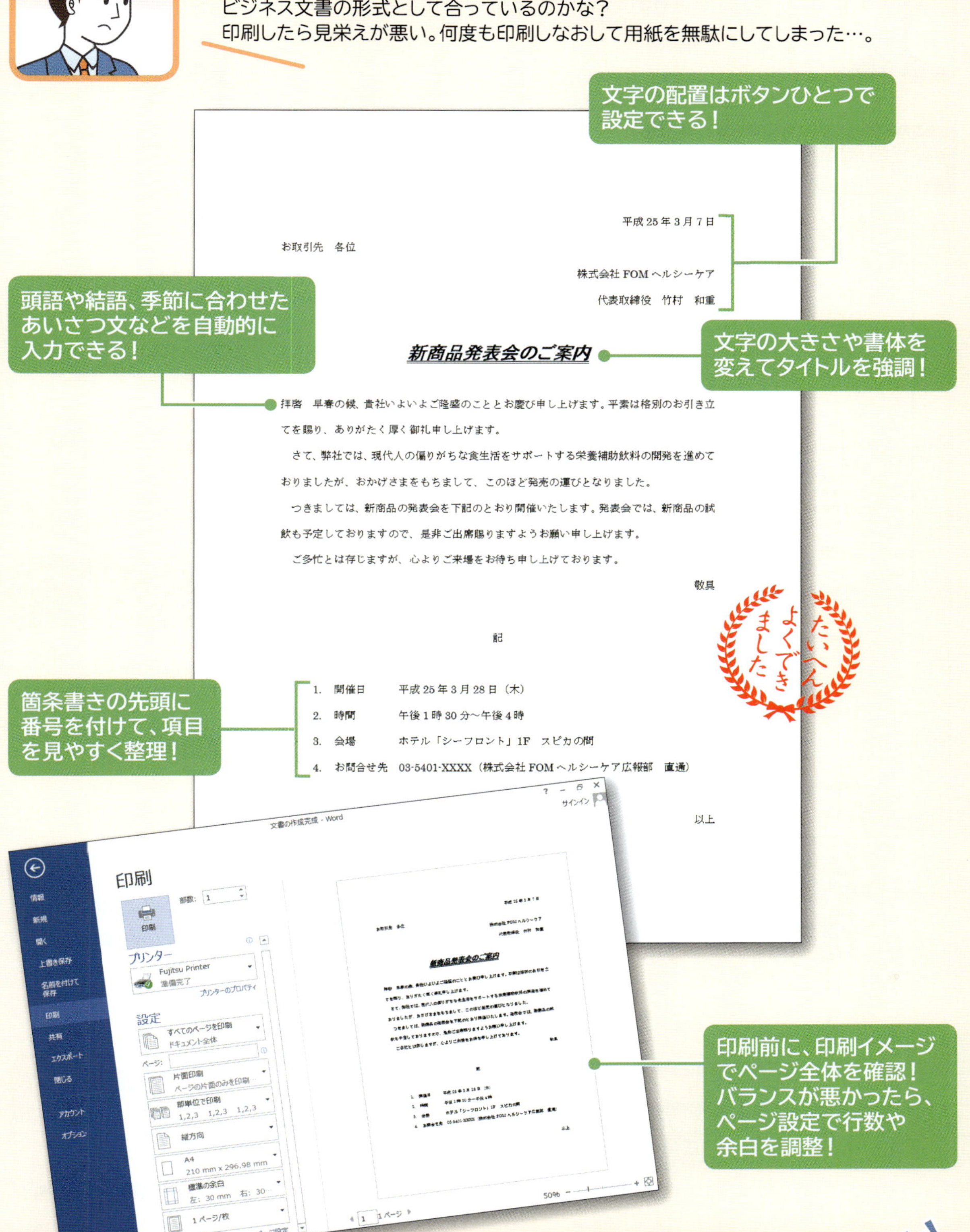

平成 25 年 3 月 7 日

お取引先　各位

株式会社 FOM ヘルシーケア
代表取締役　竹村　和重

新商品発表会のご案内

拝啓　早春の候、貴社いよいよご隆盛のこととお慶び申し上げます。平素は格別のお引き立てを賜り、ありがたく厚く御礼申し上げます。

さて、弊社では、現代人の偏りがちな食生活をサポートする栄養補助飲料の開発を進めておりましたが、おかげさまをもちまして、このほど発売の運びとなりました。

つきましては、新商品の発表会を下記のとおり開催いたします。発表会では、新商品の試飲も予定しておりますので、是非ご出席賜りますようお願い申し上げます。

ご多忙とは存じますが、心よりご来場をお待ち申し上げております。

敬具

記

1. 開催日　平成 25 年 3 月 28 日（木）
2. 時間　午後 1 時 30 分～午後 4 時
3. 会場　ホテル「シーフロント」1F　スピカの間
4. お問合せ先　03-5401-XXXX（株式会社 FOM ヘルシーケア広報部　直通）

以上

文字の配置はボタンひとつで設定できる！
頭語や結語、季節に合わせたあいさつ文などを自動的に入力できる！
文字の大きさや書体を変えてタイトルを強調！
たいへんよくできました
箇条書きの先頭に番号を付けて、項目を見やすく整理！
文書の作成完成 - Word
印刷
印刷前に、印刷イメージでページ全体を確認！バランスが悪かったら、ページ設定で行数や余白を調整！

文書の作成については 68ページ を check!

表作成の基本テクニック　表を使って項目を整理しよう

文字ばかり並んで内容がわかりにくいなあ。
もっと読みやすい文書にできないかな？

がんばりましょう

表にすると、項目が整理されて内容が読み取りやすい！

No.JK-077
平成 25 年 5 月 20 日

各位

人事部教育課長

フォローアップ研修のお知らせ

このたび、入社 3 年目の社員を対象とした、フォローアップ研修を下記のとおり実施します。この研修では、今まで担当した業務内容を振り返り、今後の業務をより円滑に遂行するためのスキルを習得していただきます。

つきましては、入社 3 年目の社員は全員対象となりますので、スケジュールを調整の上、いずれかの日程で参加してください。

記

1.　日時・場所

日にち	時間	場所
平成 25 年 6 月 18 日	11:00～18:00	東京本社　大会議室
平成 25 年 6 月 25 日	10:00～17:00	大阪支社　第 1 会議室
平成 25 年 7 月 2 日	11:00～18:00	大阪支社　大会議室

2.　研修内容　業務によってグループ分けを行い、グループディスカッションを行います。
現状の課題を話し合い、グループ内で討議した結果を発表します。

3.　申込方法　添付の申込書に必要事項を記入の上、担当者宛に FAX してください。

4.　回答期限　平成 25 年 6 月 6 日（木）

以上

担当：中原（内線：4377-XXXX）

人事部教育課　中原　行（FAX：4377-YYYY）

申込書

参加者	部　　署		社員番号	
	氏　　名			
	内線番号			
参加希望日	6/18（　　）　6/25（　　）　7/2（　　） ※参加可能日に○を付けてください。			

表の見栄えをよくするスタイルを瞬時に適用できる！

段落罫線を使って、区切り線を指定できる！

マス目をまとめたり、行や列の高さを変更したり、レイアウト変更も自由自在！

罫線の種類や塗りつぶしを設定して、項目をわかりやすく！

表が作成できるようになると、いろいろ活用できそう！

表の作成については 108ページ を check!

ワンランク上の編集テクニック いろいろな編集機能を使ってみよう

作成した文書をもっと見栄えよくできないかな？
Wordには、どんな編集機能があるんだろう？

がんばりましょう

～温泉クラブ通信～

温泉クラブの会員の皆様こんにちは！！
会員の皆様からの熱いご期待にお応えし、「温泉クラブ通信」を発行することになりました。毎月、温泉や健康、癒しに関するさまざまな情報をご紹介していきますので、楽しみにしてくださいね！！
今月は、発行を記念しての日帰り温泉旅行のご案内と、代表的な泉質と効能についてのお話です。

◆日帰り温泉旅行のご案内◆

温泉の楽しみを満喫し、日々のストレスを洗い流しましょう！
今回は、海の景色を堪能できる箕ヶ島温泉をご案内します。西伊豆の大海原を眼下に臨む露天風呂の眺望はまさしく圧巻です。また、ご昼食には体に優しい精進料理をご用意しています。是非、ご家族皆様でご参加ください。

- 日　　時　2013年9月20日（金）　8:00（集合）～19:30（解散予定）
- 集　　合　東京駅　中央バスターミナル右側
- 行 き 先　箕ヶ島温泉「やすらぎのお宿　大海」
- 定　　員　30名
- 参 加 費　大人　14,000円　／　小人　7,000円

㊟定員になり次第、締め切りとさせていただきますので、お早めにお申し込みください。

◆お申し込み先◆

すこやかライフ温泉クラブ……………………担当：御前　映奈
TEL：03-5236-XXXX
Mail：misaki@XX.XX

～1～

先頭の文字を大きくして開始位置を強調！

指定した文字数の幅に合わせて文字を均等に配置できる！

部分的に行間隔を調整できる！

○や△などの記号で文字を囲んで強調！

難しい読みの文字にルビを設定できる！

特定の位置に文字の開始位置をそろえられる！

文字に輪郭、光彩などの視覚効果を設定して、さらに強調！

◆泉質と効能◆

泉質名をいくつご存知ですか？
温泉にはさまざまな種類があり、その効能は泉質によって違いがありま
温泉を一層楽しんでいただくために、今回は泉質と効能についてご紹介

単純温泉
温泉温度が 25 度以上で、温泉水 1 キログラム中の含有成分が 1000 ミリグラム未満のお湯のことです。神経痛、関節痛、筋肉痛、打ち身、冷え症、疲労回復などに効果があるといわれています。湯あたりが少ないので、長期の湯治に適した温泉です。

塩化物泉
単純温泉に次いで多い温泉です。旧泉質名で食塩泉と呼ばれていたものです。塩分による保温効果が高く、湯冷めしにくい温泉です。そのため「熱の湯」と呼ばれることがあります。

含鉄泉
名前のとおり温泉水 1 キログラム中に鉄分を 20 ミリグラム以上含むお湯で、炭酸水素塩型（鉄泉）と硫酸塩型（緑ばん泉）に分類されます。空気に触れると、赤褐色や茶褐色になる特徴があります。婦人病や神経痛、貧血などに効果があるといわれています。

放射能泉
ラドンやトロンを含むお湯で、「ラジウム泉」とも呼ばれています。放射能というと驚きますが、湧き出した気体は空気中に散ってしまうので人体への影響は心配ありません。痛風、動脈硬化症、高血圧、神経痛などに効果があるといわれています。

炭酸水素塩泉
カルシウム－炭酸水素塩泉（重炭酸土類泉）、ナトリウム－炭酸水素塩泉（重曹泉）などに分類されます。皮膚への効果があることから「美人の湯」と呼ばれることがあります。飲用により胃腸病にも効果があるといわれています。

二酸化炭素泉
温泉水 1 キログラム中に遊離炭酸 1000 ミリグラム以上を含み固形成分 1 グラム以下のお湯のことです。炭酸ガスが身体を刺激し、毛細血管を広げて血行を良くすることから、高血圧症や心臓病などに効果があるといわれています。

硫酸塩泉
マグネシウム－硫酸塩泉（正苦味泉）、ナトリウム－硫酸塩泉（芒硝泉）、カルシウム－硫酸塩泉（石膏泉）などに分類されます。動脈硬化の予防、関節痛に効果があるといわれています。苦味がありますが、飲用により脳卒中の予防や後遺症に効果があるといわれています。

～ 2 ～

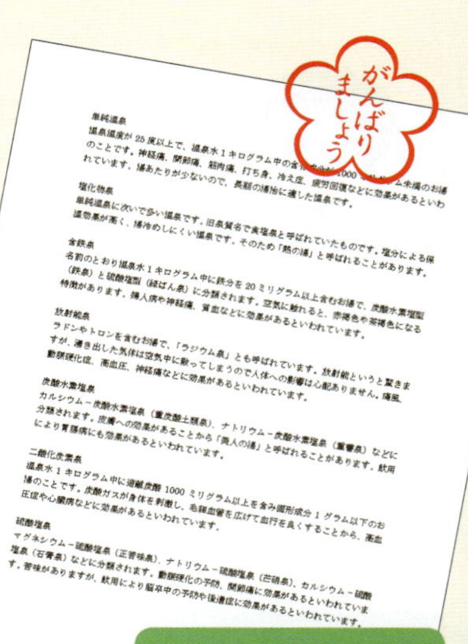

単純温泉
温泉温度が 25 度以上で、温泉水 1 キログラム中の含[illegible]1000 [illegible]ム未満のお湯のことです。神経痛、関節痛、筋肉痛、打ち身、冷え症、疲労回復などに効果があるといわれています。湯あたりが少ないので、長期の湯治に適した温泉です。
塩化物泉
単純温泉に次いで多い温泉です。旧泉質名で食塩泉と呼ばれていたものです。塩分による保温効果が高く、湯冷めしにくい温泉です。そのため「熱の湯」と呼ばれることがあります。
含鉄泉
名前のとおり温泉水 1 キログラム中に鉄分を 20 ミリグラム以上含むお湯で、炭酸水素塩型（鉄泉）と硫酸塩型（緑ばん泉）に分類されます。空気に触れると、赤褐色や茶褐色になる特徴があります。婦人病や神経痛、貧血などに効果があるといわれています。
放射能泉
ラドンやトロンを含むお湯で、「ラジウム泉」とも呼ばれています。放射能というと驚きますが、湧き出した気体は空気中に散ってしまうので人体への影響は心配ありません。痛風、動脈硬化症、高血圧、神経痛などに効果があるといわれています。
炭酸水素塩泉
カルシウム－炭酸水素塩泉（重炭酸土類泉）、ナトリウム－炭酸水素塩泉（重曹泉）などに分類されます。皮膚への効果があることから「美人の湯」と呼ばれることがあります。飲用により胃腸病にも効果があるといわれています。
二酸化炭素泉
温泉水 1 キログラム中に遊離炭酸 1000 ミリグラム以上を含み固形成分 1 グラム以下のお湯のことです。炭酸ガスが身体を刺激し、毛細血管を広げて血行を良くすることから、高血圧症や心臓病などに効果があるといわれています。
硫酸塩泉
マグネシウム－硫酸塩泉（正苦味泉）、ナトリウム－硫酸塩泉（芒硝泉）、カルシウム－硫酸塩泉（石膏泉）などに分類されます。動脈硬化の予防、関節痛に効果があるといわれています。苦味がありますが、飲用により脳卒中の予防や後遺症に効果があるといわれています。

書式をコピーして、複数箇所に効率よく設定！

複数の段に分けて見やすく配置！

全ページにページ番号を入れて、わかりやすく！

文書の編集については 144ページ を check!

魅力的な文書に大変身　グラフィック機能を使って視覚に訴える文書を作ろう

文字ばかりだとインパクトがないなあ。
お客様向けのチラシだから、
もっと目立たせたい…。

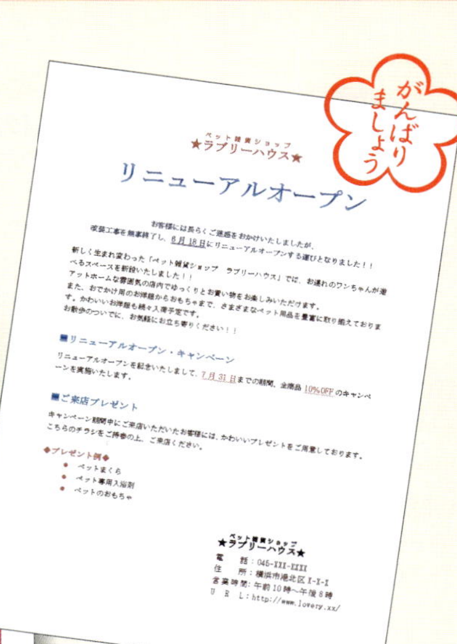

魅力的なタイトルが作成できる！

図形を使ってメリハリを付ける！

ペット雑貨ショップ
★ラブリーハウス★

リニューアルオープン

お客様には長らくご迷惑をおかけいたしましたが、
改装工事を無事終了し、6月18日にリニューアルオープンする運びとなりました！！

新しく生まれ変わった「ペット雑貨ショップ　ラブリーハウス」では、お連れのワンちゃんが遊べるスペースを新設いたしました！！
アットホームな雰囲気の店内でゆっくりとお買い物をお楽しみいただけます。
また、おでかけ用のお洋服からおもちゃまで、さまざまなペット用品を豊富に取り揃えております。かわいいお洋服も続々入荷予定です。
お散歩のついでに、お気軽にお立ち寄りください！！

■リニューアルオープン・キャンペーン

リニューアルオープンを記念いたしまして、7月31日までの期間、全商品 10%OFF のキャンペーンを実施いたします。

■ご来店プレゼント

キャンペーン期間中にご来店いただいたお客様には、かわいいプレゼントをご用意しております。
こちらのチラシをご持参の上、ご来店ください。

◆プレゼント例◆
- ペットまくら
- ペット専用入浴剤
- ペットのおもちゃ

ペット雑貨ショップ
★ラブリーハウス★
電　　話：045-XXX-XXXX
住　　所：横浜市港北区 X-X-X
営業時間：午前10時～午後8時
U　R　L：http://www.lovery.xx/

ページの周囲に飾りの罫線を引いて強調！

自分で撮影した写真も挿入できる！
挿入した写真に洗練されたスタイルを適用！

文書全体の配色やフォントなどを一括設定！

簡単な操作でチラシが
見違えるように変身したよ！

表現力をアップする機能については 174ページ を check!

第7章 便利な機能

頼もしい機能が充実 Wordの便利な機能を使いこなそう

だいぶWordの基本的な使い方がわかってきたよ。
ほかに知っておくと便利な機能ってないのかな？

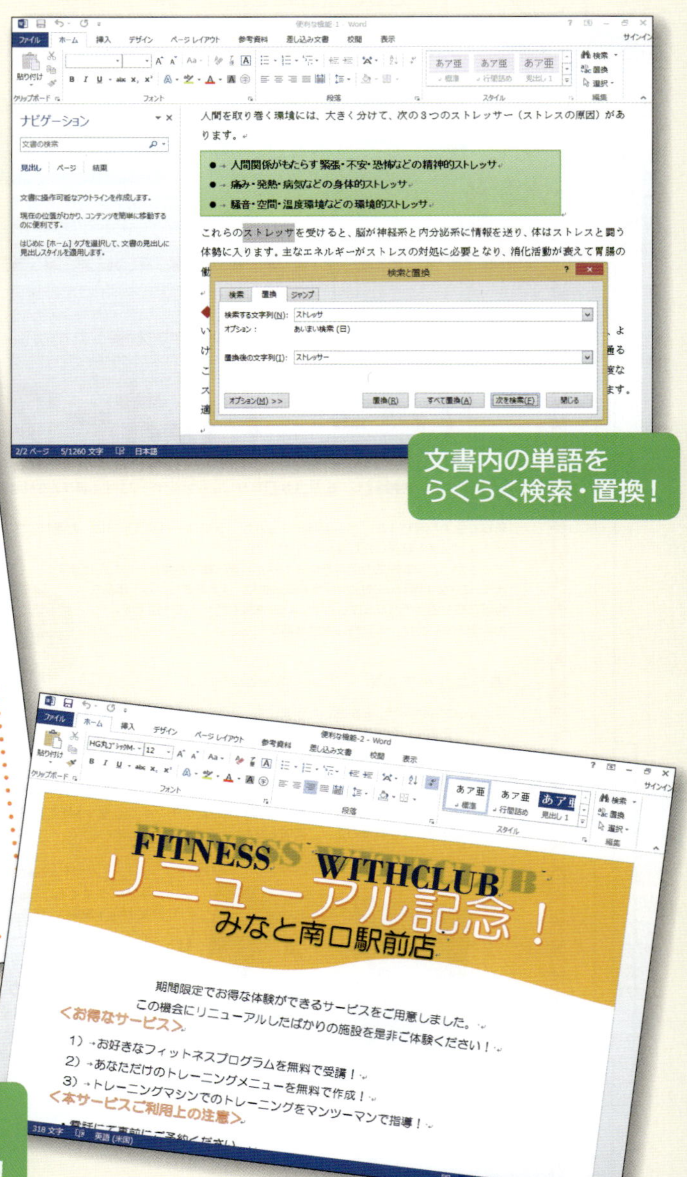

文書をPDFファイルとして保存すれば、
閲覧用やチラシとして配布するなど、
活用方法もいろいろ！

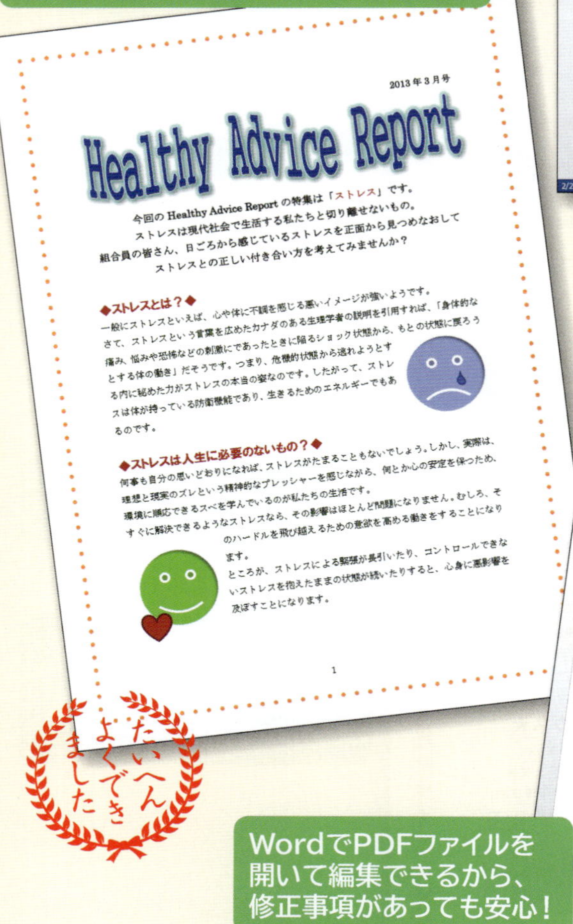

文書内の単語を
らくらく検索・置換！

WordでPDFファイルを
開いて編集できるから、
修正事項があっても安心！

検索・置換機能も文書の修正に活躍しそうだね！
WordでPDFファイルが作れたり、PDFファイルを
編集したりできるなんて便利だな！

便利な機能については 202ページ を check!

はじめに

Microsoft® Word 2013は、やさしい操作性と優れた機能を兼ね備えたワープロソフトです。
本書は、初めてWordをお使いになる方を対象に、文字の入力、文書の作成や編集、印刷、表の作成、図形の作成など基本的な機能と操作方法をわかりやすく解説しています。
また、巻末には、Wordをご活用いただく際に便利な付録**「ショートカットキー一覧」「ビジネス文書の基礎知識」「Officeの基礎知識」**を収録しています。
本書は、経験豊富なインストラクターが、日頃のノウハウをもとに作成しており、講習会や授業の教材としてご利用いただくほか、自己学習の教材としても最適なテキストとなっております。
本書を通して、Wordの知識を深め、実務にいかしていただければ幸いです。

2015年11月22日
FOM出版

Contents

目次

Contents

■第4章　表の作成 108

Contents

Contents

Introduction 本書をご利用いただく前に

本書で学習を進める前に、ご一読ください。

1 本書の構成について

本書は、次のような構成になっています。

第1章　Wordの基礎知識

Wordの概要、起動と終了、画面構成、文書の操作など、Wordを操作する上で知っておきたい基礎知識を解説します。

第2章　文字の入力

日本語入力システム「IME」の設定、文字の入力や変換、読めない漢字の入力など、文字の入力に関する操作を解説します。

第3章　文書の作成

ページレイアウトの設定、範囲選択、文字の削除や挿入、コピーや移動、文字の配置、文字の装飾、印刷などを解説します。

第4章　表の作成

表の作成、行・列の挿入や削除、セルの結合や分割、網かけなど、表と罫線に関する機能を解説します。

第5章　文書の編集

均等割り付け、ルビ、タブとリーダーなど文字の書式設定や、改ページ、段組みなど文書の構成に関する応用的な編集機能を解説します。

第6章　表現力をアップする機能

ワードアートや画像の挿入、図形の作成、ページ罫線の設定など、グラフィック機能を解説します。

第7章　便利な機能

文書の検索や置換、PDFファイルとして保存したり編集したりする方法など、役に立つ便利な機能を解説します。

総合問題

Wordの実践力と応用力を養う総合問題を記載しています。

付録1　ショートカットキー一覧

知っていると便利なWordのショートカットキーを記載しています。

付録2　ビジネス文書の基礎知識

ビジネス文書の種類や形式・書き方のポイントを解説します。

付録3　Officeの基礎知識

コマンドの実行、タッチ操作、ヘルプの利用、ファイルの互換性など、Office 2013を操作する上で必要な基礎知識を解説します。

2 本書の記述について

操作の説明のために使用している記号には、次のような意味があります。

記述	意味	例
[ ]	キーボード上のキーを示します。	[Ctrl] [F4]
[ ]+[ ]	複数のキーを押す操作を示します。	[Ctrl]+[C] ([Ctrl]を押しながら[C]を押す)
《 》	ダイアログボックス名やタブ名、項目名など画面の表示を示します。	《ページ設定》ダイアログボックスが表示されます。 《挿入》タブを選択します。
「 」	重要な語句や機能名、画面の表示、入力する文字などを示します。	「文書を開く」といいます。 「拝啓」と入力します。

知っておくべき重要な内容

知っていると便利な内容

学習の前に開くファイル

※ 補足的な内容や注意すべき内容

Windows 8.1での操作方法

Windows 10での操作方法

学習した内容の確認問題

確認問題の答え

問題を解くためのヒント

3 製品名の記載について

本書では、次の名称を使用しています。

正式名称	本書で使用している名称
Windows 10	Windows 10 または Windows
Windows 8.1	Windows 8.1 または Windows
Microsoft Windows 7	Windows 7 または Windows
Microsoft Office 2013	Office 2013 または Office
Microsoft Word 2013	Word 2013 または Word
Microsoft IME	IME

4 効果的な学習の進め方について

本書の各章は、次のような流れで学習を進めると、効果的な構成になっています。

1 学習目標を確認

学習を始める前に、「この章で学ぶこと」で学習目標を確認しましょう。
学習目標を明確にすることによって、習得すべきポイントが整理できます。

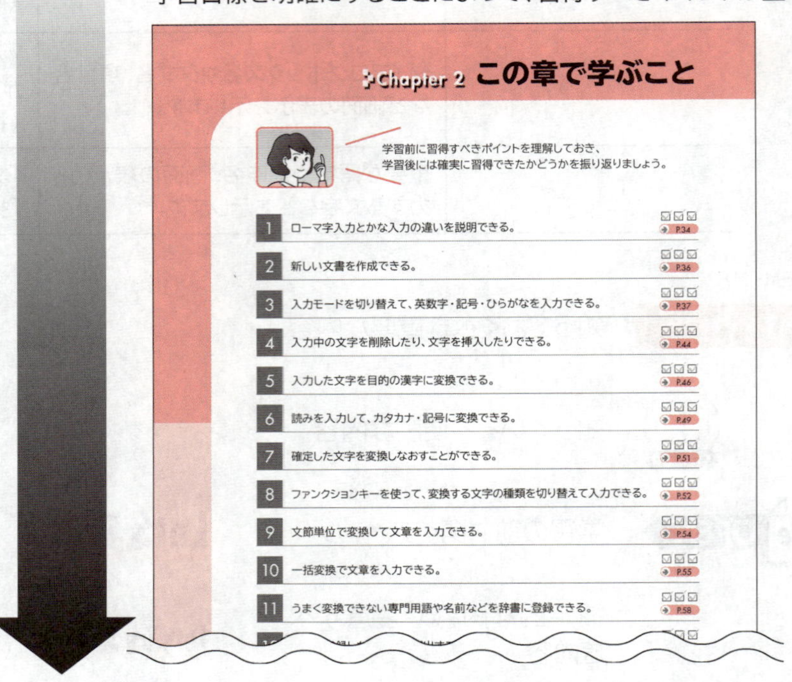

Chapter 2 この章で学ぶこと

学習前に習得すべきポイントを理解しておき、
学習後には確実に習得できたかどうかを振り返りましょう。

1 ローマ字入力とかな入力の違いを説明できる。 P.34
2 新しい文書を作成できる。 P.36
3 入力モードを切り替えて、英数字・記号・ひらがなを入力できる。 P.37
4 入力中の文字を削除したり、文字を挿入したりできる。 P.44
5 入力した文字を目的の漢字に変換できる。 P.46
6 読みを入力して、カタカナ・記号に変換できる。 P.49
7 確定した文字を変換しなおすことができる。 P.51
8 ファンクションキーを使って、変換する文字の種類を切り替えて入力できる。 P.52
9 文節単位で変換して文章を入力できる。 P.54
10 一括変換で文章を入力できる。 P.55
11 うまく変換できない専門用語や名前などを辞書に登録できる。 P.58

2 章の学習

学習目標を意識しながら、Wordの機能や操作を学習しましょう。

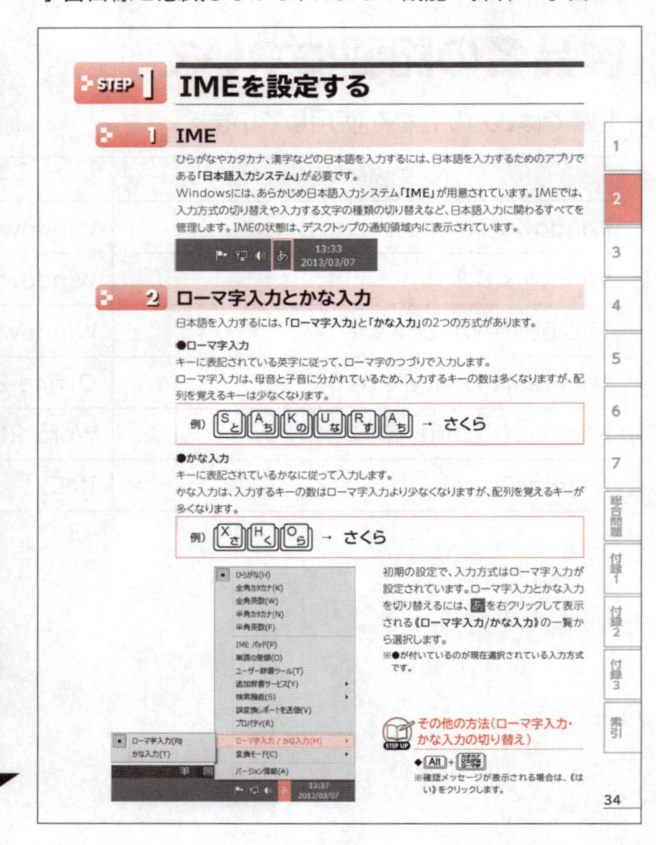

STEP 1 IMEを設定する

1 IME

ひらがなやカタカナ、漢字などの日本語を入力するには、日本語を入力するためのアプリである「日本語入力システム」が必要です。
Windowsには、あらかじめ日本語入力システム「IME」が用意されています。IMEでは、入力方式の切り替えや入力する文字の種類の切り替えなど、日本語入力に関わるすべてを管理します。IMEの状態は、デスクトップの通知領域内に表示されています。

2 ローマ字入力とかな入力

日本語を入力するには、「ローマ字入力」と「かな入力」の2つの方式があります。

●ローマ字入力
キーに表記されている英字に従って、ローマ字のつづりで入力します。
ローマ字入力は、母音と子音に分かれているため、入力するキーの数は多くなりますが、配列を覚えるキーは少なくなります。

例） S A K U R A → さくら

●かな入力
キーに表記されているかなに従って入力します。
かな入力は、入力するキーの数はローマ字入力より少なくなりますが、配列を覚えるキーが多くなります。

例） X H O → さくら

初期の設定で、入力方式はローマ字入力が設定されています。ローマ字入力とかな入力を切り替えるには、あを右クリックして表示される《ローマ字入力/かな入力》の一覧から選択します。
※●が付いているのが現在選択されている入力方式です。

STEP UP その他の方法（ローマ字入力・かな入力の切り替え）
◆ Alt + カタカナ ひらがな ローマ字
※確認メッセージが表示される場合は、《はい》をクリックします。

1 2 3 4 5 6 7 総合問題 付録1 付録2 付録3 索引

34

3 練習問題にチャレンジ

章の学習が終わったあと、「練習問題」にチャレンジしましょう。
章の内容がどれくらい理解できているかを把握できます。

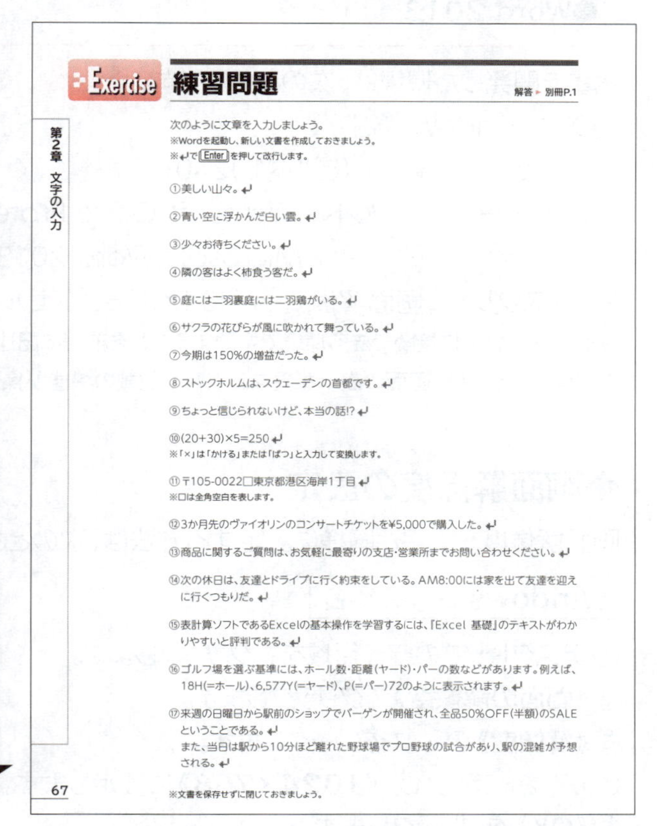

Exercise 練習問題

解答 ▸ 別冊P.1

第2章　文字の入力

次のように文章を入力しましょう。
※Wordを起動し、新しい文書を作成しておきましょう。
※↵で Enter を押して改行します。

①美しい山々。↵

②青い空に浮かんだ白い雲。↵

③少々お待ちください。↵

④隣の客はよく柿食う客だ。↵

⑤庭には二羽裏庭には二羽鶏がいる。↵

⑥サクラの花びらが風に吹かれて舞っている。↵

⑦今期は150%の増益だった。↵

⑧ストックホルムは、スウェーデンの首都です。↵

⑨ちょっと信じられないけど、本当の話!? ↵

⑩(20+30)×5=250 ↵
※「×」は「かける」または「ばつ」と入力して変換します。

⑪〒105-0022□東京都港区海岸1丁目 ↵
※□は全角空白を表します。

⑫3か月先のヴァイオリンのコンサートチケットを¥5,000で購入した。↵

⑬商品に関するご質問は、お気軽に最寄りの支店・営業所までお問い合わせください。↵

⑭次の休日は、友達とドライブに行く約束をしている。AM8:00には家を出て友達を迎えに行くつもりだ。↵

⑮表計算ソフトであるExcelの基本操作を学習するには、『Excel 基礎』のテキストがわかりやすいと評判である。↵

⑯ゴルフ場を選ぶ基準には、ホール数・距離(ヤード)・パーの数などがあります。例えば、18H(=ホール)、6,577Y(=ヤード)、P(=パー)72のように表示されます。↵

⑰来週の日曜日から駅前のショップでバーゲンが開催され、全品50%OFF(半額)のSALEということである。↵
また、当日は駅から10分ほど離れた野球場でプロ野球の試合があり、駅の混雑が予想される。↵

67

※文書を保存せずに閉じておきましょう。

4 学習成果をチェック

章の始めの「この章で学ぶこと」に戻って、学習目標を達成できたかどうかをチェックしましょう。
十分に習得できなかった内容については、該当ページを参照して復習するとよいでしょう。

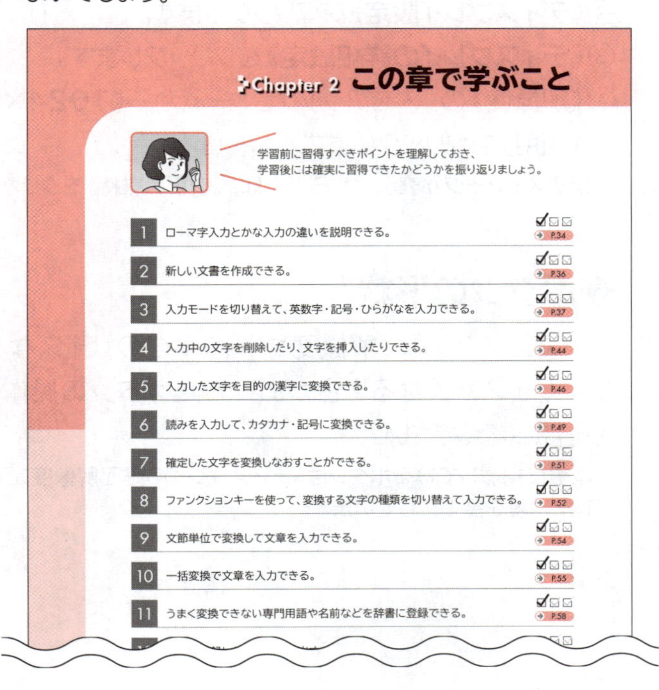

Chapter 2 この章で学ぶこと

学習前に習得すべきポイントを理解しておき、
学習後には確実に習得できたかどうかを振り返りましょう。

1 ローマ字入力とかな入力の違いを説明できる。 → P.34
2 新しい文書を作成できる。 → P.36
3 入力モードを切り替えて、英数字・記号・ひらがなを入力できる。 → P.37
4 入力中の文字を削除したり、文字を挿入したりできる。 → P.44
5 入力した文字を目的の漢字に変換できる。 → P.46
6 読みを入力して、カタカナ・記号に変換できる。 → P.49
7 確定した文字を変換しなおすことができる。 → P.51
8 ファンクションキーを使って、変換する文字の種類を切り替えて入力できる。 → P.52
9 文節単位で変換して文章を入力できる。 → P.54
10 一括変換で文章を入力できる。 → P.55
11 うまく変換できない専門用語や名前などを辞書に登録できる。 → P.58

5 学習環境について

本書を学習するには、次のソフトウェアが必要です。

●Word 2013

本書を開発した環境は、次のとおりです。

・OS：Windows 8.1
　　　Windows 10（ビルド10240）
・アプリケーションソフト：Microsoft Office Professional Plus
　　　　　　　　　　　　　Microsoft Word 2013（15.0.4753.1000）
・ディスプレイ：画面解像度　1024×768ピクセル

※インターネットに接続できる環境で学習することを前提に記述しています。

※環境によっては、画面の表示が異なる場合や記載の機能が操作できない場合があります。

◆画面解像度の設定

画面解像度を本書と同様に設定する方法は、次のとおりです。

Windows 8.1の場合

①デスクトップの空き領域を右クリックします。
②**《画面の解像度》**をクリックします。
③**《解像度》**の をクリックします。
④ をドラッグし、**《1024×768》**に設定します。
⑤**《OK》**をクリックします。
※確認メッセージが表示される場合は、《変更を維持する》をクリックします。

Windows 10の場合

①デスクトップの空き領域を右クリックします。
②**《ディスプレイ設定》**をクリックします。
③**《ディスプレイの詳細設定》**をクリックします。
④**《解像度》**の をクリックし、一覧から**《1024×768》**を選択します。
⑤**《適用》**をクリックします。
※確認メッセージが表示される場合は、《変更の維持》をクリックします。

◆ボタンの形状

ディスプレイの画面解像度やウィンドウのサイズなど、お使いの環境によって、ボタンの形状やサイズが異なる場合があります。ボタンの操作は、ポップヒントに表示されるボタン名を確認してください。

※本書に掲載しているボタンは、ディスプレイの画面解像度を「1024×768ピクセル」、ウィンドウを最大化した環境を基準にしています。

6 Windows 7対応について

本書は、Windows 8.1およびWindows 10の環境でWord 2013を学習する場合の操作手順を掲載しています。
Windows 7環境で学習する場合の操作手順の違いについては、当社のホームページに掲載しています。ダウンロードしてご利用ください。

http://www.fom.fujitsu.com/goods/downloads/

7 コマンド対応表（Word2003→Word2013）について

Word 2003のコマンドがWord 2013のコマンドにどのように対応しているかを記載したコマンド対応表をご用意しています。当社のホームページからダウンロードしてご利用ください。

http://www.fom.fujitsu.com/goods/downloads/

8 学習ファイルのダウンロードについて

本書で使用するファイルは、当社のホームページに掲載しています。ダウンロードしてご利用ください。

http://www.fom.fujitsu.com/goods/downloads/

◆ダウンロード

学習ファイルをダウンロードする方法は、次のとおりです。

①Windows 8.1 タスクバーの（Internet Explorer）をクリックします。
　Windows 10 タスクバーの（Microsoft Edge）をクリックします。
②アドレスを入力し、Enterを押します。
③ダウンロードのホームページが表示されます。
④**《アプリケーション》**の**《Word》**をクリックします。
⑤Wordデータダウンロードのホームページが表示されます。
⑥**《Word 2013基礎 Windows 10/8.1/7対応》**の**「fpt1519.zip」**をクリックします。
⑦Windows 8.1 **《保存》**をクリックすると、ダウンロードが開始されます。
　Windows 10 ダウンロードが自動的に開始されます。
⑧ダウンロード完了のメッセージのをクリックし、メッセージを閉じます。
⑨ブラウザーを終了します。

1
2
3
4
5
6
7
総合問題
付録1
付録2
付録3
索引

◆ダウンロードしたファイルの解凍

ダウンロードしたファイルは圧縮されているので、解凍(展開)します。
ダウンロードしたファイル**「fpt1519.zip」**を**《ドキュメント》**に解凍する方法は、次のとおりです。

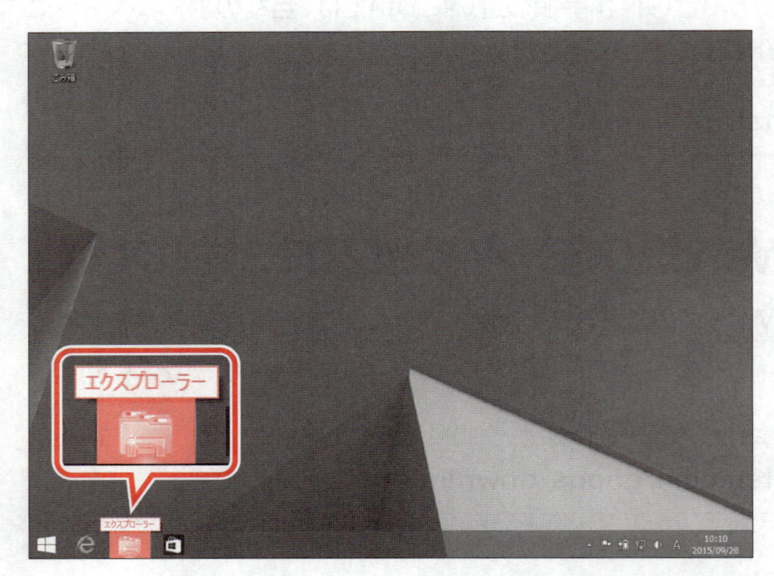

①デスクトップ画面を表示します。
②タスクバーの（エクスプローラー）をクリックします。

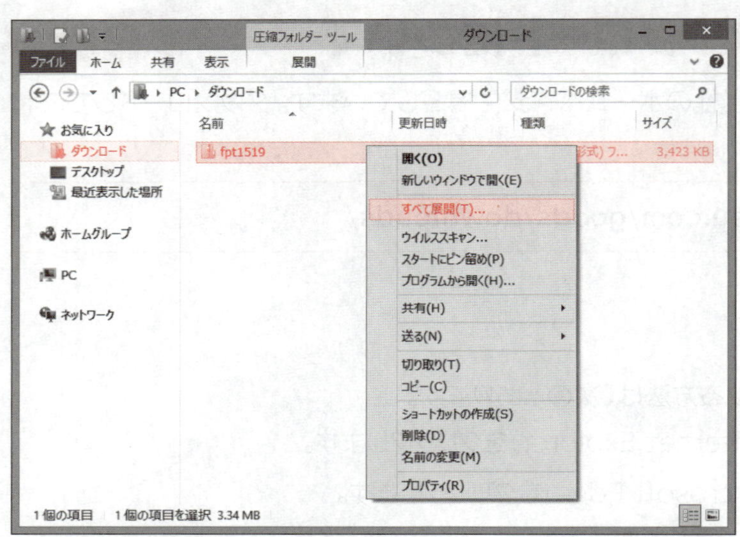

③**《ダウンロード》**をクリックします。
④ファイル**「fpt1519」**を右クリックします。
⑤**《すべて展開》**をクリックします。

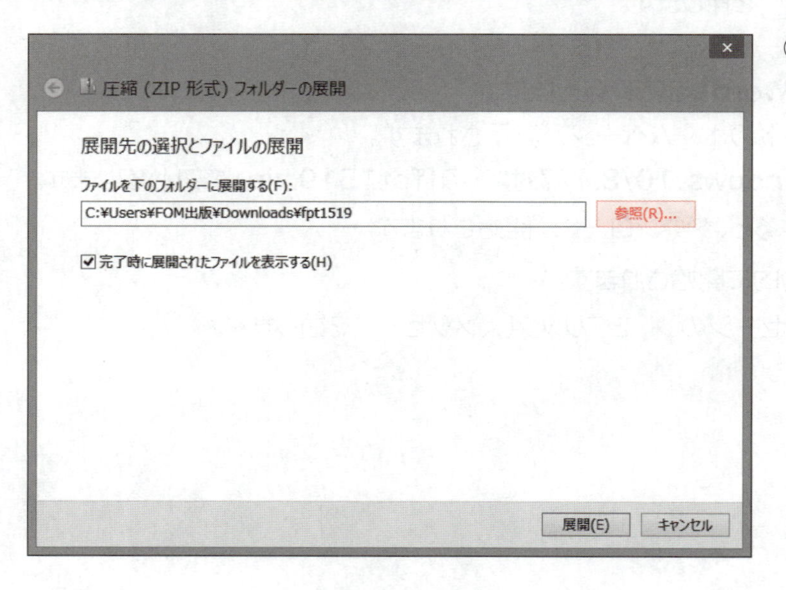

⑥**《参照》**をクリックします。

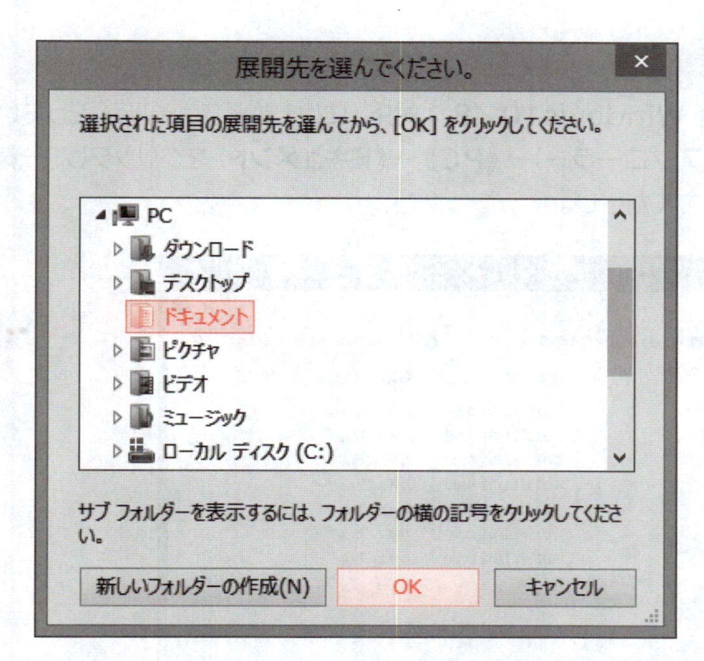

⑦**《ドキュメント》**をクリックします。

※《ドキュメント》が表示されていない場合は、《PC》をクリックします。

⑧ Windows 8.1 **《OK》**をクリックします。

Windows 10 **《フォルダーの選択》**をクリックします。

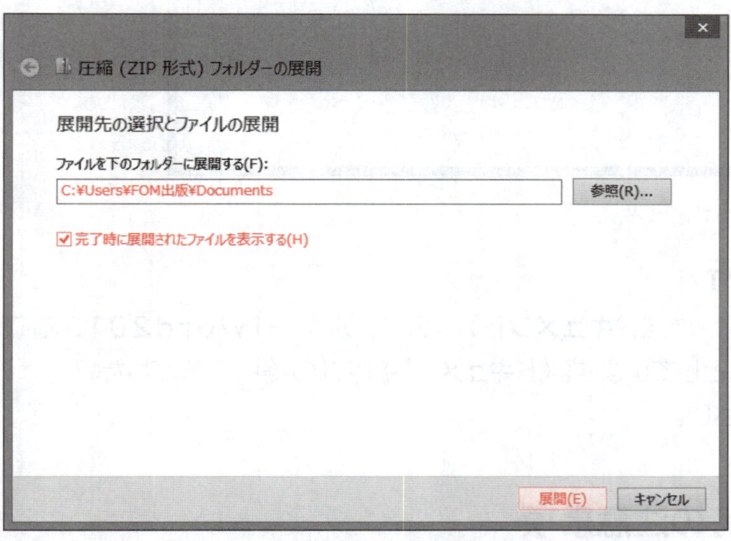

⑨**《ファイルを下のフォルダーに展開する》**が**「C:¥Users¥(ユーザー名)¥Documents」**に変更されます。

⑩**《完了時に展開されたファイルを表示する》**を☑にします。

⑪**《展開》**をクリックします。

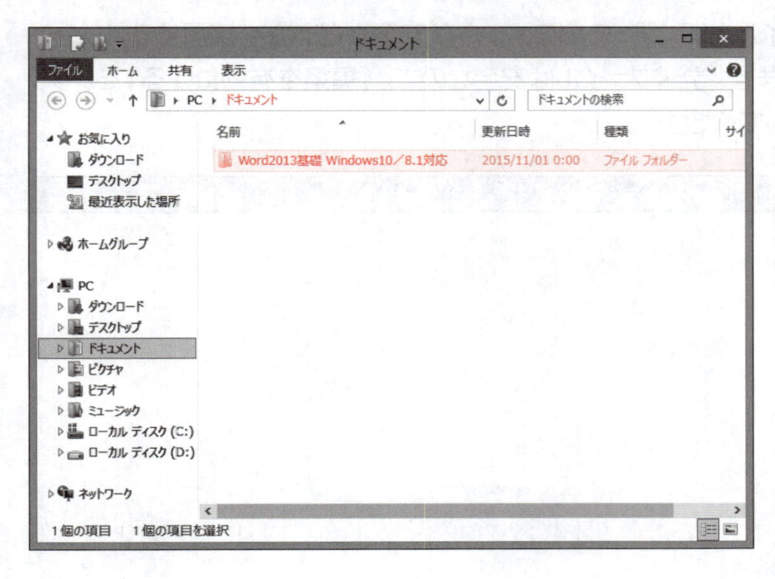

⑫ファイルが解凍され、**《ドキュメント》**が開かれます。

⑬フォルダー**「Word2013基礎 Windows 10／8.1対応」**が表示されていることを確認します。

※すべてのウィンドウを閉じておきましょう。

◆学習ファイルの一覧

フォルダー「**Word2013基礎 Windows10／8.1対応**」には、学習ファイルが入っています。タスクバーの（エクスプローラー）→**《PC》**→**《ドキュメント》**をクリックし、一覧からフォルダーを開いて確認してください。

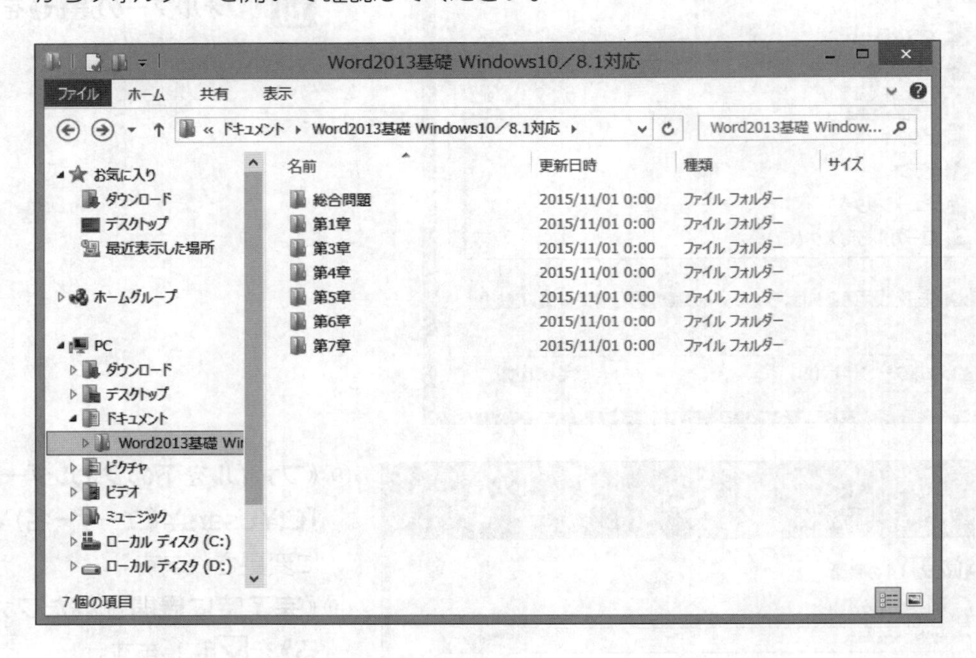

◆学習ファイルの場所

本書では、学習ファイルの場所を**《ドキュメント》**内のフォルダー「**Word2013基礎 Windows10／8.1対応**」としています。**《ドキュメント》**以外の場所に解凍した場合は、フォルダーを読み替えてください。

◆学習ファイル利用時の注意事項

ダウンロードした学習ファイルを開く際、そのファイルが安全かどうかを確認するメッセージが表示される場合があります。学習ファイルは安全なので、**《編集を有効にする》**をクリックして、編集可能な状態にしてください。

Chapter 1

第1章 Wordの基礎知識

Wordの概要、起動と終了、画面構成、文書の操作など、Wordを操作する上で知っておきたい基礎知識を解説します。

Chapter 1 この章で学ぶこと

学習前に習得すべきポイントを理解しておき、
学習後には確実に習得できたかどうかを振り返りましょう。

1	Wordで何ができるかを説明できる。	P.12
2	Wordを起動できる。	P.15
3	Wordのスタート画面の使い方を説明できる。	P.17
4	既存の文書を開くことができる。	P.18
5	Wordの画面の各部の名称や役割を説明できる。	P.20
6	画面をスクロールして、文書の内容を確認できる。	P.21
7	表示モードの違いを理解し、使い分けることができる。	P.23
8	表示モードを切り替えることができる。	P.23
9	文書の表示倍率を変更できる。	P.26
10	文書を閉じることができる。	P.28
11	Wordを終了できる。	P.30

STEP 1 Wordの概要

1 Wordの概要

「**Word**」は、文書を作成するためのワープロソフトです。効率よく文字を入力したり、表やイラスト・写真・図形などを使って表現力豊かな文書を作成したりできます。
Wordには、主に次のような機能があります。

1 文字の入力

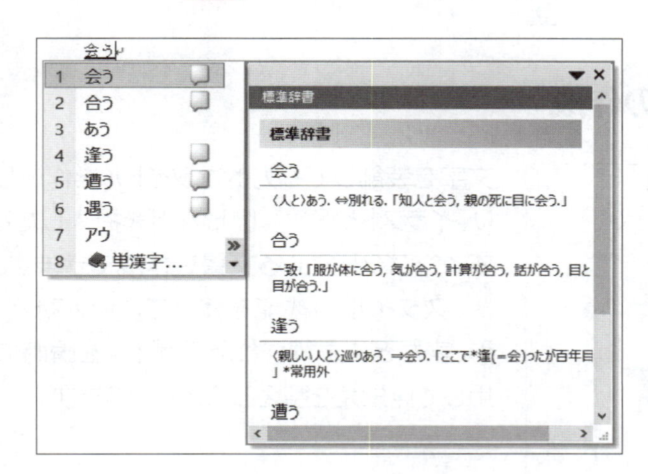

日本語入力システム「**IME**」を使って文字をスムーズに入力できます。
入力済みの文字を再変換したり、入力内容から予測候補を表示したり、読めない漢字を検索したりする便利な機能が搭載されています。

2 ビジネス文書の作成

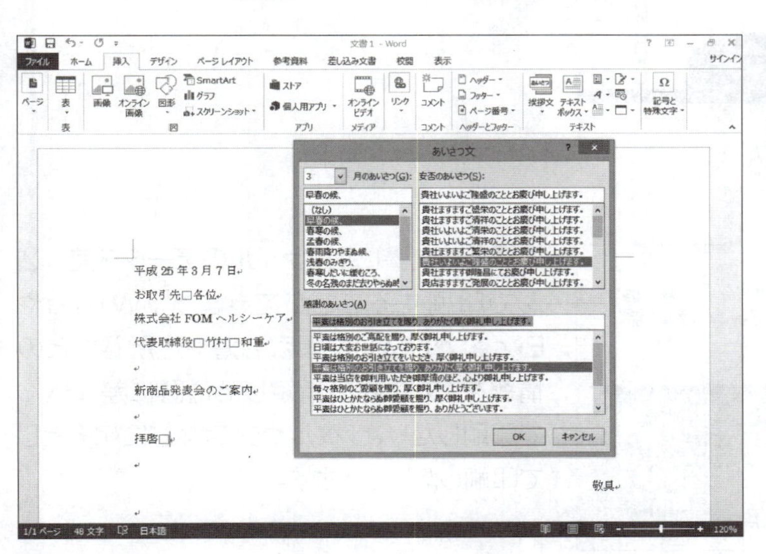

定型のビジネス文書を効率的に作成できます。頭語と結語・あいさつ文・記書きなどの入力をサポートするための機能が充実しています。

3 表の作成

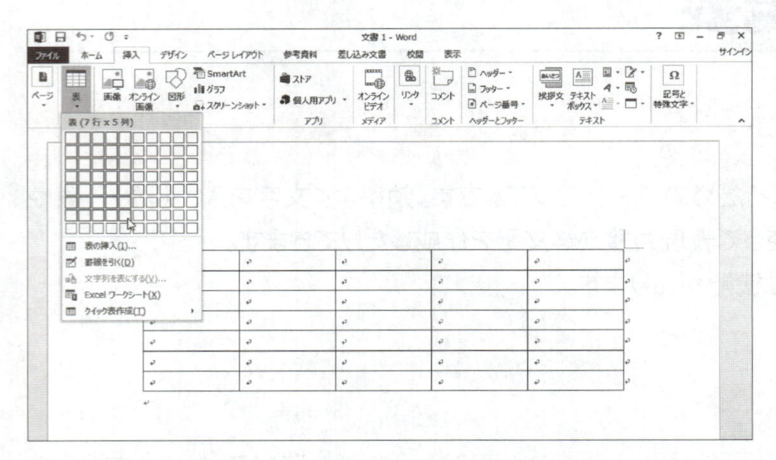

行数や列数を指定するだけで簡単に表を作成できます。行や列を挿入・削除したり、列幅や行の高さを変更したりできます。また、罫線の種類や太さ、色などを変更することもできます。

4 表現力のある文書の作成

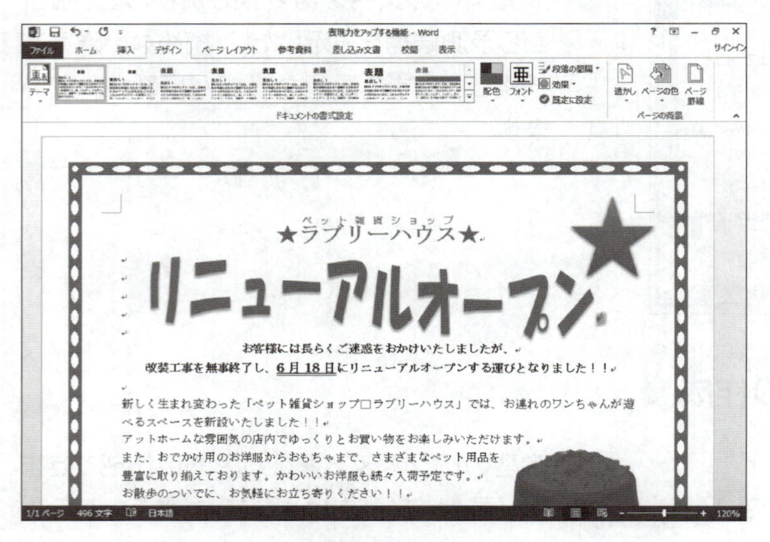

文字を装飾して魅力的なタイトルを作成したり、イラストや写真、図形などを挿入したりしてインパクトのある文書を作成できます。また、スタイルの機能を使って、イラストや図形、表などに洗練されたデザインを瞬時に適用して見栄えを整えることができます。

5 差し込み印刷

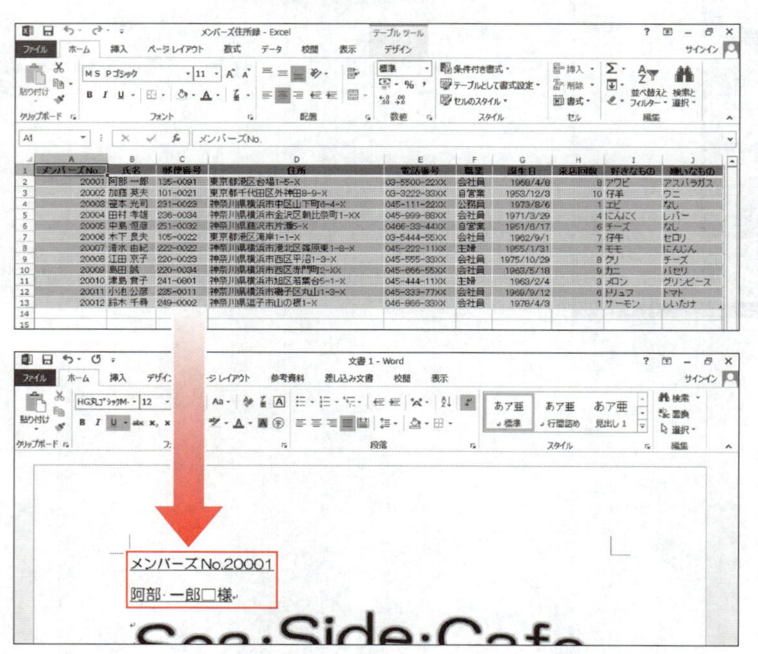

作成した文書に別ファイルのデータを差し込んで印刷することができます。WordやExcelで作成した顧客名簿や住所録などの情報を、文書内の指定した位置に差し込んで印刷したり、ラベルや封筒などに宛先として印刷したりできます。

6 長文の作成

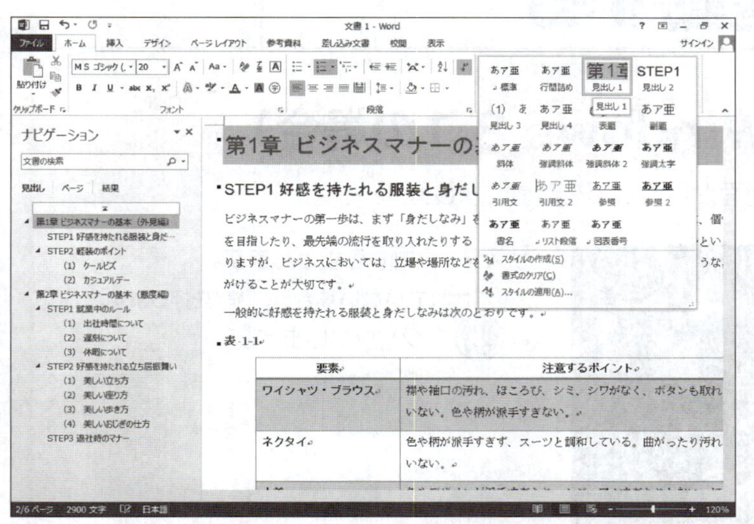

ページ数の多い報告書や論文など、長文を作成するときに便利な機能が用意されています。
見出しのレベルを設定したり、見出しのスタイルを整えたりできます。また、見出しを利用して目次を作成したり、簡単な操作ですばやく表紙を挿入したりできます。

7 文章の校閲

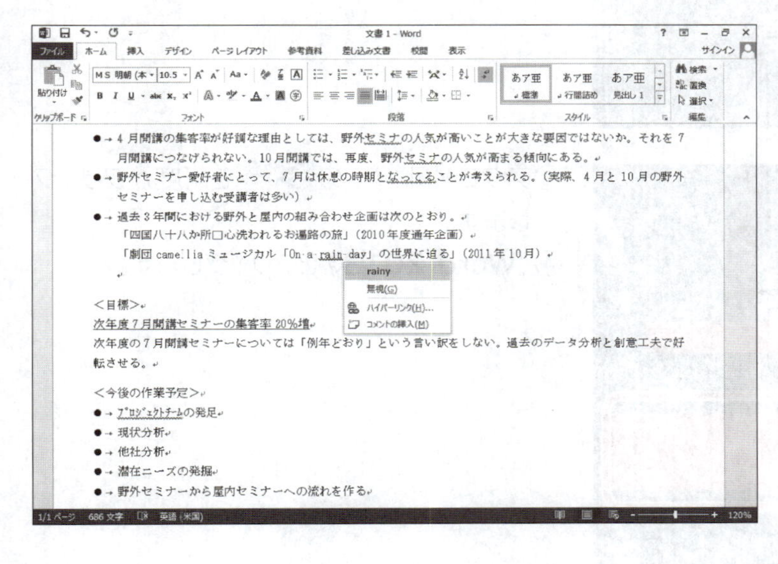

文章を校閲する機能を使って、誤字や脱字がないか、表記ゆれやスペルミスがないかなどをチェックすることができます。また、変更履歴の機能を使って、変更内容を記録して校閲できます。

8 インターネット上での利用

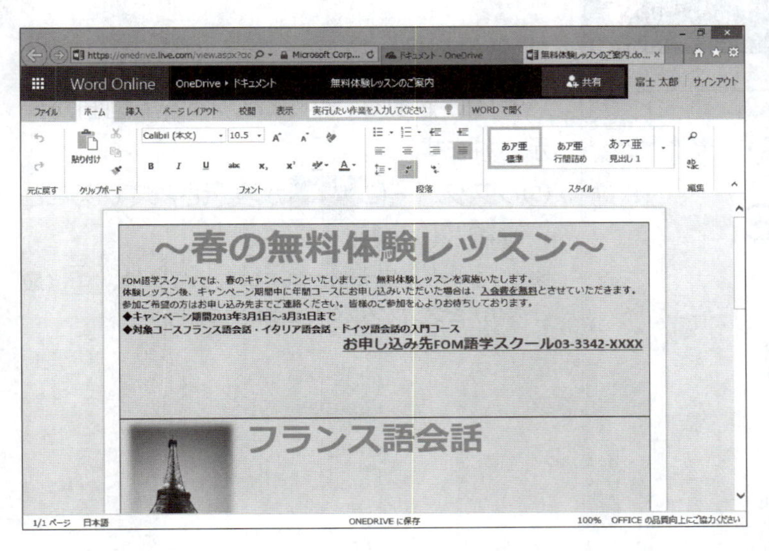

「Word Online」の機能を使って、インターネット上でWordを利用できます。インターネットに接続されていればどこからでもアクセスできるため、外出先でファイルを表示したり、編集したりできます。

Wordを起動する

1 Wordの起動(Windows 8.1の場合)

Windows 8.1のスタート画面からWordを起動しましょう。

①スタート画面を表示します。

※表示されていない場合は、(Windowsキー)を押します。

②(↓)をクリックします。

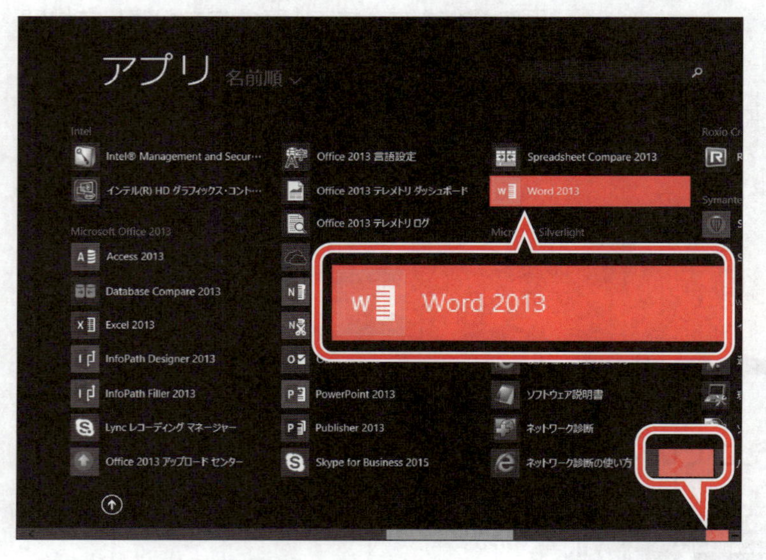

③スクロールバーの(>)を何度かクリックします。

④《**Word 2013**》をクリックします。

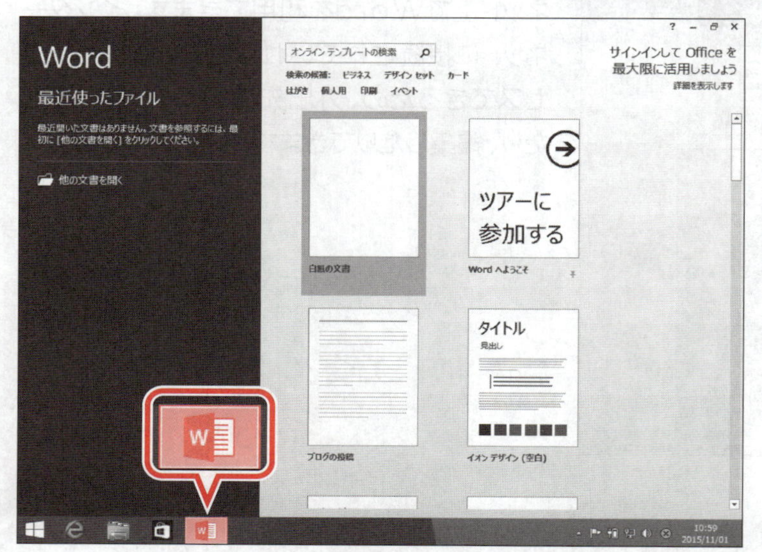

Wordが起動し、Wordのスタート画面が表示されます。

⑤タスクバーに(Wordアイコン)が表示されていることを確認します。

※ウィンドウが最大化されていない場合は、(□)(最大化)をクリックしておきましょう。

2 Wordの起動（Windows 10の場合）

Windows 10のスタートメニューからWordを起動しましょう。

①（スタート）をクリックします。
スタートメニューが表示されます。
②**《すべてのアプリ》**をクリックします。

③**《Microsoft Office 2013》**をクリックします。

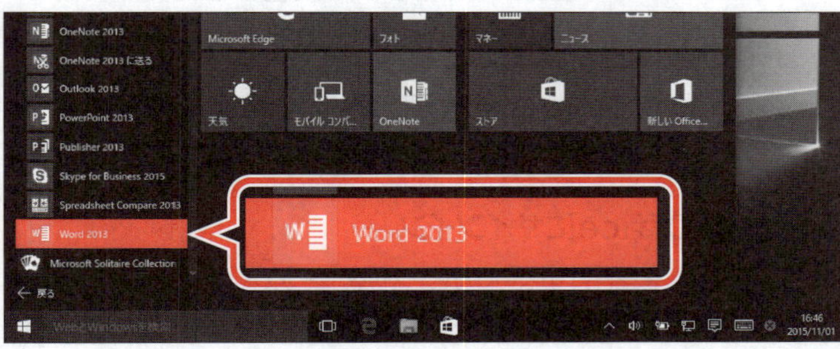

④**《Word 2013》**をクリックします。
※表示されていない場合は、スクロールして調整します。

Wordが起動し、Wordのスタート画面が表示されます。
⑤タスクバーに が表示されていることを確認します。
※ウィンドウが最大化されていない場合は、（最大化）をクリックしておきましょう。

3 Wordのスタート画面

Wordが起動すると、**「スタート画面」**が表示されます。
スタート画面でこれから行う作業を選択します。スタート画面を確認しましょう。

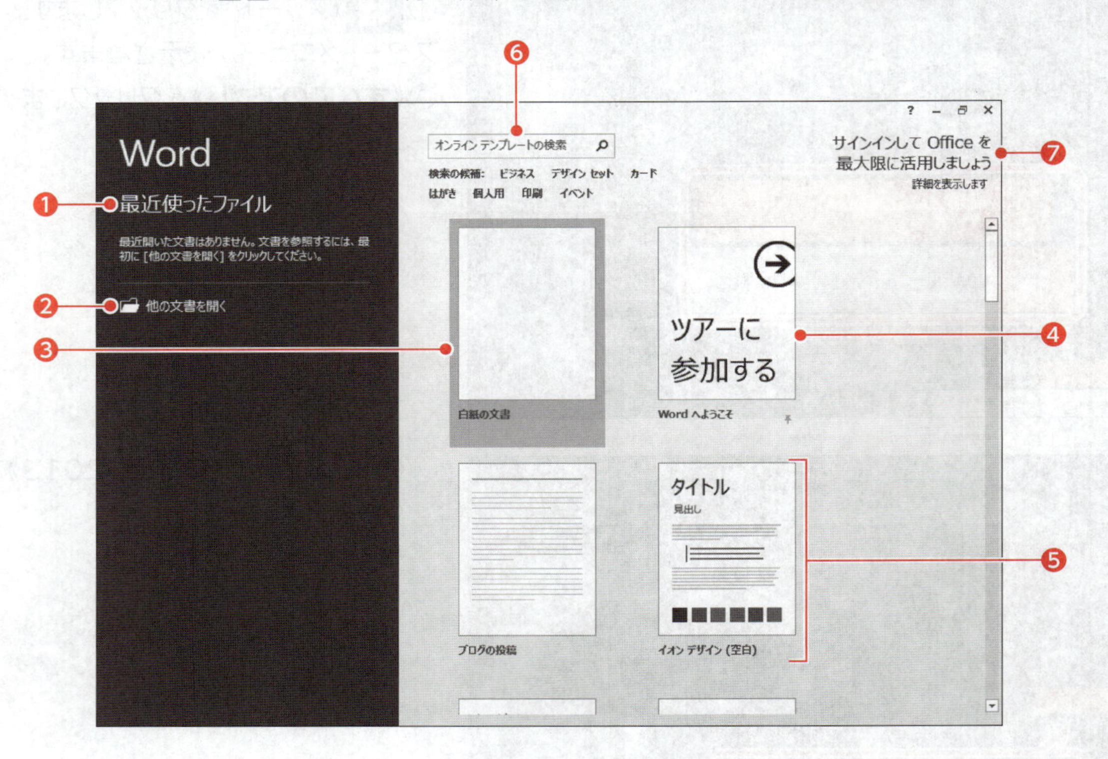

❶最近使ったファイル
最近開いた文書がある場合、その一覧が表示されます。
一覧から選択すると、文書が開かれます。

❷他の文書を開く
すでに保存済みの文書を開く場合に使います。

❸白紙の文書
新しい文書を作成します。
何も入力されていない白紙の文書が表示されます。

❹Wordへようこそ
Word 2013の新機能を紹介する文書が開かれます。

❺その他の文書
新しい文書を作成します。
あらかじめ書式が設定された文書が表示されます。

❻検索ボックス
あらかじめ書式が設定された文書をインターネット上から検索する場合に使います。

❼Officeにサインイン
個人を識別するアカウントを使ってOfficeにサインインします。複数のパソコンで文書を共有する場合や、インターネット上で文書を利用する場合に使います。
※サインインしなくても、Wordは利用できます。

POINT ▶▶▶

サインイン・サインアウト
「サインイン」とは、正規のユーザーであることを証明し、サービスを利用できる状態にする操作です。
「サインアウト」とは、サービスの利用を終了する操作です。

文書を開く

1 文書を開く

すでに保存済みの文書をWordのウィンドウに表示することを**「文書を開く」**といいます。
スタート画面から文書**「Wordの基礎知識」**を開きましょう。

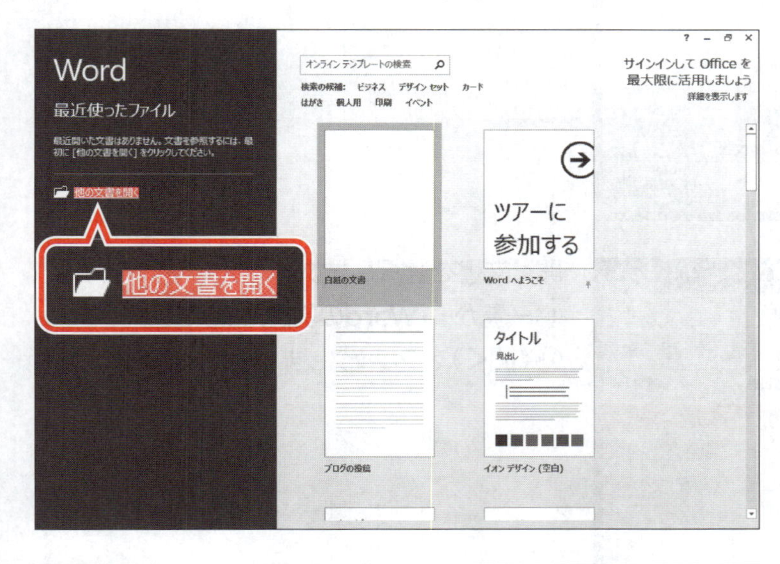

①スタート画面が表示されていることを確認します。
②**《他の文書を開く》**をクリックします。

文書が保存されている場所を選択します。
③**《コンピューター》**をクリックします。
④**《ドキュメント》**をクリックします。

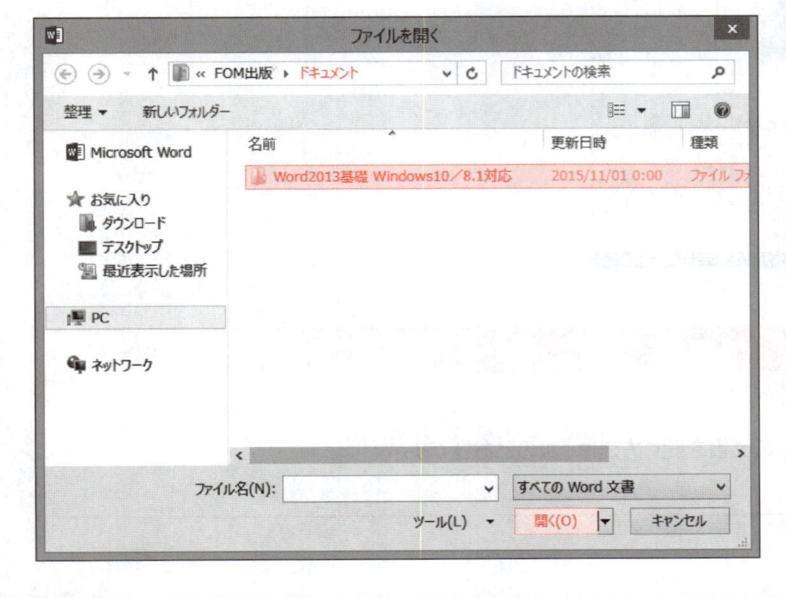

《ファイルを開く》ダイアログボックスが表示されます。
⑤**《ドキュメント》**が開かれていることを確認します。
⑥右側の一覧から**「Word2013基礎 Windows10/8.1対応」**を選択します。
⑦**《開く》**をクリックします。

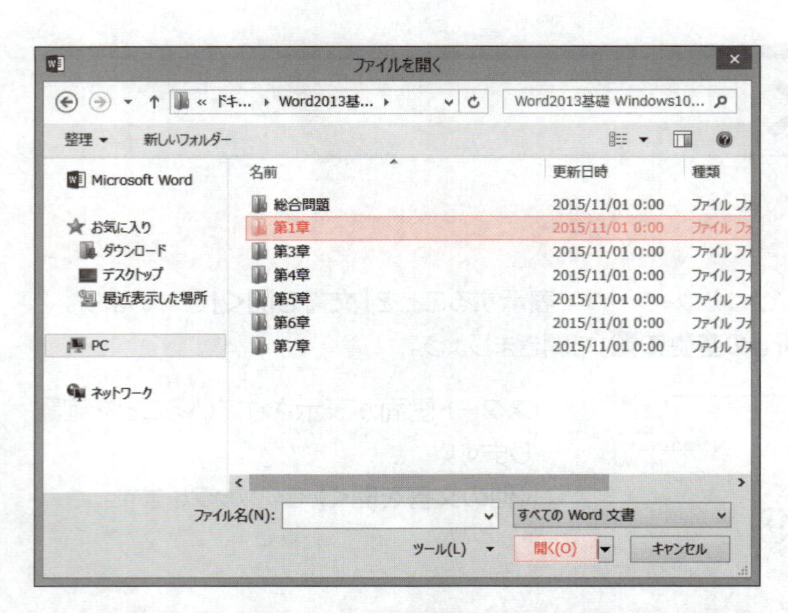

⑧一覧から**「第1章」**を選択します。
⑨**《開く》**をクリックします。

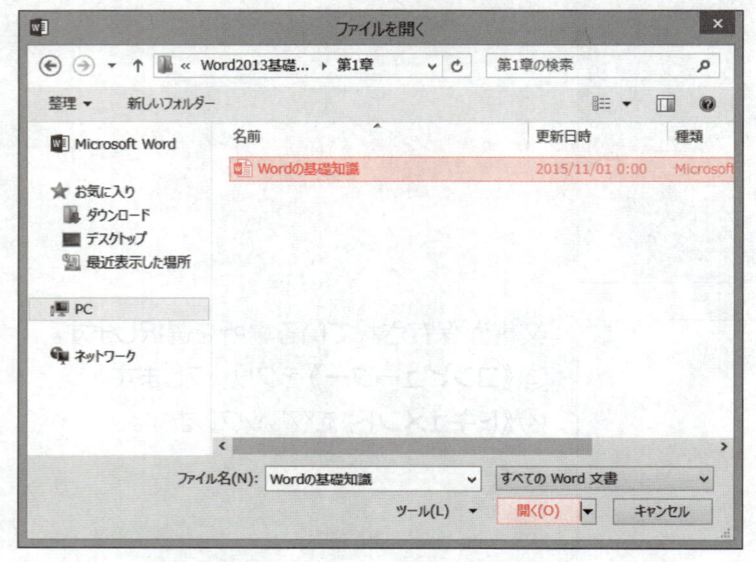

開く文書を選択します。
⑩一覧から**「Wordの基礎知識」**を選択します。
⑪**《開く》**をクリックします。

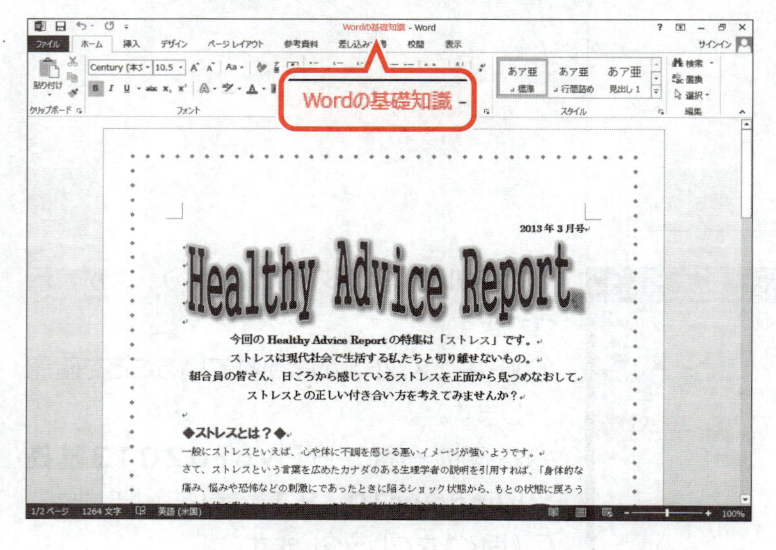

文書が開かれます。
⑫タイトルバーに文書の名前が表示されていることを確認します。

文書を開く

Wordを起動した状態で、既存の文書を開く方法は、次のとおりです。

◆《ファイル》タブ→《開く》

STEP4 Wordの画面構成

1 Wordの画面構成

Wordの画面構成を確認しましょう。

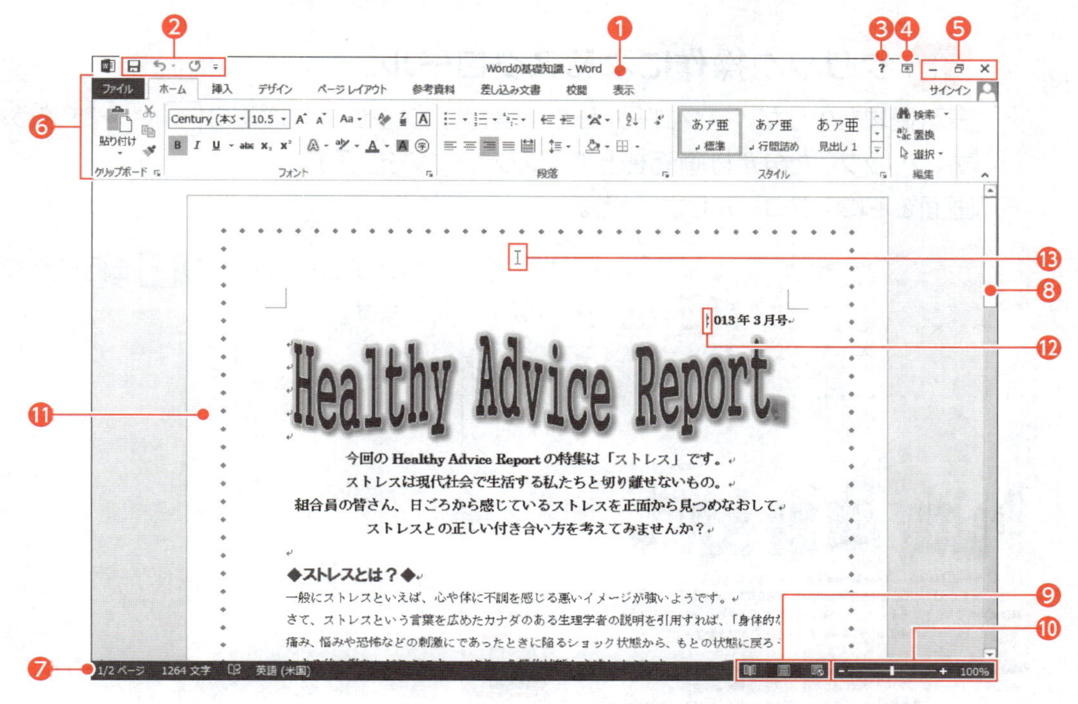

❶タイトルバー
ファイル名やアプリ名が表示されます。

❷クイックアクセスツールバー
よく使うコマンド（作業を進めるための指示）を登録できます。初期の設定では、（上書き保存）、（元に戻す）、（繰り返し）の3つのコマンドが登録されています。
※タッチ対応のパソコンでは、3つのコマンドのほかに（タッチ/マウスモードの切り替え）が登録されています。

❸Microsoft Wordヘルプ
Word 2013の機能や操作方法を検索するときに使います。

❹リボンの表示オプション
リボンの表示方法を変更するときに使います。

❺ウィンドウの操作ボタン
（最小化）
ウィンドウが一時的に非表示になり、タスクバーにアイコンで表示されます。
（元に戻す（縮小））
ウィンドウが元のサイズに戻ります。
（閉じる）
Wordを終了します。
※（最大化）
ウィンドウを元のサイズに戻すと、（元に戻す（縮小））から（最大化）に切り替わります。クリックすると、ウィンドウが最大化されて、画面全体に表示されます。

❻リボン
コマンドを実行するときに使います。関連する機能ごとに、タブに分類されています。
※タッチ対応のパソコンでは、《ファイル》タブと《ホーム》タブの間に《タッチ》タブが表示される場合があります。

❼ステータスバー
文書のページ数や文字数、選択されている言語などが表示されます。また、コマンドを実行すると、作業状況や処理手順などが表示されます。

❽スクロールバー
文書の表示領域を移動するときに使います。
マウスを文書内で動かすと表示されます。

❾表示選択ショートカット
表示モードを切り替えるときに使います。

❿ズーム
文書の表示倍率を変更するときに使います。

⓫選択領域
ページの左端にある領域です。行を選択したり、文書全体を選択したりするときに使います。

⓬カーソル
文字を入力する位置やコマンドを実行する位置を示します。

⓭マウスポインター
マウスの動きに合わせて移動します。画面の位置や選択するコマンドによって形が変わります。

2 画面のスクロール

画面に表示する範囲を移動することを**「スクロール」**といいます。目的の場所が表示されていない場合は、スクロールバーを使って文書の表示領域をスクロールします。
スクロールバーは、マウスをリボンに移動したり一定時間マウスを動かさなかったりすると非表示になりますが、マウスを文書内で動かすと表示されます。

1 クリック操作によるスクロール

表示領域を少しだけスクロールしたい場合は、スクロールバーの▲や▼を使うと便利です。クリックした分だけ画面を上下にスクロールできます。
画面を下にスクロールしましょう。

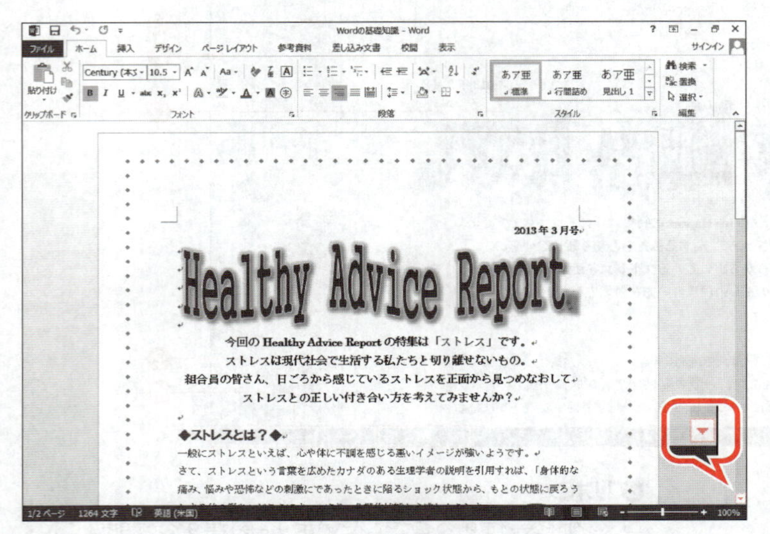

①スクロールバーの▼を何度かクリックします。

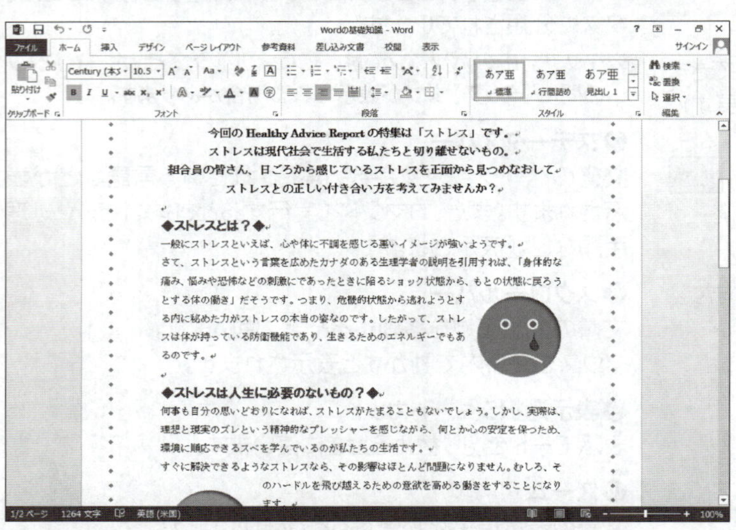

下にスクロールされます。
※カーソルの位置は変わりません。
※クリックするごとに、画面が下にスクロールします。

2 ドラッグ操作によるスクロール

表示領域を大きくスクロールしたい場合は、スクロールバーを使うと便利です。ドラッグした分だけ画面を上下にスクロールできます。
次のページにスクロールしましょう。

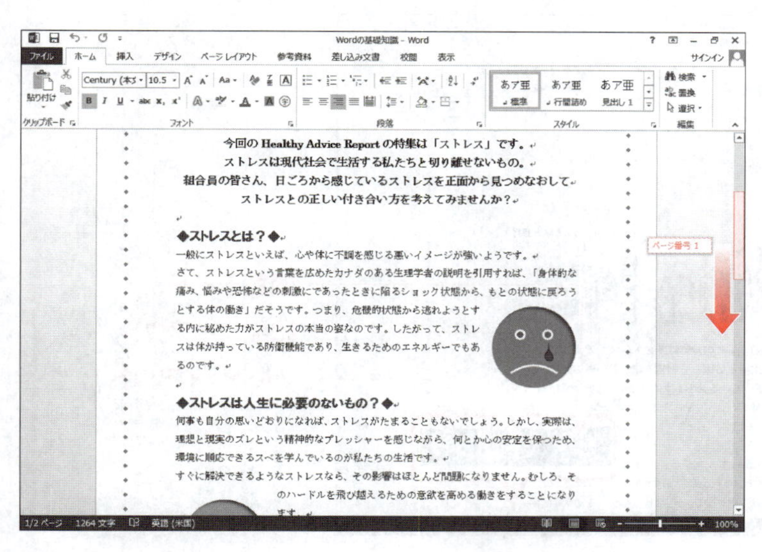

①スクロールバーを下にドラッグします。
ドラッグ中、現在表示しているページのページ番号が表示されます。

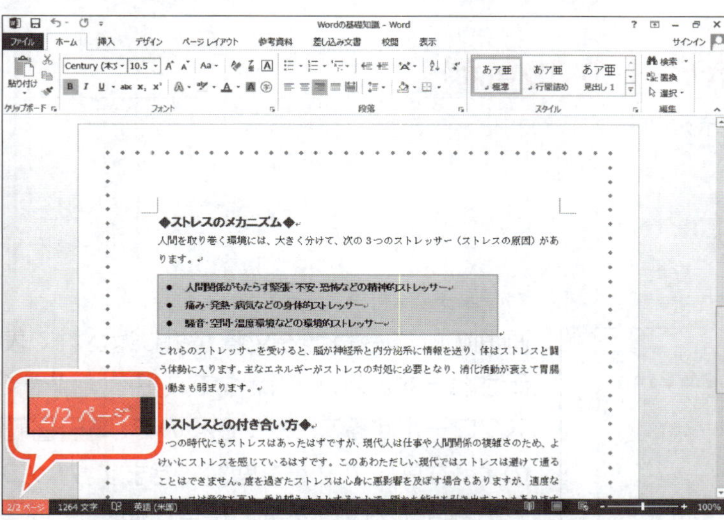

2ページ目が表示されます。
※カーソルの位置は変わりません。
※スクロールバーを上にドラッグして、1ページ目の文頭を表示しておきましょう。

スクロール機能付きマウス

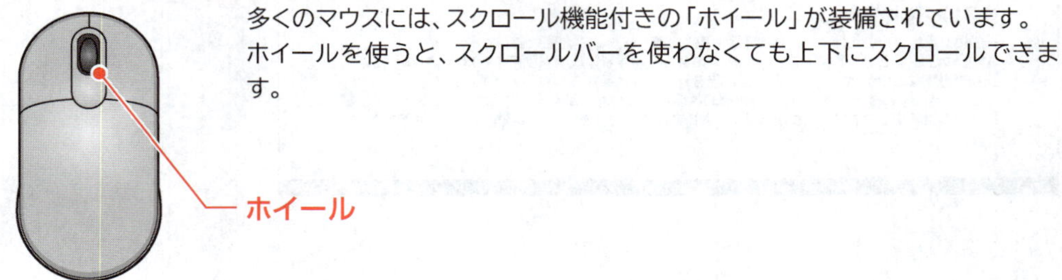

多くのマウスには、スクロール機能付きの「ホイール」が装備されています。
ホイールを使うと、スクロールバーを使わなくても上下にスクロールできます。

3 表示モードの切り替え

Wordには、次のような表示モードが用意されています。
表示モードを切り替えるには、表示選択ショートカットのボタンをそれぞれクリックします。

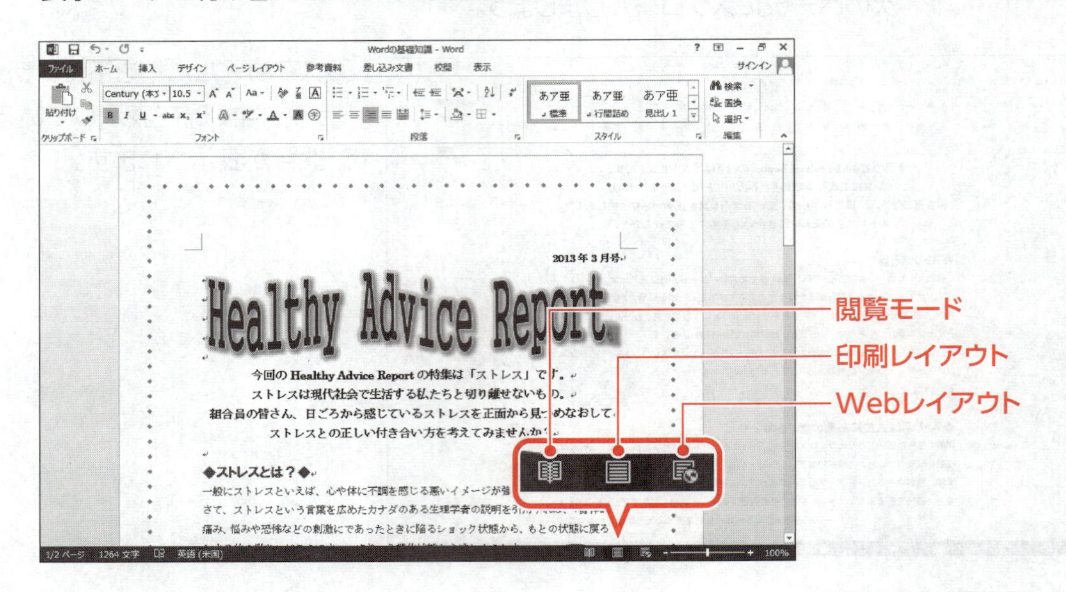

その他の方法（表示モードの切り替え）

◆《表示》タブ→《文書の表示》グループ

1 閲覧モード

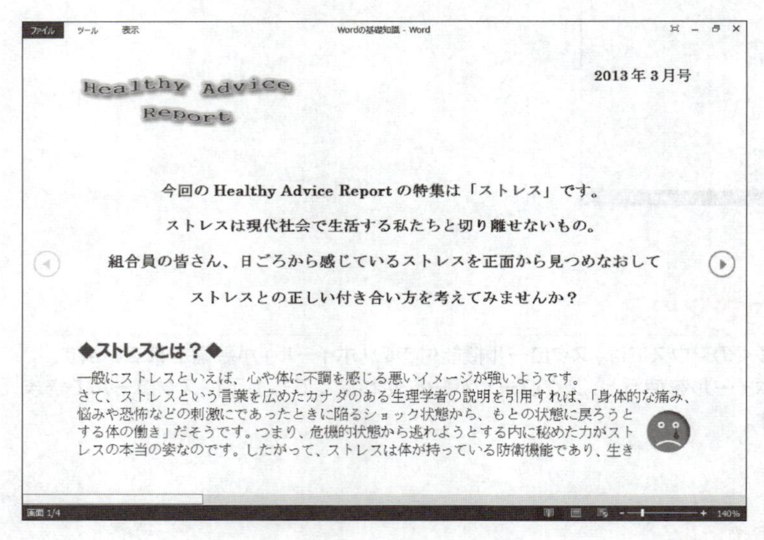

画面の幅に合わせて文章が折り返されて表示されます。クリック操作で文書をすばやくスクロールすることができるので、電子書籍のような感覚で文書を閲覧できます。パソコンの画面上で文書を読む場合に便利です。

2 印刷レイアウト

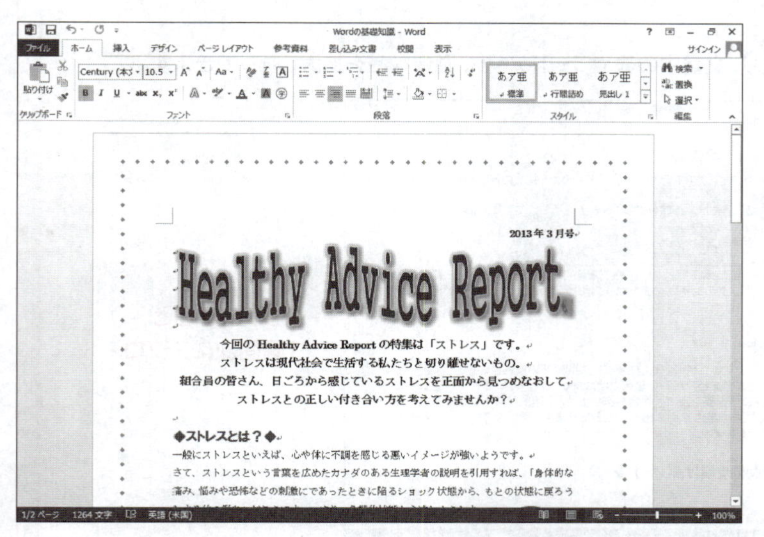

印刷結果とほぼ同じレイアウトで表示されます。余白や図形などがイメージどおりに表示されるので、全体のレイアウトを確認しながら編集する場合に便利です。通常、この表示モードで文書を作成します。

3 Webレイアウト

ブラウザーで文書を開いたときと同じイメージで表示されます。文書をWebページとして保存する前に、イメージを確認する場合に便利です。

その他の表示モード

Wordには、「アウトライン表示」や「下書き」と呼ばれる表示モードも用意されています。

アウトライン表示

文書を見出しごとに折りたたんだり、展開したりして表示できます。文書の全体の構成を確認したり、文章を入れ替えたりできます。文書の内容を系統立てて整理する場合に便利です。

◆《表示》タブ→《文書の表示》グループの アウトライン （アウトライン表示）

下書き

ページのレイアウトが簡略化して表示されます。余白や図形などの表示を省略するため、文字をすばやく入力したり、編集したりする場合に便利です。

◆《表示》タブ→《文書の表示》グループの 下書き （下書き）

POINT ▶▶▶

閲覧モード

閲覧モードに切り替えると、すばやくスクロールしたり、文書中の表やワードアート、画像などを拡大したりできます。

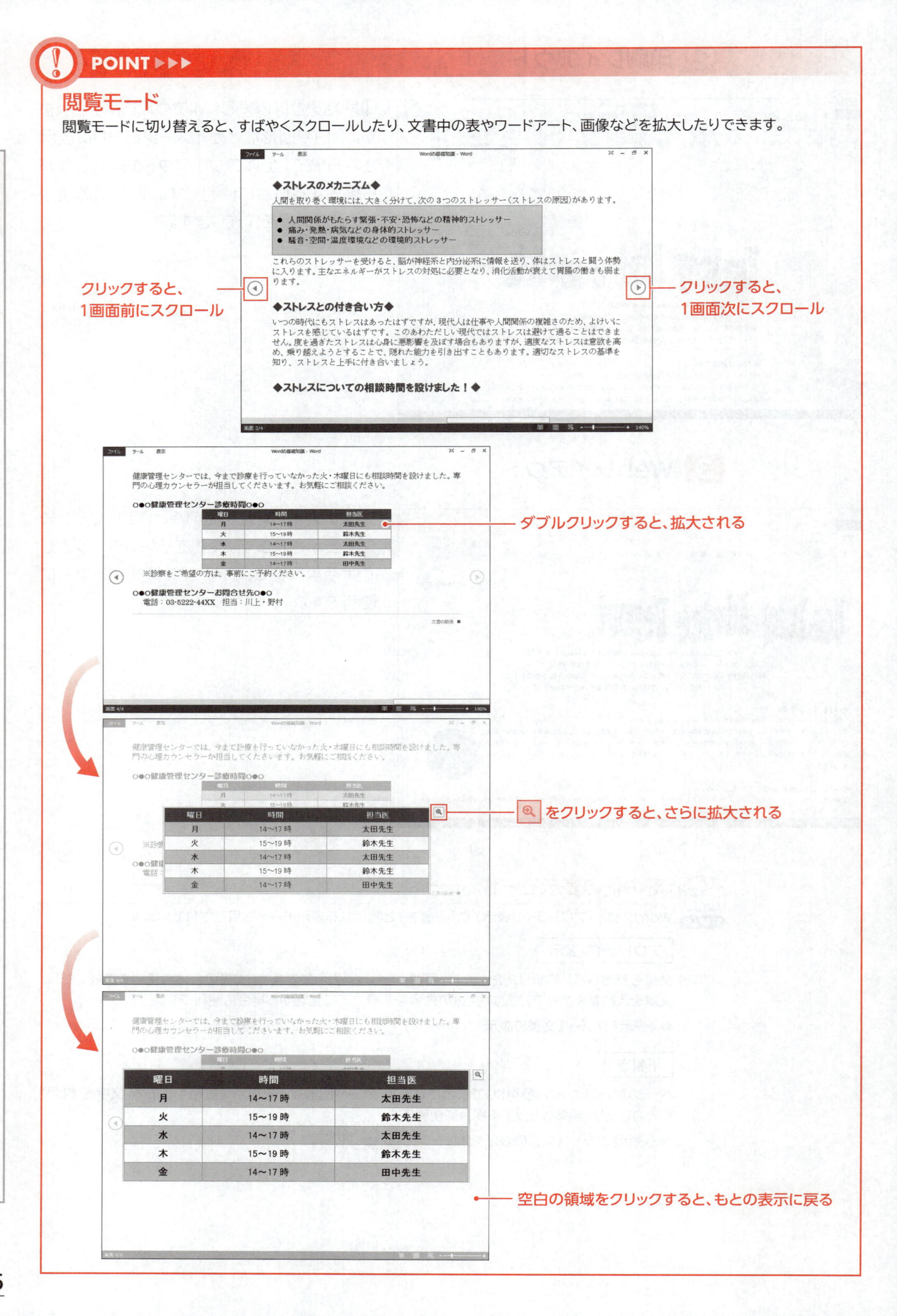

4 表示倍率の変更

画面の表示倍率は10～500%の範囲で自由に変更できます。
表示倍率を変更するには、ステータスバーのズーム機能を使うと便利です。
画面の表示倍率を変更しましょう。

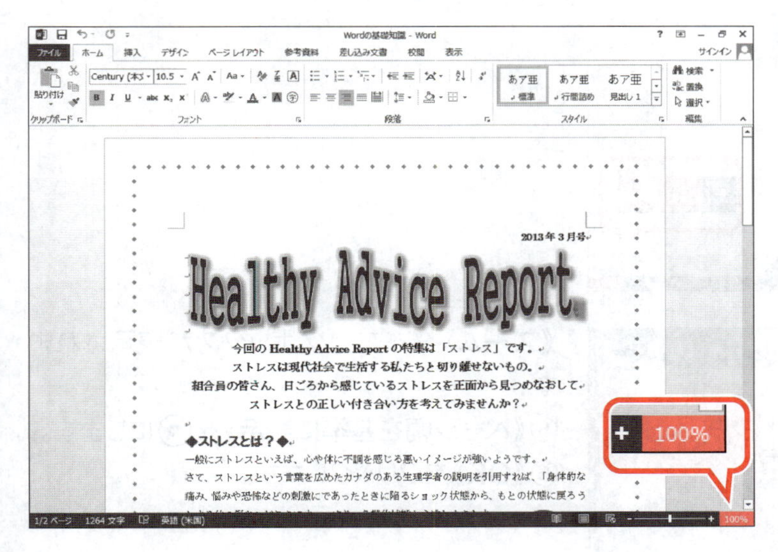

①表示倍率が**「100%」**になっていることを確認します。

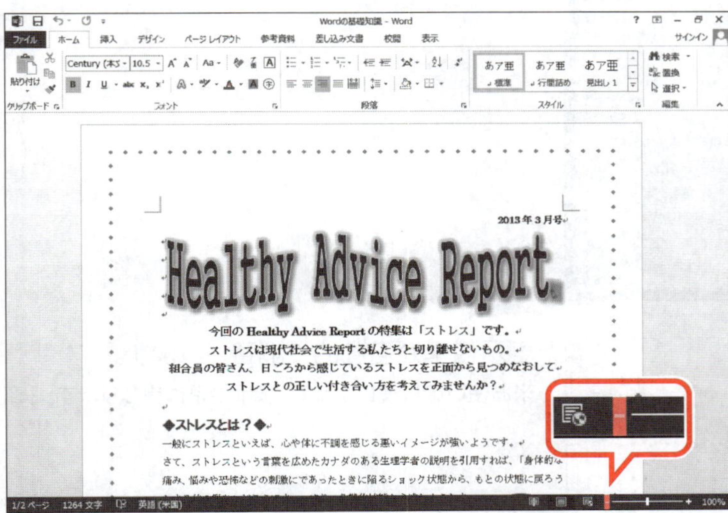

② -（縮小）を2回クリックします。

※クリックするごとに、10%ずつ縮小されます。

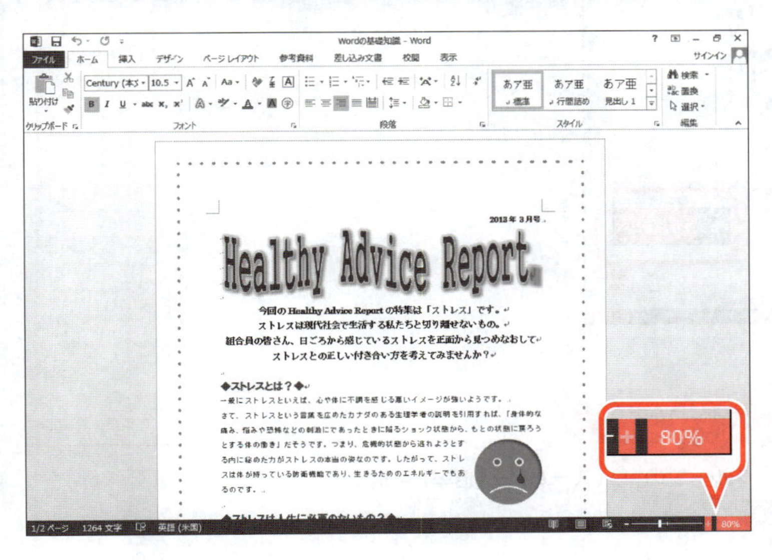

表示倍率が**「80%」**になります。

③ +（拡大）を2回クリックします。

※クリックするごとに、10%ずつ拡大されます。

表示倍率が**「100%」**になります。

④ 100% をクリックします。

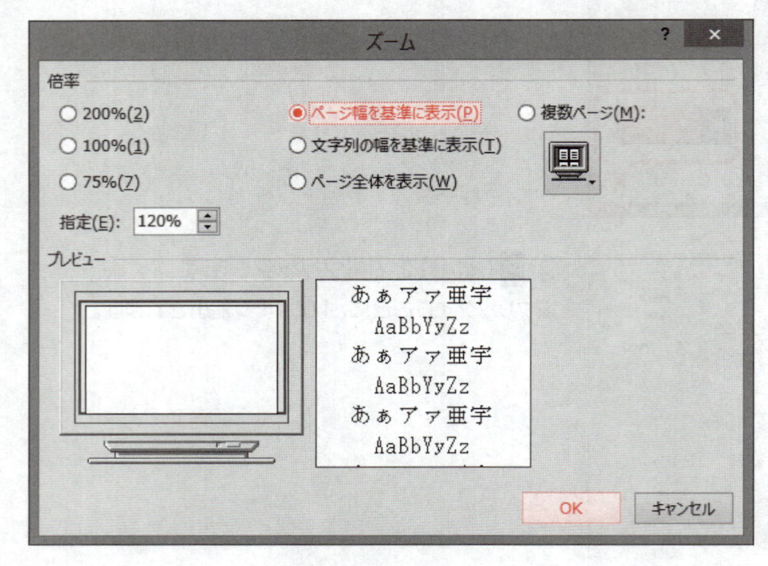

《ズーム》ダイアログボックスが表示されます。

⑤**《ページ幅を基準に表示》**を◉にします。

⑥**《OK》**をクリックします。

表示倍率が自動的に調整されます。

※お使いの環境によって、表示倍率は異なります。

STEP UP その他の方法(表示倍率の変更)

◆《表示》タブ→《ズーム》グループの(ズーム)→《倍率》を指定

◆ステータスバーの▮をドラッグ

文書を閉じる

1 文書を閉じる

開いている文書の作業を終了することを**「文書を閉じる」**といいます。
文書**「Wordの基礎知識」**を閉じましょう。

①**《ファイル》**タブを選択します。

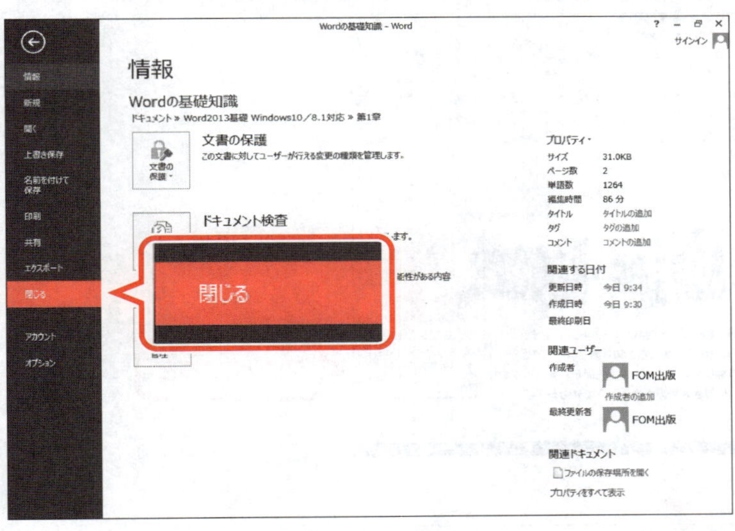

②**《閉じる》**をクリックします。

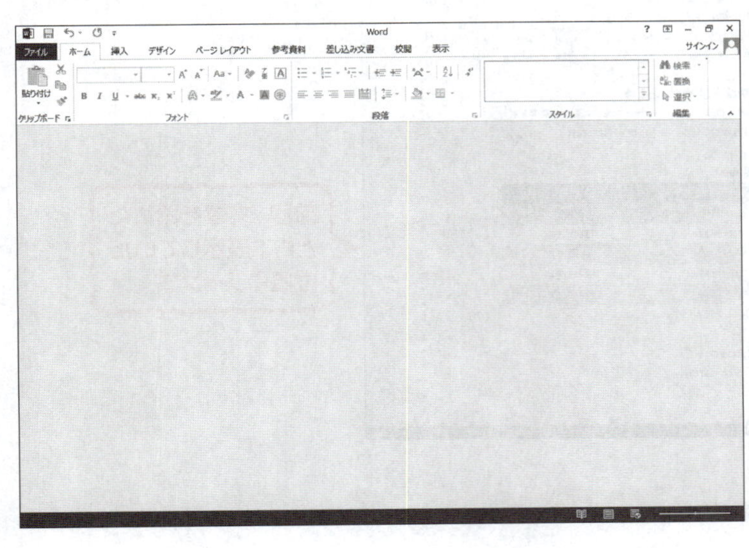

文書が閉じられます。

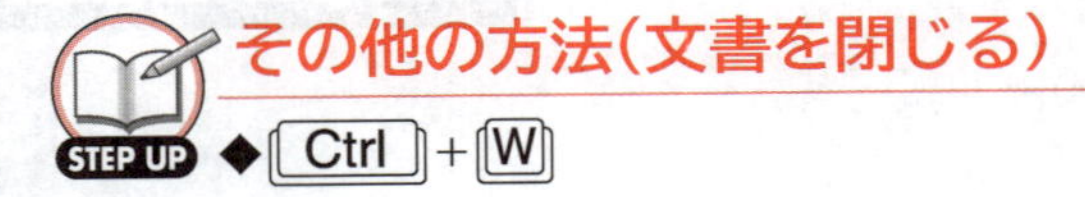

その他の方法（文書を閉じる）

◆ Ctrl + W

文書を変更して保存せずに閉じた場合

文書の内容を変更して保存せずに閉じると、次のようなメッセージが表示されます。保存するかどうかを選択します。

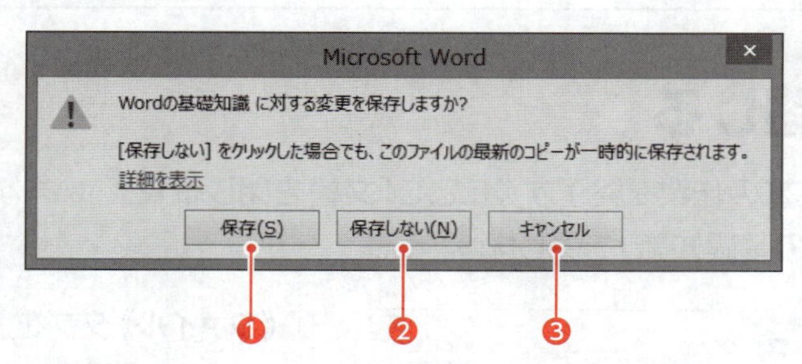

❶保存
文書を保存し、閉じます。

❷保存しない
文書を保存せずに、閉じます。

❸キャンセル
文書を閉じる操作を取り消します。

閲覧の再開

文書を閉じたときに表示していた位置を記憶します。次に文書を開くと、閉じたときに表示していた位置に移動するかどうかのメッセージが表示され、クリックするとすぐにその場所に移動できます。直前の作業位置からすぐに作業を始められるので効率的です。

※スクロールするとメッセージは消えます。

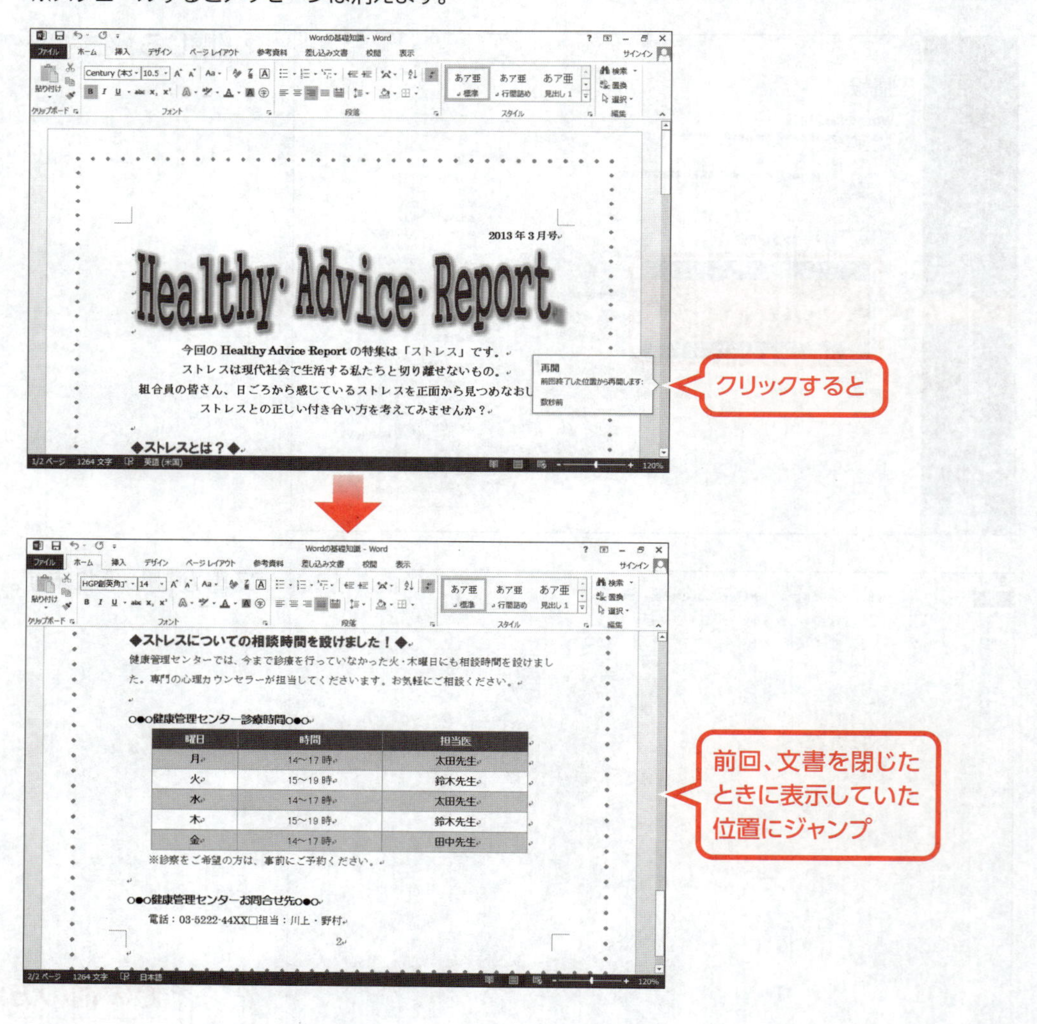

Wordを終了する

1 Wordの終了

Wordを終了しましょう。

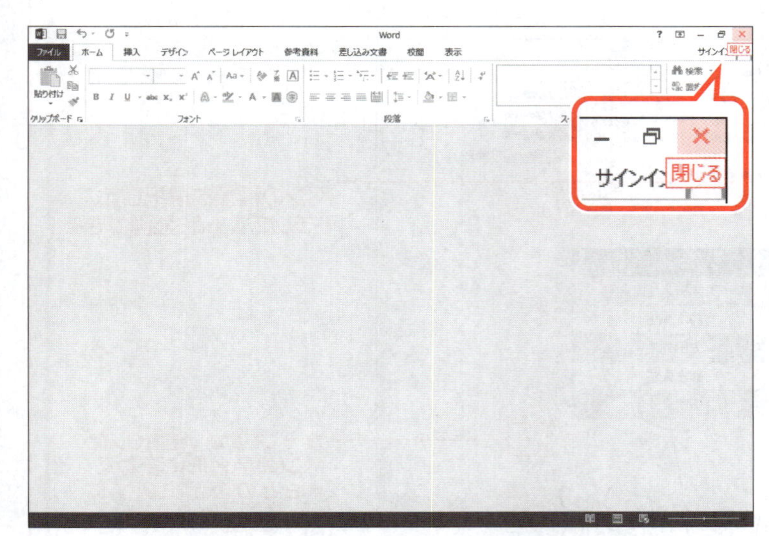

① ✕ (閉じる)をクリックします。

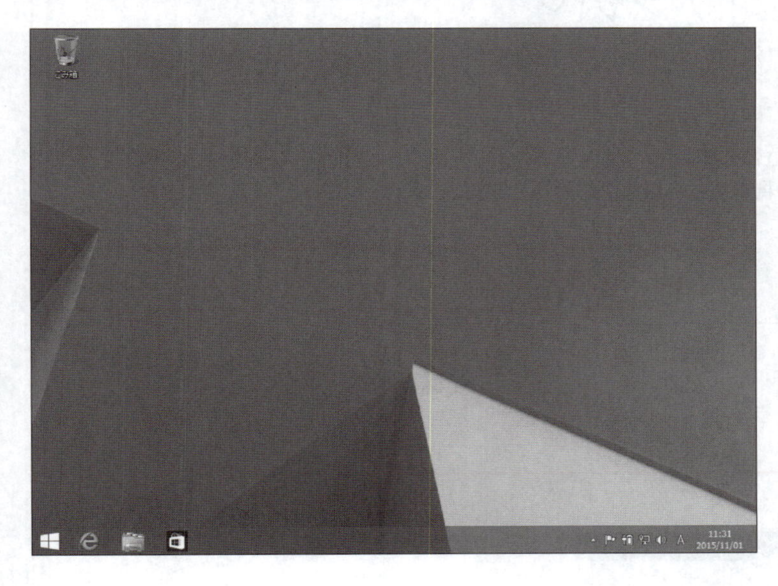

Wordのウィンドウが閉じられ、デスクトップが表示されます。

② Windows 8.1 タスクバーから が消えていることを確認します。

Windows 10 タスクバーから が消えていることを確認します。

STEP UP その他の方法(Wordの終了)

◆ Alt + F4

1 2 3 4 5 6 7 総合問題 付録1 付録2 付録3 索引

POINT ▶▶▶

《タッチ》タブ

タッチ対応のパソコンでは、《ファイル》タブと《ホーム》タブの間に《タッチ》タブが表示される場合があります。
《タッチ》タブには、よく使うボタンがまとめられています。
《タッチ》タブの《手書き》グループのペン機能を使うと、フリーハンドでオリジナルのイラストを描画できます。

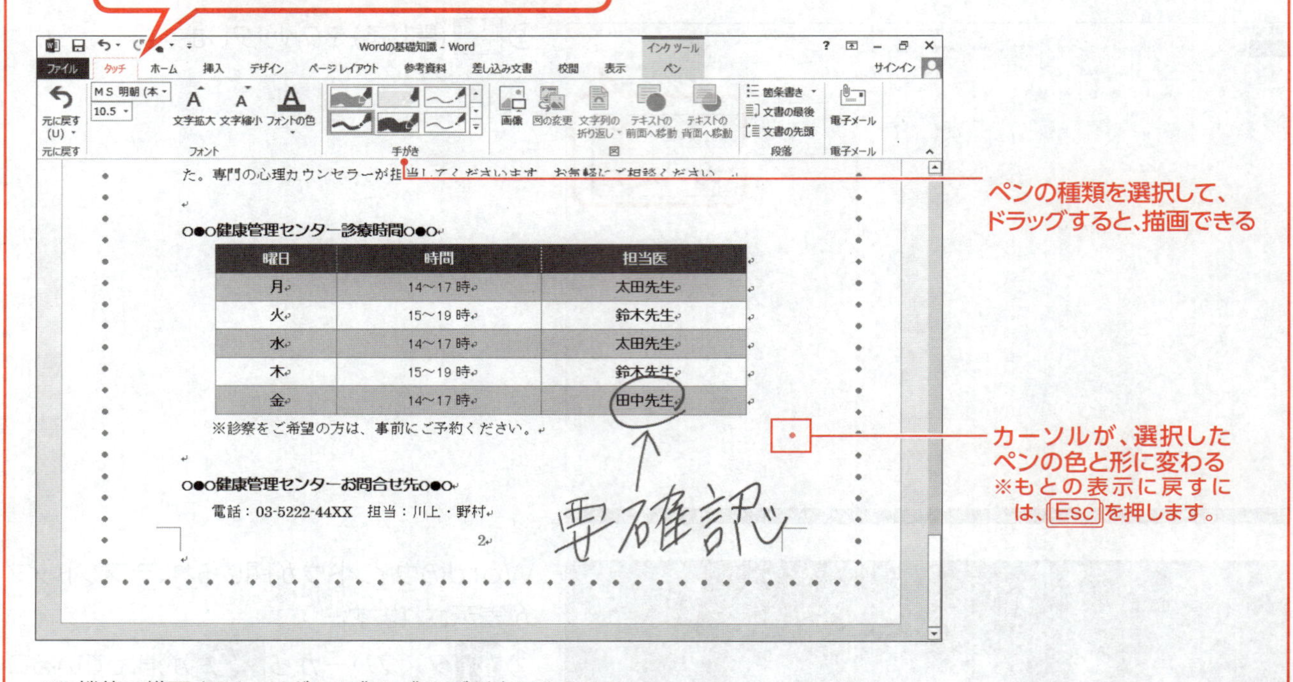

機種によって、《タッチ》タブが表示される
ペンの種類を選択して、ドラッグすると、描画できる
カーソルが、選択したペンの色と形に変わる
※もとの表示に戻すには、Escを押します。

ペン機能で描画すると、リボンに《ペン》タブが表示されます。
《ペン》タブでは、消しゴム機能で線を消したり、ペン機能でさらに描画したりできます。

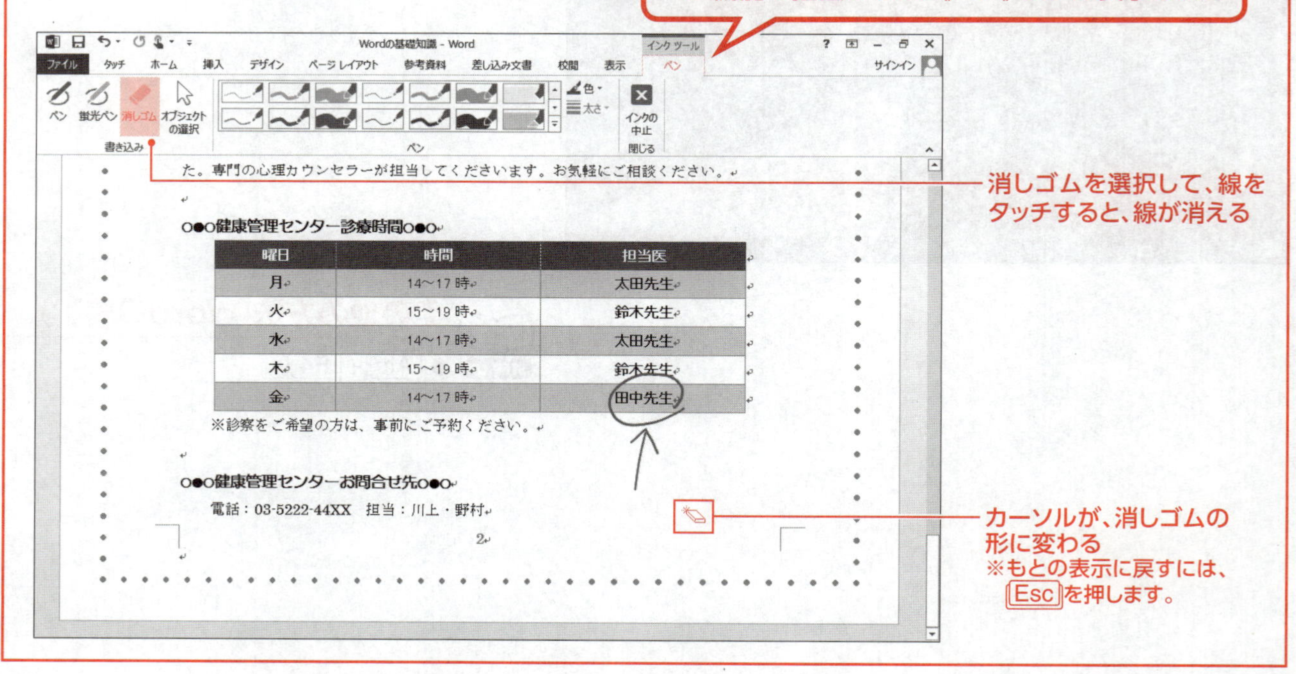

ペン機能で描画すると、《ペン》タブが表示される
消しゴムを選択して、線をタッチすると、線が消える
カーソルが、消しゴムの形に変わる
※もとの表示に戻すには、Escを押します。

Chapter 2

■第 2 章■
文字の入力

日本語入力システム「IME」の設定、文字の入力や変換、読めない漢字の入力など、文字の入力に関する操作を解説します。

Chapter 2 この章で学ぶこと

学習前に習得すべきポイントを理解しておき、
学習後には確実に習得できたかどうかを振り返りましょう。

1	ローマ字入力とかな入力の違いを説明できる。	☑☑☑ P.34
2	新しい文書を作成できる。	☑☑☑ P.36
3	入力モードを切り替えて、英数字・記号・ひらがなを入力できる。	☑☑☑ P.37
4	入力中の文字を削除したり、文字を挿入したりできる。	☑☑☑ P.44
5	入力した文字を目的の漢字に変換できる。	☑☑☑ P.46
6	読みを入力して、カタカナ・記号に変換できる。	☑☑☑ P.49
7	確定した文字を変換しなおすことができる。	☑☑☑ P.51
8	ファンクションキーを使って、変換する文字の種類を切り替えて入力できる。	☑☑☑ P.52
9	文節単位で変換して文章を入力できる。	☑☑☑ P.54
10	一括変換で文章を入力できる。	☑☑☑ P.55
11	うまく変換できない専門用語や名前などを辞書に登録できる。	☑☑☑ P.58
12	辞書に登録した単語を呼び出すことができる。	☑☑☑ P.59
13	読めない漢字をマウスで書いて検索し、入力できる。	☑☑☑ P.61
14	インターネットを使って、入力中の文字の意味を調べることができる。	☑☑☑ P.63
15	文書を保存せずにWordを終了できる。	☑☑☑ P.66

STEP 1 IMEを設定する

1 IME

ひらがなやカタカナ、漢字などの日本語を入力するには、日本語を入力するためのアプリである**「日本語入力システム」**が必要です。

Windowsには、あらかじめ日本語入力システム**「IME」**が用意されています。IMEでは、入力方式の切り替えや入力する文字の種類の切り替えなど、日本語入力に関わるすべてを管理します。IMEの状態は、デスクトップの通知領域内に表示されています。

2 ローマ字入力とかな入力

日本語を入力するには、**「ローマ字入力」**と**「かな入力」**の2つの方式があります。

●ローマ字入力

キーに表記されている英字に従って、ローマ字のつづりで入力します。

ローマ字入力は、母音と子音に分かれているため、入力するキーの数は多くなりますが、配列を覚えるキーは少なくなります。

例） → さくら

●かな入力

キーに表記されているかなに従って入力します。

かな入力は、入力するキーの数はローマ字入力より少なくなりますが、配列を覚えるキーが多くなります。

例） → さくら

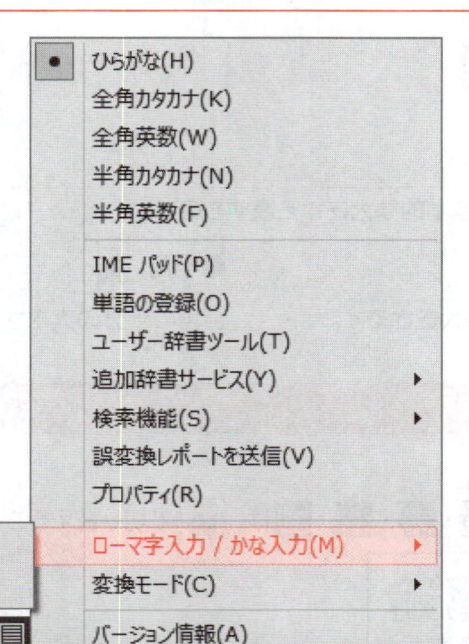

初期の設定で、入力方式はローマ字入力が設定されています。ローマ字入力とかな入力を切り替えるには、あを右クリックして表示される**《ローマ字入力/かな入力》**の一覧から選択します。

※●が付いているのが現在選択されている入力方式です。

STEP UP その他の方法（ローマ字入力・かな入力の切り替え）

◆ Alt + 

※確認メッセージが表示される場合は、《はい》をクリックします。

初期の設定をかな入力に変更する

Windowsを起動した直後から、かな入力ができるように初期の設定を変更できます。

◆IMEの あ または A を右クリック→《プロパティ》→《詳細設定》→《全般》タブ→《ローマ字入力/かな入力》の ∨ →《かな入力》

3 入力モード

「入力モード」とは、キーボードを押したときに表示される文字の種類のことです。
入力モードには、次のような種類があります。

入力モード	表示	説明
ひらがな	あ	ひらがな・カタカナ・漢字などを入力するときに使います。 初期の設定では、ひらがなになっています。
全角カタカナ	カ	全角カタカナを入力するときに使います。
全角英数	Ａ	全角英数字を入力するときに使います。
半角カタカナ	_ｶ	半角カタカナを入力するときに使います。
半角英数	A	半角英数字を入力するときに使います。

● ひらがな(H)
全角カタカナ(K)
全角英数(W)
半角カタカナ(N)
半角英数(F)
IME パッド(P)
単語の登録(O)
ユーザー辞書ツール(T)
追加辞書サービス(Y) ▸
検索機能(S) ▸
誤変換レポートを送信(V)
プロパティ(R)
ローマ字入力 / かな入力(M) ▸
変換モード(C) ▸
バージョン情報(A)
あ 13:37 2013/03/07

初期の設定で、入力モードは**《ひらがな》**が設定されています。入力モードを切り替えるには、あ を右クリックして表示される一覧から選択します。

※●が付いているのが現在選択されている入力モードです。

全角・半角

「全角」と「半角」は、文字の基本的な大きさを表すものです。

●全角 あ
ひらがなや漢字の1文字分の大きさです。

●半角 A
全角の半分の大きさです。

POINT ▶▶▶

キー操作による切り替え

入力モードの A とそれ以外の あ・カ・Ａ・_ｶ は、半角/全角漢字 で切り替えることができます。

半角英数

ひらがな
全角カタカナ
全角英数
半角カタカナ

STEP 2

文字を入力する

1 新しい文書の作成

Wordを起動し、新しい文書を作成しましょう。

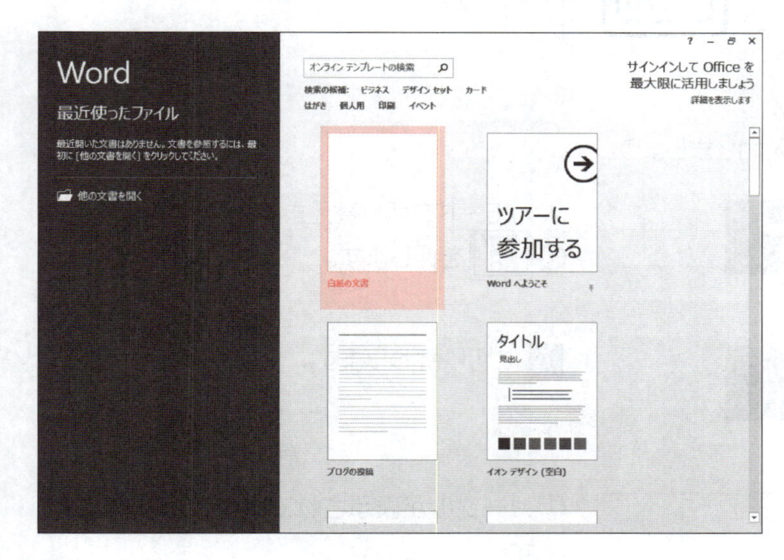

①Wordを起動し、Wordのスタート画面を表示します。

②**《白紙の文書》**をクリックします。

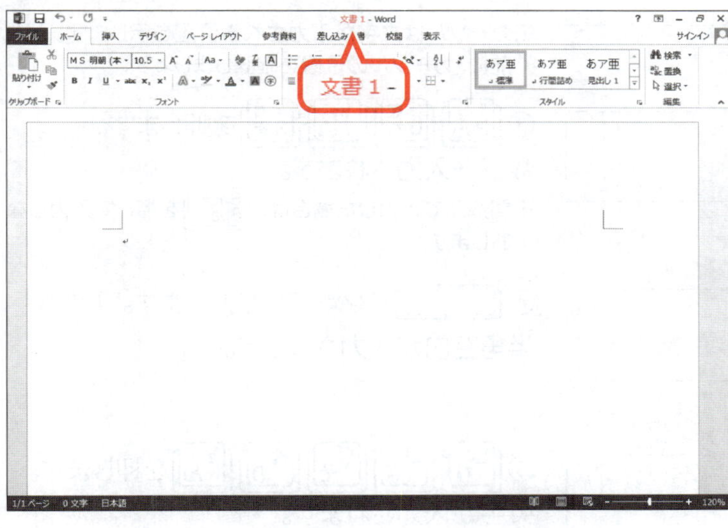

新しい文書が開かれます。

③タイトルバーに**「文書1」**と表示されていることを確認します。

POINT ▶▶▶

新しい文書の作成

Wordを起動した状態で、新しい文書を作成する方法は、次のとおりです。

◆《ファイル》タブ→《新規》→《白紙の文書》

2 英数字の入力

英字や数字を入力する方法を確認しましょう。

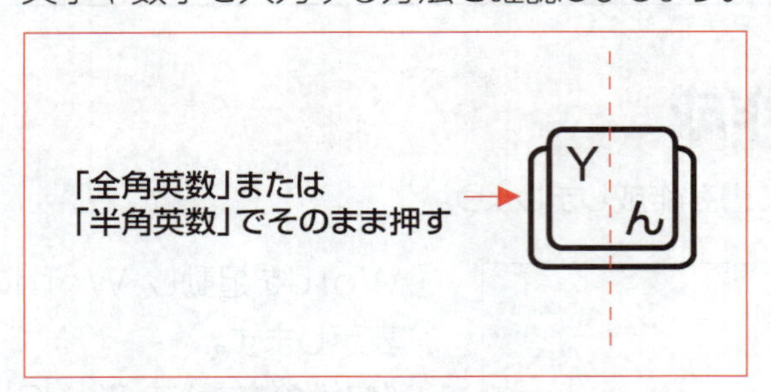

英字や数字を入力するには、入力モードを**「全角英数」**または**「半角英数」**に切り替えて、英字や数字のキーをそのまま押します。

半角で**「2013 lucky」**と入力しましょう。

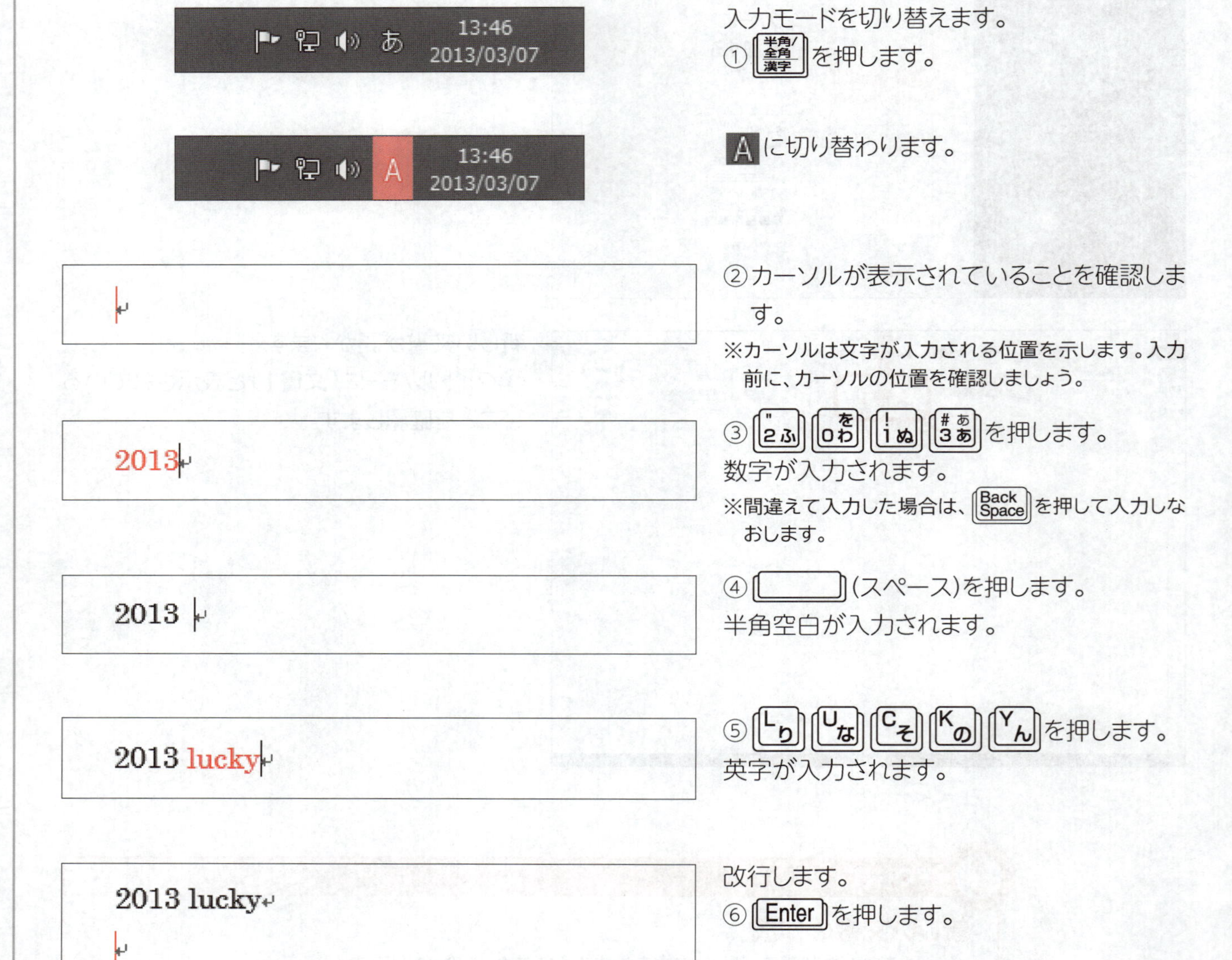

入力モードを切り替えます。
① 半角/全角 漢字 を押します。

A に切り替わります。

② カーソルが表示されていることを確認します。
※カーソルは文字が入力される位置を示します。入力前に、カーソルの位置を確認しましょう。

③ 2 0 1 3 を押します。
数字が入力されます。
※間違えて入力した場合は、Back Space を押して入力しなおします。

④ （スペース）を押します。
半角空白が入力されます。

⑤ L U C K Y を押します。
英字が入力されます。

改行します。
⑥ Enter を押します。

POINT ▶▶▶

空白の入力

文字と文字の間を空けるには、[　　　　]（スペース）を押して、空白を入力します。
入力モードが あ の場合、[　　　　]（スペース）を押すと全角空白が入力され、A の場合、半角空白が入力されます。

POINT ▶▶▶

改行

入力を確定したあとに[Enter]を押すと↵が入力され、改行できます。

POINT ▶▶▶

英大文字の入力

英大文字を入力するには、[Shift]を押しながら英字のキーを押します。

継続的な英大文字の入力

継続的に英大文字を入力するには、[Shift]+[Caps Lock 英数]を押します。

※英小文字の入力に戻すには、再度、[Shift]+[Caps Lock 英数]を押します。

テンキーを使った数字の入力

キーボードに「テンキー」（キーボード右側の数字のキーが集まっているところ）がある場合は、テンキーを使って数字を入力できます。

3 記号の入力

記号を入力する方法を確認しましょう。

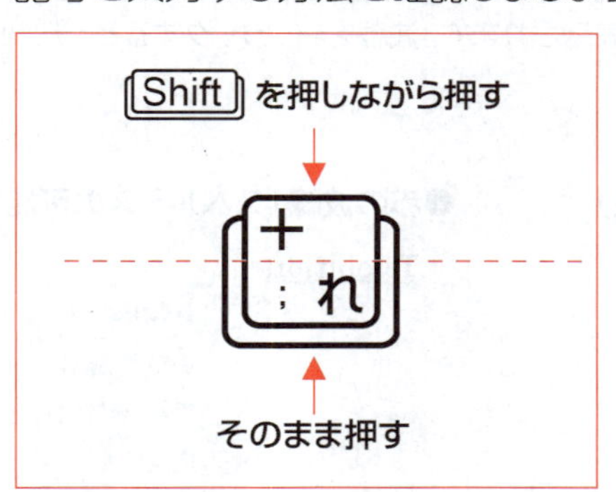

キーの下側に表記されている記号を入力するには、記号のキーをそのまま押します。
上側に表記されている記号を入力するには、[Shift]を押しながら記号のキーを押します。

「;」（セミコロン）と「+」（プラス）を半角で入力しましょう。

13:51
2013/03/07

①入力モードが A になっていることを確認します。

※ A になっていない場合は、[半角/全角 漢字]を押します。

②[+; れ]を押します。

③[Shift]+[+; れ]を押します。

記号が入力されます。

※[Enter]を押して、改行しておきましょう。

ためしてみよう

次の数字・記号・英字を半角で入力しましょう。
※問題ごとに［　　　　］（スペース）を押して空白を入力しておきましょう。

①12345
②%!$
③ice
④TV
⑤Apple
※［Enter］を押して、改行しておきましょう。

Let's Try Answer

① 入力モードが［A］になっていることを確認
② ［! 1 ぬ］［" 2 ふ］［# 3 あ ぁ］［$ 4 う ぅ］［% 5 え ぇ］

②

① ［Shift］+［% 5 え ぇ］　［Shift］+［! 1 ぬ］　［Shift］+［$ 4 う ぅ］

③

① ［I に］［C そ］［E い ぃ］

④

① ［Shift］+［T か］+［V ひ］

⑤

① ［Shift］+［A ち］
② 

青や赤の波線

文章の入力中に文法の誤りや誤字脱字などがある場合、自動的にチェックされ、誤っている可能性がある場所には青色や赤色の波線が表示されます。波線を右クリックすると、チェック内容を確認したり処理を選択したりできます。
※これらの波線は印刷されません。

●青の波線（文法の誤りの可能性）

入力してる
- 「い」抜き している
- 無視(I)
- 文章校正(G)...
- ハイパーリンク(H)...
- コメントの挿入(M)

●赤の波線（スペルミスの可能性）

Telebition
- Television
- すべて無視(I)
- 辞書に追加(A)
- 変換候補...
- ハイパーリンク(H)...
- コメントの挿入(M)

4 ひらがなの入力

ひらがなを入力する方法を確認しましょう。

1 ローマ字入力の場合

ローマ字入力で**「きく」**と入力しましょう。

14:02
2013/03/07

① 半角/全角 漢字 を押します。
入力モードが あ になります。
※ あ になっていない場合は、A を右クリックして、一覧から《ひらがな》を選択します。

きく

② K の I に K の U な を押します。
「きく」と表示され、入力した文字に点線が付きます。
※点線は、文字が入力の途中であることを表します。

きく

③ Enter を押します。
点線が消え、文字が確定されます。
※ Enter を押して、改行しておきましょう。

POINT ▶▶▶

ローマ字入力の規則

ローマ字入力には、次のような規則があります。

入力する文字	入力方法	例
「ん」の入力	「N」を2回入力します。 ※「ん」のあとに子音が続く場合は、「N」を1回入力します。	みかん：M も I に K の A ち N み N み りんご：R す I に N み G き O ら
「を」の入力	「WO」と入力します。	を　：W て O ら
促音「っ」の入力	あとに続く子音を2回入力します。	いった：I に T か T か A ち
拗音（「きゃ」「きゅ」「きょ」など）・小さい文字（「ぁ」「ぃ」「ぅ」など）の入力	子音と母音の間に「Y」または「H」を入力します。 小さい文字を単独で入力する場合は、先頭に「L」または「X」を入力します。	きゃ　：K の Y ん A ち てぃ　：T か H く I に ぁ　：X さ A ち

※P.299に「ローマ字・かな対応表」を添付しています。

POINT ▶▶▶

句読点や長音の入力

句点「。」：> 。る　　読点「、」：< 、ね　　長音「ー」：= ー ほ

日本語入力中の数字・記号の入力

STEP UP ローマ字入力では、入力モードが あ の状態でも数字や一部の記号を入力できます。
入力すると点線の下線が表示されるので、Enter を押して確定します。

Let's Try ためしてみよう

次の文字を入力しましょう。
※入力モードが あ になっていることを確認して入力しましょう。
※問題ごとに文字を確定し、［スペース］（スペース）を押して空白を入力しておきましょう。

①あめ
②ぶっく
③ぱん
④きゃんでぃー
⑤ぎゅうにゅう
⑥のーと
⑦、。
※ Enter を押して、改行しておきましょう。

Let's Try Answer

① A M E
② B U K K U
③ P A N N
④ K Y A N D H I =
⑤ G Y U U N Y U U
⑥ N O = T O
⑦ <、 >。

2 かな入力の場合

かな入力で「**きく**」と入力しましょう。

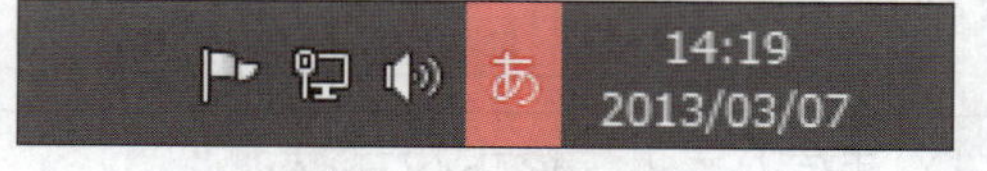

①入力モードが あ になっていることを確認します。
※ あ になっていない場合は、半角/全角 漢字 を押します。

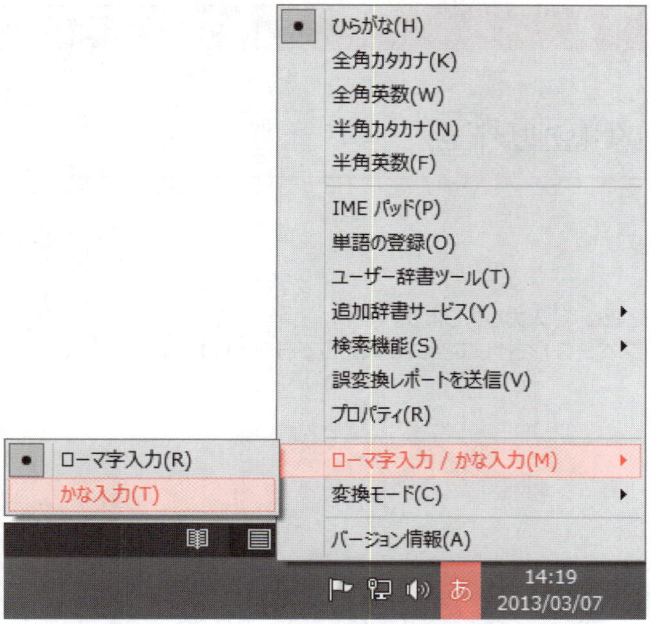

かな入力に切り替えます。

② あ を右クリックします。

③《**ローマ字入力/かな入力**》をポイントします。

④《**かな入力**》をクリックします。

※●が付いているのが現在選択されている入力方式です。

⑤ [G き] [H く] を押します。

「きく」と表示され、入力した文字に点線が付きます。

※点線は、文字が入力の途中であることを表します。

⑥ [Enter] を押します。

点線が消え、文字が確定されます。

※ [Enter] を押して、改行しておきましょう。

POINT ▶▶▶

かな入力の規則

かな入力には、次のような規則があります。

入力する文字	入力方法	例
濁音の入力	清音のあとに [@ ゛] を押します。	かば : [T か] [F は] [@ ゛]
半濁音の入力	清音のあとに [[゜] を押します。	ぱん : [F は] [[゜] [Y ん]
「を」の入力	[Shift] を押しながら、[0 わ を] を押します。	を : [Shift] + [0 わ を]
促音「っ」の入力	[Shift] を押しながら、[Z っ] を押します。	いった : [E い] [Shift] + [Z っ] [Q た]
拗音(「きゃ」「きゅ」「きょ」など)・小さい文字(「ぁ」「ぃ」「ぅ」など)の入力	[Shift] を押しながら、清音を押します。	きゃ : [G き] [Shift] + [7 や ゃ] てぃ : [W て] [Shift] + [E い ぃ] ぁ : [Shift] + [3 あ ぁ]

POINT ▶▶▶

句読点や長音の入力

句点「。」：[Shift]＋[＞。 .る]　読点「、」：[Shift]＋[＜、 ,ね]　長音「ー」：[| ¥ー]

ためしてみよう

※入力モードが あ になっていることを確認して、入力しましょう。
※問題ごとに文字を確定し、[　　　]（スペース）を押して空白を入力しておきましょう。

①あめ
②ぶっく
③ぱん
④きゃんでぃー
⑤ぎゅうにゅう
⑥のーと
⑦、。
※[Enter]を押して、改行しておきましょう。

Let's Try Answer

① [#ぁ 3あ] [?・ /め]
② [" 2ふ] [` @゛] [Shift]＋[Z っ つ] [H く]
③ [F は] [{「 [゜] [Y ん]
④ [G き] [Shift]＋[' ゃ 7や] [Y ん] [W て] [` @゛] [Shift]＋[E ぃ い] [| ¥ー]
⑤ [G き] [` @゛] [Shift]＋[(ゅ 8ゆ] [$ ぅ 4う] [I に] [Shift]＋[(ゅ 8ゆ] [$ ぅ 4う]
⑥ [K の] [| ¥ー] [S と]
⑦ [Shift]＋[＜、 ,ね] [Shift]＋[＞。 .る]

5 入力中の文字の訂正

入力中の文字を効率的な方法で訂正しましょう。

1 入力中の文字の削除

確定前の文字を削除するには、[Back Space]または[Delete]を使います。

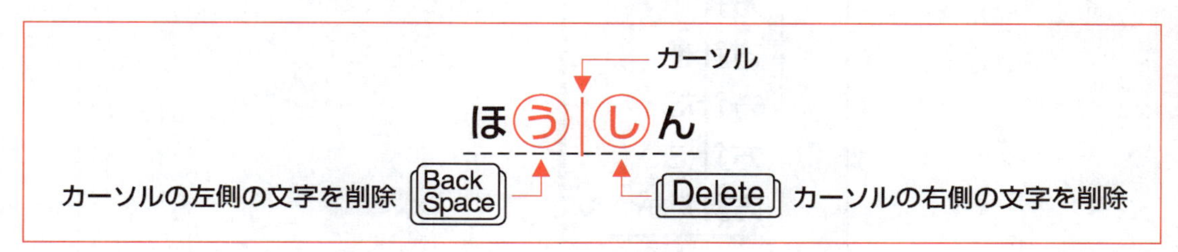

「ほうしん」と入力した文字を**「ほん」**に訂正しましょう。

ほうしん

①入力モードが[あ]になっていることを確認します。

※[あ]になっていない場合は、[半角/全角 漢字]を押します。

※[あ]を右クリックし、《ローマ字入力/かな入力》の一覧から使用する入力方式に切り替えておきましょう。

②**「ほうしん」**と入力します。

※文字の下側に予測候補が表示されます。

ほう|しん

「う」と**「し」**の間にカーソルを移動します。

③[←]を2回押します。

※マウスで「う」と「し」の間をクリックして、カーソルを移動することもできます。

ほ|しん

④[Back Space]を1回押します。

「う」が削除されます。

ほ|ん

⑤[Delete]を1回押します。

「し」が削除されます。

ほん

⑥[Enter]を押します。

文字が確定されます。

※[Enter]を押して、改行しておきましょう。

予測候補

文字を入力し変換する前に、予測候補の一覧が表示されます。
この予測候補の一覧には、今までに入力した文字やこれから入力すると予測される文字が予測候補として表示されます。Tab を押して、この予測候補の一覧から選択すると、そのまま入力することができます。

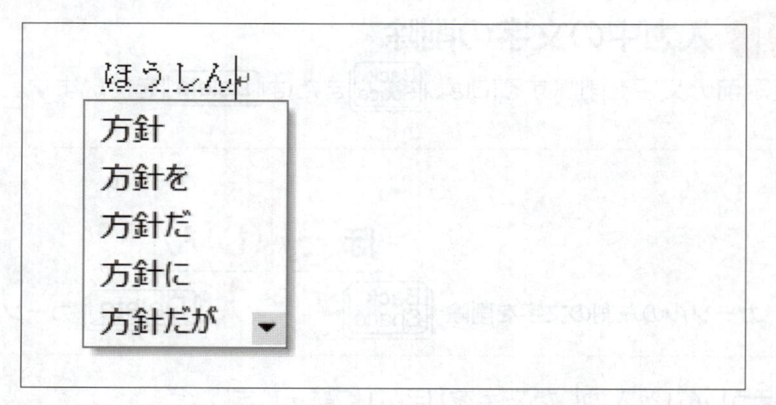

2 入力中の文字の挿入

確定前に文字を挿入するには、文字を挿入する位置にカーソルを移動して入力します。
「ともち」と入力した文字を**「ともだち」**に訂正しましょう。

ともち

①**「ともち」**と入力します。

ともち

「も」と**「ち」**の間にカーソルを移動します。
② ← を押します。
※マウスで「も」と「ち」の間をクリックして、カーソルを移動することもできます。

ともだち

③**「だ」**と入力します。
「だ」が挿入されます。

ともだち

④ Enter を押します。
文字が確定されます。
※ Enter を押して、改行しておきましょう。

入力中の文字の取り消し

入力中の文字をすべて取り消すには、文字を確定する前に Esc を押します。

STEP 3 文字を変換する

1 漢字変換

漢字を入力する操作は、**「入力した文字を変換し、確定する」**という流れで行います。
文字を入力して、[　](スペース)または[変換]を押すと漢字に変換できます。
変換された漢字は[Enter]を押すか、または、続けて次の文字を入力すると確定されます。
「会う」と入力しましょう。

あう↵

①**「あう」**と入力します。

会う↵

②[　](スペース)を押します。
※[変換]を押して、変換することもできます。
漢字に変換され、太い下線が付きます。
※太い下線は、文字が変換の途中であることを表します。

会う↵

③[Enter]を押します。
漢字が確定されます。
※[Enter]を押して、改行しておきましょう。

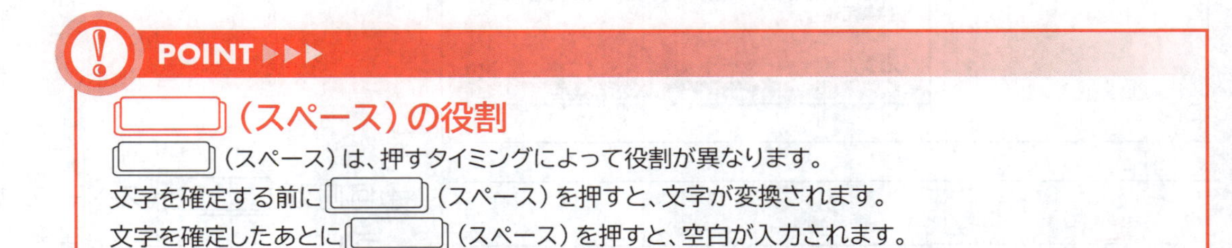

POINT ▶▶▶

[　](スペース)の役割

[　](スペース)は、押すタイミングによって役割が異なります。
文字を確定する前に[　](スペース)を押すと、文字が変換されます。
文字を確定したあとに[　](スペース)を押すと、空白が入力されます。

STEP UP

変換前の状態に戻す

変換して確定する前に[Esc]を何回か押すと、変換前の状態(読みを入力した状態)に戻して文字を訂正できます。

2 変換候補一覧からの選択

漢字には同音異義語(同じ読みでも意味が異なる言葉)があります。
[　　　](スペース)を1回押して目的の漢字が表示されない場合は、さらに[　　　](スペース)を押します。変換候補一覧が表示されるので、一覧から目的の漢字を選択します。
「逢う」と入力しましょう。

あう

①**「あう」**と入力します。

会う

②[　　　](スペース)を押します。

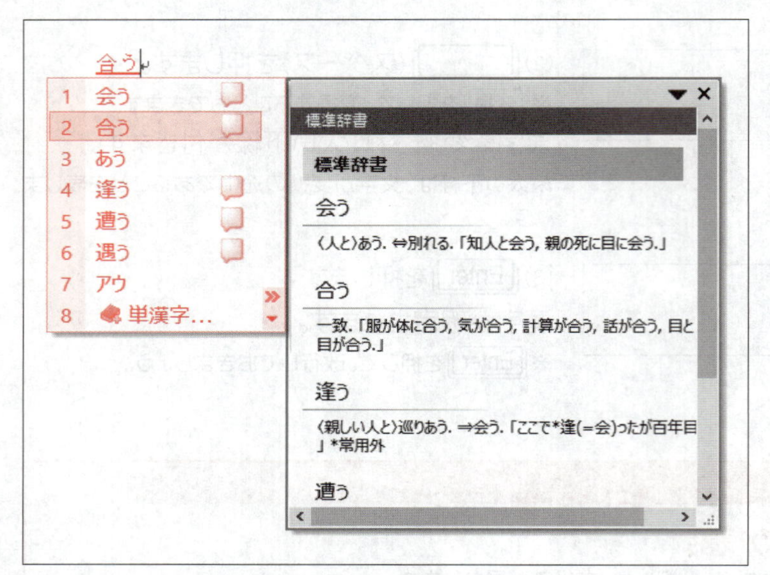

③再度、[　　　](スペース)を押します。
変換候補一覧が表示されます。

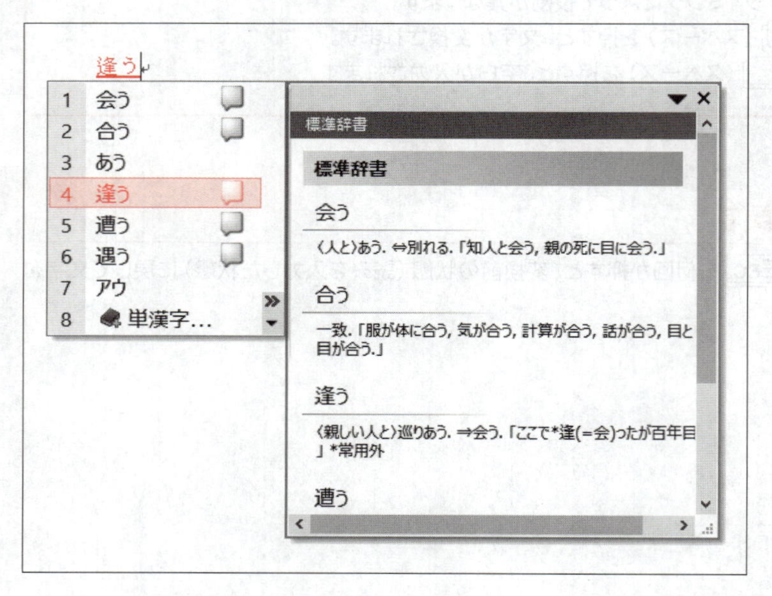

④何回か[　　　](スペース)を押し、**「逢う」**にカーソルを合わせます。
※[↑][↓]を押して、カーソルを合わせることもできます。

逢う

⑤[Enter]を押します。
漢字が確定されます。
※[Enter]を押して、改行しておきましょう。

漢字の変換候補一覧

漢字の変換候補一覧の各部の役割は、次のとおりです。

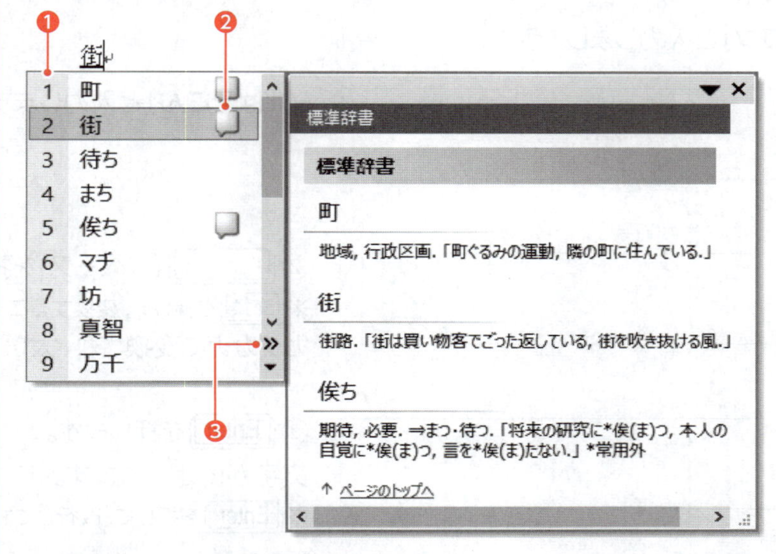

❶数字を入力して漢字を選択できます。
❷同音異義語などで意味を混同しやすい単語に、 や が表示されます。ポイントすると意味や使い方を確認できます。
❸変換候補一覧を複数列で表示します。

複数列表示

変換候補一覧が表示されている状態で、 » をクリックしたり Tab を押したりすると、変換候補一覧を複数列で表示できます。同音異義語が多い場合に目的の文字を探しやすくなります。

気

1	木	来	キ	危
2	気	貴	規	企
3	期	奇	起	寄
4	機	喜	鬼	棄
5	着	季	生	崎
6	記	帰	既	祈
7	黄	器	騎	旗
8	き	紀	氣	汽
9	樹	軌	希	飢

3 カタカナ変換

漢字と同様に、読みを入力して[　　　](スペース)または[変換]を押してカタカナに変換できます。

「パソコン」と入力しましょう。

ぱそこん

①「ぱそこん」と入力します。

パソコン

②[　　　](スペース)を押します。

※[変換]を押して、変換することもできます。

カタカナに変換され、太い下線が付きます。

パソコン

③[Enter]を押します。

文字が確定されます。

※[Enter]を押して、改行しておきましょう。

4 記号変換

記号には「〒」「℡」「①」「◎」など、読みを入力して変換できるものがあります。

「◎」を入力しましょう。

まる

①「まる」と入力します。

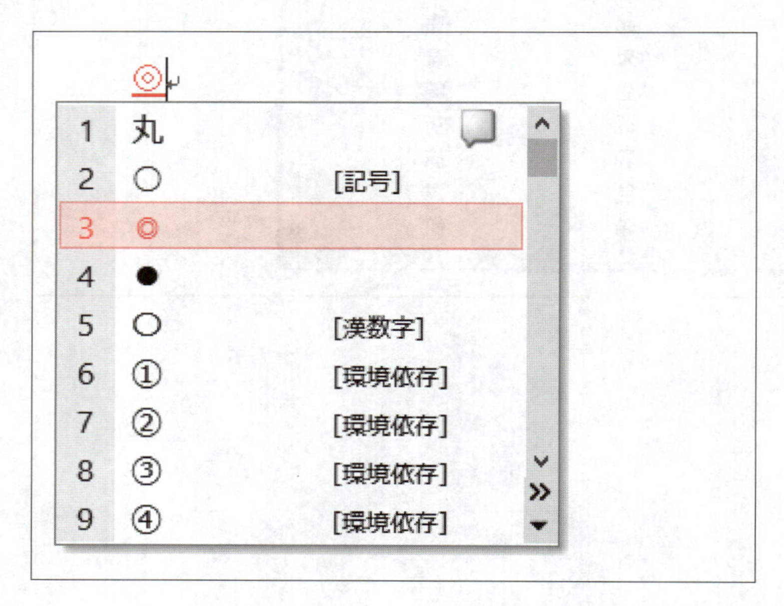

②[　　　](スペース)を何回か押し、「◎」にカーソルを合わせます。

③[Enter]を押します。

記号が確定されます。

※[Enter]を押して、改行しておきましょう。

よく使う記号

読みを入力して変換できる記号には、次のようなものがあります。

読み	記号
かっこ	（） 〔〕 ＜＞ 《》 「」 『』 【】
まる	○ ● ◎ ①～⑳ ㊤ ㊥ ㊦ ㊧ ㊨
さんかく	△ ▲ ▽ ▼ ∵ ∴
やじるし	← → ↑ ↓ ⇔ ⇒
たんい	℃ ％ ‰ Å ￡ ￠ ㎜ ㎝ ㎞ ㎎ ㎏ ㎡ ㍗ ㌍ ㍍
けいさん	＋ － × ÷ ≦ ≠
から	～
こめ	※
ゆうびん	〒
でんわ	℡
ほし	☆ ★
かぶしきがいしゃ	㈱ （株）
へいせい	㍻

※このほかにも、読みを入力して変換できる記号はたくさんあります。

記号と特殊文字

《記号と特殊文字》ダイアログボックスを使うと、読みがわからない記号も入力できます。
《記号と特殊文字》ダイアログボックスを表示する方法は、次のとおりです。

◆《挿入》タブ→《記号と特殊文字》グループの Ω（記号の挿入）→《その他の記号》

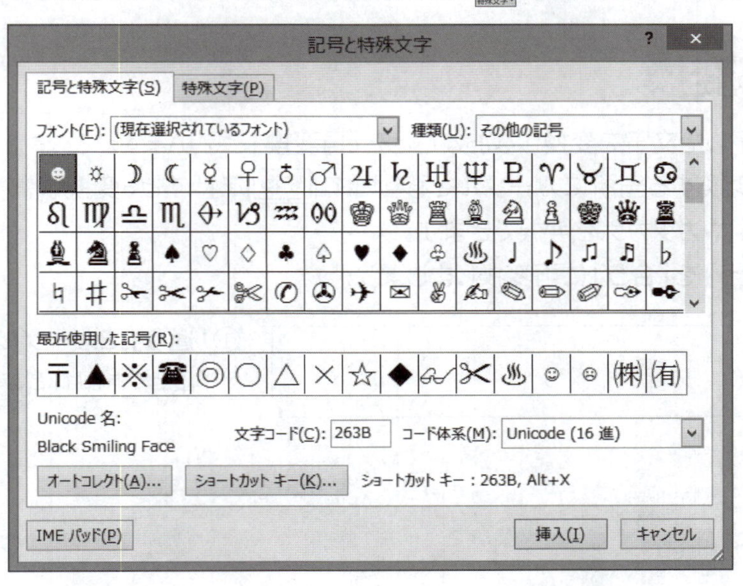

POINT ▶▶▶

いろいろな文字への変換

文字を入力して、［スペース］（スペース）を押すと、住所や顔文字などにも変換できます。

●住所に変換

郵便番号を入力して、［スペース］（スペース）を押すと、住所に変換できます。

※入力した郵便番号によっては、住所に変換できないものもあります。

●顔文字に変換

「かお」と入力して、［スペース］（スペース）を押すと、顔文字に変換できます。

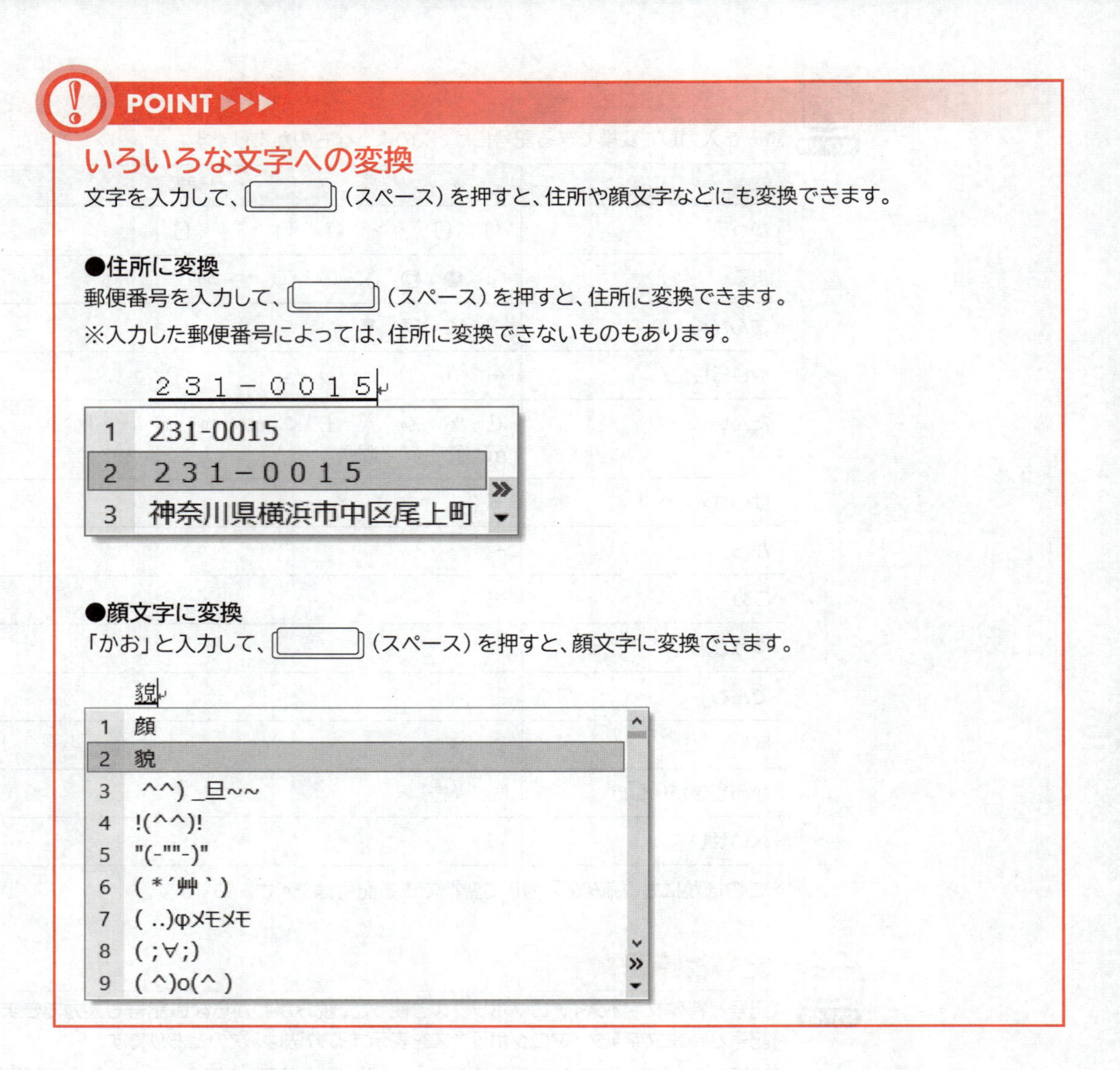

5 再変換

確定した文字を変換しなおすことを**「再変換」**といいます。

再変換する箇所にカーソルを移動して［変換］を押すと、変換候補一覧が表示され、ほかの漢字やカタカナを選択できます。

「逢う」を**「合う」**に再変換しましょう。

逢う

①**「逢う」**にカーソルを移動します。

※単語上であれば、どこでもかまいません。

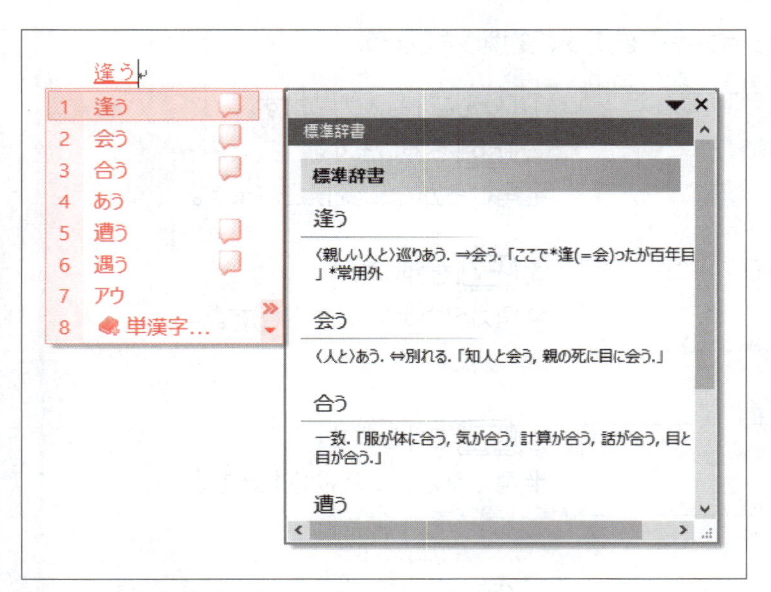

②変換を押します。
変換候補一覧が表示されます。

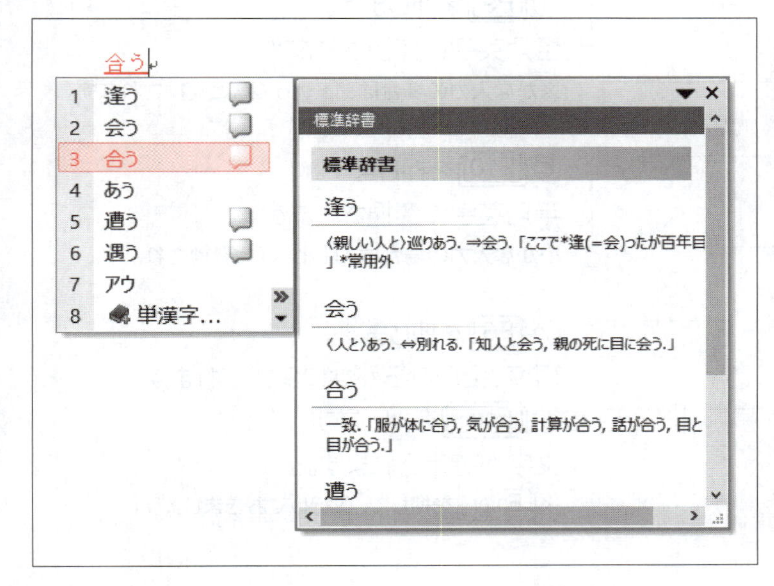

③何回か［　　　］（スペース）を押し、**「合う」**にカーソルを合わせます。
④Enterを押します。
文字が確定されます。
※文末にカーソルを移動しておきましょう。

その他の方法（再変換）
◆単語を右クリック→一覧から漢字を選択

6 ファンクションキーを使った変換

F6～F10のファンクションキーを使って、入力した読みを変換できます。下線が付いた状態で、ファンクションキーを押すと変換されます。
ファンクションキーを使った変換の種類は、次のとおりです。

●「りんご」と入力した場合

ファンクションキー	変換の種類	変換後の文字	
F6	全角ひらがな	りんご	
F7	全角カタカナ	リンゴ	
F8	半角カタカナ	ﾘﾝｺﾞ	
F9	全角英数字	ローマ字入力	ｒｉｎｇｏ
		かな入力	ｌｙｂ＠
F10	半角英数字	ローマ字入力	ringo
		かな入力	lyb@

「りんご」と入力し、ファンクションキーを使って変換しましょう。

りんご

①**「りんご」**と入力します。
②F6を押します。
全角ひらがなに変換されます。

リンゴ

③F7を押します。
全角カタカナに変換されます。

ﾘﾝｺﾞ

④F8を押します。
半角カタカナに変換されます。

ｒｉｎｇｏ

⑤F9を押します。
全角英字に変換されます。
※かな入力の場合は、「ｌｙｂ＠」と変換されます。

ringo

⑥F10を押します。
半角英字に変換されます。
※かな入力の場合は、「lyb@」と変換されます。

りんご

⑦F6を押します。
再度、全角ひらがなに変換されます。
⑧Enterを押します。
文字が確定されます。
※Enterを押して、改行しておきましょう。

STEP UP ファンクションキーの活用

ファンクションキーを1回押すごとに、次のように変換できます。

ファンクションキー	変換後の文字
F6	てにすは→テにすは→テニすは→テニスは
F7	テニスハ→テニスは→テニすは→テにすは
F8	ﾃﾆｽﾊ→ﾃﾆｽは→ﾃﾆすは→ﾃにすは
F9	ｍｒ．ｓｕｚｕｋｉ→ＭＲ．ＳＵＺＵＫＩ→Ｍｒ．Ｓｕｚｕｋｉ
F10	mr.suzuki→MR.SUZUKI→Mr.Suzuki

STEP 4 文章を変換する

1 文章の変換

文章を入力して変換する方法には、次のようなものがあります。

●文節単位で変換する

文節ごとに入力し、[ ](スペース)を押して変換します。
適切な漢字に絞り込まれるため、効率よく文章を変換できます。

●一括変換する

「。」(句点)「、」(読点)を含めた一文を入力し、[ ](スペース)を押して変換します。自動的に文節が区切られてまとめて変換できますが、一部の文節が目的の漢字に変換されない場合や、文節が正しく認識されない場合には、手動で調整する必要があります。

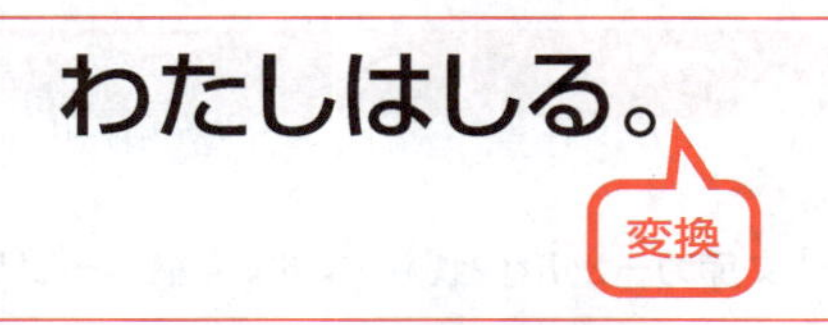

2 文節単位の変換

文節単位で変換して文章を入力します。
「学校に行く。」と入力しましょう。

がっこうに

①**「がっこうに」**と入力します。

学校にいく。

②[ ](スペース)を押します。
「学校に」と変換されます。
③**「いく。」**と入力します。
※「学校に」が自動的に確定されます。

学校に行く。

④[ ](スペース)を押します。
「行く。」と変換されます。

学校に行く。

⑤[Enter]を押します。
文章が確定されます。
※[Enter]を押して、改行しておきましょう。

1 2 3 4 5 6 7 総合問題 付録1 付録2 付録3 索引

3 一括変換

一括変換で文章を入力します。

1 一括変換

「晴れたらプールで泳ぐ。」と入力しましょう。

はれたらぷーるでおよぐ。↵

①**「はれたらぷーるでおよぐ。」**と入力します。

晴れたらプールで泳ぐ。↵

②[　　　](スペース)を押します。
自動的に文節が区切られて変換されます。

晴れたらプールで泳ぐ。↵

③[Enter]を押します。
文章が確定されます。
※[Enter]を押して、改行しておきましょう。

POINT ▶▶▶

文節カーソル

変換したときに表示される太い下線を「文節カーソル」といいます。文節カーソルは、現在変換対象になっている文節を表します。

2 文節ごとに変換しなおす

文章を一括変換したときに、一部の文節が目的の文字に変換されないことがあります。その場合は、[←]または[→]を使って、文節カーソルを移動して変換しなおします。
「本を構成する。」を**「本を校正する。」**に変換しなおしましょう。

ほんをこうせいする。↵

①**「ほんをこうせいする。」**と入力します。

本を構成する。↵

②[　　　](スペース)を押します。
自動的に文節が区切られて変換されます。
③**「本を」**の文節に、文節カーソルが表示されていることを確認します。

本を構成する。↵

文節カーソルを右に移動します。
④[→]を押します。
文節カーソルが**「構成する」**に移動します。

本を校正する。

1	構成する
2	校正する
3	攻勢する
4	更生する
5	更正する
6	較正する
7	甦生する
8	こうせいする
9	コウセイスル

⑤［　　］(スペース)を押します。
変換候補一覧が表示されます。
⑥**「校正する」**にカーソルを合わせます。

本を校正する。

⑦［Enter］を押します。
文章が確定されます。
※［Enter］を押して、改行しておきましょう。

3 文節区切りの変更

文章を一括変換したときに、文節の区切りが正しく認識されないことがあります。その場合は、［Shift］＋［←］または［Shift］＋［→］を使って、文節の区切りを変更します。文節の区切りと文節カーソルが一致したら、［　　］(スペース)を押して変換します。
「私は知る。」の文節の区切りを調整して、**「私走る。」**に変更しましょう。

わたしはしる。

①**「わたしはしる。」**と入力します。

私は知る。

②［　　］(スペース)を押します。
自動的に文節が区切られて変換されます。
③**「私は」**の文節に、文節カーソルが表示されていることを確認します。

わたしは知る。

文節の区切りを変更します。
④［Shift］＋［←］を押します。
文節の区切りが変更され、**「わたし」**が反転表示されます。

私走る。

⑤［　　］(スペース)を押します。
「私」と変換されます。

私走る。

⑥［Enter］を押します。
文章が確定されます。
※［Enter］を押して、改行しておきましょう。

文節区切りの候補

Windows 8.1では、文節区切りの異なる候補がある場合、変換候補一覧に「0」番が表示されます。「0」を選択すると、文節区切りの異なる候補に切り替えられます。

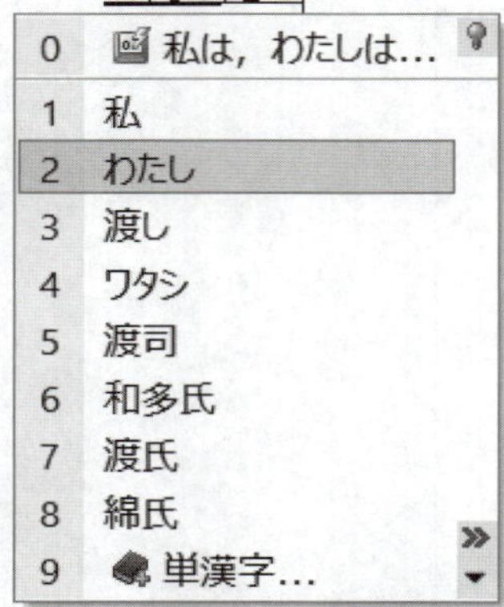

Windows 10では、文節区切りの異なる候補がある場合、変換候補一覧に表示されます。変換候補一覧から選択すると、文節区切りの異なる候補に切り替えられます。

わたし走る

1 私
2 私は
3 わたしは
4 わたし
5 渡し
6 ワタシ
7 渡司
8 和多氏
9 渡氏

変換しない文節

ひらがなのままで変換しないときは、[　　　]（スペース）を押さずに、[Enter]を押して確定します。

ためしてみよう

次の文章を入力しましょう。
※問題ごとに[Enter]を押して改行しておきましょう。

①来年は海外旅行に2回行きたい。
②広島へ牡蠣を食べに行った。
③寝る前にブログを更新するのが毎日の日課となっている。
④昨日会った人は前にも会ったことがある。
⑤今日歯医者へ行った。今日は医者へ行った。
⑥ここでは着物を脱ぐ。ここで履物を脱ぐ。
⑦必要事項を記入して、Mailにてご回答ください。
⑧夏のバーゲンセールで前から欲しかったスーツを40%OFFで購入した！
⑨睡眠の種類はレム睡眠とノンレム睡眠に分けることができ、眠りの深いノンレム睡眠の方が質のよい睡眠とされている。
⑩当店の看板メニューは、世界三大珍味「トリュフ」「フォアグラ」「キャビア」を贅沢に使ったフルコースです。

Let's Try Answer

省略

単語を登録する

1 単語の登録

専門用語や名前などの中で、うまく変換できないような単語は、辞書に登録しておくと便利です。また、会社名や部署名、頻繁に使う文章なども、短い読みで登録すると、すばやく入力できます。

「卓斗」を**「た」**の読みで辞書に登録しましょう。

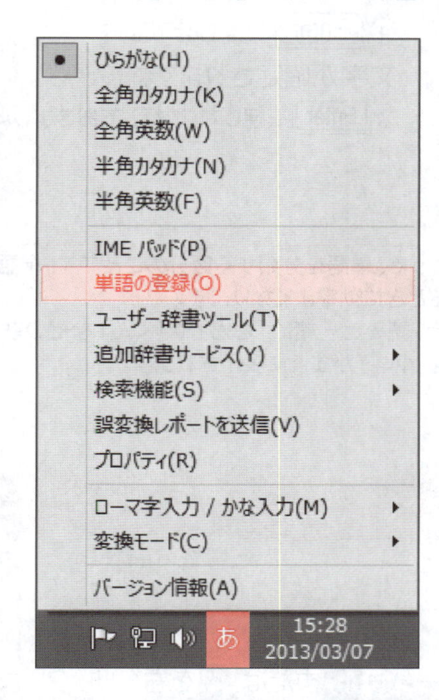

①あまたはAを右クリックします。
②**《単語の登録》**をクリックします。

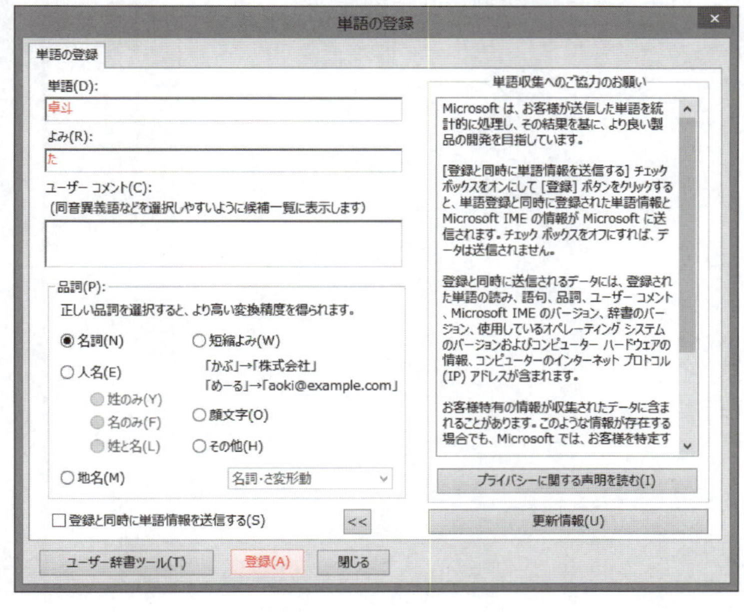

《単語の登録》ダイアログボックスが表示されます。

登録する単語を入力します。

③**《単語》**に**「卓斗」**と入力します。

※「たくと」では変換できないので1文字ずつ変換します。

登録する単語の読みを入力します。

④**《よみ》**に**「た」**と入力します。

⑤**《登録》**をクリックします。

単語が登録されます。

※《閉じる》をクリックし、《単語の登録》ダイアログボックスを閉じておきましょう。

その他の方法(単語の登録)

◆《校閲》タブ→《言語》グループの (日本語入力辞書への単語登録)

2 単語の呼び出し

登録した単語は、読みを入力して、変換することで呼び出すことができます。
「た」と入力して**「卓斗」**を呼び出しましょう。

た

①文末にカーソルがあることを確認します。
②**「た」**と入力します。

卓斗

③［　　　］(スペース)を押します。
「卓斗」が呼び出されます。
④［Enter］を押します。
文字が確定されます。
※［Enter］を押して、改行しておきましょう。

品詞

「品詞」とは、文法上の機能や性質などによって、単語を分類する区分のことです。単語を登録する際に品詞を指定すると、文章を入力・変換するときに効率よくなります。
例えば、「卓斗」を人名として登録した場合、読みと一緒に「さん」や「くん」などの敬称を付けて入力・変換すると、人名として登録された単語「卓斗」がすぐに表示されます。

3 登録した単語の削除

登録した単語は、辞書から削除できます。
「卓斗」を辞書から削除しましょう。

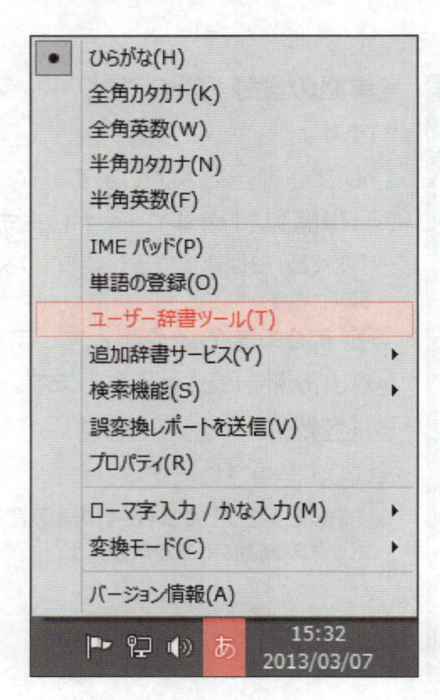

①［あ］または［A］を右クリックします。
②**《ユーザー辞書ツール》**をクリックします。

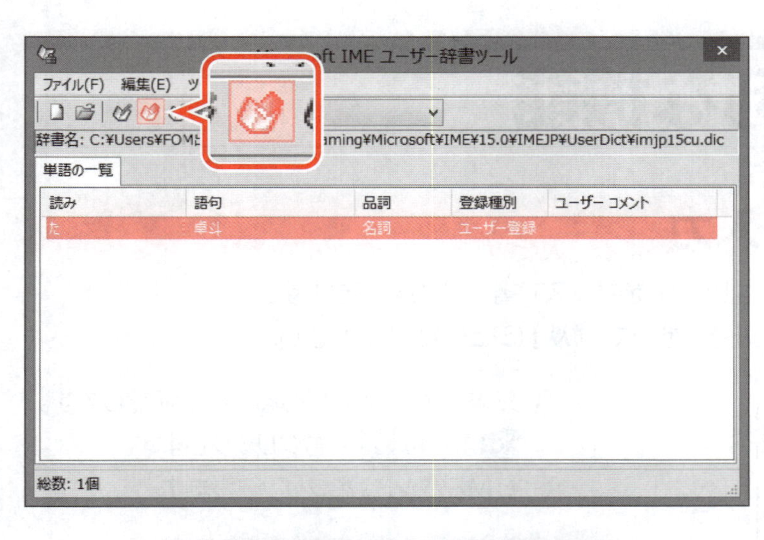

《Microsoft IME ユーザー辞書ツール》ウィンドウが表示されます。

③《語句》の「卓斗」をクリックします。

④ (削除)をクリックします。

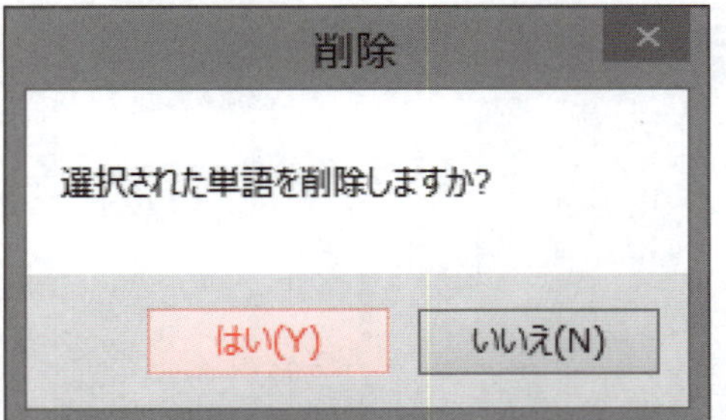

図のようなメッセージが表示されます。

⑤《はい》をクリックします。

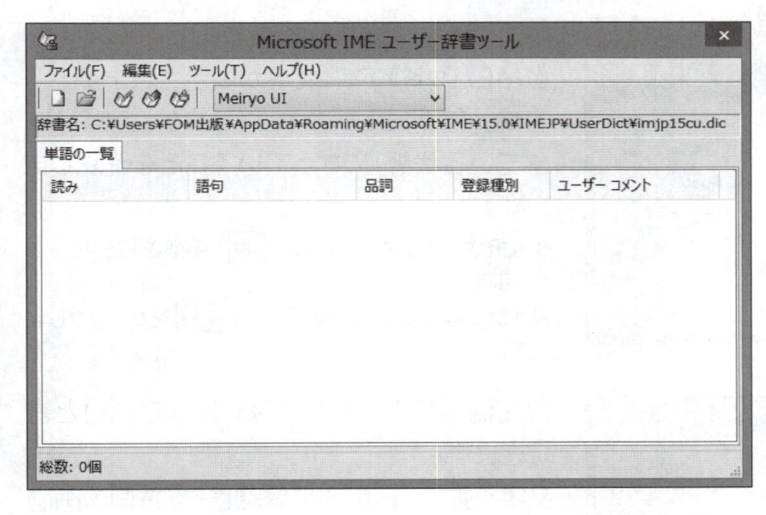

一覧から単語が削除されます。

※ (閉じる)をクリックし、《Microsoft IME ユーザー辞書ツール》ウィンドウを閉じておきましょう。

その他の方法(登録した単語の削除)

◆《校閲》タブ→《言語》グループの (日本語入力辞書への単語登録)→《ユーザー辞書ツール》→単語を選択→ (削除)

IMEの便利な機能

1 読めない漢字の入力

「IMEパッド」を使うと、読めない漢字をマウスで書いて検索できます。
IMEパッドの**「手書きアプレット」**を使って、**「从」**(ジュウ)と入力しましょう。

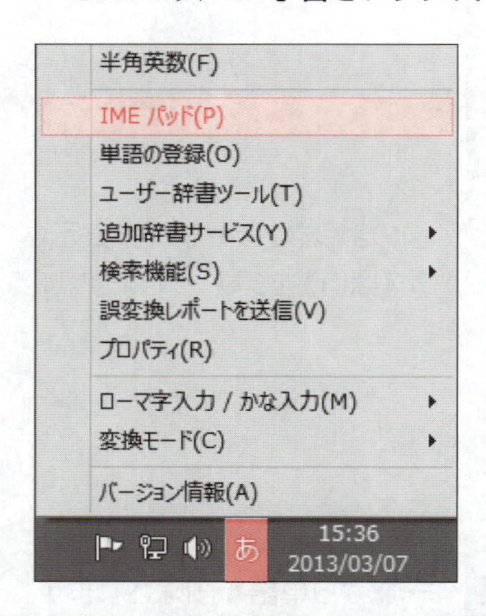

①文末にカーソルがあることを確認します。
② あ または A を右クリックします。
③**《IMEパッド》**をクリックします。

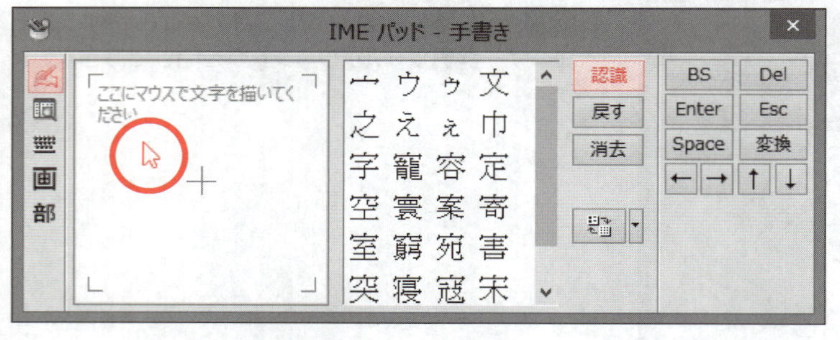

《IMEパッド》アプレットが表示されます。
④ (手書き)が選択され、オン(色が付いている状態)になっていることを確認します。

※選択されていない場合は、 (手書き)をクリックします。
※オンになっていない場合は、 認識 をクリックします。

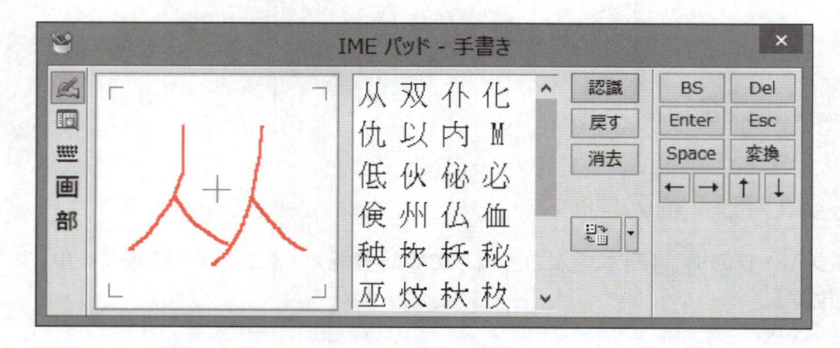

⑤左側の枠の中にマウスを使って**「从」**と書きます。
文字を書くと自動的に認識され、右側の画面に漢字の候補が表示されます。

※書いた文字の形や書き順によって、表示される漢字の候補が異なります。
※直前に書いた部分を消す場合は、 戻す (最後の一画を消す)をクリックします。すべて消す場合は 消去 (手書きをすべて消す)をクリックし、書きなおします。

⑥右側の枠の中の**「从」**をポイントします。
読みが表示されます。
⑦クリックします。

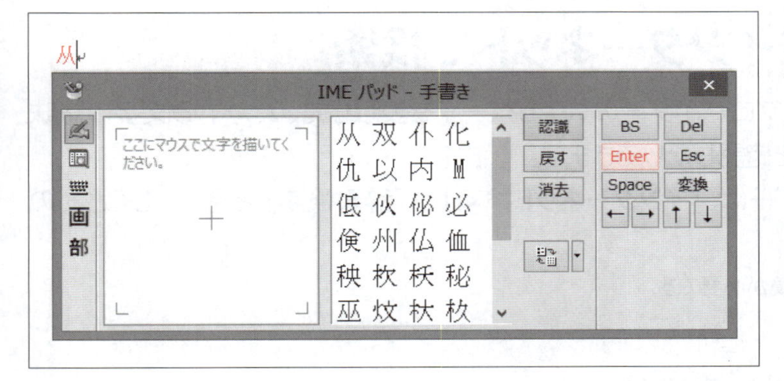

文書内に**「从」**が入力されます。

※《IMEパッド》アプレットと文字が重なっている場合は、タイトルバーをドラッグして移動しましょう。

⑧ Enter をクリックします。

※ Enter を押して、確定することもできます。

漢字が確定されます。

※ × （閉じる）をクリックし、《IMEパッド》アプレットを閉じておきましょう。

※ Enter を押して、改行しておきましょう。

IMEパッド

「IMEパッド」には、手書きアプレット以外に、次のような機能があります。

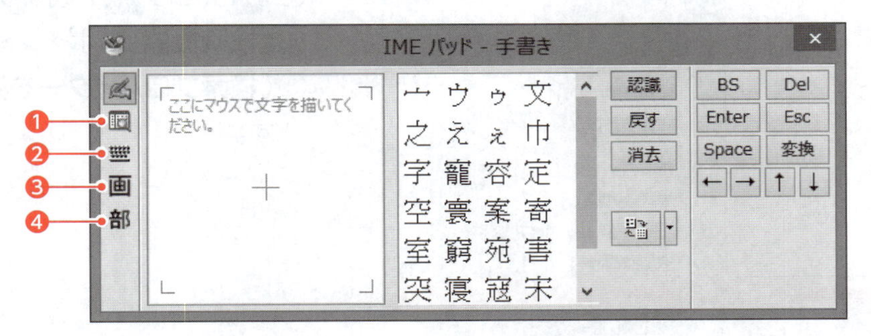

❶文字一覧アプレット

記号や特殊文字などを一覧から選択して入力できます。

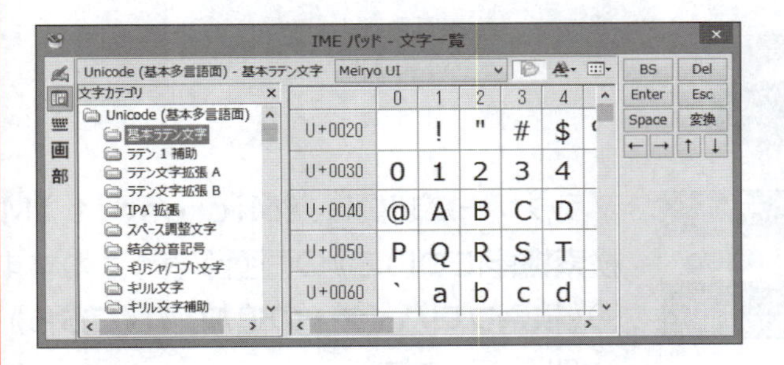

❷ソフトキーボードアプレット

画面上のキーボードのイメージをクリックして、文字を入力できます。

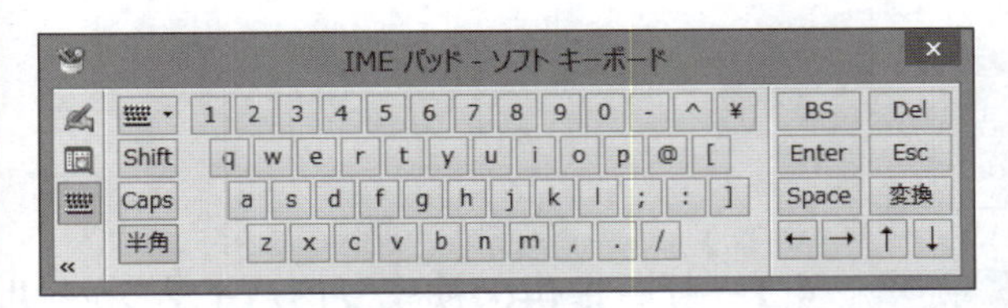

❸総画数アプレット

総画数をもとに読めない漢字を検索して入力できます。

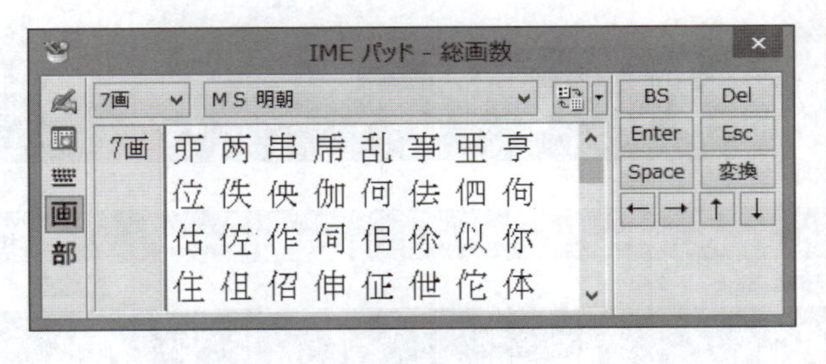

❹部首アプレット

部首の画数をもとに読めない漢字を検索して入力できます。

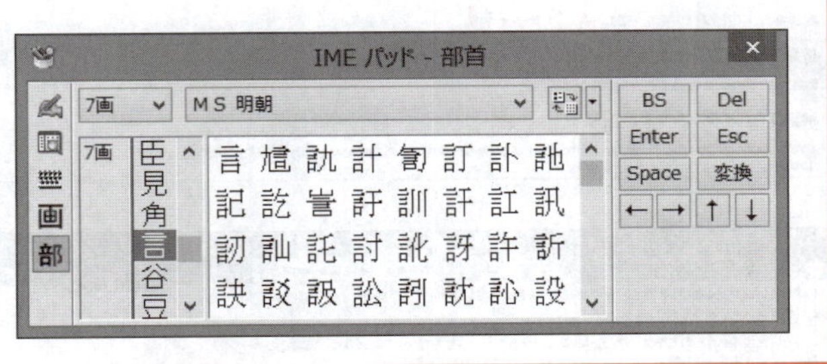

2 入力中の文字をインターネットで検索

「検索機能」を使うと、検索プロバイダーのWebページを表示して、入力中の文字の意味を調べたり、関連する情報を確認したりできます。
使用できる検索プロバイダーは、**「インターネット検索」**や**「辞書検索」**を始め、たくさんの種類が用意されています。
※インターネットに接続できる環境が必要です。

1 検索プロバイダーの追加

インターネットで検索を行う前に、検索するプロバイダーを追加します。
検索プロバイダーは、複数追加できます。
検索プロバイダーとして、辞書検索の**「Weblio」**を追加しましょう。

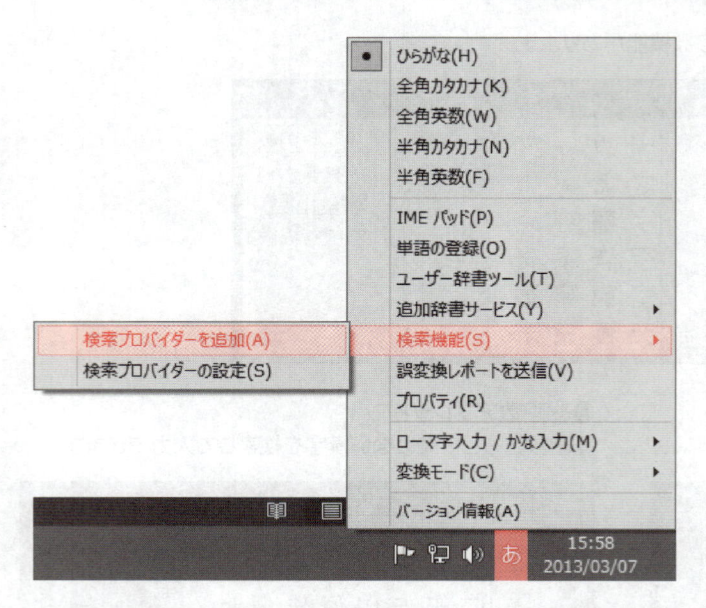

①あまたはAを右クリックします。
②**《検索機能》**をポイントします。
③**《検索プロバイダーを追加》**をクリックします。

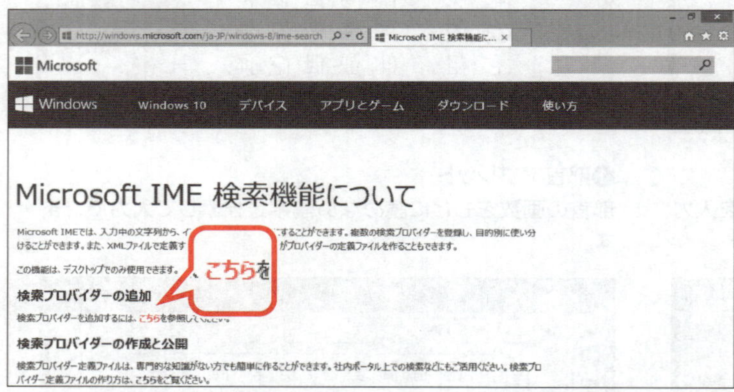

ブラウザーが起動し、**《Microsoft IME検索機能について》**の画面が表示されます。
④**《検索プロバイダーの追加》**の**《こちら》**をクリックします。

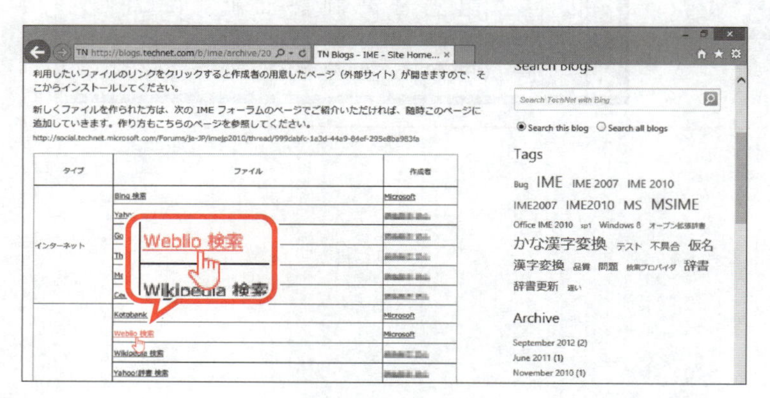

《ユーザー提供の検索プロバイダファイル》の画面が表示されます。
追加する検索プロバイダーを選択します。
⑤**《辞書》**の**《Weblio検索》**をクリックします。
※表示されていない場合は、スクロールして調整します。

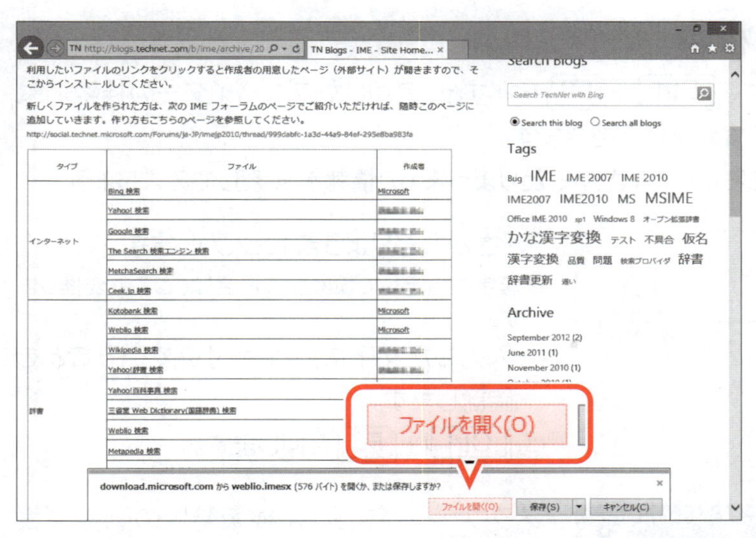

通知バーに図のようなメッセージが表示されます。

※表示されない場合は、⑦に進みます。

⑥**《ファイルを開く》**をクリックします。

通知バーに図のようなメッセージが表示されます。

※表示されない場合は、⑧に進みます。

⑦ Windows 8.1 **《ファイルを開く》**をクリックします。

Windows 10 **《開く》**をクリックします。

《Microsoft IME 検索プロバイダーの追加》ウィンドウが表示されます。

⑧**《プロバイダーの追加》**をクリックします。

図のようなメッセージが表示されます。

⑨**《OK》**をクリックします。

※ ✕ （閉じる）をクリックし、ブラウザーを閉じておきましょう。

2 インターネット検索

文字を入力して確定する前に、Ctrl+F8を押すと、追加したプロバイダーの検索結果の画面が表示され、すばやく情報を検索できます。
「Weblio」のWebページを表示して**「さかもとりょうま」**の情報を検索してみましょう。

①**「さかもとりょうま」**と入力します。
※漢字を指定して検索する場合は、ここで変換します。
②入力した文字に点線が付いていることを確認します。
③Ctrl+F8を押します。

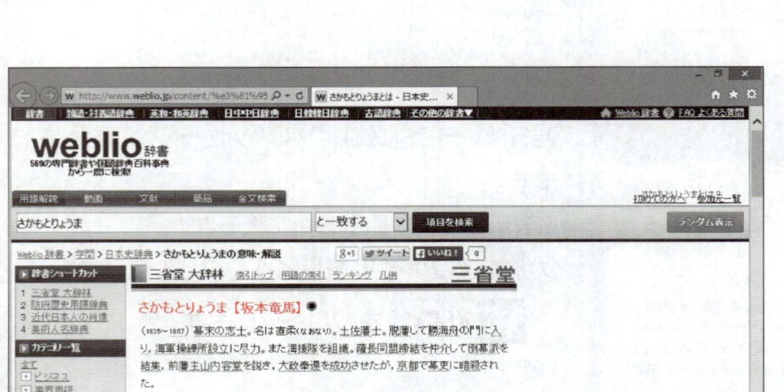

ブラウザーが起動し、検索結果の画面が表示されます。
※ ×（閉じる）をクリックし、ブラウザーを閉じておきましょう。

POINT ▶▶▶

検索プロバイダーを指定して検索する

複数の検索プロバイダーを追加した場合は、文字を確定する前にCtrl+F9を押すと検索プロバイダーの一覧が表示され、選択できます。

STEP 7 文書を保存せずにWordを終了する

1 文書を保存せずにWordを終了

作成した文書を保存しておく必要がない場合は、そのままWordを終了します。
文書を保存せずにWordを終了しましょう。
※文書を保存する方法については、P.98の「第3章　STEP9　文書を保存する」を参照してください。

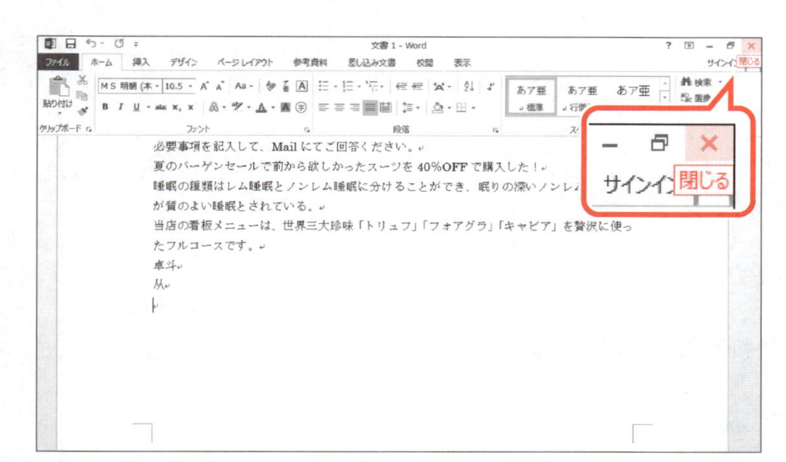

①《Word》ウィンドウの ✕ （閉じる）をクリックします。

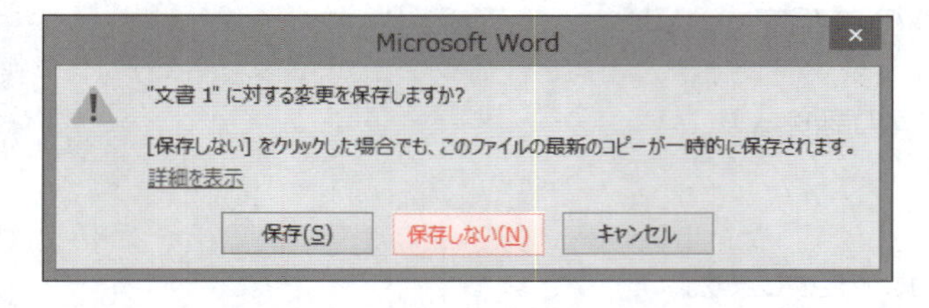

図のようなメッセージが表示されます。
②《保存しない》をクリックします。

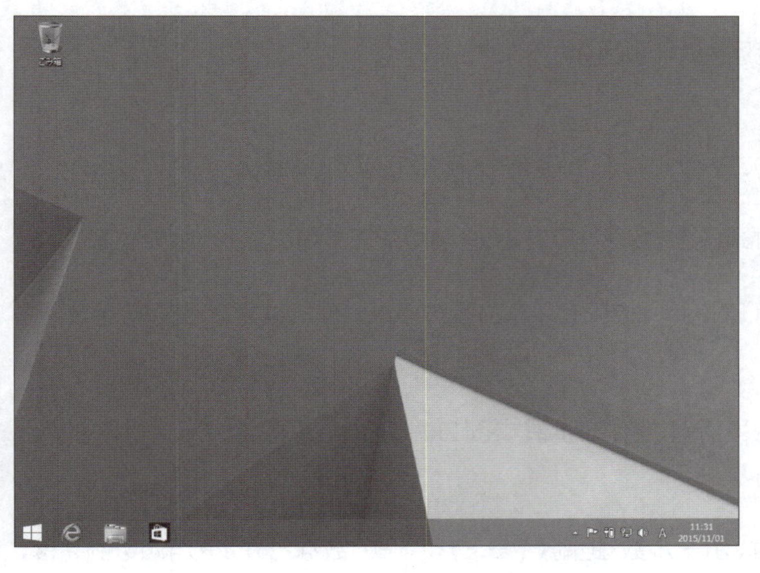

Wordが終了し、デスクトップ画面に戻ります。

STEP UP 文書の自動保存

作成中の文書は、一定の間隔で自動的にコンピューター内に保存されます。
文書を保存せずに閉じてしまった場合、自動的に保存された文書の一覧から復元できます。
保存していない文書を復元する方法は、次のとおりです。

◆《ファイル》タブ→《情報》→《バージョンの管理》→《保存されていない文書の回復》→文書を選択→《開く》

※操作のタイミングによって、完全に復元されるとは限りません。

Exercise 練習問題

解答 ► 別冊P.1

次のように文章を入力しましょう。

※Wordを起動し、新しい文書を作成しておきましょう。

※↵で[Enter]を押して改行します。

①美しい山々。↵

②青い空に浮かんだ白い雲。↵

③少々お待ちください。↵

④隣の客はよく柿食う客だ。↵

⑤庭には二羽裏庭には二羽鶏がいる。↵

⑥サクラの花びらが風に吹かれて舞っている。↵

⑦今期は150%の増益だった。↵

⑧ストックホルムは、スウェーデンの首都です。↵

⑨ちょっと信じられないけど、本当の話!?↵

⑩(20+30)×5=250↵

※「×」は「かける」または「ばつ」と入力して変換します。

⑪〒105-0022□東京都港区海岸1丁目↵

※□は全角空白を表します。

⑫3か月先のヴァイオリンのコンサートチケットを¥5,000で購入した。↵

⑬商品に関するご質問は、お気軽に最寄りの支店・営業所までお問い合わせください。↵

⑭次の休日は、友達とドライブに行く約束をしている。AM8:00には家を出て友達を迎えに行くつもりだ。↵

⑮表計算ソフトであるExcelの基本操作を学習するには、『Excel 基礎』のテキストがわかりやすいと評判である。↵

⑯ゴルフ場を選ぶ基準には、ホール数・距離(ヤード)・パーの数などがあります。例えば、18H(=ホール)、6,577Y(=ヤード)、P(=パー)72のように表示されます。↵

⑰来週の日曜日から駅前のショップでバーゲンが開催され、全品50%OFF(半額)のSALEということである。↵
また、当日は駅から10分ほど離れた野球場でプロ野球の試合があり、駅の混雑が予想される。↵

※文書を保存せずに閉じておきましょう。

Chapter 3

■第3章■ 文書の作成

ページレイアウトの設定、範囲選択、文字の削除や挿入、コピーや移動、文字の配置、文字の装飾、印刷などを解説します。

Chapter 3 この章で学ぶこと

学習前に習得すべきポイントを理解しておき、
学習後には確実に習得できたかどうかを振り返りましょう。

1	作成する文書に合わせてページレイアウトを設定できる。	☑☑☑ → P.71
2	本日の日付を入力できる。	☑☑☑ → P.73
3	頭語と結語を入力できる。	☑☑☑ → P.75
4	季節・安否・感謝のあいさつを入力できる。	☑☑☑ → P.75
5	記と以上を入力できる。	☑☑☑ → P.77
6	選択する対象に応じて、文字単位や行単位で適切に範囲を選択できる。	☑☑☑ → P.79
7	文字を削除したり、挿入したりできる。	☑☑☑ → P.82
8	文字をコピーするときの手順を理解し、ほかの場所にコピーできる。	☑☑☑ → P.84
9	文字を移動するときの手順を理解し、ほかの場所に移動できる。	☑☑☑ → P.86
10	文字の配置を変更できる。	☑☑☑ → P.88
11	段落の先頭に「1.2.3.」などの番号を付けることができる。	☑☑☑ → P.93
12	文字の大きさや書体を変更できる。	☑☑☑ → P.94
13	文字に太字・斜体・下線を設定できる。	☑☑☑ → P.96
14	状況に応じて、名前を付けて保存と上書き保存を使い分けることができる。	☑☑☑ → P.98
15	印刷イメージを確認し、必要に応じてページレイアウトの設定を変更して、印刷を実行できる。	☑☑☑ → P.101

STEP 1 作成する文書を確認する

1 作成する文書の確認

次のような文書を作成しましょう。

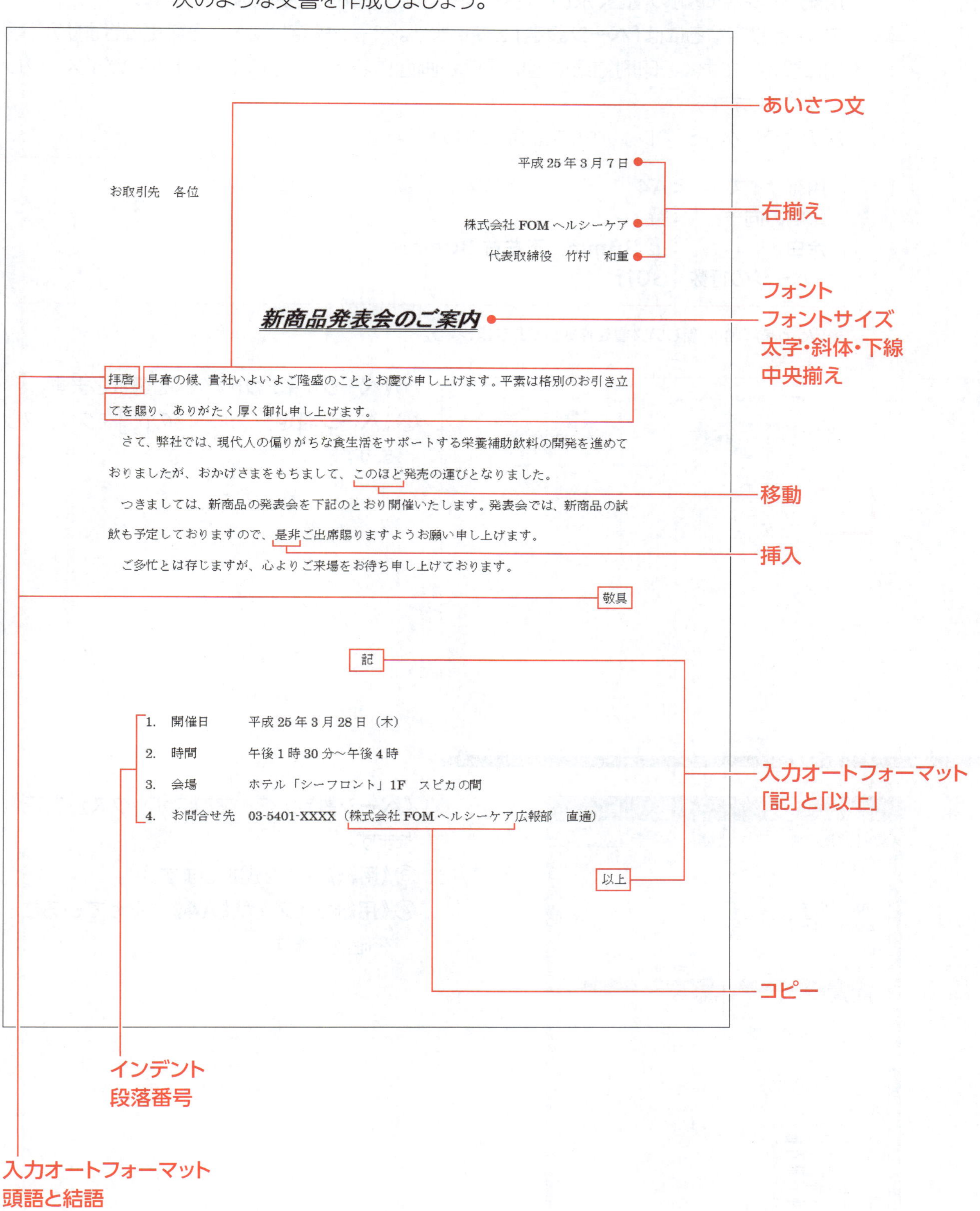
平成25年3月7日

お取引先　各位

株式会社FOMヘルシーケア
代表取締役　竹村　和重

新商品発表会のご案内

拝啓　早春の候、貴社いよいよご隆盛のこととお慶び申し上げます。平素は格別のお引き立てを賜り、ありがたく厚く御礼申し上げます。

さて、弊社では、現代人の偏りがちな食生活をサポートする栄養補助飲料の開発を進めておりましたが、おかげさまをもちまして、このほど発売の運びとなりました。

つきましては、新商品の発表会を下記のとおり開催いたします。発表会では、新商品の試飲も予定しておりますので、是非ご出席賜りますようお願い申し上げます。

ご多忙とは存じますが、心よりご来場をお待ち申し上げております。

敬具

記

1. 開催日　平成25年3月28日（木）
2. 時間　午後1時30分～午後4時
3. 会場　ホテル「シーフロント」1F　スピカの間
4. お問合せ先　03-5401-XXXX（株式会社FOMヘルシーケア広報部　直通）

以上

STEP 2 ページレイアウトを設定する

1 ページレイアウトの設定

用紙サイズや印刷の向き、余白、1ページの行数、1行の文字数など、文書のページのレイアウトを設定するには**「ページ設定」**を使います。ページ設定はあとから変更できますが、最初に設定しておくと印刷結果に近い状態が画面に表示されるので、仕上がりがイメージしやすくなります。
次のようにページのレイアウトを設定しましょう。

用紙サイズ　　　：A4
印刷の向き　　　：縦
余白　　　　　　：上 35mm　下左右 30mm
1ページの行数：30行

※Wordを起動し、新しい文書を作成しておきましょう。

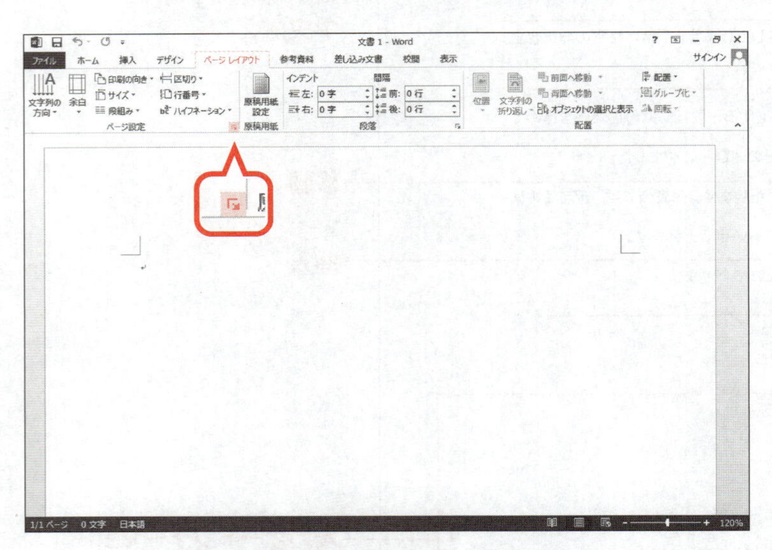

①**《ページレイアウト》**タブを選択します。
②**《ページ設定》**グループの をクリックします。

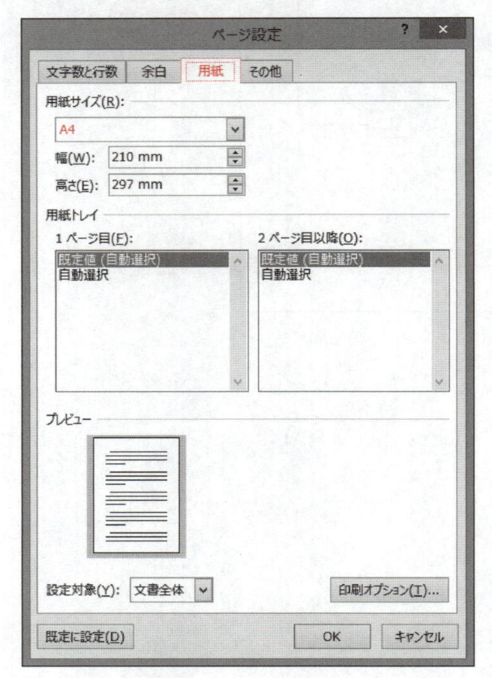

《ページ設定》ダイアログボックスが表示されます。
③**《用紙》**タブを選択します。
④**《用紙サイズ》**が**《A4》**になっていることを確認します。

⑤《**余白**》タブを選択します。

⑥《**印刷の向き**》が《**縦**》になっていることを確認します。

⑦《**余白**》の《**上**》が「**35mm**」、《**下**》《**左**》《**右**》が「**30mm**」になっていることを確認します。

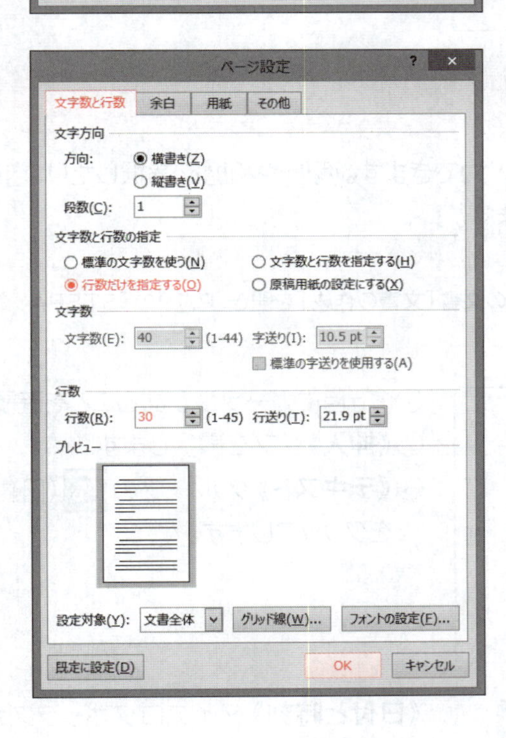

⑧《**文字数と行数**》タブを選択します。

⑨《**行数だけを指定する**》を◉にします。

⑩《**行数**》を「**30**」に設定します。

⑪《**OK**》をクリックします。

その他の方法(用紙サイズの設定)

◆《ページレイアウト》タブ→《ページ設定》グループの サイズ (ページサイズの選択)

その他の方法(印刷の向きの設定)

◆《ページレイアウト》タブ→《ページ設定》グループの 印刷の向き (ページの向きを変更)

その他の方法(余白の設定)

◆《ページレイアウト》タブ→《ページ設定》グループの 余白 (余白の調整)

STEP3 文章を入力する

1 編集記号の表示

↵(段落記号)や□(全角空白)などの記号を**「編集記号」**といいます。初期の設定で、↵(段落記号)は表示されていますが、そのほかの編集記号は表示されていません。文章を入力・編集するときに表示しておくと、レイアウトの目安として使うことができます。例えば、空白を入力した位置をひと目で確認できます。編集記号は印刷されません。
編集記号を表示しましょう。

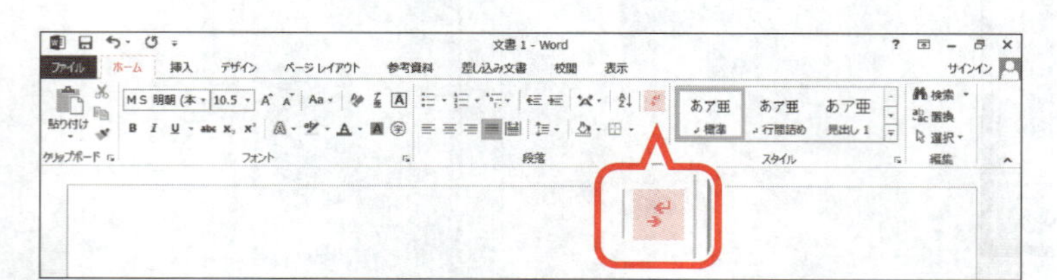

①**《ホーム》**タブを選択します。
②**《段落》**グループの (編集記号の表示/非表示)をクリックします。
※ボタンが青色になります。

2 日付の入力

「日付と時刻」を使うと、本日の日付を入力できます。西暦や和暦を選択したり、自動的に日付が更新されるように設定したりできます。
発信日付を入力しましょう。
※入力を省略する場合は、フォルダー「第3章」の文書「文書の作成」を開き、P.79の「STEP4　範囲を選択する」に進みましょう。

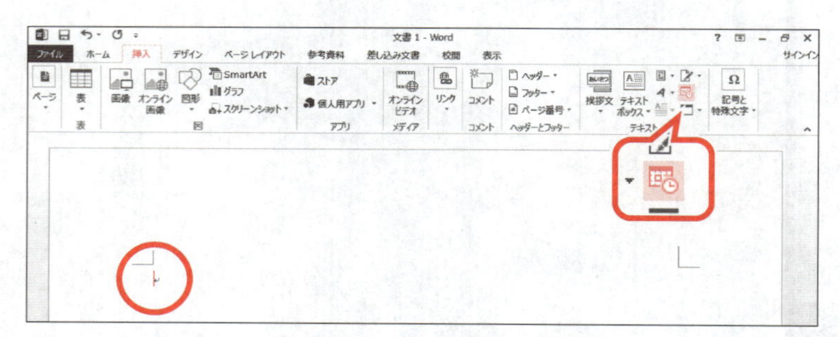

①1行目にカーソルがあることを確認します。
②**《挿入》**タブを選択します。
③**《テキスト》**グループの (日付と時刻)をクリックします。

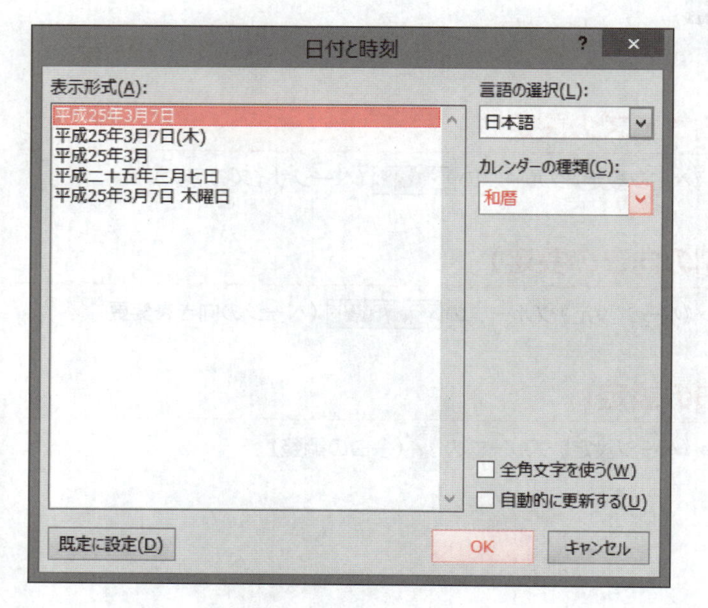

《日付と時刻》ダイアログボックスが表示されます。
④**《カレンダーの種類》**の をクリックし、一覧から**《和暦》**を選択します。
⑤**《表示形式》**の一覧から**《平成○年○月○日》**を選択します。
※一覧には、本日の日付が表示されます。
⑥**《OK》**をクリックします。

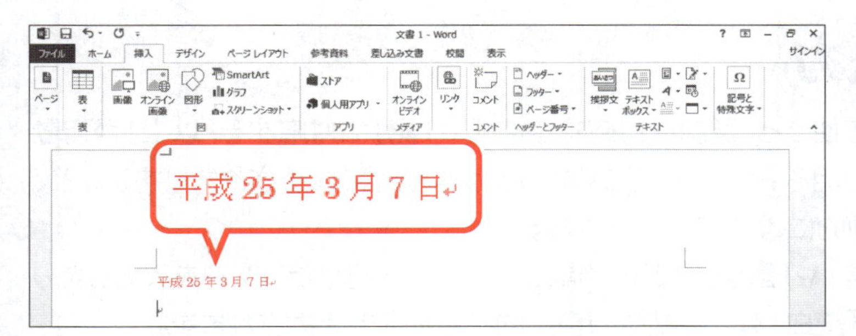

日付が入力されます。

⑦ Enter を押します。

改行されます。

POINT ▶▶▶

ボタンの形状

ディスプレイの画面解像度や《Word》ウィンドウのサイズなど、お使いの環境によって、ボタンの形状やサイズが異なる場合があります。ボタンの操作は、ポップヒントに表示されるボタン名を確認してください。

例：日付と時刻  日付と時刻

《日付と時刻》ダイアログボックス

《日付と時刻》ダイアログボックスの《自動的に更新する》を☑にすると、日付が自動的に更新され、文書を開いたときの本日の日付に更新されます。

本日の日付の挿入

本日の日付の先頭を入力・確定すると、本日の日付が表示されます。Enter を押すと、本日の日付をカーソルの位置に挿入できます。

平成25年3月7日 (Enter を押すと挿入します)
平成

3 文章の入力

次のように文章を入力しましょう。

お取引先□各位↵
株式会社FOMヘルシーケア↵
代表取締役□竹村□和重↵
↵
新商品発表会のご案内↵
↵

※□は全角空白を表します。

※↵で Enter を押して改行します。

①文章を入力します。

4 頭語と結語の入力

「入力オートフォーマット」を使うと、頭語に対応する結語や**「記」**に対応する**「以上」**が自動的に入力されたり、かっこの組み合わせが正しくなるよう自動的に修正されたりするなど、文字の入力に合わせて自動的に書式が設定されます。
頭語と結語の場合は、**「拝啓」**や**「謹啓」**などの頭語を入力して改行したり空白を入力したりすると、対応する**「敬具」**や**「謹白」**などの結語が自動的に右揃えで入力されます。
入力オートフォーマットを使って、頭語**「拝啓」**に対応する結語**「敬具」**を入力しましょう。

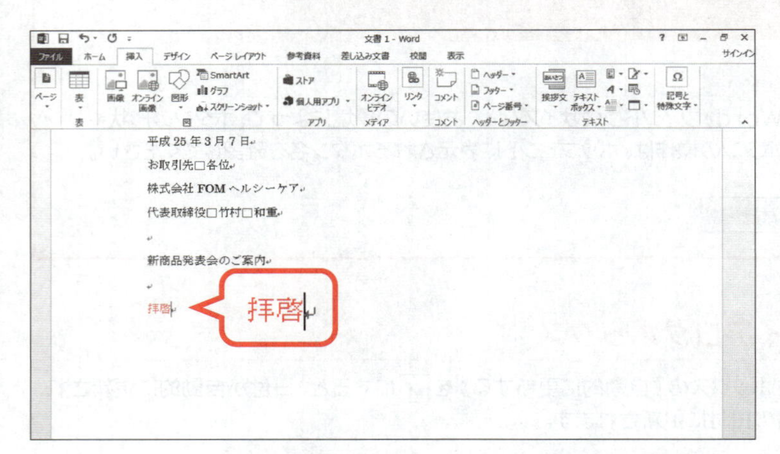

①文末にカーソルがあることを確認します。
②**「拝啓」**と入力します。

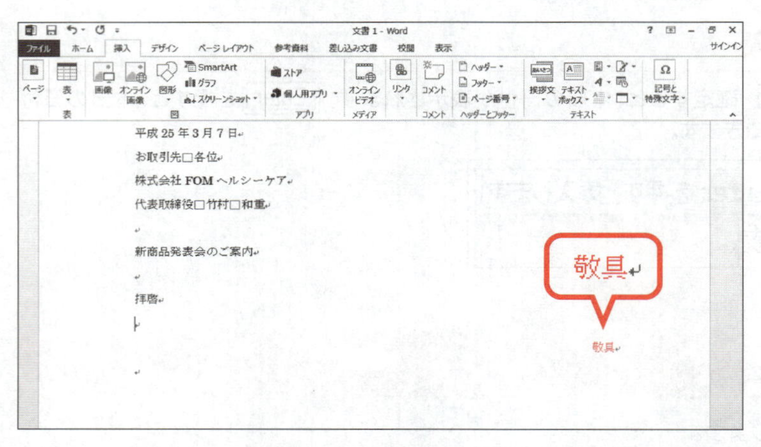

改行します。
③ Enter を押します。
「敬具」が右揃えで入力されます。

5 あいさつ文の入力

「あいさつ文の挿入」を使うと、季節のあいさつ・安否のあいさつ・感謝のあいさつを一覧から選択して、簡単に入力できます。
「拝啓」に続けて、3月に適したあいさつ文を入力しましょう。

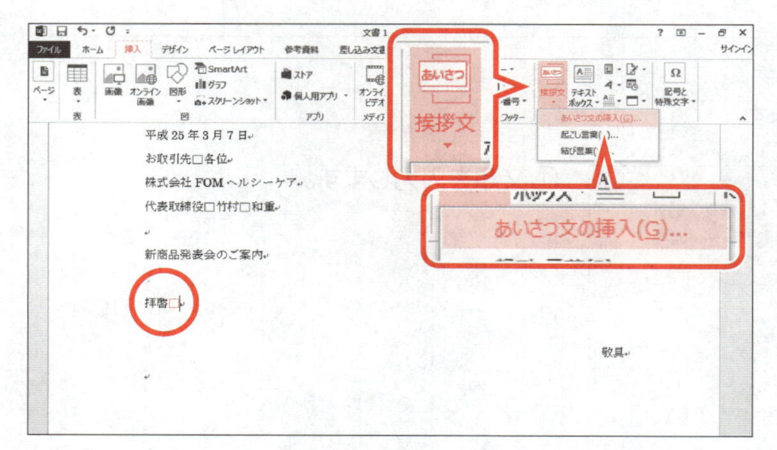

①**「拝啓」**の後ろにカーソルを移動します。
全角空白を入力します。
② [　　] (スペース)を押します。
③**《挿入》**タブを選択します。
④**《テキスト》**グループの (あいさつ文の挿入)をクリックします。
⑤**《あいさつ文の挿入》**をクリックします。

《あいさつ文》ダイアログボックスが表示されます。

⑥**《月のあいさつ》**の ⌄ をクリックし、一覧から**《3》**を選択します。

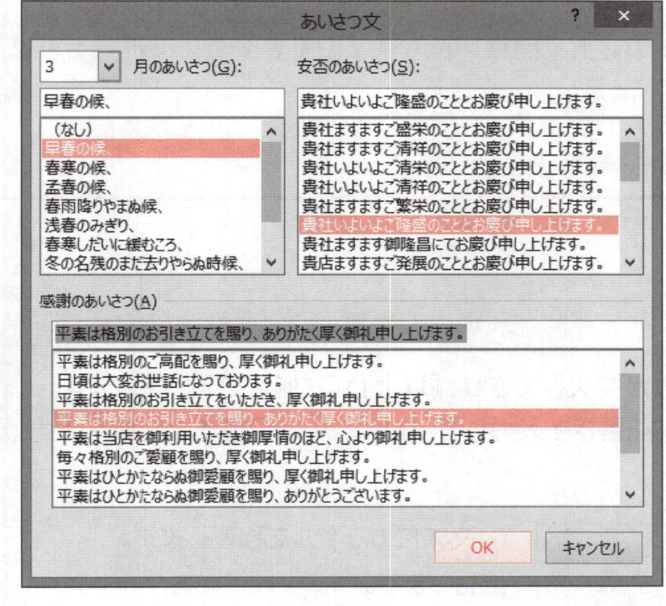

《月のあいさつ》の一覧に3月のあいさつが表示されます。

⑦**《月のあいさつ》**の一覧から**《早春の候、》**を選択します。

⑧**《安否のあいさつ》**の一覧から**《貴社いよいよご隆盛のこととお慶び申し上げます。》**を選択します。

⑨**《感謝のあいさつ》**の一覧から**《平素は格別のお引き立てを賜り、ありがたく厚く御礼申し上げます。》**を選択します。

⑩**《OK》**をクリックします。

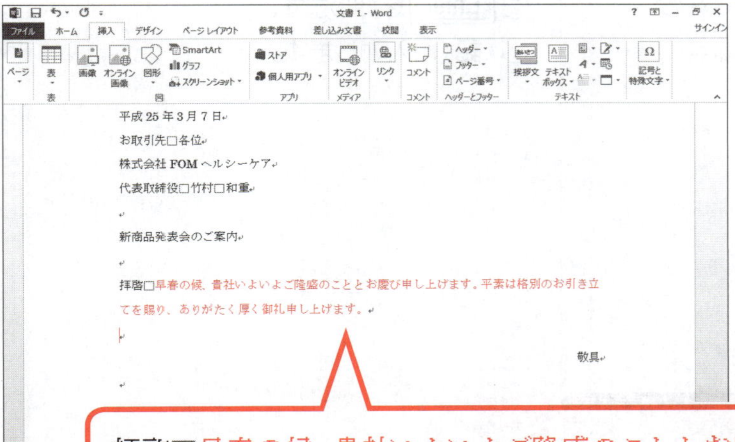

拝啓□早春の候、貴社いよいよご隆盛のこととお慶び申し上げます。平素は格別のお引き立てを賜り、ありがたく厚く御礼申し上げます。

あいさつ文が入力されます。

⑪**「…御礼申し上げます。」**の下の行にカーソルを移動します。

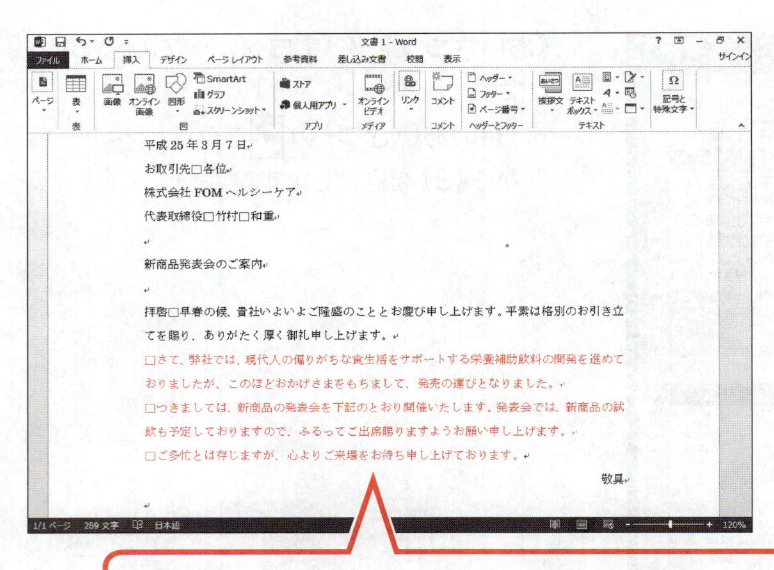

⑫文章を入力します。

※□は全角空白を表します。

※↵で［Enter］を押して改行します。

□さて、弊社では、現代人の偏りがちな食生活をサポートする栄養補助飲料の開発を進めておりましたが、このほどおかげさまをもちまして、発売の運びとなりました。↵
□つきましては、新商品の発表会を下記のとおり開催いたします。発表会では、新商品の試飲も予定しておりますので、ふるってご出席賜りますようお願い申し上げます。↵
□ご多忙とは存じますが、心よりご来場をお待ち申し上げております。↵

6 記書きの入力

「記」と入力して改行すると、**「記」**が中央揃えされ、**「以上」**が右揃えで入力されます。
入力オートフォーマットを使って、記書きを入力しましょう。次に、記書きの文章を入力しましょう。

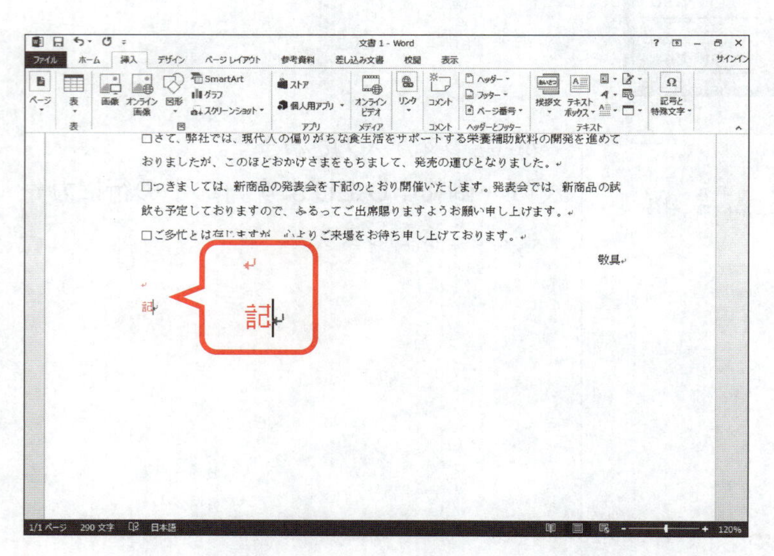

①文末にカーソルを移動します。
改行します。
②［Enter］を押します。
③**「記」**と入力します。

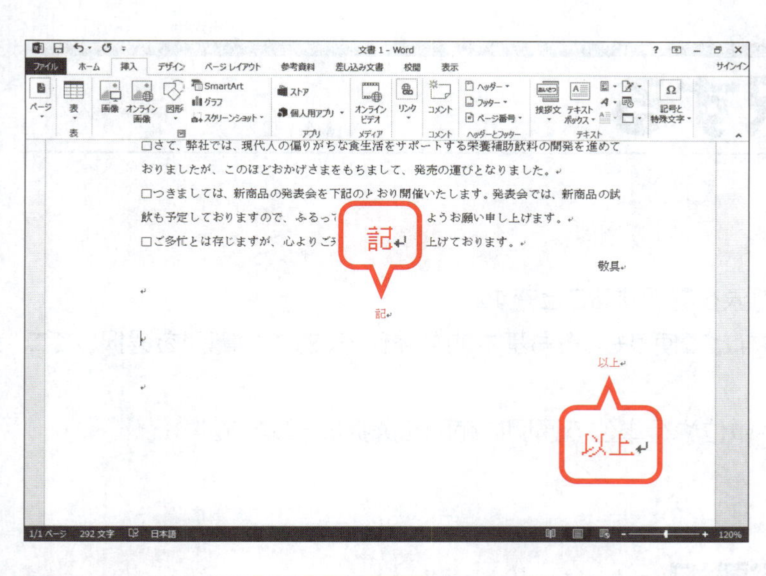

改行します。

④ Enter を押します。

「記」が中央揃えされ、**「以上」**が右揃えで入力されます。

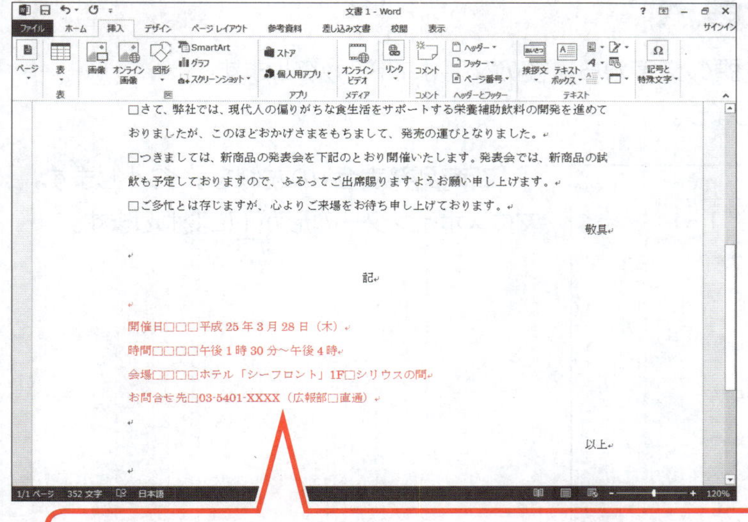

⑤文章を入力します。

※↵で Enter を押して改行します。

※□は全角空白を表します。

※「～」は「から」と入力して変換します。

↵

開催日□□□平成 25 年 3 月 28 日（木）↵

時間□□□□午後 1 時 30 分～午後 4 時↵

会場□□□□ホテル「シーフロント」1F□シリウスの間↵

お問合せ先□03-5401-XXXX（広報部□直通）↵

↵

入力オートフォーマットの設定

入力オートフォーマットや各項目のオン・オフを切り替える方法は、次のとおりです。

◆《ファイル》タブ→《オプション》→《文章校正》→《オートコレクトのオプション》→《入力オートフォーマット》タブ

STEP4 範囲を選択する

1 範囲選択

「範囲選択」とは、操作する対象を選択することです。
書式設定・移動・コピー・削除などで使うもっとも基本的な操作で、対象の範囲を選択してコマンドを実行します。
選択する対象に応じて、文字単位や行単位で適切に範囲を選択しましょう。

2 文字単位の範囲選択

文字単位で選択するには、先頭の文字から最後の文字までドラッグします。
「新商品発表会」を選択しましょう。

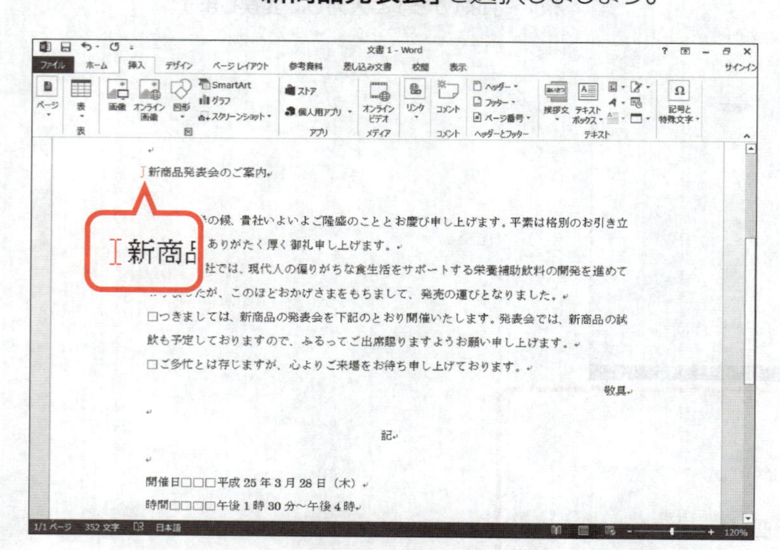

①**「新商品発表会」**の左側をポイントします。
マウスポインターの形がＩに変わります。

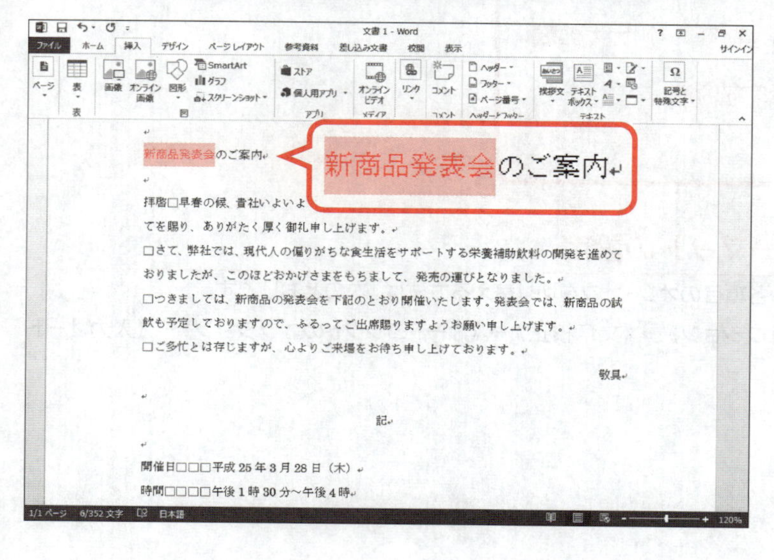

②**「新商品発表会」**の右側までドラッグします。
文字が選択されます。

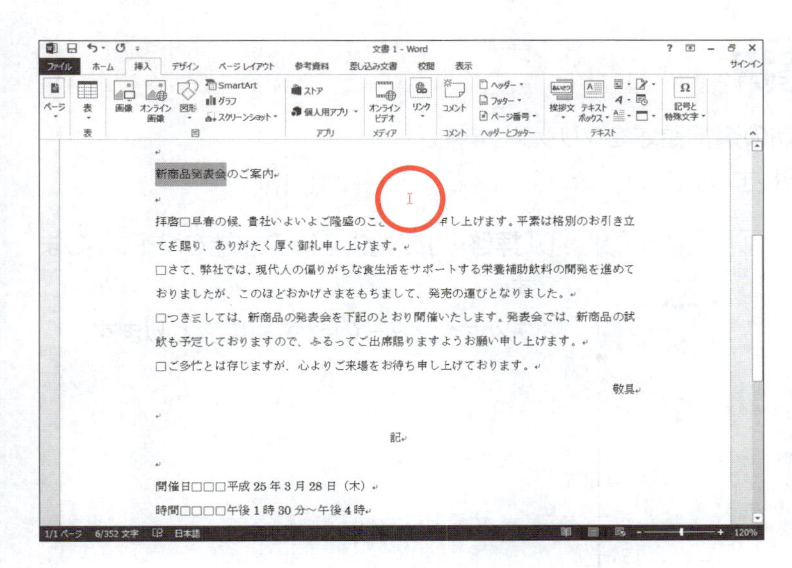

選択を解除します。

③選択した範囲以外の場所をクリックします。

POINT ▶▶▶

ミニツールバー

選択した範囲の近くに表示されるボタンの集まりを「ミニツールバー」といいます。
ミニツールバーには、よく使う書式設定に関するボタンが登録されています。マウスをリボンまで動かさずにコマンドが実行できるので、効率的に作業が行えます。
ミニツールバーを使わない場合は、Esc を押します。

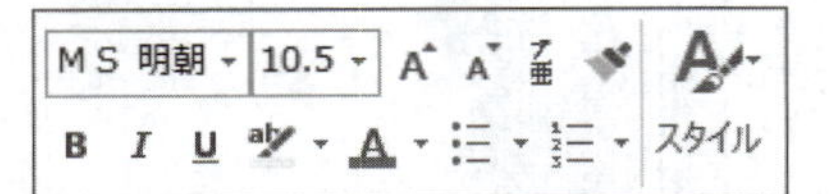

POINT ▶▶▶

ほかの文字まで選択されてしまう場合

範囲選択のドラッグ中に、必要な文字以外まで選択されてしまうことがあります。そのような場合は、マウスのボタンから手を離さずに、範囲の最終の文字に移動します。

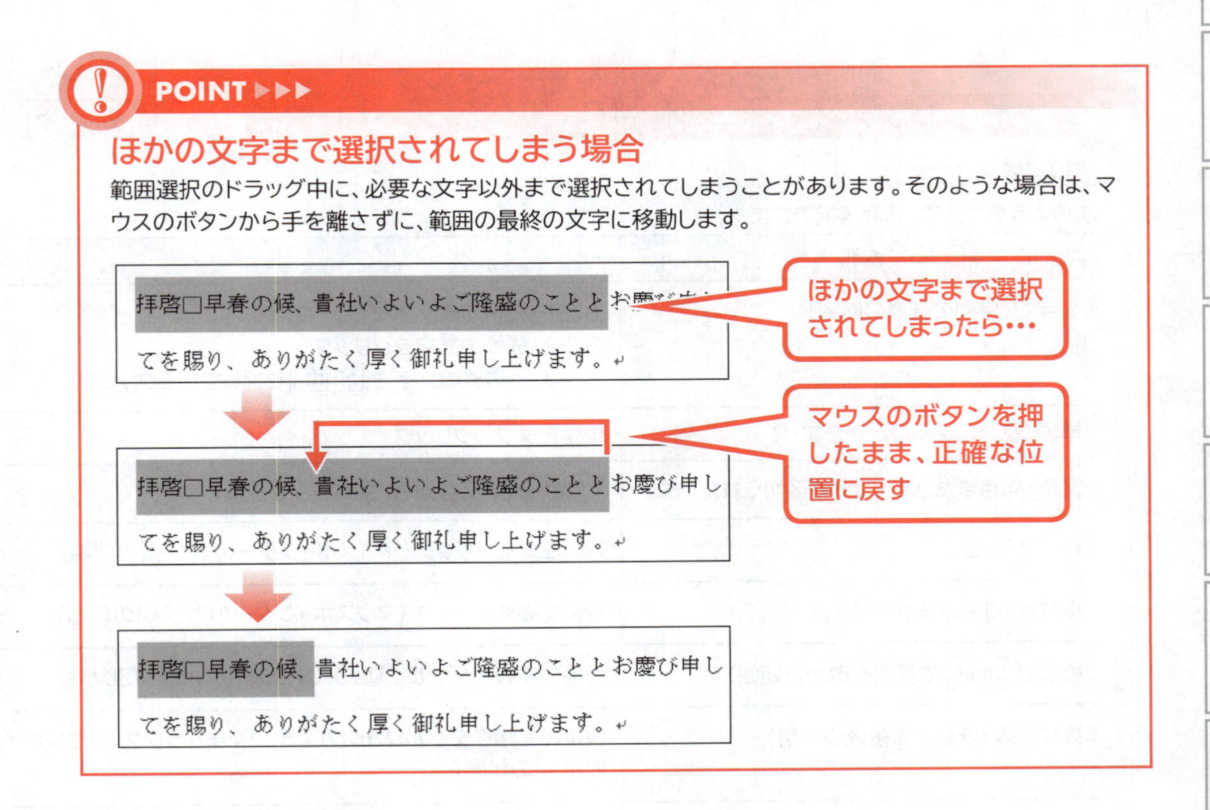

3 行単位の範囲選択

行を選択するには、行の左端の選択領域をクリックします。
「拝啓…」で始まる行を選択しましょう。

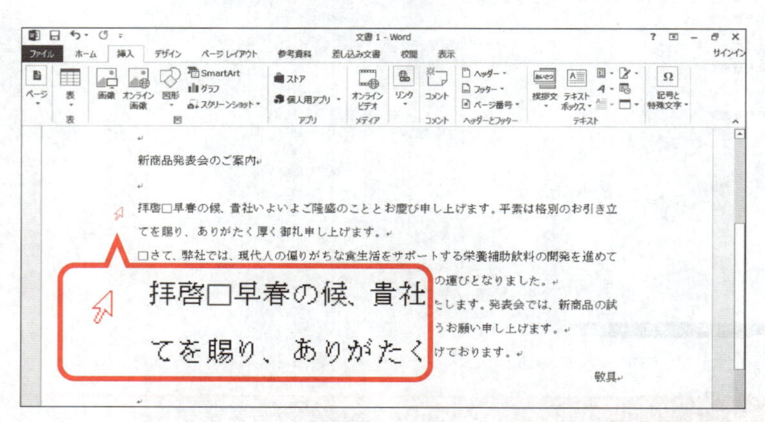

①**「拝啓…」**で始まる行の左端をポイントします。
マウスポインターの形がに変わります。

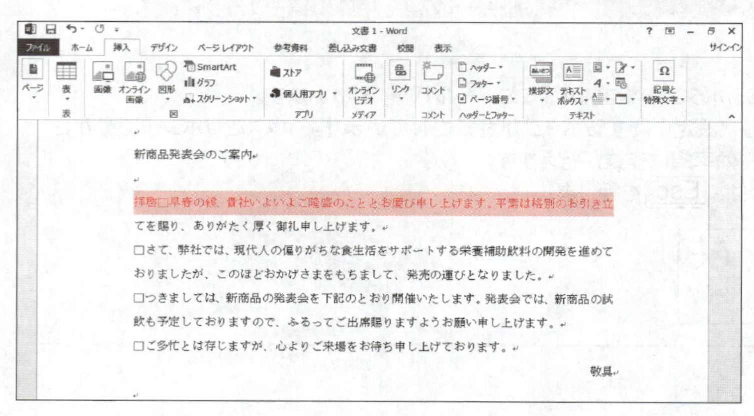

②クリックします。
行が選択されます。

POINT ▶▶▶

範囲選択の方法

次のような方法で、範囲選択できます。

単位	操作
文字（文字列の任意の範囲）	方法1）選択する文字をドラッグ 方法2）先頭の文字をクリック →最終の文字を Shift を押しながらクリック
単語（意味のあるひとかたまり）	単語をダブルクリック
文章（句点またはピリオドで区切られた一文）	Ctrl を押しながら、文章をクリック
行（1行単位）	行の左端をクリック（マウスポインターの形がの状態）
複数行（連続する複数の行）	行の左端をドラッグ（マウスポインターの形がの状態）
段落（ Enter で段落を改めた範囲）	段落の左端をダブルクリック（マウスポインターの形がの状態）
複数段落（連続する複数の段落）	段落の左端をダブルクリックし、そのままドラッグ（マウスポインターの形がの状態）
複数の範囲（離れた場所にある複数の範囲）	Ctrl を押しながら、範囲を選択
文書全体	行の左端をすばやく3回クリック（マウスポインターの形がの状態）

STEP 5 文字を削除・挿入する

1 削除

文字を削除するには、文字を選択して Delete を押します。
「ふるって」を削除しましょう。

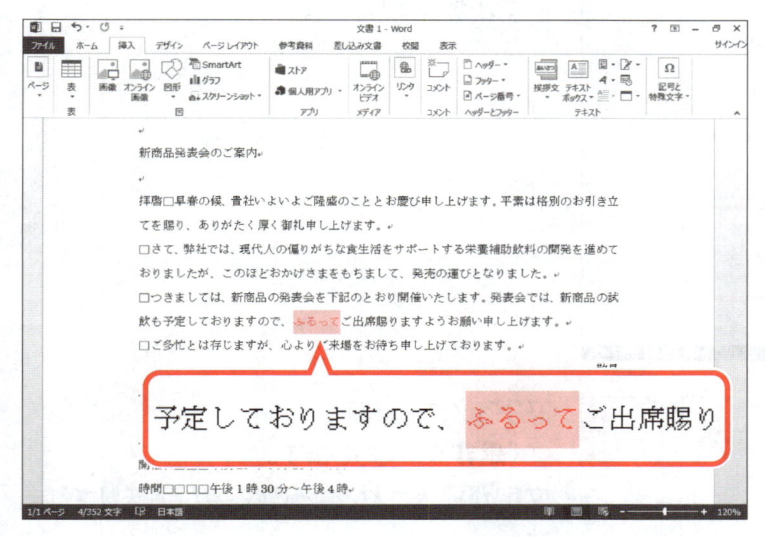

削除する文字を選択します。
①「ふるって」を選択します。

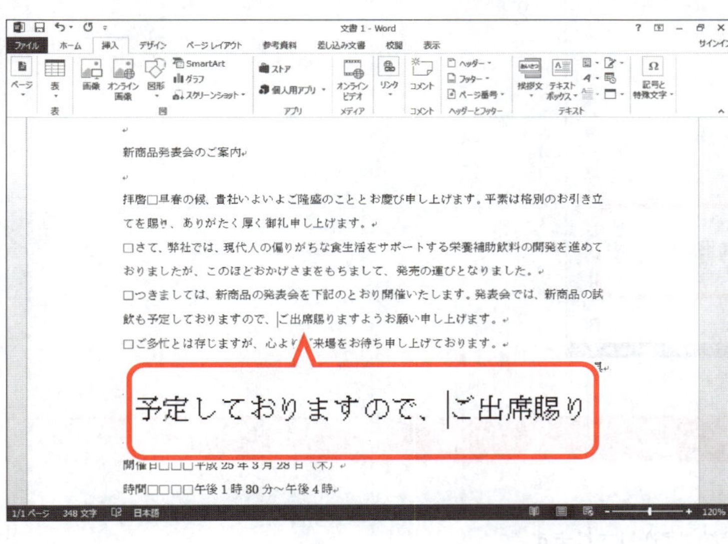

② Delete を押します。
文字が削除され、後ろの文字が字詰めされます。

POINT ▶▶▶

元に戻す

クイックアクセスツールバーの （元に戻す）をクリックすると、直前に行った操作を取り消して、もとの状態に戻すことができます。誤って文字を削除した場合などに便利です。
（元に戻す）を繰り返しクリックすると、過去の操作が順番に取り消されます。

POINT ▶▶▶

やり直し

クイックアクセスツールバーの （やり直し）をクリックすると、 （元に戻す）で取り消した操作を再度実行できます。

2 挿入

文字を挿入するには、カーソルを挿入する位置に移動して文字を入力します。
「…予定しておりますので、」の後ろに**「是非」**を挿入しましょう。

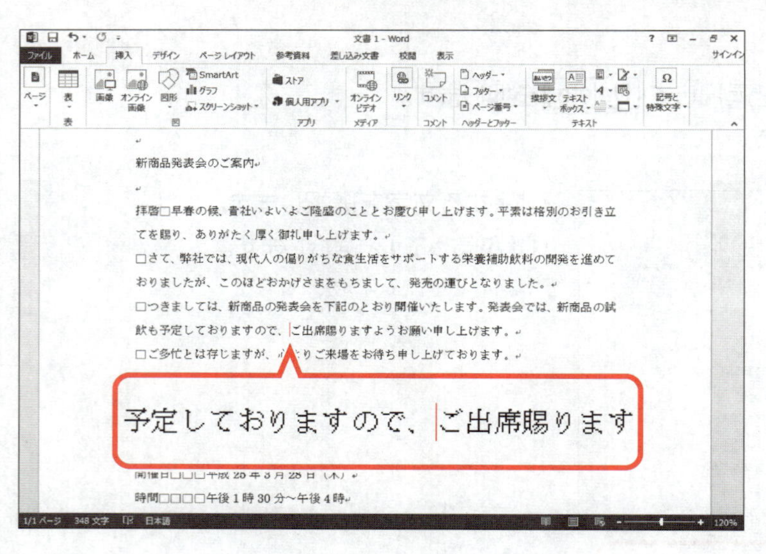

文字を挿入する位置にカーソルを移動します。

①**「…予定しておりますので、」**の後ろにカーソルを移動します。

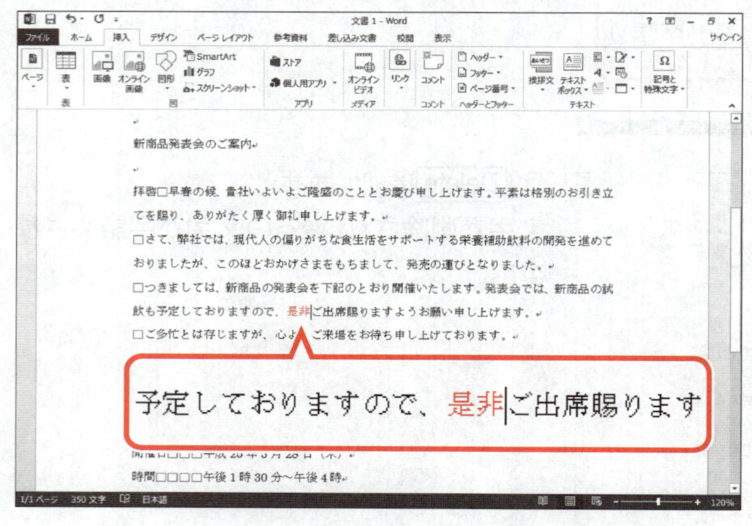

文字を入力します。

②**「是非」**と入力します。

文字が挿入され、後ろの文字が字送りされます。

字詰め・字送りの範囲

↵（段落記号）までの文字で字詰め、字送りされます。

上書き

文字を選択した状態で新しい文字を入力すると、新しい文字に上書きできます。

STEP 6 文字をコピー・移動する

1 コピー

データをコピーする手順は、次のとおりです。

1 コピー元を選択

コピーする範囲を選択します。

2 コピー

（コピー）をクリックすると、選択している範囲が「クリップボード」と呼ばれる領域に一時的に記憶されます。

3 コピー先にカーソルを移動

コピーする開始位置にカーソルを移動します。

4 貼り付け

（貼り付け）をクリックすると、クリップボードに記憶されている内容がカーソルのある位置にコピーされます。

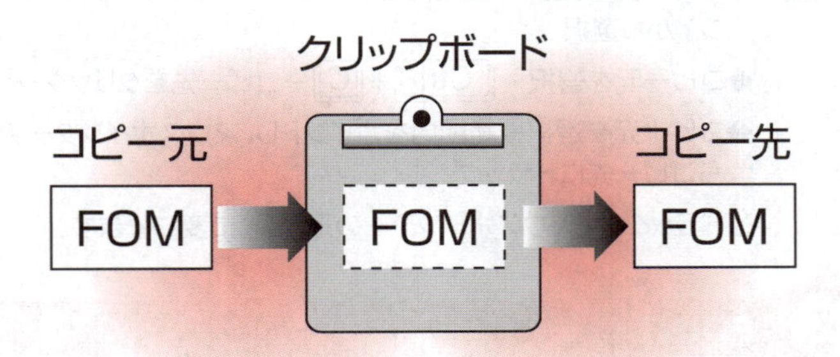

会社名**「株式会社FOMヘルシーケア」**を**「広報部」**の前にコピーしましょう。

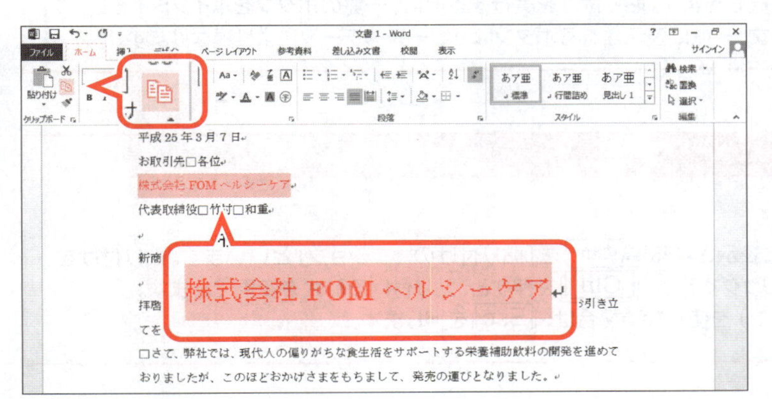

コピー元の文字を選択します。

①**「株式会社FOMヘルシーケア」**を選択します。

※↵を含めずに、文字だけを選択します。

②**《ホーム》**タブを選択します。

③**《クリップボード》**グループの（コピー）をクリックします。

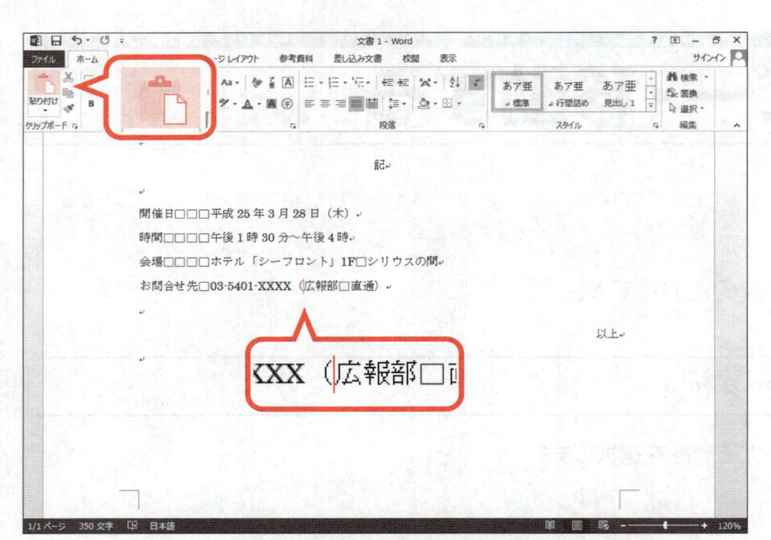

コピー先を指定します。

④**「広報部」**の前にカーソルを移動します。

⑤**《クリップボード》**グループの（貼り付け）をクリックします。

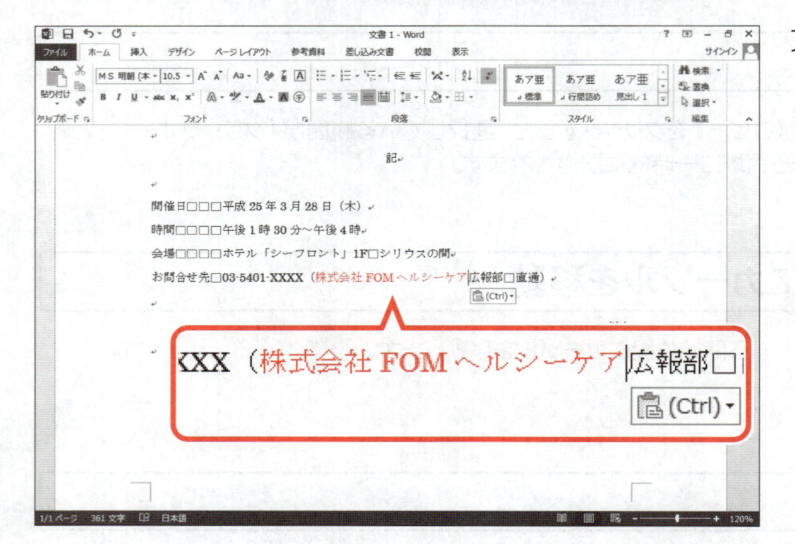

文字がコピーされます。

その他の方法（コピー）

- ◆コピー元を選択→範囲内を右クリック→《コピー》→コピー先を右クリック→《貼り付けのオプション》から選択
- ◆コピー元を選択→［Ctrl］+［C］→コピー先をクリック→［Ctrl］+［V］
- ◆コピー元を選択→範囲内をポイントし、マウスポインターの形がに変わったら［Ctrl］を押しながらコピー先にドラッグ

※ドラッグ中、マウスポインターの形がに変わります。

POINT ▶▶▶

貼り付けのプレビュー

（貼り付け）のをクリックすると、もとの書式のままコピーするか文字だけをコピーするかなど、一覧から貼り付ける形式を選択できます。貼り付けを実行する前に、一覧のボタンをポイントすると、コピー結果を文書で確認できます。一覧に表示されるボタンはコピー元のデータにより異なります。

POINT ▶▶▶

貼り付けのオプション

「貼り付け」を実行した直後に表示される(Ctrl)を「貼り付けのオプション」といいます。貼り付けを実行した直後に(Ctrl)をクリックするか、［Ctrl］を押すと、貼り付ける形式を変更できます。(Ctrl)（貼り付けのオプション）を使わない場合は、［Esc］を押します。

2 移動

データを移動する手順は、次のとおりです。

1 移動元を選択

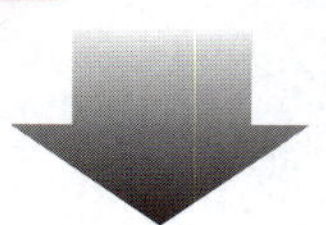

移動する範囲を選択します。

2 切り取り

（切り取り）をクリックすると、選択している範囲が「クリップボード」と呼ばれる領域に一時的に記憶されます。

3 移動先にカーソルを移動

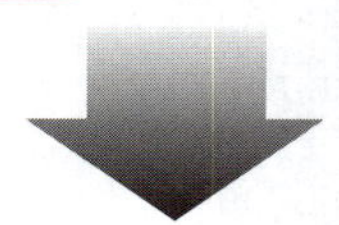

移動する開始位置にカーソルを移動します。

4 貼り付け

（貼り付け）をクリックすると、クリップボードに記憶されている内容がカーソルのある位置に移動します。

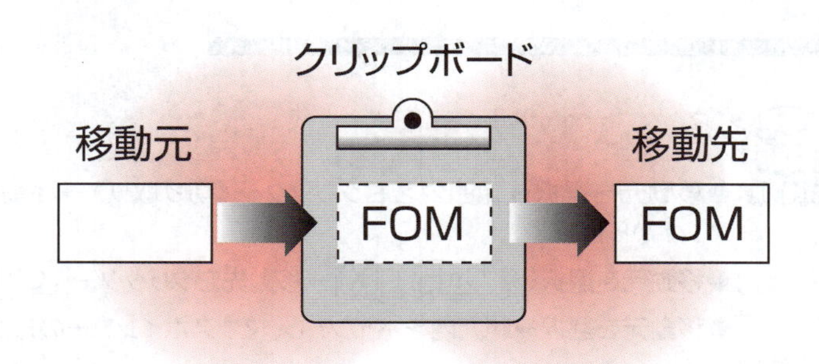

「このほど」を**「おかげさまをもちまして、」**の後ろに移動しましょう。

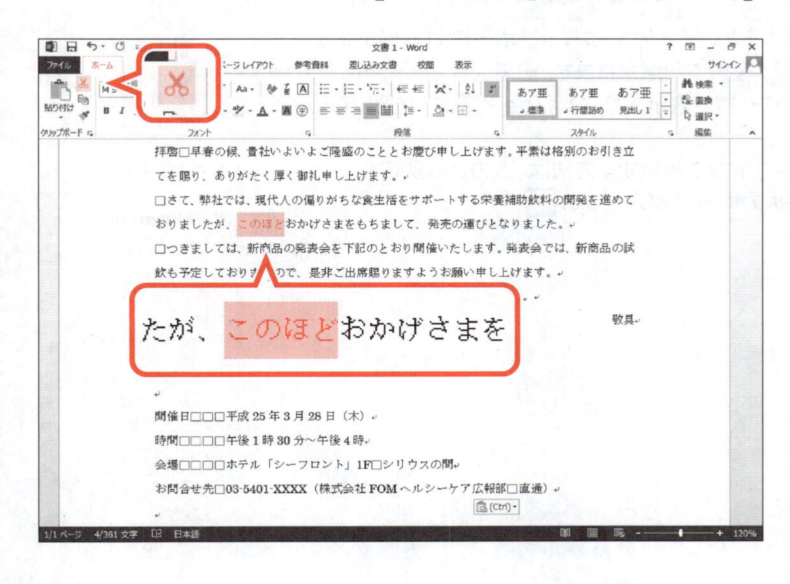

文書 1 - Word
ファイル
ホーム
ページレイアウト
参考資料
差し込み文書
校閲
表示
貼り付け
クリップボード
フォント
段落
スタイル
編集
拝啓□早春の候、貴社いよいよご隆盛のこととお慶び申し上げます。平素は格別のお引き立
てを賜り、ありがたく厚く御礼申し上げます。
□さて、弊社では、現代人の偏りがちな食生活をサポートする栄養補助飲料の開発を進めて
おりましたが、このほどおかげさまをもちまして、発売の運びとなりました。
□つきましては、新商品の発表会を下記のとおり開催いたします。発表会では、新商品の試
飲も予定しておりますので、是非ご出席賜りますようお願い申し上げます。
敬具
たが、このほどおかげさまを
開催日□□□平成 25 年 3 月 28 日（木）
時間□□□□午後 1 時 30 分～午後 4 時
会場□□□□ホテル「シーフロント」1F□シリウスの間
お問合せ先□03-5401-XXXX（株式会社 FOM ヘルシーケア広報部□直通）
1/1 ページ
4/361 文字
日本語
120%

移動元の文字を選択します。

①**「このほど」**を選択します。

②**《ホーム》**タブを選択します。

③**《クリップボード》**グループの（切り取り）をクリックします。

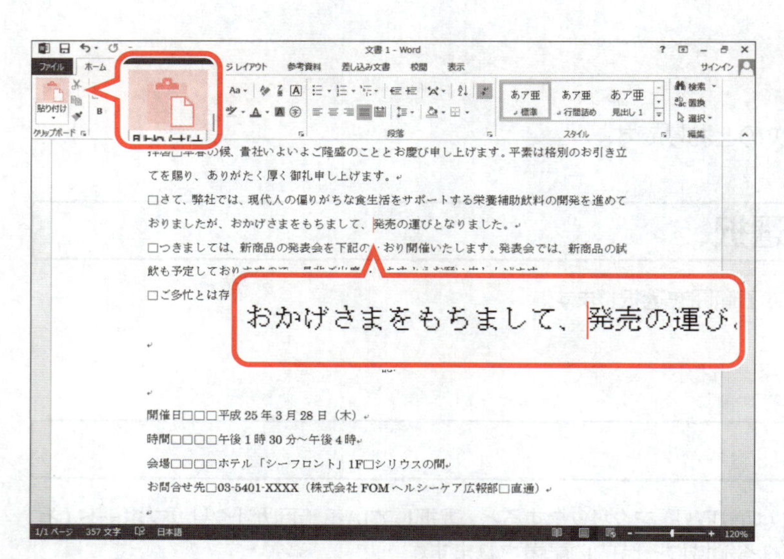

移動先を指定します。

④「**おかげさまをもちまして、**」の後ろにカーソルを移動します。

⑤《**クリップボード**》グループの（貼り付け）をクリックします。

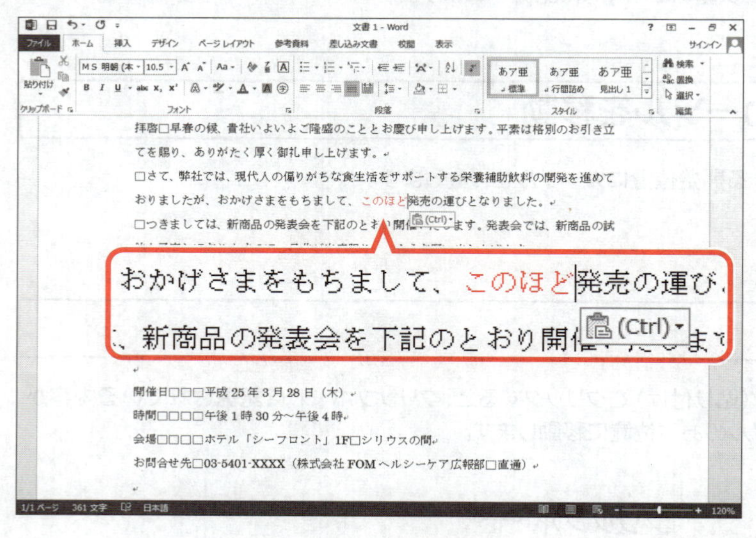

文字が移動します。

その他の方法（移動）

◆移動元を選択→範囲内を右クリック→《切り取り》→移動先を右クリック→《貼り付けのオプション》から選択

◆移動元を選択→ Ctrl ＋ X →移動先をクリック→ Ctrl ＋ V

◆移動元を選択→範囲内をポイントし、マウスポインターの形が に変わったら移動先にドラッグ

※ドラッグ中、マウスポインターの形が に変わります。

クリップボード

コピーや切り取りを実行すると、データは「クリップボード」（一時的にデータを記憶する領域）に最大24個まで記憶されます。記憶されたデータは《クリップボード》作業ウィンドウに一覧で表示され、Officeアプリで共通して利用できます。

《クリップボード》作業ウィンドウを表示する方法は、次のとおりです。

◆《ホーム》タブ→《クリップボード》グループの

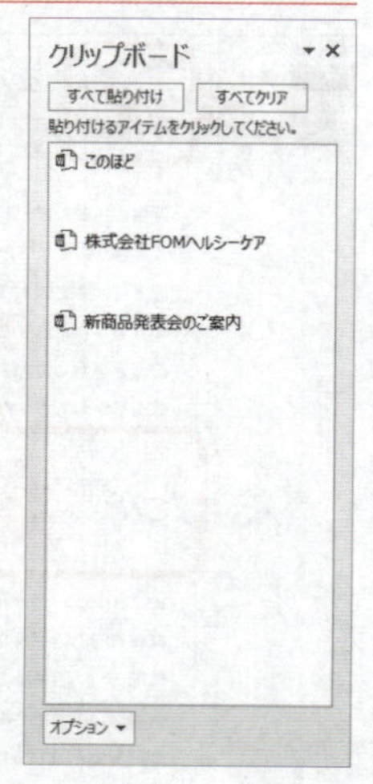

STEP 7 文字の配置をそろえる

1 中央揃え・右揃え

行内の文字の配置は変更できます。
文字を中央に配置するときは（中央揃え）、右端に配置するときは（右揃え）を使います。中央揃えや右揃えは段落単位で設定されます。
タイトルを中央揃え、発信日付と発信者名を右揃えにしましょう。

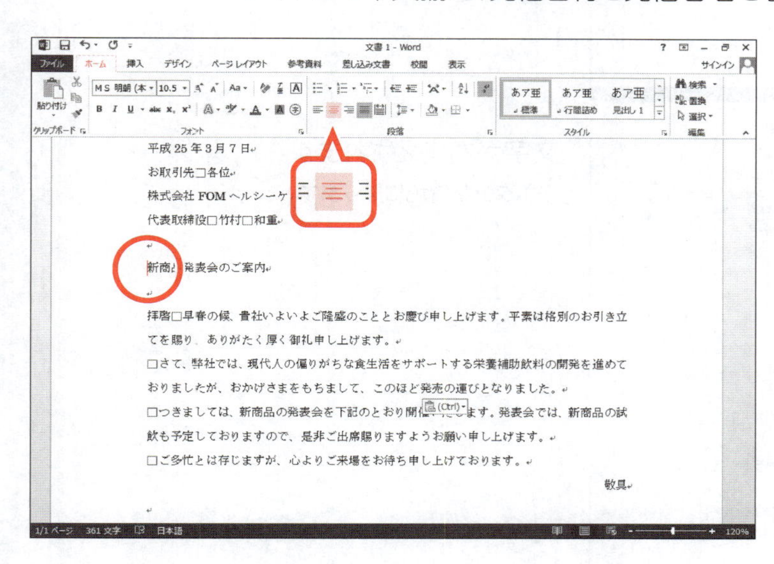

①「**新商品発表会のご案内**」の行にカーソルを移動します。
※段落内であれば、どこでもかまいません。
②《**ホーム**》タブを選択します。
③《**段落**》グループの（中央揃え）をクリックします。

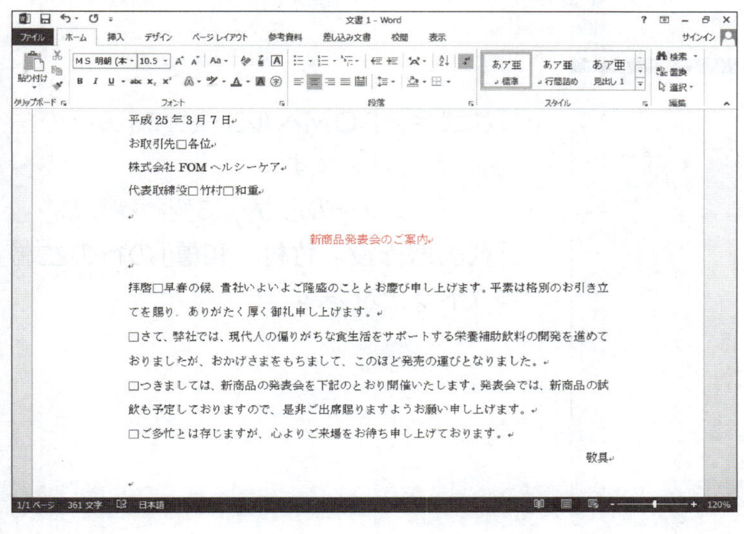

文字が中央揃えされます。
※ボタンが青色になります。

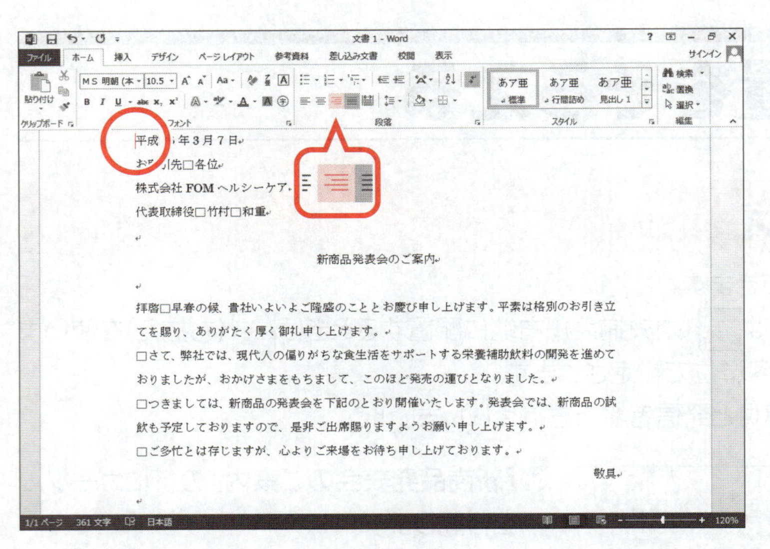

④**「平成○年○月○日」**の行にカーソルを移動します。

※段落内であれば、どこでもかまいません。

⑤**《段落》**グループの［右揃えボタン］（右揃え）をクリックします。

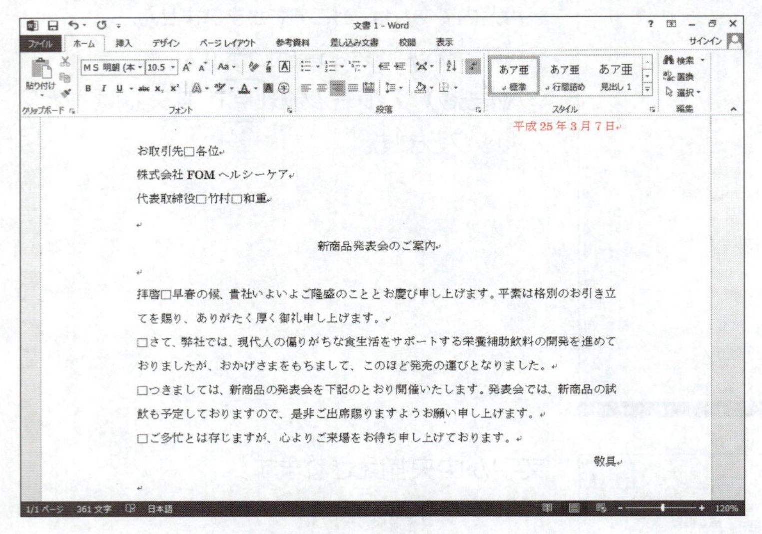

文字が右揃えされます。

※ボタンが青色になります。

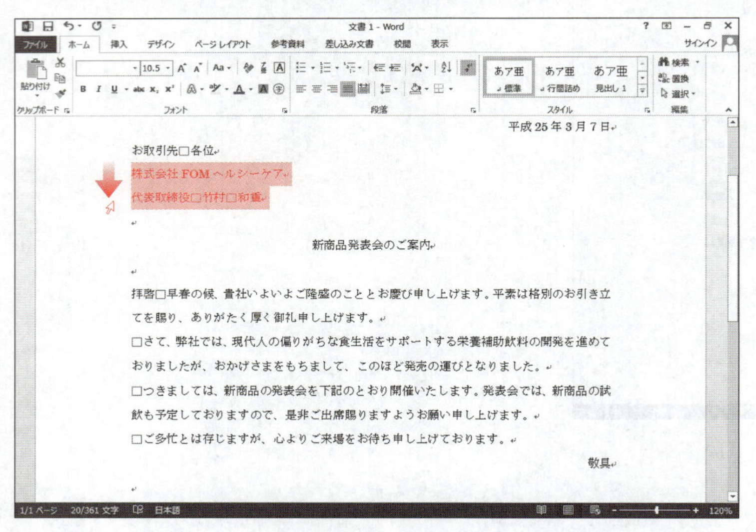

⑥**「株式会社FOMヘルシーケア」**の行の左端をポイントします。

マウスポインターの形が［ポインター］に変わります。

⑦**「代表取締役　竹村　和重」**の行の左端までドラッグします。

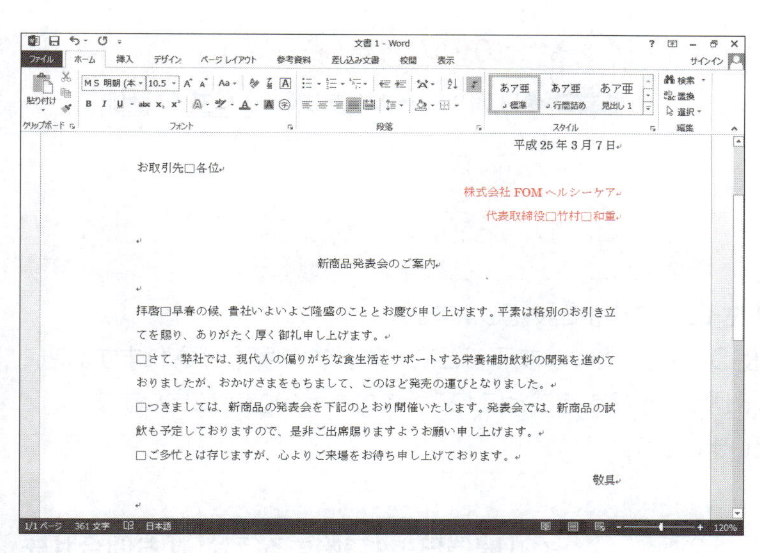

平成25年3月7日

お取引先□各位

株式会社FOMヘルシーケア
代表取締役□竹村□和重

新商品発表会のご案内

拝啓□早春の候、貴社いよいよご隆盛のこととお慶び申し上げます。平素は格別のお引き立てを賜り、ありがたく厚く御礼申し上げます。
□さて、弊社では、現代人の偏りがちな食生活をサポートする栄養補助飲料の開発を進めておりましたが、おかげさまをもちまして、このほど発売の運びとなりました。
□つきましては、新商品の発表会を下記のとおり開催いたします。発表会では、新商品の試飲も予定しておりますので、是非ご出席賜りますようお願い申し上げます。
□ご多忙とは存じますが、心よりご来場をお待ち申し上げております。

敬具

⑧ F4 を押します。

直前の書式が繰り返し設定されます。

※選択を解除しておきましょう。

繰り返し

F4 を押すと、直前に実行したコマンドを繰り返すことができます。
ただし、F4 を押してもコマンドが繰り返し実行できない場合もあります。

POINT ▶▶▶

段落

「段落」とは↵（段落記号）の次の行から次の↵までの範囲のことです。1行の文章でもひとつの段落と認識されます。改行すると、段落を改めることができます。

両端揃えと左揃え

初期の設定では、段落には「両端揃え」が設定されています。
段落内の文章が1行の場合、「両端揃え」と「左揃え」のどちらを設定しても同じように表示されますが、段落内の文章が2行以上になると、次のように表示が異なります。
※入力している文字や設定しているフォントの種類などにより、表示は異なります。

●両端揃え：行の左端と右端に合わせて文章が配置

一般にストレスといえば、心や体に不調を感じる悪いイメージが強いようです。さて、ストレスという言葉を広めたカナダのある生理学者の説明を引用すれば、「身体的な痛み、悩みや恐怖などの刺激にであったときに陥るショック状態から、もとの状態に戻ろうとする体の働き」だそうです。つまり、危機的状態から逃れようとする内に秘めた力がストレスの本当の姿なのです。したがって、ストレスは体が持っている防衛機能であり、生きるためのエ

両端揃えにする方法は、次のとおりです。

◆段落内にカーソルを移動→《ホーム》タブ→《段落》グループの ≡（両端揃え）

●左揃え：行の左端に寄せて配置

一般にストレスといえば、心や体に不調を感じる悪いイメージが強いようです。さて、ストレスという言葉を広めたカナダのある生理学者の説明を引用すれば、「身体的な痛み、悩みや恐怖などの刺激にであったときに陥るショック状態から、もとの状態に戻ろうとする体の働き」だそうです。つまり、危機的状態から逃れようとする内に秘めた力がストレスの本当の姿なのです。したがって、ストレスは体が持っている防衛機能であり、生きるためのエネルギーでもあるのです。↵

左揃えにする方法は、次のとおりです。

◆段落内にカーソルを移動→《ホーム》タブ→《段落》グループの ≡（左揃え）

STEP UP その他の方法(中央揃え)

◆段落内にカーソルを移動→ Ctrl + E

STEP UP その他の方法(右揃え)

◆段落内にカーソルを移動→ Ctrl + R

2 インデント

段落単位で字下げするには**「左インデント」**を設定します。
(インデントを増やす)を使うと1回クリックするごとに1文字ずつ字下げされます。逆に(インデントを減らす)は、1回クリックするごとに1文字ずつもとの位置に戻ります。
記書きの左インデントを調整しましょう。

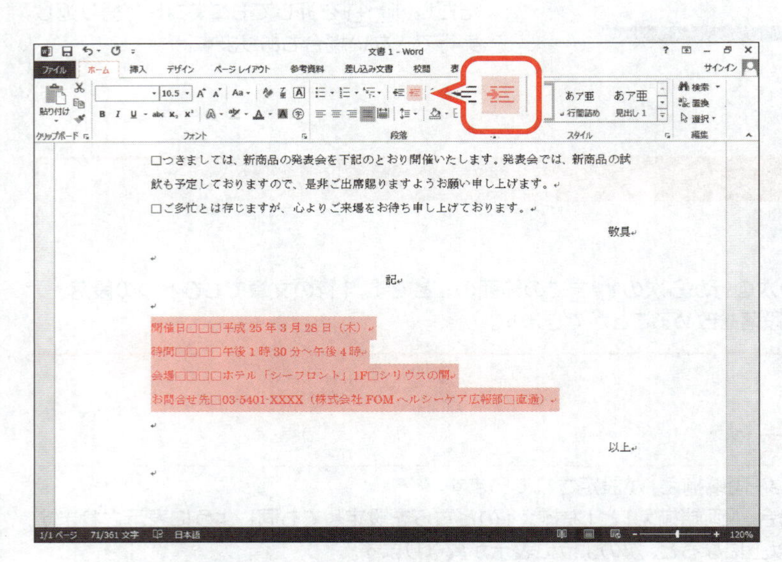

①**「開催日…」**で始まる行から**「お問合せ先…」**で始まる行を選択します。
※行の左端をドラッグします。
②**《ホーム》**タブを選択します。
③**《段落》**グループの (インデントを増やす)を3回クリックします。

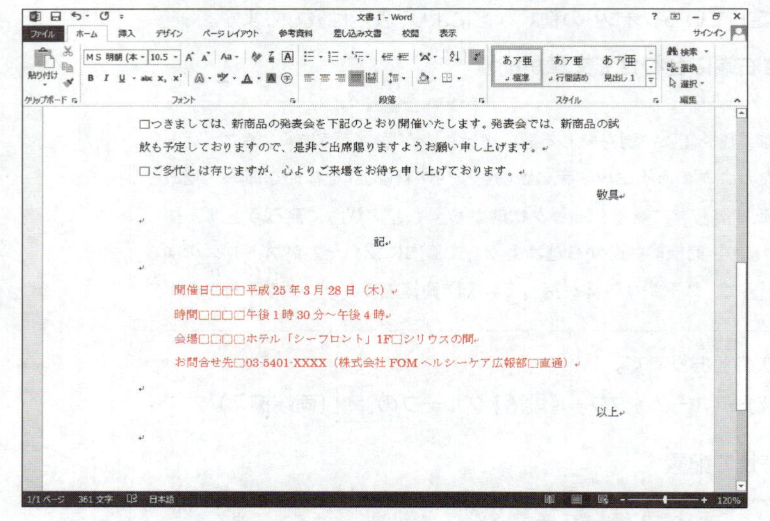

左のインデント幅が変更されます。
※選択を解除しておきましょう。

POINT ▶▶▶

インデントの解除

インデントが設定してある行で改行すると、次の行にも自動的にインデントが設定されます。
自動的に設定されたインデントを解除するには、Back Space を押します。

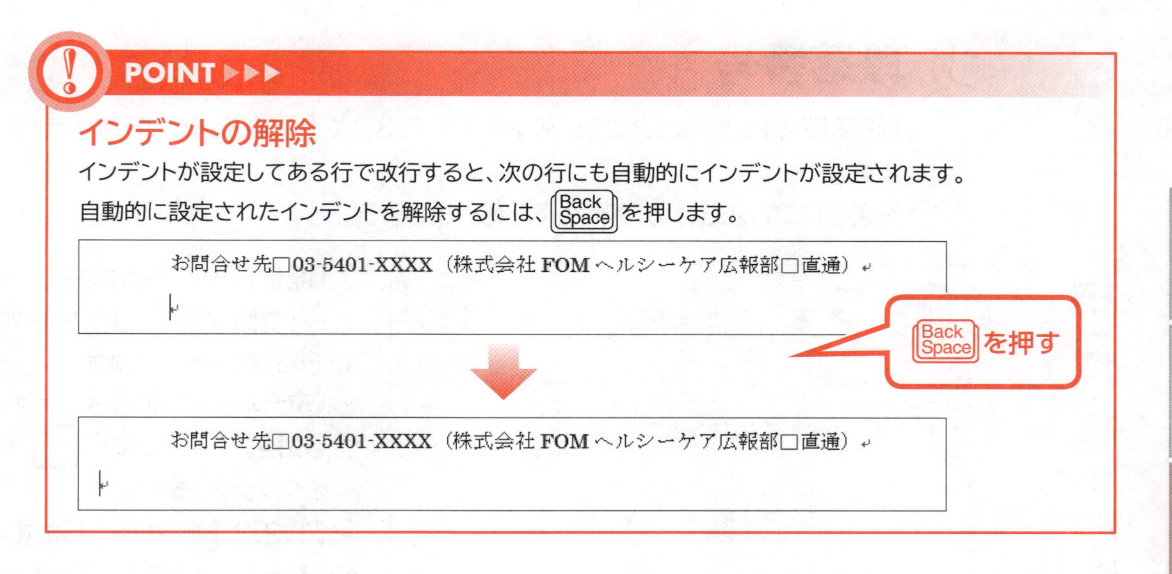

その他の方法（左インデント）

◆段落にカーソルを移動→《ページレイアウト》タブ→《段落》グループの 0 字 （左インデント）を設定

◆段落にカーソルを移動→《ページレイアウト》タブ→《段落》グループの □→《インデントと行間隔》タブ→《インデント》の《左》を設定

◆段落にカーソルを移動→《ホーム》タブ→《段落》グループの □→《インデントと行間隔》タブ→《インデント》の《左》を設定

水平ルーラーを使った左インデントの設定

水平ルーラーを表示すると、水平ルーラー上にある「インデントマーカー」を使ってインデントを操作することができます。インデントマーカーを使うと、ほかの文字との位置関係を意識しながら、行頭だけでなく行末の位置を変更することもできます。

※水平ルーラーは《表示》タブ→《表示》グループの《ルーラー》を ✓ にして表示・非表示を切り替えます。

インデントマーカーを使って左インデントを操作する方法は、次のとおりです。

◆段落内にカーソルを移動→水平ルーラーの □（左インデント）をドラッグ

※ Alt を押しながらドラッグすると、インデントを微調整できます。

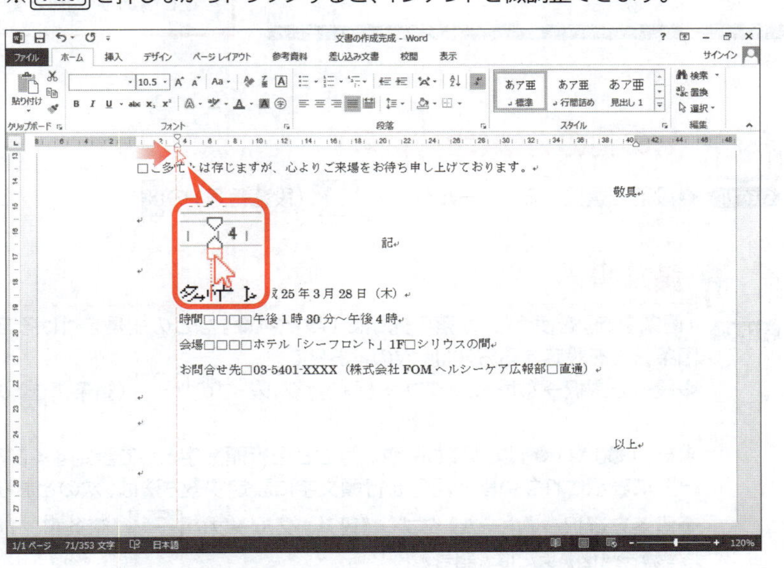

3 段落番号

「段落番号」を使うと、段落の先頭に**「1.2.3.」**や**「①②③」**などの番号を付けることができます。

記書きに**「1.2.3.」**の段落番号を付けましょう。

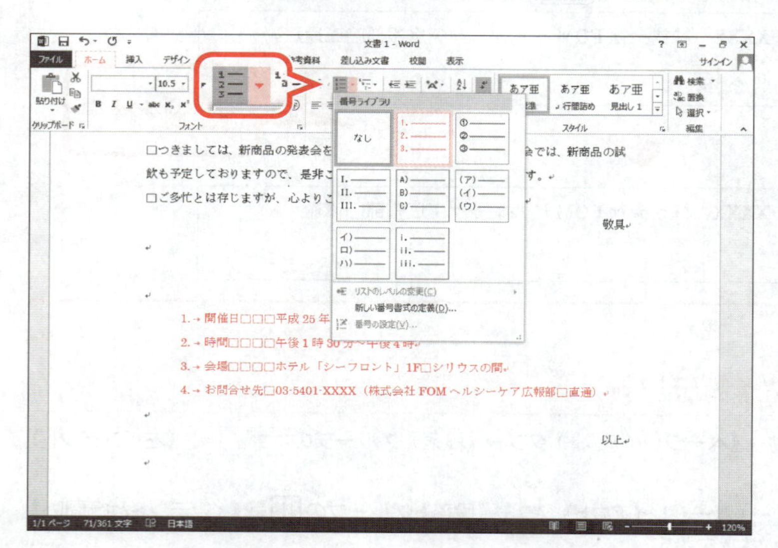

①**「開催日…」**で始まる行から**「お問合せ先…」**で始まる行を選択します。

※行の左端をドラッグします。

②**《ホーム》**タブを選択します。

③**《段落》**グループの（段落番号）のをクリックします。

④**《1.2.3.》**をクリックします。

※一覧をポイントすると、設定後のイメージを画面で確認できます。

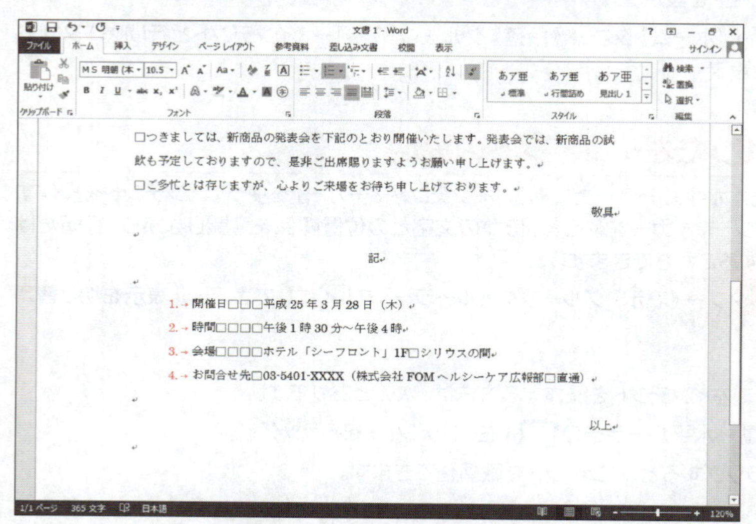

段落番号が設定されます。

※ボタンが青色になります。

※選択を解除しておきましょう。

POINT ▶▶▶

リアルタイムプレビュー

「リアルタイムプレビュー」とは、一覧の選択肢をポイントして、設定後の結果を確認できる機能です。設定前に確認できるため、繰り返し設定しなおす手間を省くことができます。

その他の方法（段落番号）

◆段落を選択→ミニツールバーの（段落番号）の

箇条書き

「箇条書き」を使うと、段落の先頭に「●」や「◆」などの記号を付けることができます。
箇条書きを設定する方法は、次のとおりです。

◆段落を選択→《ホーム》タブ→《段落》グループの（箇条書き）の

また、「●」や「◆」以外にも図や記号などを行頭文字として設定することができます。
一覧に表示されない図や記号を行頭文字に設定する方法は、次のとおりです。

◆段落を選択→《ホーム》タブ→《段落》グループの（箇条書き）の→《新しい行頭文字の定義》→《図》または《記号》

STEP 8 文字を装飾する

1 フォントサイズ

文字の大きさのことを**「フォントサイズ」**といい、**「ポイント（pt）」**という単位で表します。初期の設定は**「10.5」**ポイントです。
フォントサイズを変更するには［10.5］（フォントサイズ）を使います。
タイトルのフォントサイズを**「18」**ポイントに変更しましょう。

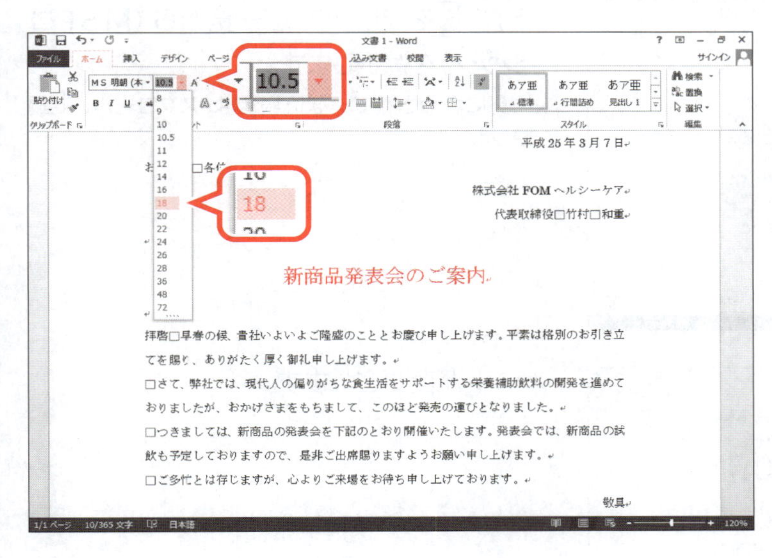

①**「新商品発表会のご案内」**の行を選択します。
※行の左端をクリックします。
②**《ホーム》**タブを選択します。
③**《フォント》**グループの［10.5］（フォントサイズ）の［▼］をクリックし、一覧から**《18》**を選択します。

フォントサイズが変更されます。

その他の方法（フォントサイズ）

◆文字を選択→ミニツールバーの［10.5］（フォントサイズ）の［▼］

2 フォント

文字の書体のことを**「フォント」**といいます。初期の設定は**「MS明朝」**です。
フォントを変更するには MS 明朝 (本 ▾ (フォント)を使います。
タイトルのフォントを**「MSPゴシック」**に変更しましょう。

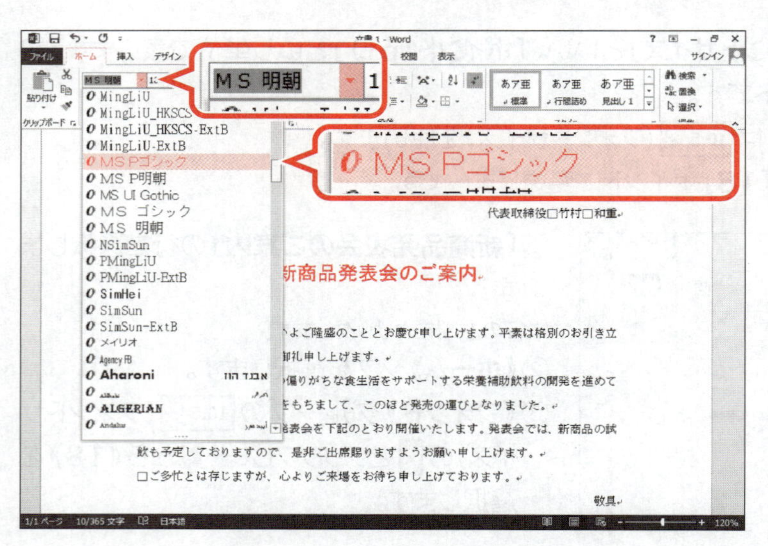

①**「新商品発表会のご案内」**の行が選択されていることを確認します。
②**《ホーム》**タブを選択します。
③**《フォント》**グループの MS 明朝 (本 ▾ (フォント)の ▾ をクリックし、一覧から**《MSPゴシック》**を選択します。
※一覧に表示されていない場合は、スクロールして調整します。

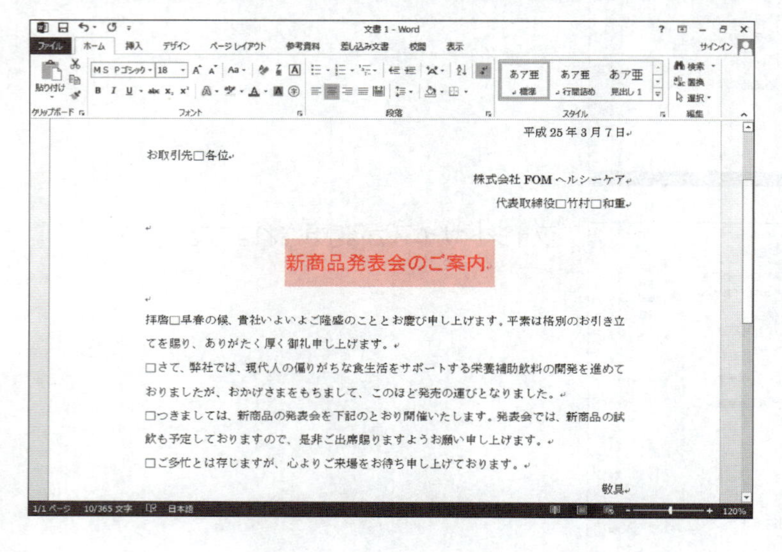

フォントが変更されます。

その他の方法(フォント)

◆文字を選択→ミニツールバーの MS 明朝 ▾ (フォント)の ▾

フォントの色

文字に色を付けて、強調できます。
フォントの色を変更する方法は、次のとおりです。
◆文字を選択→《ホーム》タブ→《フォント》グループの A ▾ (フォントの色)の ▾

3 太字・斜体

文字を太くしたり、斜めに傾けたりして強調できます。
タイトルに太字と斜体を設定しましょう。

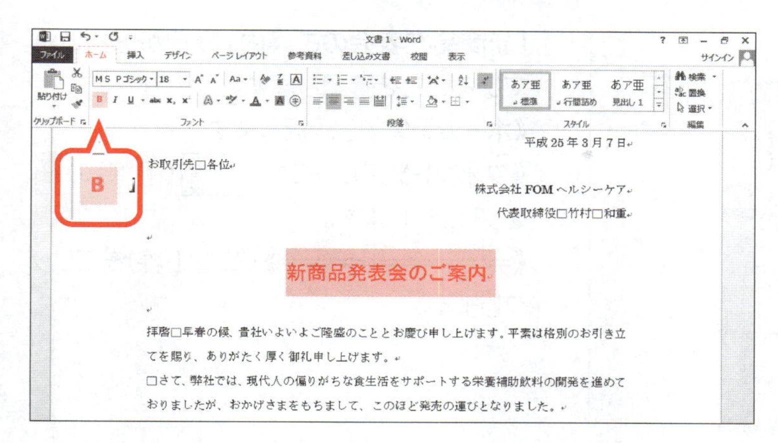

①**「新商品発表会のご案内」**の行が選択されていることを確認します。
②**《ホーム》**タブを選択します。
③**《フォント》**グループの B (太字)をクリックします。

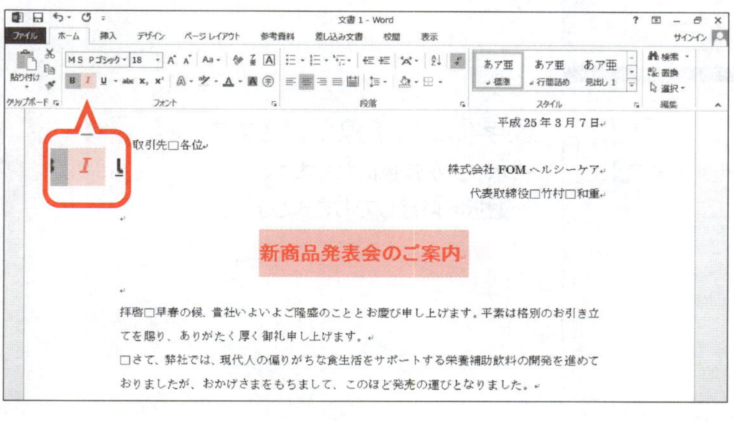

文字が太字になります。
※ボタンが青色になります。
④**《フォント》**グループの I (斜体)をクリックします。

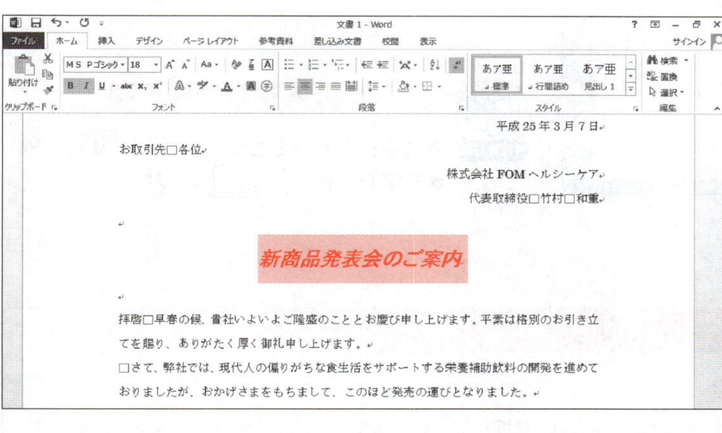

文字が斜体になります。
※ボタンが青色になります。

その他の方法(太字)

◆文字を選択→ミニツールバーの B (太字)
◆文字を選択→ Ctrl + B

その他の方法(斜体)

◆文字を選択→ミニツールバーの I (斜体)
◆文字を選択→ Ctrl + I

4 下線

文字に下線を付けて強調できます。二重線や波線など、下線の種類を選択できます。
タイトルに二重下線を設定しましょう。

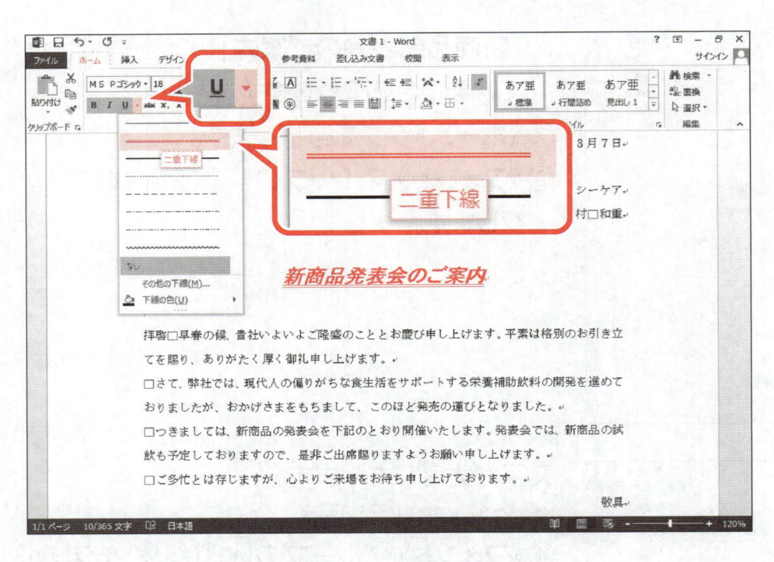

①「**新商品発表会のご案内**」の行が選択されていることを確認します。

②《**ホーム**》タブを選択します。

③《**フォント**》グループの U▼（下線）の ▼ をクリックします。

④《══════》（二重下線）をクリックします。

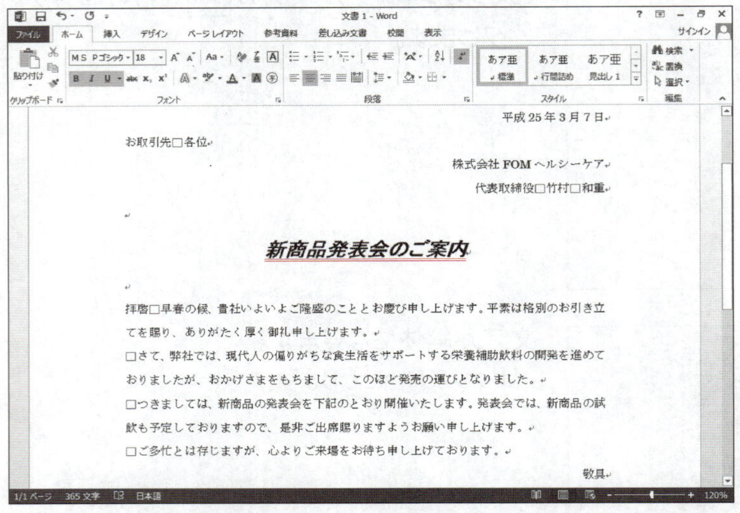

文字に二重下線が付きます。

※ボタンが青色になります。

※選択を解除しておきましょう。

STEP UP

その他の方法（一重下線）

◆文字を選択→ミニツールバーの U （下線）

◆文字を選択→ Ctrl + U

POINT ▶▶▶

太字・斜体・下線の解除

太字・斜体・下線を解除するには、解除する範囲を選択して B （太字）・ I （斜体）・ U （下線）を再度クリックします。設定が解除されると、ボタンが青色から標準の色に戻ります。

POINT ▶▶▶

書式のクリア

文字に設定した書式を一括してクリアできます。

◆文字を選択→《ホーム》タブ→《フォント》グループの （すべての書式をクリア）

文書を保存する

1　名前を付けて保存

作成した文書を残しておくには、文書に名前を付けて保存します。
作成した文書に**「文書の作成完成」**と名前を付けてフォルダー**「第3章」**に保存しましょう。

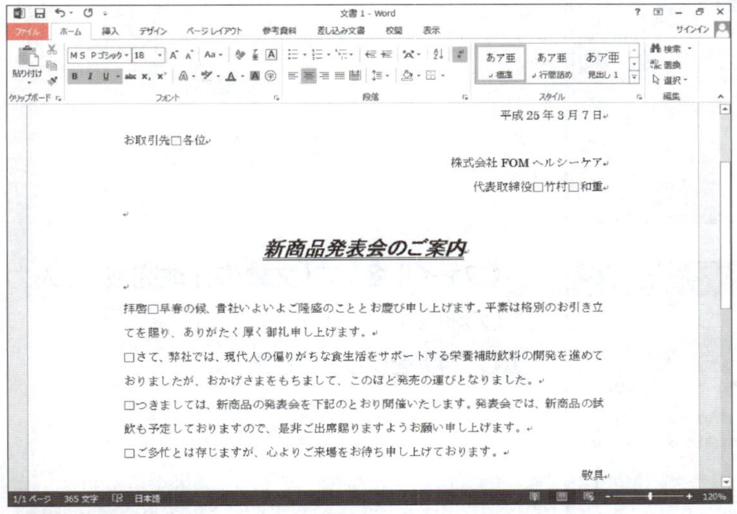

①**《ファイル》**タブを選択します。

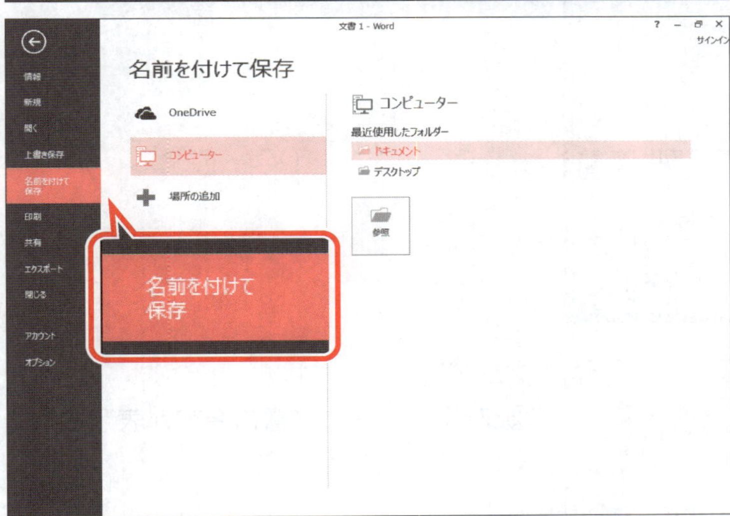

②**《名前を付けて保存》**をクリックします。
③**《コンピューター》**をクリックします。
④**《ドキュメント》**をクリックします。

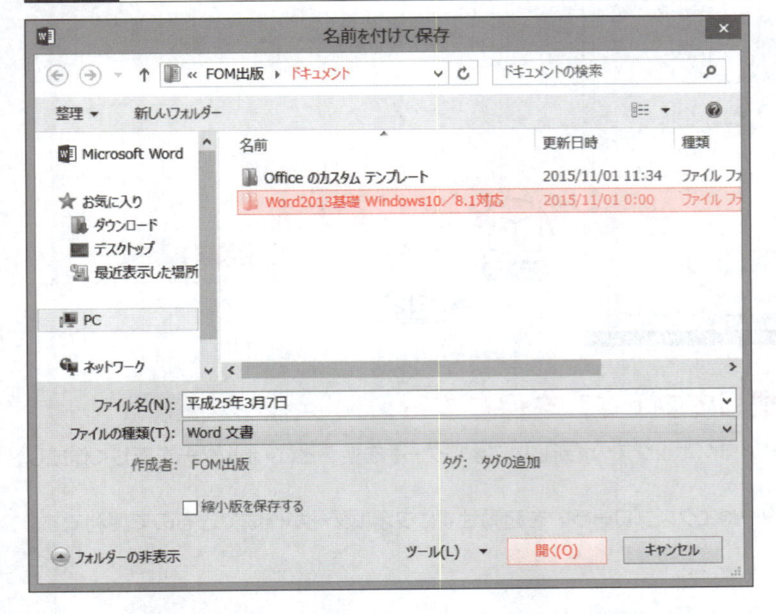

《名前を付けて保存》ダイアログボックスが表示されます。
文書を保存する場所を選択します。
⑤**《ドキュメント》**が開かれていることを確認します。
⑥右側の一覧から**「Word2013基礎 Windows10／8.1対応」**を選択します。
⑦**《開く》**をクリックします。

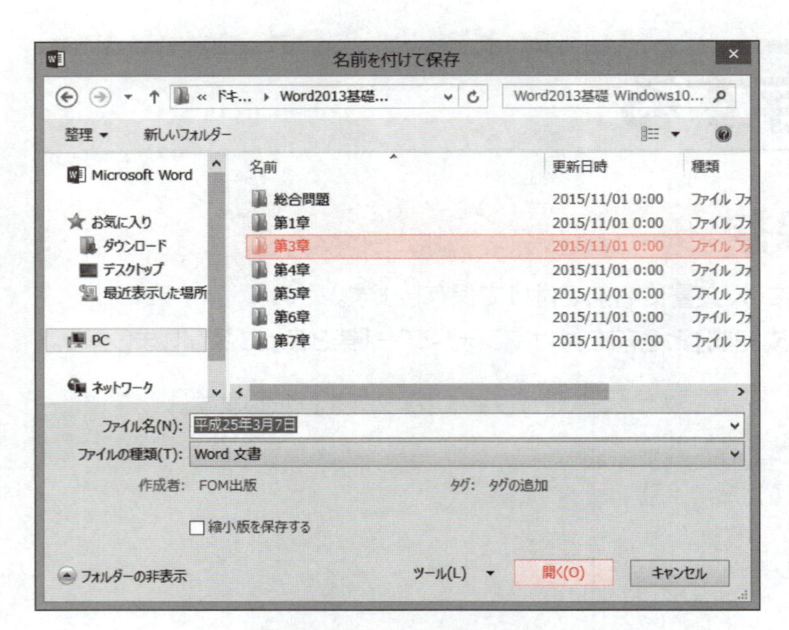

⑧「**第3章**」を選択します。

⑨《**開く**》をクリックします。

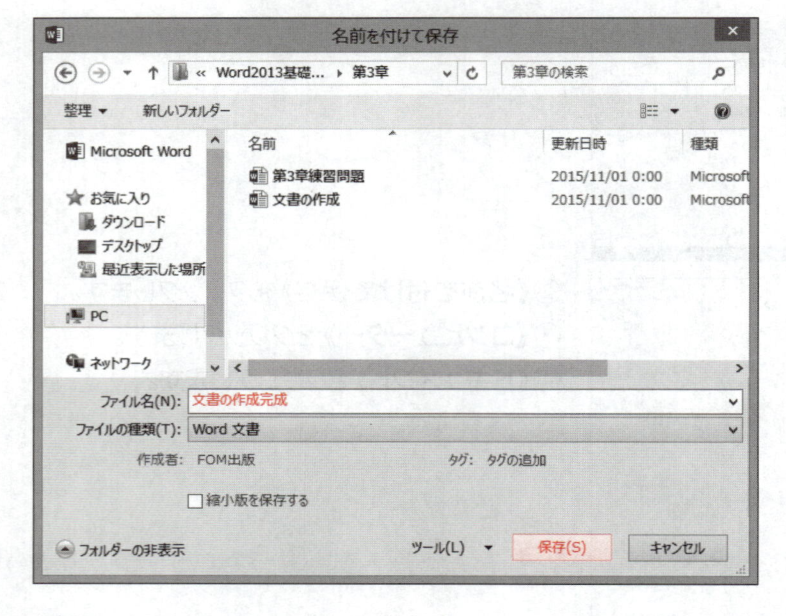

⑩《**ファイル名**》に「**文書の作成完成**」と入力します。

⑪《**保存**》をクリックします。

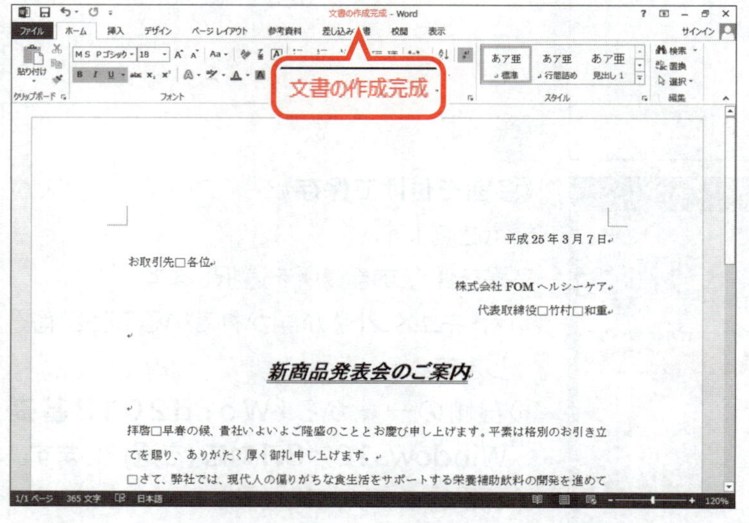

文書が保存されます。

⑫タイトルバーに文書の名前が表示されていることを確認します。

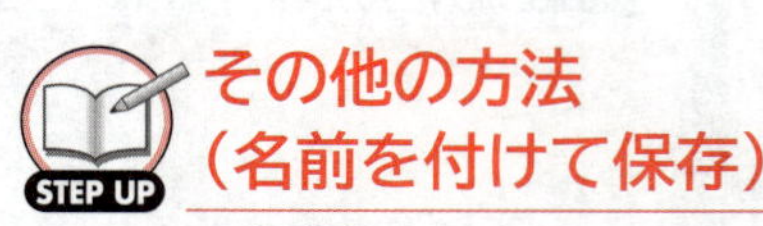

その他の方法（名前を付けて保存）

◆ F12

フォルダーを作成してファイルを保存する

《名前を付けて保存》ダイアログボックスの《新しいフォルダー》を使うと、フォルダーを新しく作成して文書を保存できます。
Windowsのコンピューターやエクスプローラーを起動せずにフォルダーが作成できるので便利です。

Word 2013のファイル形式

Word 2013で文書を作成・保存すると、自動的に拡張子「.docx」が付きます。Word 2003以前のバージョンで作成・保存されている文書の拡張子は「.doc」で、ファイル形式が異なります。
※拡張子は、ファイルの種類を表す識別子です。

2 上書き保存

保存した文書の内容を編集した場合、更新するには上書き保存します。
会場の**「シリウスの間」**を**「スピカの間」**に修正し、文書を上書き保存しましょう。

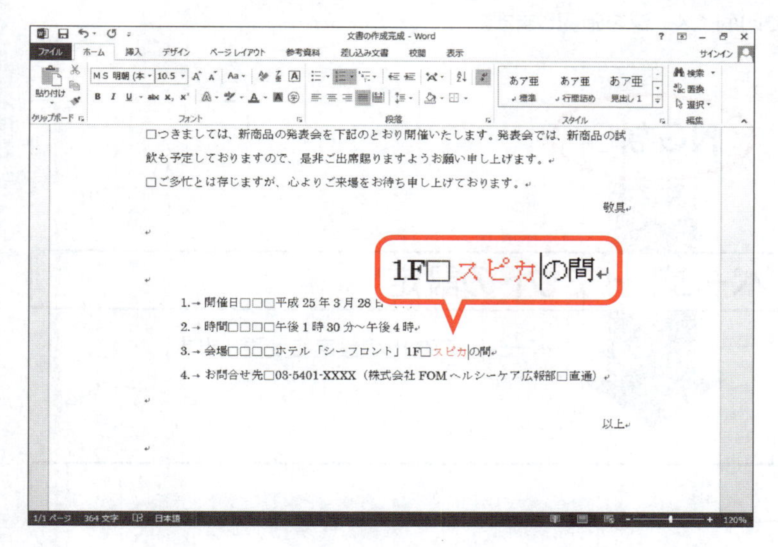

①**「シリウス」**を選択します。
②**「スピカ」**と入力します。

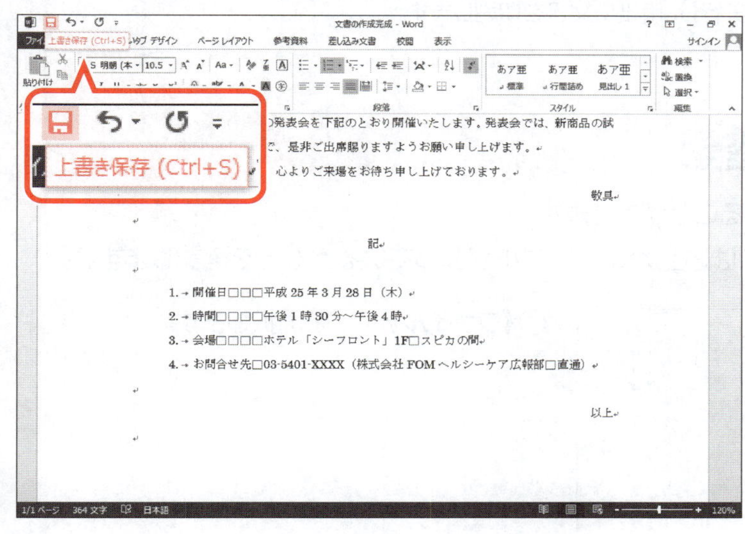

文字が変更されます。
③クイックアクセスツールバーの（上書き保存）をクリックします。
上書き保存されます。

その他の方法（上書き保存）

◆《ファイル》タブ→《上書き保存》
◆ Ctrl ＋ S

POINT ▶▶▶

上書き保存と名前を付けて保存

すでに保存されている文書の内容を一部編集して、編集後の内容だけを保存するには、「上書き保存」します。
文書更新前の状態も更新後の状態も保存するには、「名前を付けて保存」で別の名前を付けて保存します。

STEP 10 文書を印刷する

1 印刷する手順

作成した文書を印刷する手順は、次のとおりです。

画面で印刷イメージを確認します。

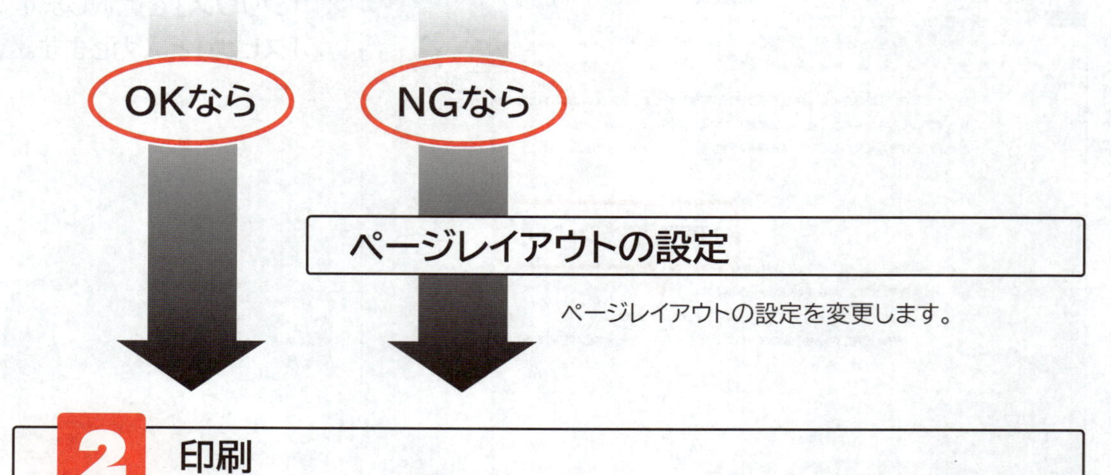

ページレイアウトの設定を変更します。

2 印刷

印刷を実行し、用紙に文書を印刷します。

2 印刷イメージの確認

画面で印刷イメージを確認することができます。
印刷の向きや余白のバランスは適当か、レイアウトが整っているかなどを確認します。

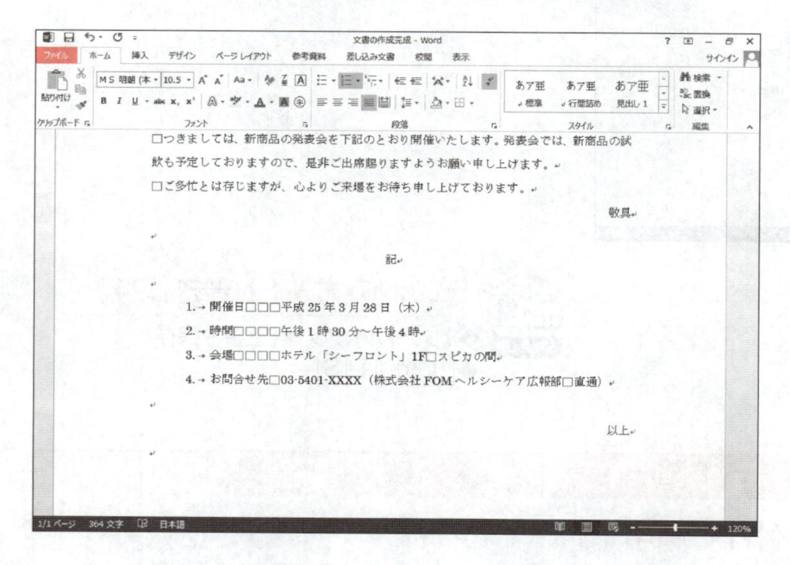

①《ファイル》タブを選択します。

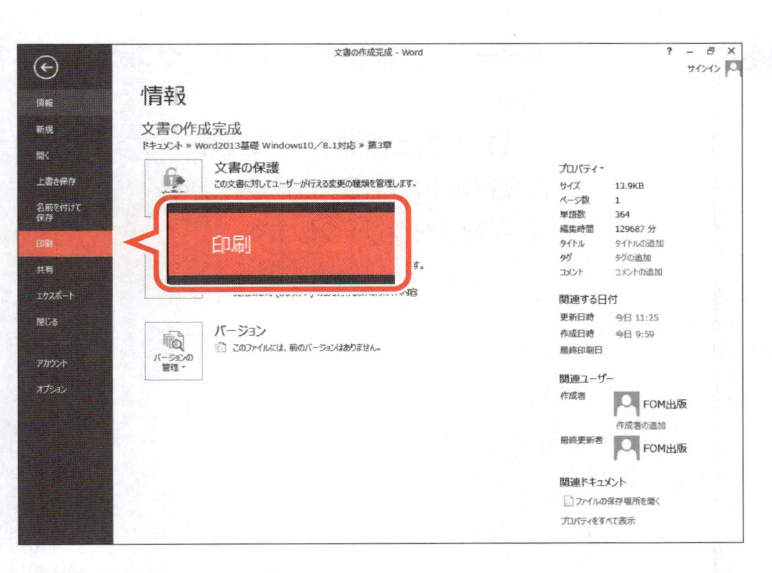

②《**印刷**》をクリックします。

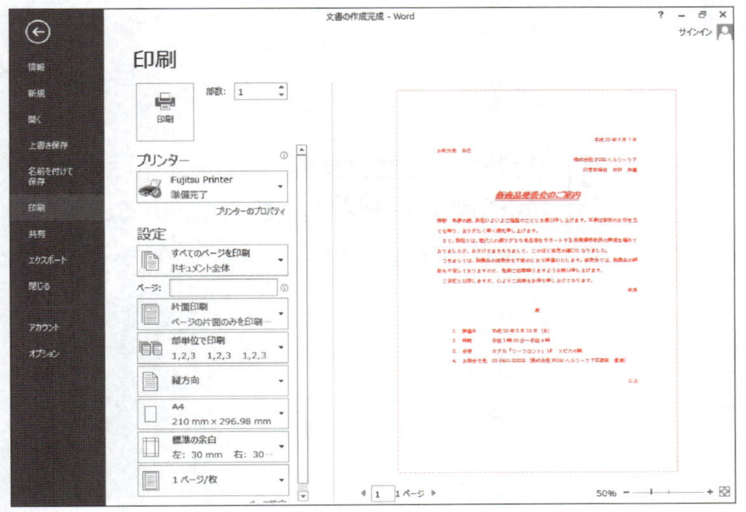

③印刷イメージを確認します。

3 ページレイアウトの設定

印刷イメージでレイアウトが整っていない場合、ページのレイアウトを調整します。
1ページの行数を「**25行**」に変更しましょう。

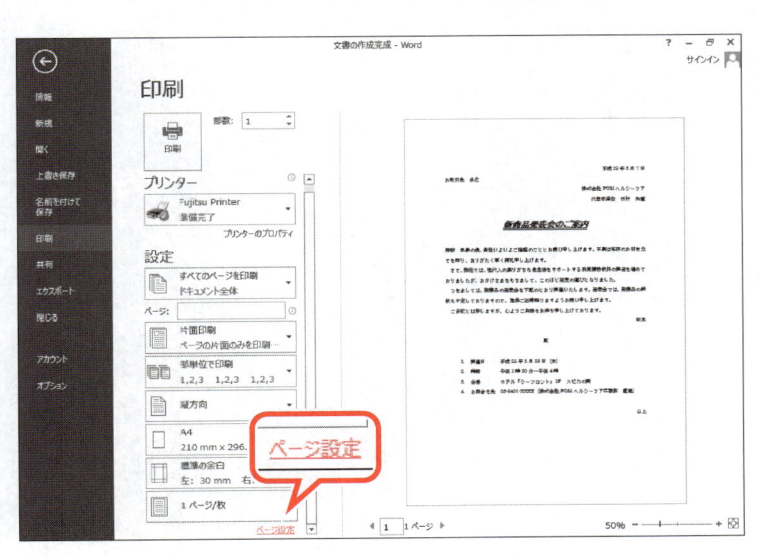

①《**ページ設定**》をクリックします。

※表示されていない場合は、スクロールして調整しましょう。

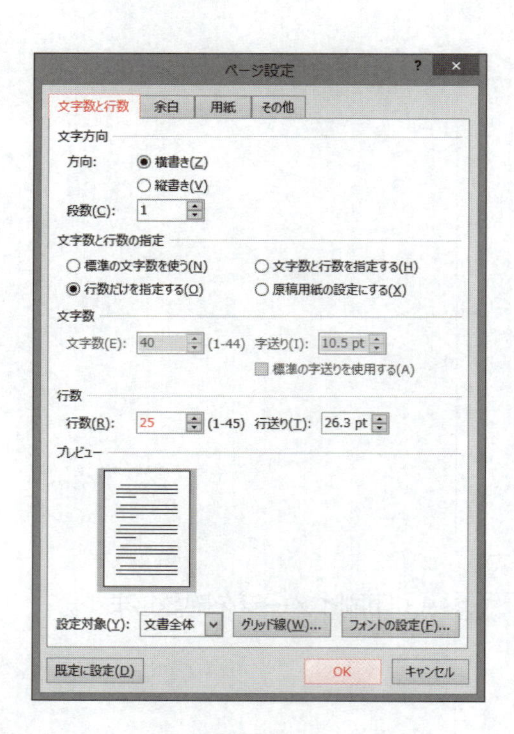

《ページ設定》ダイアログボックスが表示されます。

②《文字数と行数》タブを選択します。

③《行数》を「25」に設定します。

④《OK》をクリックします。

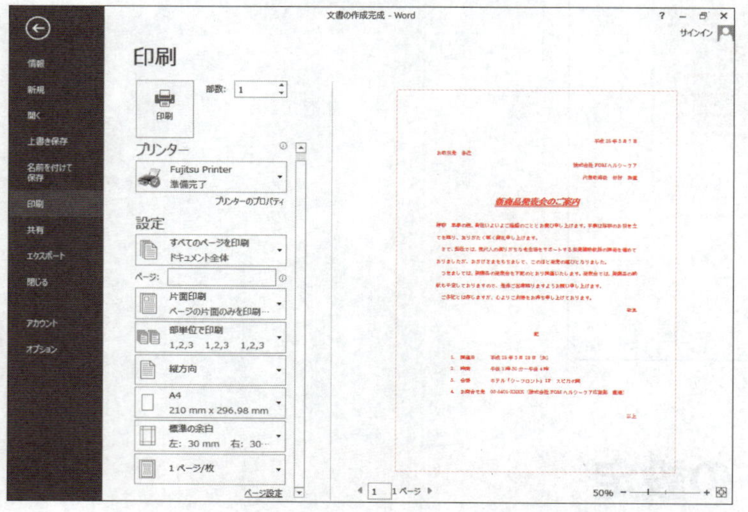

行数が変更されます。

⑤印刷イメージが変更されていることを確認します。

4 印刷

文書を1部印刷しましょう。

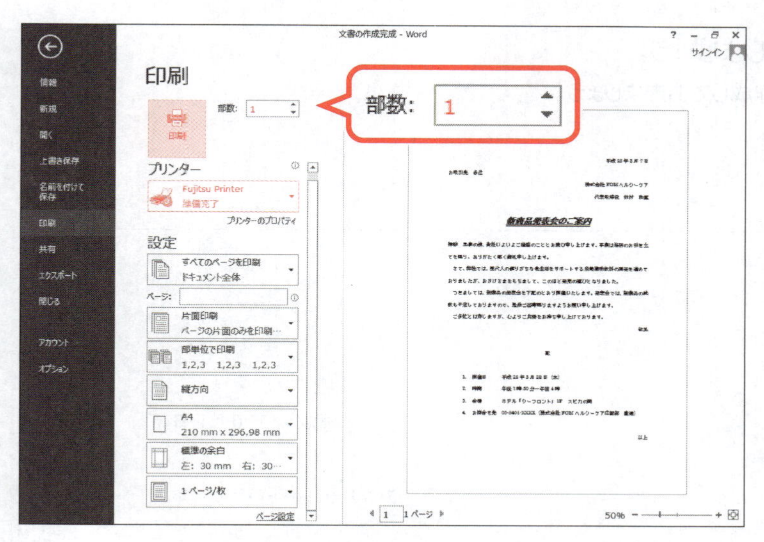

①《**印刷**》の《**部数**》が「**1**」になっていることを確認します。

②《**プリンター**》に出力するプリンターの名前が表示されていることを確認します。

※表示されていない場合は、▾をクリックし一覧から選択します。

③《**印刷**》をクリックします。

※文書を上書き保存し、閉じておきましょう。

その他の方法(印刷)

◆Ctrl+P

ページ設定の保存

文書を保存すると、《ページ設定》ダイアログボックスで設定した内容も含めて保存されます。

文書の作成画面に戻る

印刷イメージを確認したあと、印刷を実行せずに文書の作成画面に戻るには、Escを押します。
×(閉じる)をクリックすると、Wordが終了してしまうので注意しましょう。

Exercise 練習問題

解答 ► 別冊P.1

完成図のような文書を作成しましょう。
※Wordを起動し、新しい文書を作成しておきましょう。

●完成図

平成25年6月吉日

スクール生　各位

みなとカルチャースクール
校長　黒川　仁

10周年記念発表会のご案内

拝啓　初夏の候、ますます御健勝のこととお慶び申し上げます。平素はひとかたならぬ御愛顧を賜り、ありがとうございます。

このたび、おかげさまをもちまして本スクールは開校10周年を迎えることができました。

つきましては、これを記念して発表会を下記のとおり開催いたします。音楽・ダンス講座のみなさんの演奏・舞踊のほかに、みなとカルチャースクール創設にご尽力いただいたピアニストの音田　奏さんにも演奏していただきます。

ご家族やご友人をお誘いあわせの上、多数のご来場をお待ちしております。

敬具

記

1. 日にち　平成25年7月28日（日）
2. 時　間　午後1時30分～午後5時（開場　午後1時）
3. 会　場　ゆうゆう会館　大ホール
4. 入場料　無料
5. その他　当日、ロビーでは書画・手工芸講座の作品展示を予定しています。

以上

①次のようにページレイアウトを設定しましょう。

用紙サイズ　　：A4
印刷の向き　　：縦
1ページの行数：30行

②次のように文章を入力しましょう。

※入力を省略する場合は、フォルダー「第3章」の文書「第3章練習問題」を開き、③に進みましょう。

Hint　あいさつ文は、《挿入》タブ→《テキスト》グループの（あいさつ文の挿入）を使って入力しましょう。

平成25年6月吉日↵
スクール生□各位↵
みなとカルチャースクール↵
校長□黒川□仁↵
↵
10周年記念発表会のご案内↵
↵
拝啓□初夏の候、ますます御健勝のこととお慶び申し上げます。平素はひとかたならぬ御愛顧を賜り、ありがとうございます。↵
□このたび、おかげさまをもちまして本スクールは開校10周年を迎えることができました。↵
□つきましては、これを記念して発表会を下記のとおり開催いたします。音楽・ダンス講座のみなさんの演奏・舞踊のほかに、創設にご尽力いただいた音田□奏さんにも演奏していただきます。↵
□ご家族やご友人をお誘いあわせの上、多数のご来場をお待ちしております。↵
敬具↵
↵
記↵
↵
日にち□□平成25年7月28日（日）↵
時□間□□午後1時30分～午後5時（開場□午後1時）↵
会□場□□ゆうゆう会館□大ホール↵
入場料□□無料↵
その他□□当日、ロビーでは書画・手工芸講座の作品展示を予定しています。↵
↵
以上↵

※↵で Enter を押して改行します。
※□は全角空白を表します。
※「～」は「から」と入力して変換します。

③発信日付**「平成25年6月吉日」**と発信者名**「みなとカルチャースクール」「校長　黒川仁」**をそれぞれ右揃えにしましょう。

④タイトル「**10周年記念発表会のご案内**」に次の書式を設定しましょう。

フォント　　　：MSゴシック
フォントサイズ：20ポイント
太字
波線の下線
中央揃え

⑤発信者名の「**みなとカルチャースクール**」を本文内の「**創設にご尽力いただいた…**」の前にコピーしましょう。

⑥「**音田　奏さんにも…**」の前に「**ピアニストの**」を挿入しましょう。

⑦「**日にち…**」で始まる行から「**その他…**」で始まる行に4文字分の左インデントを設定しましょう。

⑧「**日にち…**」で始まる行から「**その他…**」で始まる行に「**1.2.3.**」の段落番号を付けましょう。

⑨印刷イメージを確認し、1部印刷しましょう。

※文書に「第3章練習問題完成」と名前を付けて、フォルダー「第3章」に保存し、閉じておきましょう。

■第 4 章■ 表の作成

表の作成、行・列の挿入や削除、セルの結合や分割、網かけなど、表と罫線に関する機能を解説します。

Chapter 4 この章で学ぶこと

学習前に習得すべきポイントを理解しておき、
学習後には確実に習得できたかどうかを振り返りましょう。

STEP 1 作成する文書を確認する

1 作成する文書の確認

次のような文書を作成しましょう。

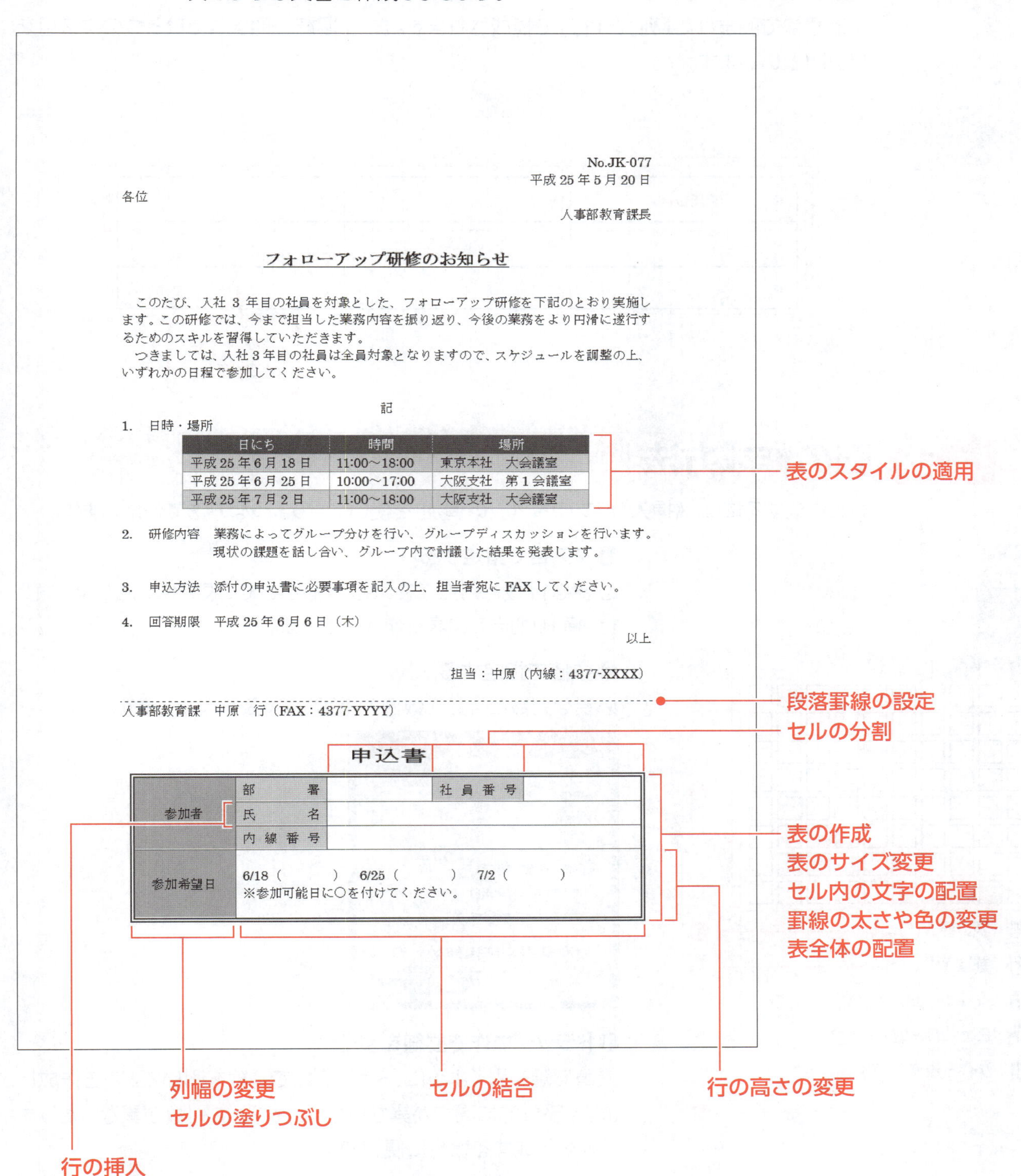

No.JK-077
平成 25 年 5 月 20 日

各位

人事部教育課長

フォローアップ研修のお知らせ

このたび、入社 3 年目の社員を対象とした、フォローアップ研修を下記のとおり実施します。この研修では、今まで担当した業務内容を振り返り、今後の業務をより円滑に遂行するためのスキルを習得していただきます。
つきましては、入社 3 年目の社員は全員対象となりますので、スケジュールを調整の上、いずれかの日程で参加してください。

記

1. 日時・場所

日にち	時間	場所
平成 25 年 6 月 18 日	11:00～18:00	東京本社　大会議室
平成 25 年 6 月 25 日	10:00～17:00	大阪支社　第 1 会議室
平成 25 年 7 月 2 日	11:00～18:00	大阪支社　大会議室

2. 研修内容　業務によってグループ分けを行い、グループディスカッションを行います。
現状の課題を話し合い、グループ内で討議した結果を発表します。

3. 申込方法　添付の申込書に必要事項を記入の上、担当者宛に FAX してください。

4. 回答期限　平成 25 年 6 月 6 日（木）

以上

担当：中原（内線：4377-XXXX）

人事部教育課　中原　行（FAX：4377-YYYY）

申込書

参加者	部署		社員番号	
	氏名			
	内線番号			
参加希望日	6/18（　　　）　6/25（　　　）　7/2（　　　） ※参加可能日に○を付けてください。			

STEP 2 表を作成する

1 表の構成

「表」を使うと、項目ごとにデータを整列して表示でき、内容を読み取りやすくなります。
表は罫線で囲まれた**「列」**と**「行」**で構成されます。また、罫線で囲まれたひとつのマス目を**「セル」**といいます。

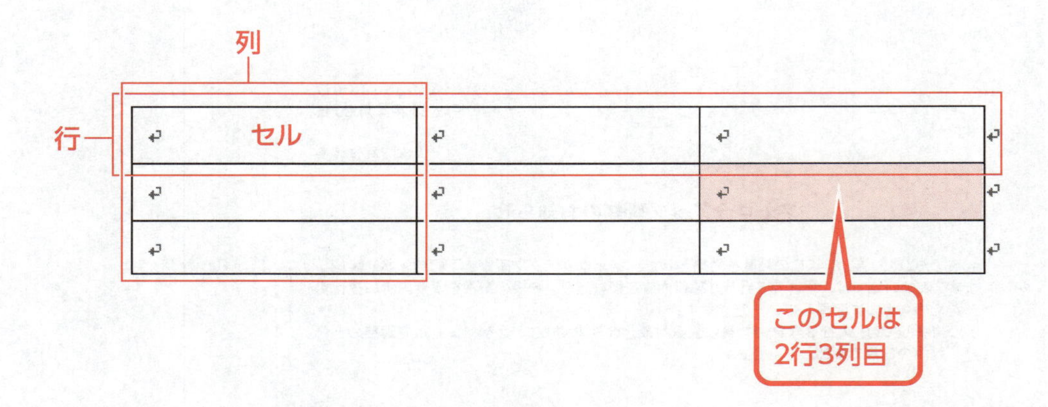

2 表の作成方法

表を作成するには、**《挿入》**タブの （表の追加）を使い、次のような方法で作成します。

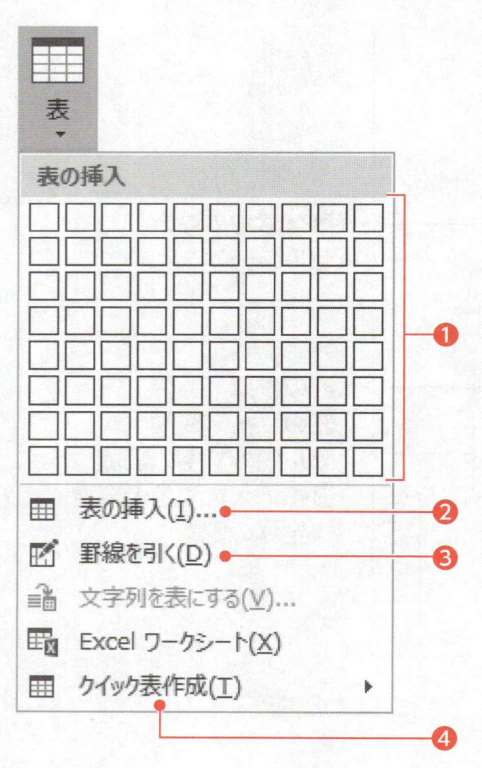

❶マス目で指定する

必要な行数と列数をマス目で指定して、表を作成します。縦8行、横10列までの表を作成できます。

❷数値で指定する

必要な列数と行数を数値で指定して、表を作成します。

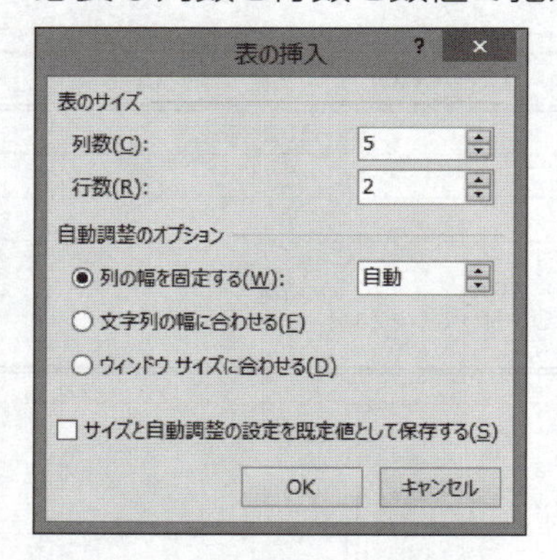

❸ドラッグ操作で罫線を引く

鉛筆で線を引くように、ドラッグして罫線を引いて、表を作成します。部分的に高さが異なったり、行ごとに列数が異なったりする表を作成する場合に便利です。

❹サンプルから作成する

完成イメージに近い表のサンプルを選択して、表を作成します。

※作成した表は、表のイメージがつかみやすいように、サンプルデータが入力されています。

3 表の挿入

文末に4行3列の表を作成しましょう。

File OPEN フォルダー「第4章」の文書「表の作成」を開いておきましょう。

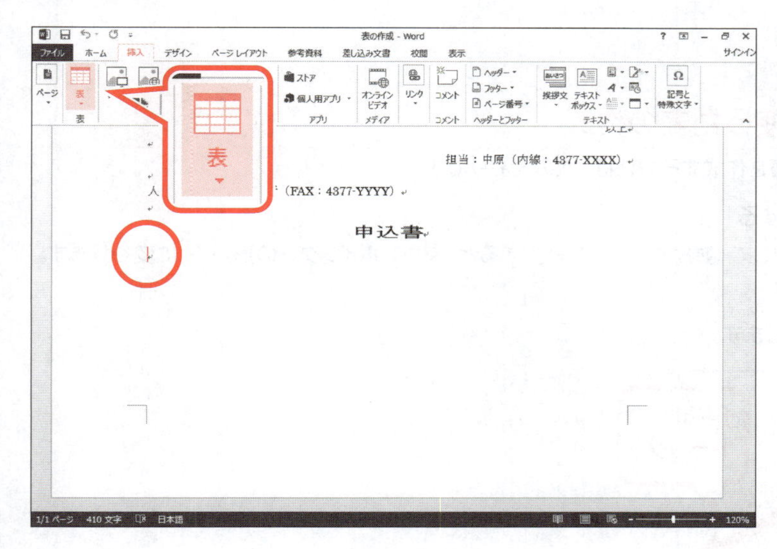

文末にカーソルを移動します。

①Ctrl＋Endを押します。

※文末にカーソルを移動するには、Ctrlを押しながらEndを押します。

②《挿入》タブを選択します。

③《表》グループの（表の追加）をクリックします。

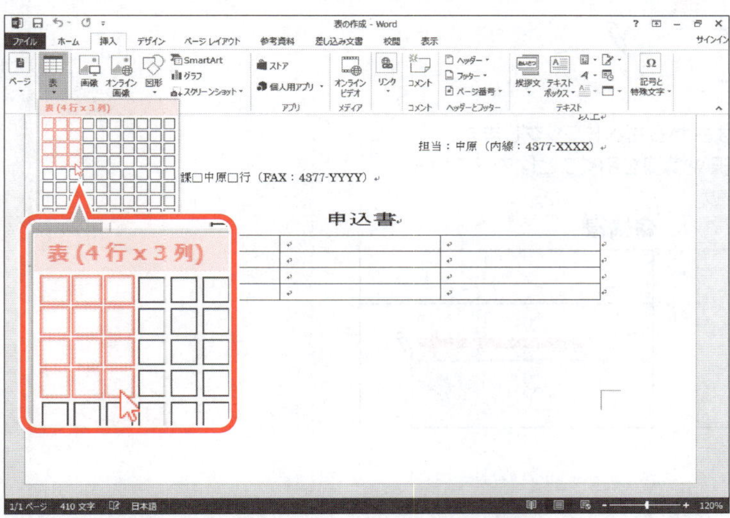

マス目が表示されます。

行数（4行）と列数（3列）を指定します。

④下に4マス分、右に3マス分の位置をポイントします。

⑤表のマス目の上に**「表（4行×3列）」**と表示されていることを確認し、クリックします。

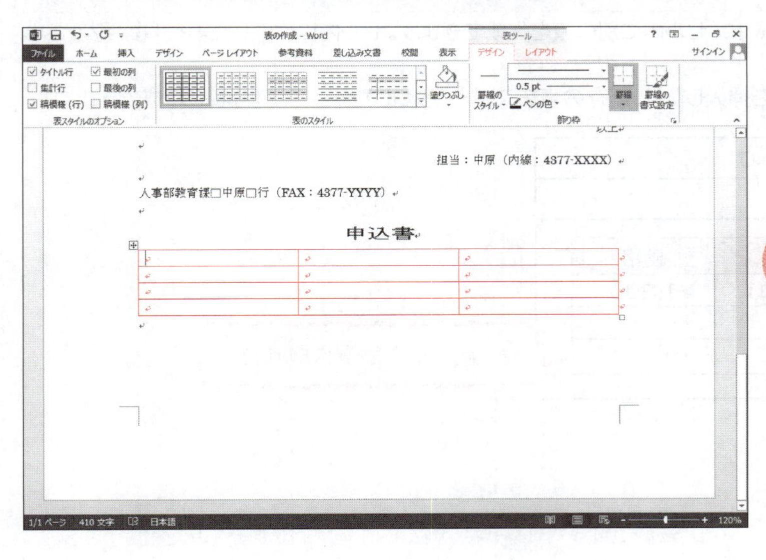

表が作成されます。

リボンに**《表ツール》**の**《デザイン》**タブと**《レイアウト》**タブが表示されます。

POINT ▶▶▶

《表ツール》の《デザイン》タブと《レイアウト》タブ

表内にカーソルがあるとき、リボンに《表ツール》の《デザイン》タブと《レイアウト》タブが表示され、表に関するコマンドが使用できる状態になります。

カーソルの移動(文頭・文末)

効率よく文頭や文末にカーソルを移動する方法は、次のとおりです。

文頭

◆ Ctrl + Home

文末

◆ Ctrl + End

《罫線を引く》を使った表の作成

《罫線を引く》を使って表を作成する方法は、次のとおりです。

❶罫線を引ける状態にする

(表の追加)をクリックして《罫線を引く》を選択すると、マウスポインターの形が に変わります。

❷外枠を引く

左上から右下へドラッグします。

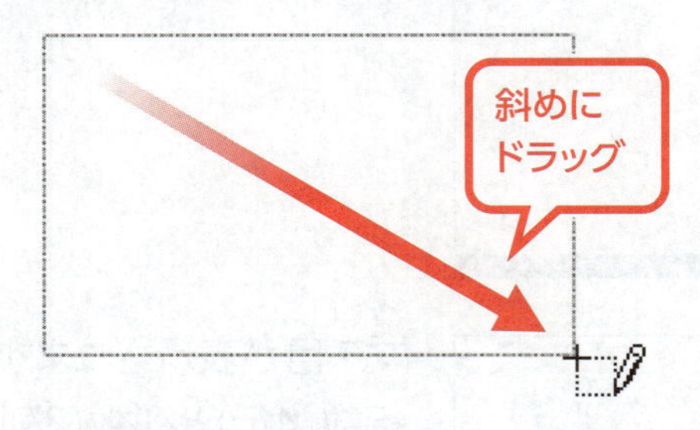

❸縦線・横線を引く

外枠内を上から下へ、または左から右へドラッグします。
※外枠がない状態では、縦線や横線を引くことはできません。

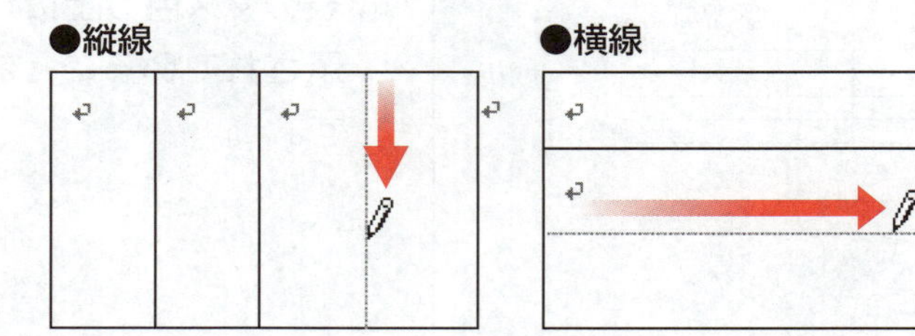

複合表

表内の情報を整理するために、セル内に別の表を作成できます。セル内に作成した表を「複合表」といいます。
任意のセル内に新しく表を挿入したり、既存の表をコピー・移動したりして、複合表を作成できます。

<table>
<tr><td>開発コード</td><td>EW-×××01</td></tr>
<tr><td>商 品 概 要</td><td>••••••</td></tr>
<tr><td>価 格 表
(単位:千円)</td><td><table><tr><th>型番</th><th>価格</th></tr><tr><td>EW-001</td><td>¥1,200</td></tr><tr><td>•••</td><td>•••</td></tr><tr><td>•••</td><td>•••</td></tr></table></td></tr>
</table>

セル内に別の表を作成できる

4 文字の入力

作成した表に文字を入力しましょう。

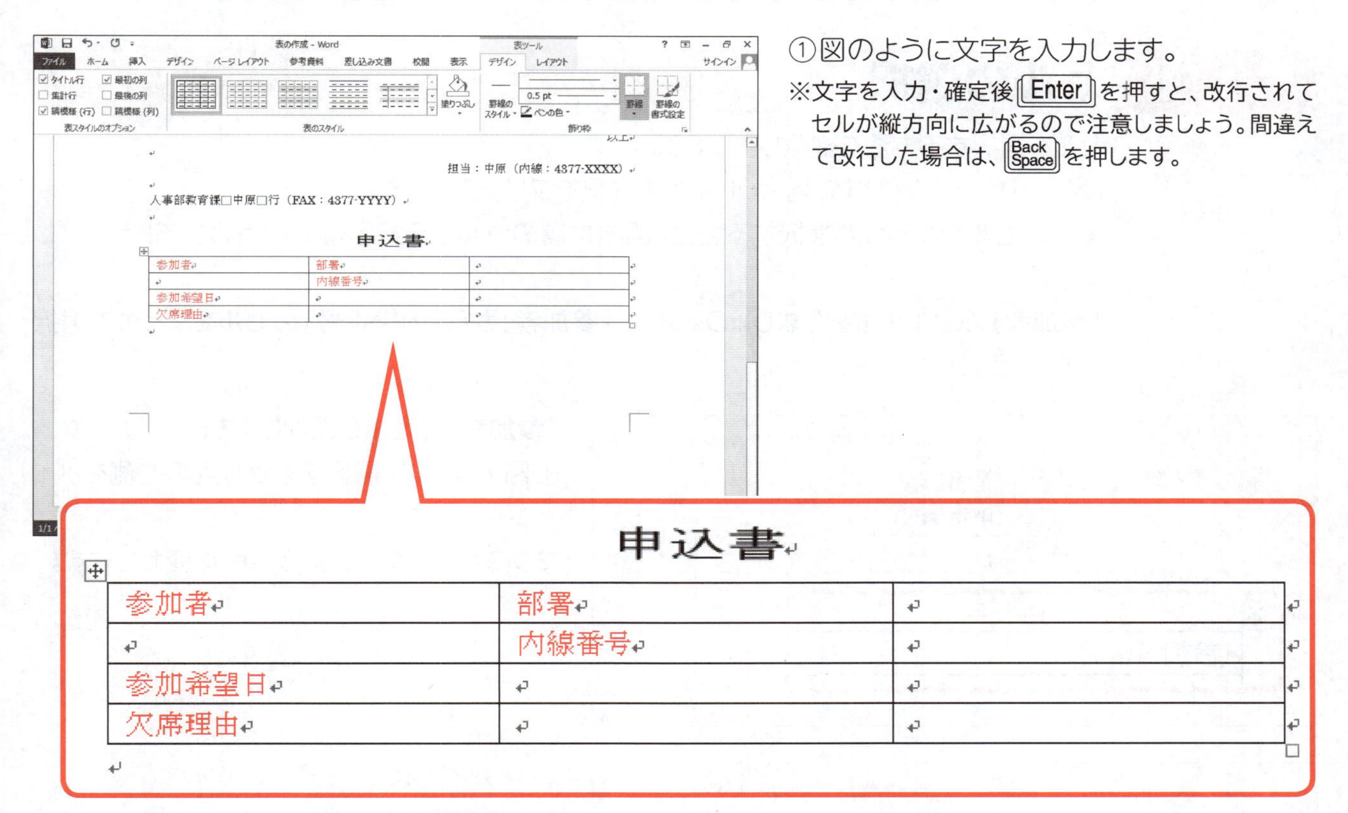

①図のように文字を入力します。

※文字を入力・確定後 Enter を押すと、改行されてセルが縦方向に広がるので注意しましょう。間違えて改行した場合は、Back Space を押します。

表内のカーソルの移動

表内でカーソルを移動する場合は、次のキーで操作します。

移動方向	キー
右のセルへ移動	Tab または →
左のセルへ移動	Shift ＋ Tab または ←
上のセルへ移動	↑
下のセルへ移動	↓

表の範囲を選択する

1 セルの選択

セルを選択する方法を確認しましょう。
ひとつのセルを選択する場合、セル内の左側をクリックします。
複数のセルをまとめて選択する場合、開始位置のセルから終了位置のセルまでドラッグします。

「参加者」のセルを選択しましょう。次に、**「参加者」**から**「内線番号」**のセルをまとめて選択しましょう。

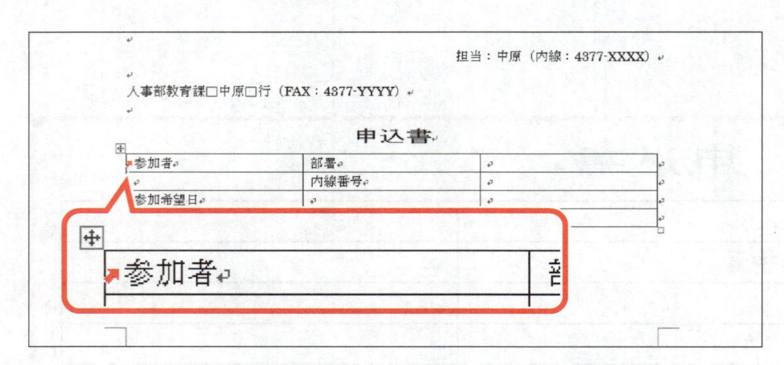

「参加者」のセルを選択します。

①図のように、選択するセル内の左側をポイントします。

マウスポインターの形が ➚ に変わります。

②クリックします。

セルが選択されます。

セルの選択を解除します。

③選択されているセル以外の場所をクリックします。

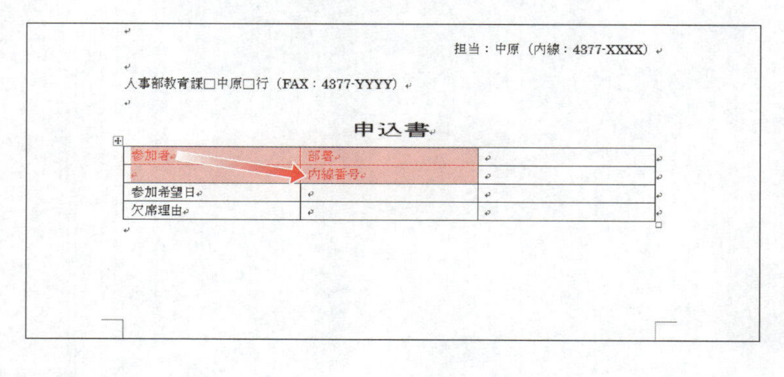

「参加者」から**「内線番号」**のセルを選択します。

④図のように、開始位置のセルから終了位置のセルまでドラッグします。

複数のセルが選択されます。

その他の方法（セルの選択）

◆セル内にカーソルを移動→《レイアウト》タブ→《表》グループの 選択 （表の選択）→《セルの選択》

2 行の選択

行を選択する方法を確認しましょう。
行を選択する場合、行の左側をクリックします。
2行目を選択しましょう。

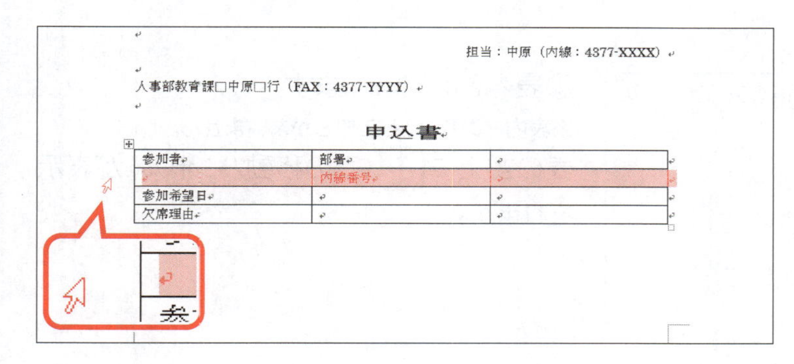

①図のように、選択する行の左側をポイントします。
マウスポインターの形が⬀に変わります。
②クリックします。
行が選択されます。

その他の方法（行の選択）

◆行内にカーソルを移動→《レイアウト》タブ→《表》グループの 選択 （表の選択）→《行の選択》

3 列の選択

列を選択する方法を確認しましょう。
列を選択する場合、列の上側をクリックします。
1列目を選択しましょう。

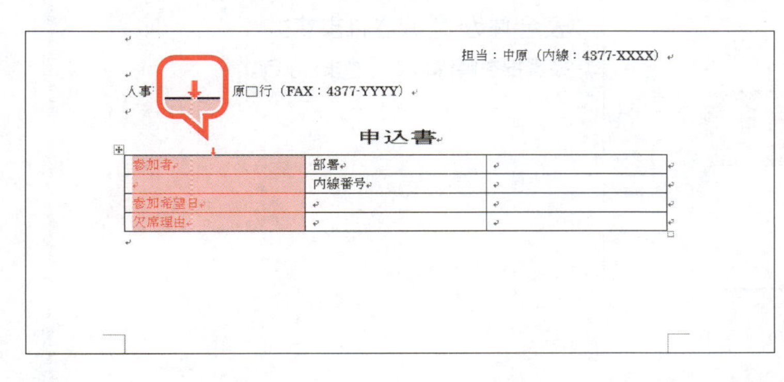

①図のように、選択する列の上側をポイントします。
マウスポインターの形が⬇に変わります。
②クリックします。
列が選択されます。
※選択を解除しておきましょう。

その他の方法（列の選択）

◆列内にカーソルを移動→《レイアウト》タブ→《表》グループの 選択 （表の選択）→《列の選択》

POINT ▶▶▶

複数行・複数列の選択

複数行をまとめて選択する場合、行の左側をドラッグします。
複数列をまとめて選択する場合、列の上側をドラッグします。

4 表全体の選択

表全体を選択する方法を確認しましょう。
表全体を選択するには、(表の移動ハンドル)をクリックします。
(表の移動ハンドル)は、表内をポイントすると、表の左上に表示されます。
表全体を選択しましょう。

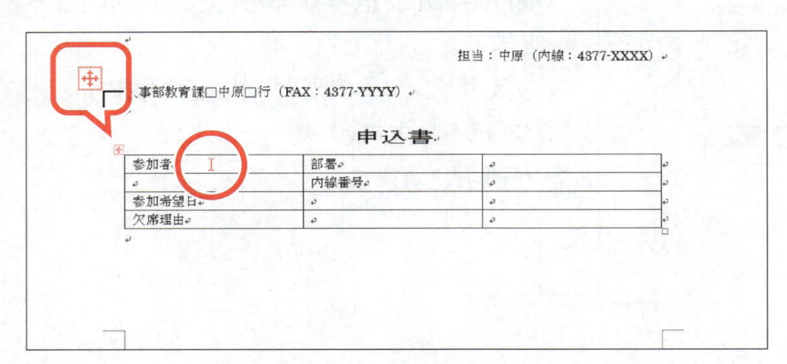

①表内をポイントします。
※表内であれば、どこでもかまいません。
表の左上に(表の移動ハンドル)が表示されます。

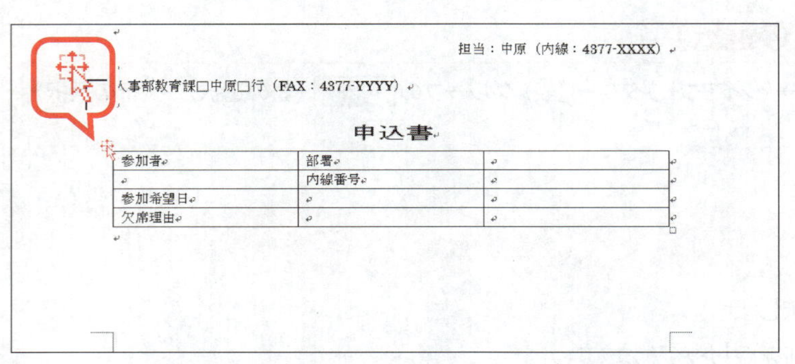

②(表の移動ハンドル)をポイントします。
マウスポインターの形がに変わります。

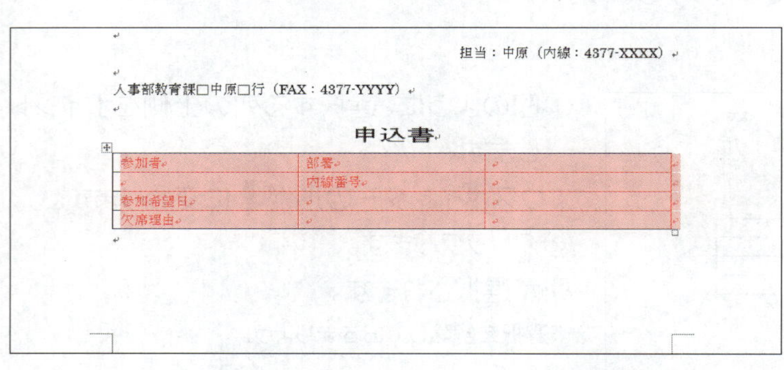

③クリックします。
表全体が選択されます。
※選択を解除しておきましょう。

その他の方法(表全体の選択)

◆表内にカーソルを移動→《レイアウト》タブ→《表》グループの 選択 (表の選択)→《表全体の選択》

STEP 4 表のレイアウトを変更する

1 行の挿入

「**部署**」の行と「**内線番号**」の行の間に1行挿入しましょう。

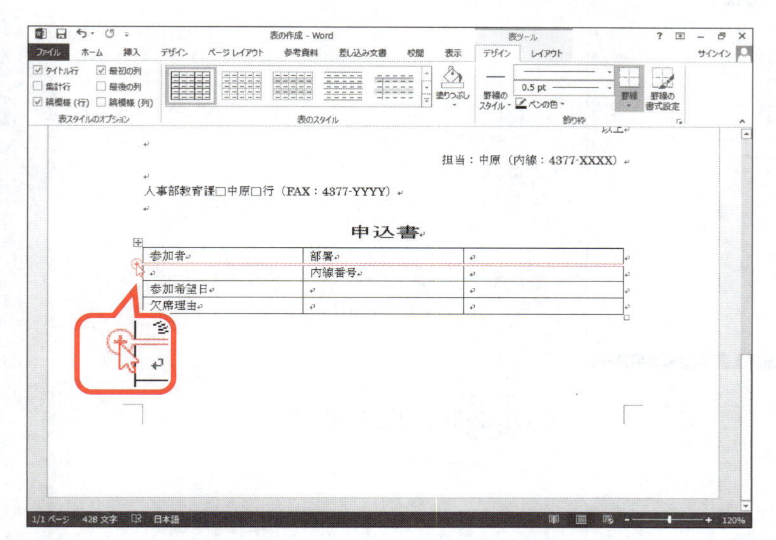

①表内をポイントします。

※表内であれば、どこでもかまいません。

②1行目と2行目の間の罫線の左側をポイントします。

罫線の左側に⊕が表示され、行と行の間の罫線が二重線になります。

③⊕をクリックします。

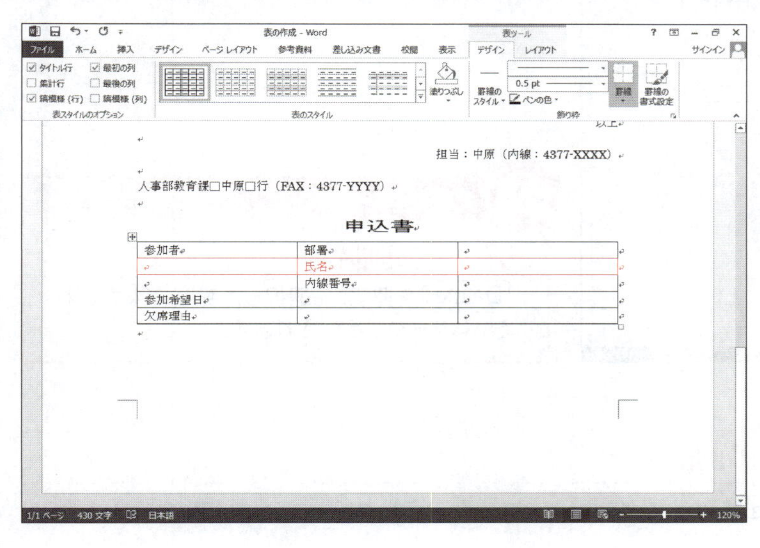

行が挿入されます。

④挿入した行の2列目に「**氏名**」と入力します。

その他の方法（行の挿入）

◆挿入する行にカーソルを移動→《レイアウト》タブ→《行と列》グループの［上に行を挿入］（上に行を挿入）または［下に行を挿入］（下に行を挿入）

◆挿入する行のセルを右クリック→《挿入》→《上に行を挿入》または《下に行を挿入》

◆挿入する行を選択→ミニツールバーの［挿入］（表の挿入）→《上に行を挿入》または《下に行を挿入》

POINT ▶▶▶

表の一番上に行を挿入する

表の一番上の罫線の左側をポイントしても、⊕は表示されません。1行目より上に行を挿入するには、《レイアウト》タブ→《行と列》グループの［上に行を挿入］（上に行を挿入）を使って挿入します。

列の挿入

列を挿入する方法は、次のとおりです。

◆挿入する列にカーソルを移動→《レイアウト》タブ→《行と列》グループの［左に列を挿入］（左に列を挿入）または［右に列を挿入］（右に列を挿入）

◆挿入する列の間の罫線の上側をポイント→⊕をクリック

2 行の削除

「**欠席理由**」の行を削除しましょう。

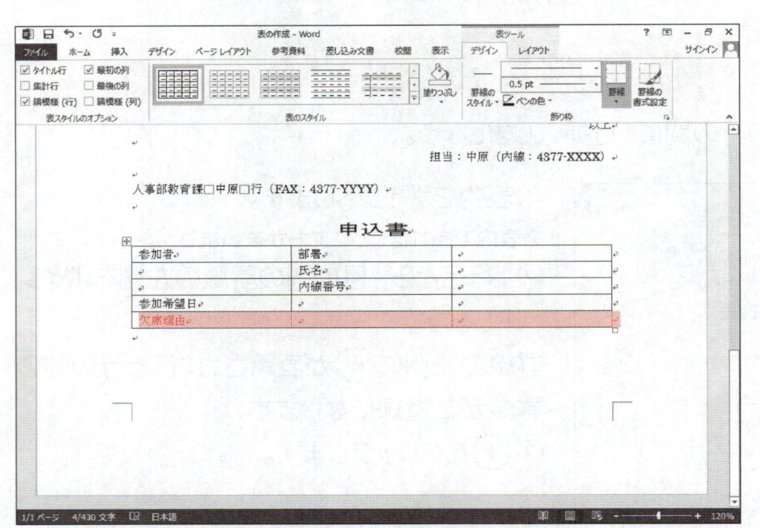

①「**欠席理由**」の行を選択します。

※行の左側をクリックします。

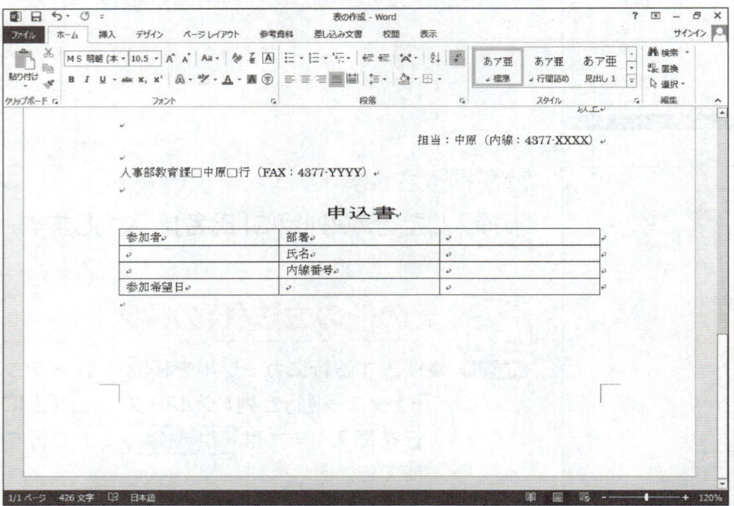

② Back Space を押します。

行が削除されます。

データの削除

Delete を押すと、選択した範囲に入力されているデータが削除されます。

その他の方法（行の削除）

◆削除する行にカーソルを移動→《レイアウト》タブ→《行と列》グループの （表の削除）→《行の削除》

◆削除する行を選択し、右クリック→《行の削除》

◆削除する行を選択→ミニツールバーの （表の削除）→《行の削除》

列・表全体の削除

列や表全体を削除する方法は、次のとおりです。

◆削除する列・表全体を選択→ Back Space

3 列幅の変更

列と列の間の罫線をドラッグしたりダブルクリックしたりして、列幅を変更できます。

1 ドラッグ操作による列幅の変更

列の右側の罫線をドラッグすると、列幅を自由に変更できます。
2列目の列幅を変更しましょう。

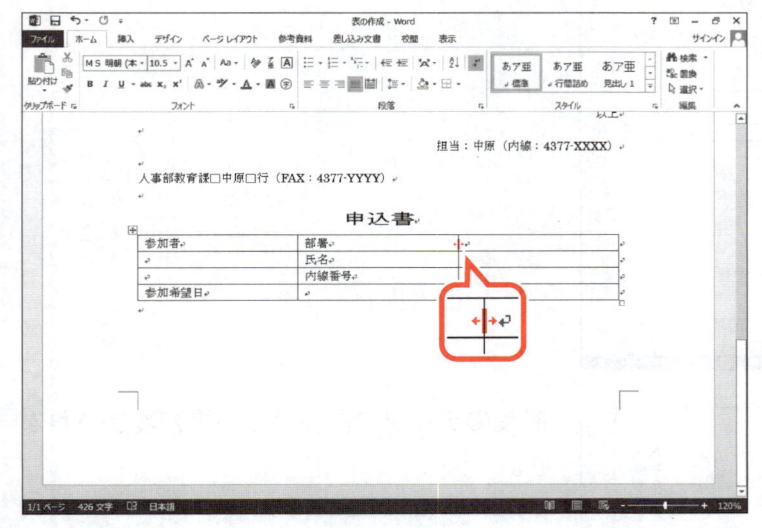

①2列目と3列目の間の罫線をポイントします。
マウスポインターの形が+||+に変わります。

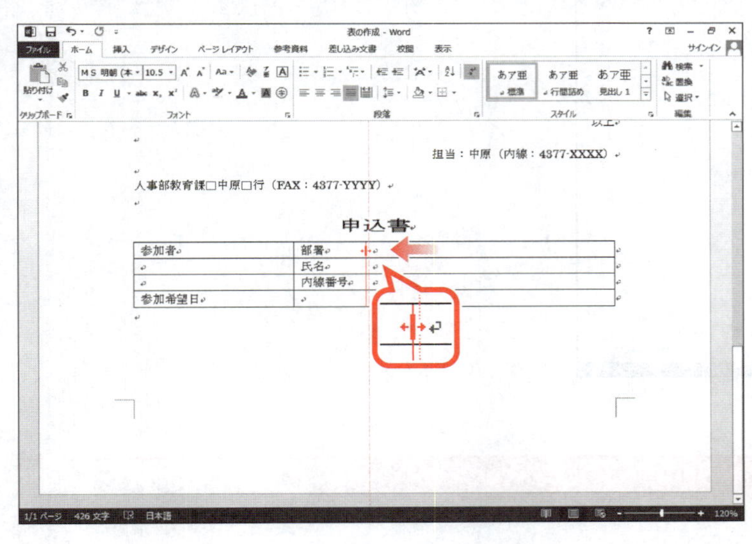

②図のようにドラッグします。
ドラッグ中、マウスポインターの動きに合わせて点線が表示されます。

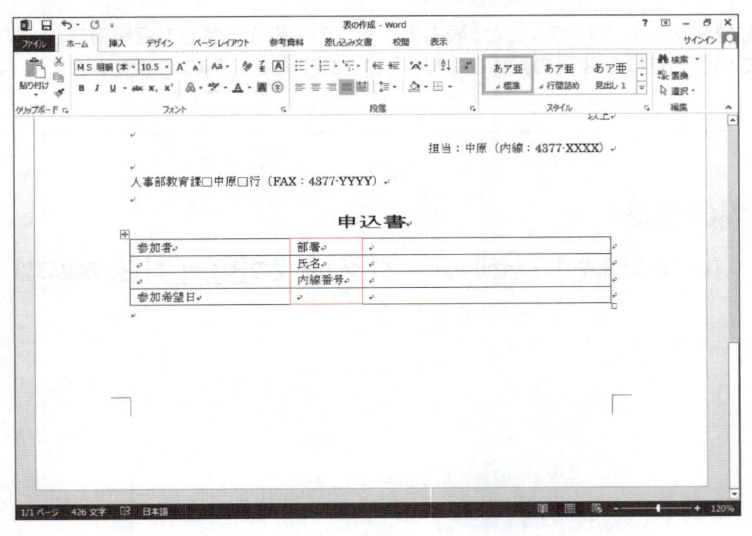

列幅が変更されます。
※表全体の幅は変わりません。

2 ダブルクリック操作による列幅の変更

列の右側の罫線をダブルクリックすると、列内で最長のデータに合わせて列幅を自動的に変更できます。
1列目の列幅を変更しましょう。

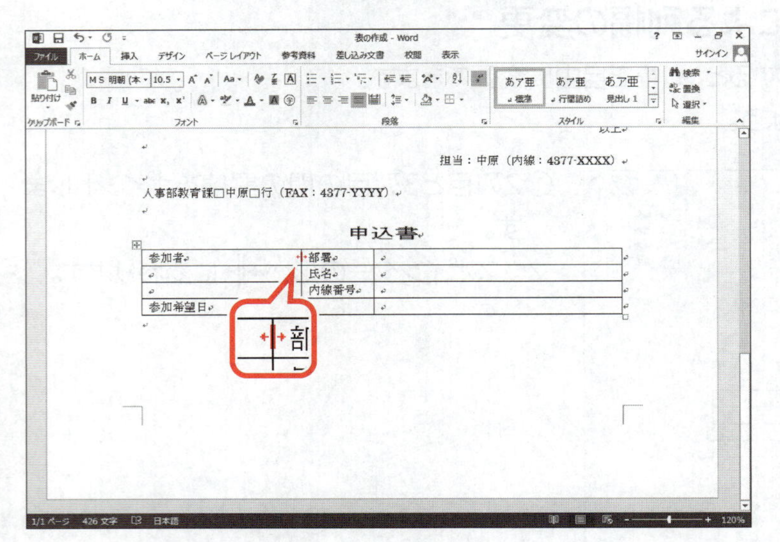

①1列目の右側の罫線をポイントします。
マウスポインターの形が+||+に変わります。
②ダブルクリックします。

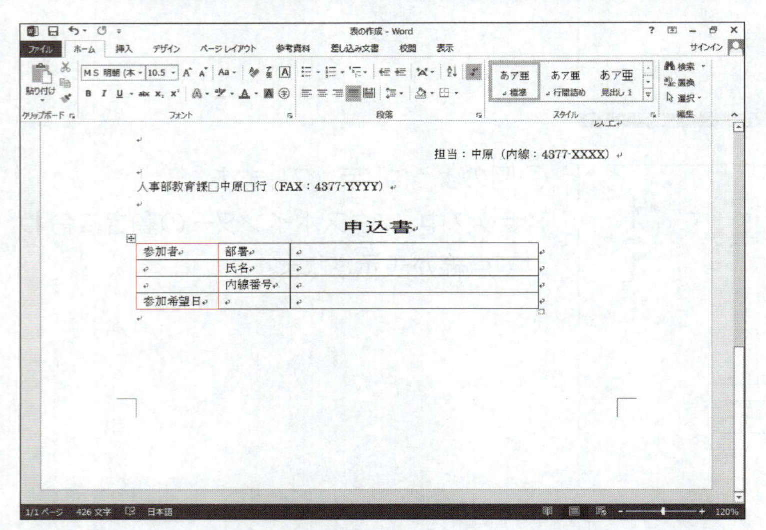

最長のデータに合わせて列幅が変更されます。
※表全体の幅も調整されます。

POINT ▶▶▶

表全体の列幅の変更

表全体を選択して任意の列の罫線をダブルクリックすると、表内のすべての列幅を一括して変更できます。ただし、データの入力されている列だけが変更の対象となり、入力されていない列の幅は変更されないので、注意しましょう。

その他の方法（列幅の変更）

◆列内にカーソルを移動→《レイアウト》タブ→《セルのサイズ》グループの 49.9 mm （列の幅の設定）を設定

4 行の高さの変更

行の下側の罫線をドラッグすると、行の高さを自由に変更できます。
「参加希望日」の行の高さを変更しましょう。

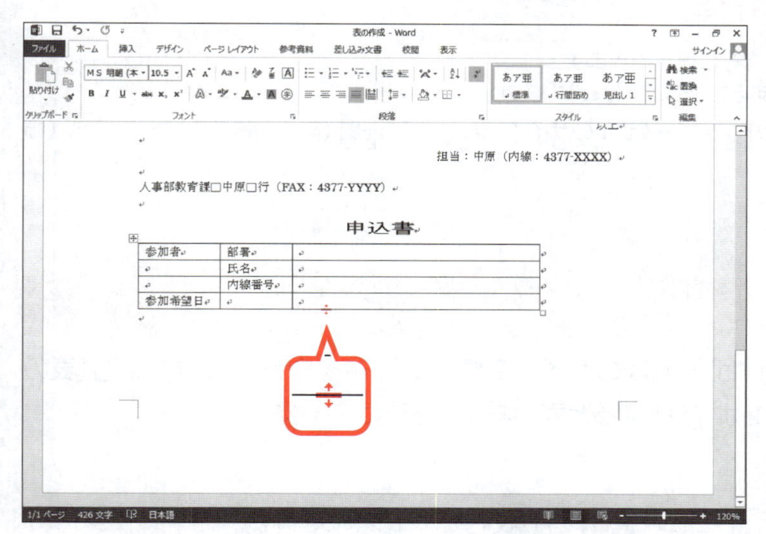

①**「参加希望日」**の行の下側の罫線をポイントします。
マウスポインターの形が に変わります。

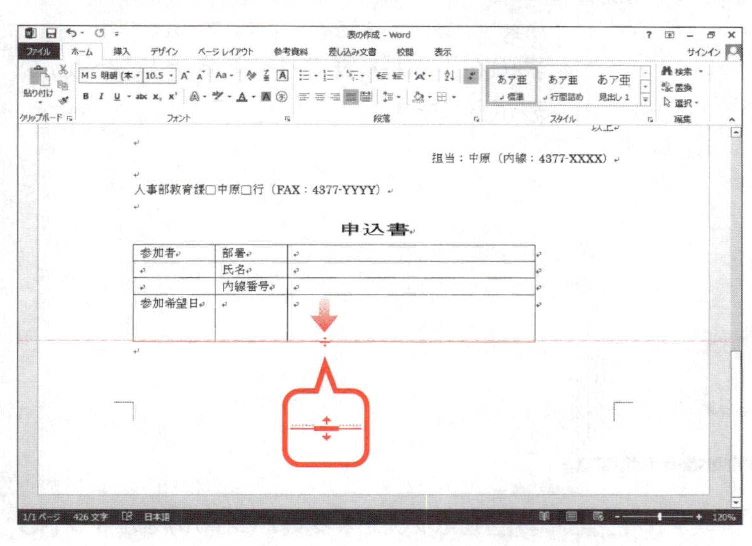

②図のようにドラッグします。
ドラッグ中、マウスポインターの動きに合わせて点線が表示されます。

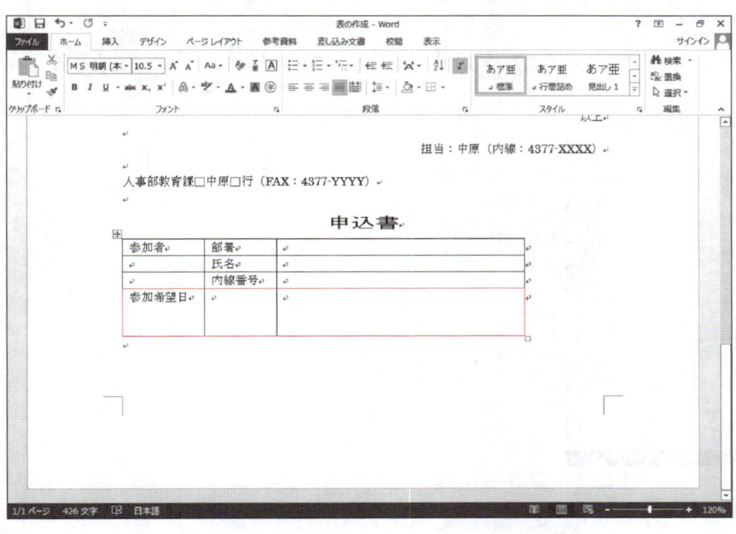

行の高さが変更されます。

その他の方法（行の高さの変更）

◆行内にカーソルを移動→《レイアウト》タブ→《セルのサイズ》グループの［4.2 mm］（行の高さの設定）を設定

行の高さ・列幅を均等にする

複数の行の高さや列幅を均等に設定できます。
行の高さ・列幅を均等にする方法は、次のとおりです。

◆範囲を選択→《レイアウト》タブ→《セルのサイズ》グループの［田］（高さを揃える）または［田］（幅を揃える）

5 表のサイズ変更

表全体のサイズを変更するには、□（表のサイズ変更ハンドル）をドラッグします。□（表のサイズ変更ハンドル）は表内をポイントすると表の右下に表示されます。
表のサイズを変更しましょう。

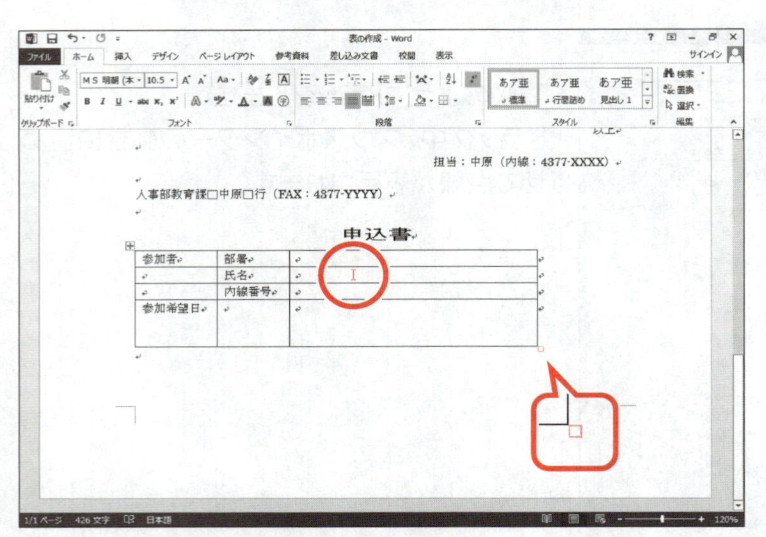

①表内をポイントします。
※表内であれば、どこでもかまいません。
表の右下に□（表のサイズ変更ハンドル）が表示されます。

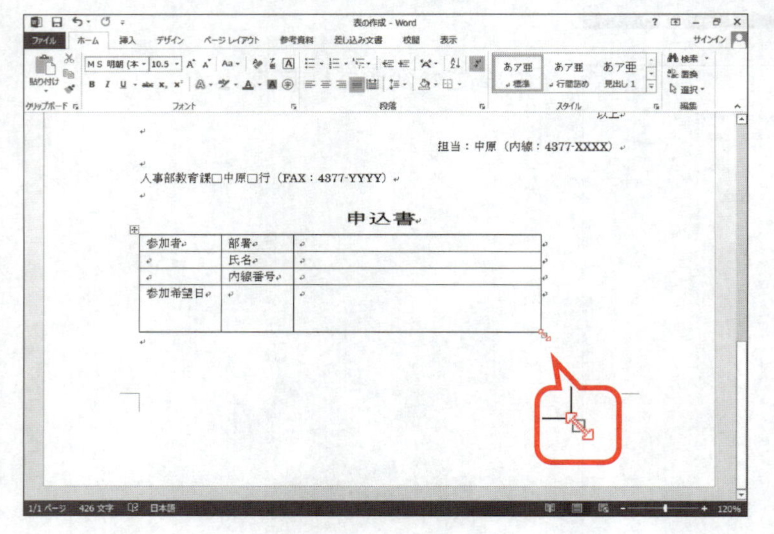

②□（表のサイズ変更ハンドル）をポイントします。
マウスポインターの形が↘に変わります。

③図のようにドラッグします。
ドラッグ中、マウスポインターの形が┼に変わり、マウスポインターの動きに合わせてサイズが表示されます。

表のサイズが変更されます。

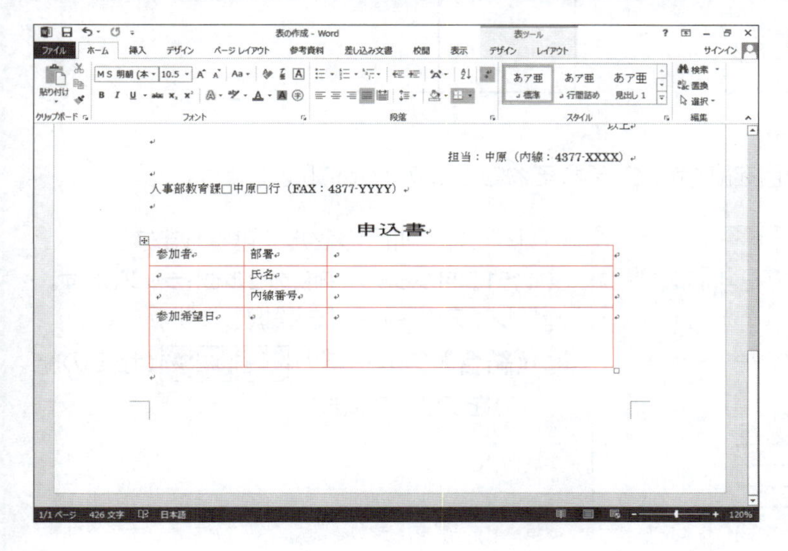

行の高さと列幅

表のサイズを変更すると、行の高さと列幅が均等な比率で変更されます。

6 セルの結合

隣り合った複数のセルをひとつのセルに結合できます。

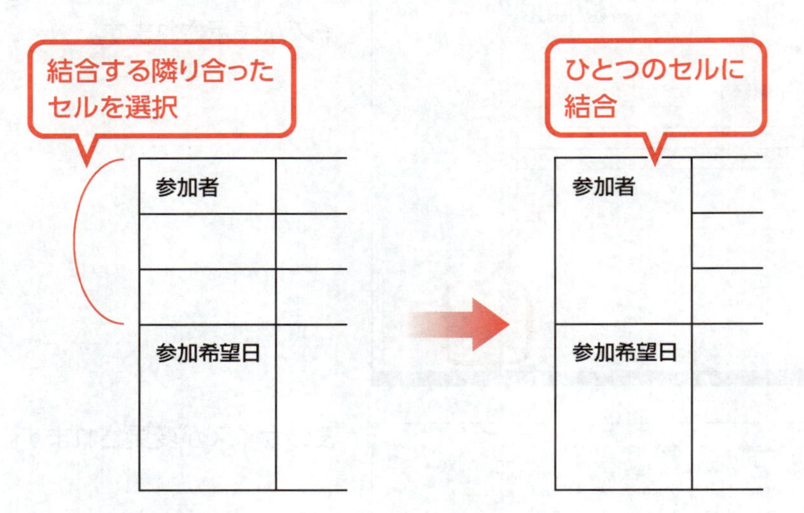

1～3行1列目、4行2～3列目を結合して、それぞれひとつのセルにしましょう。

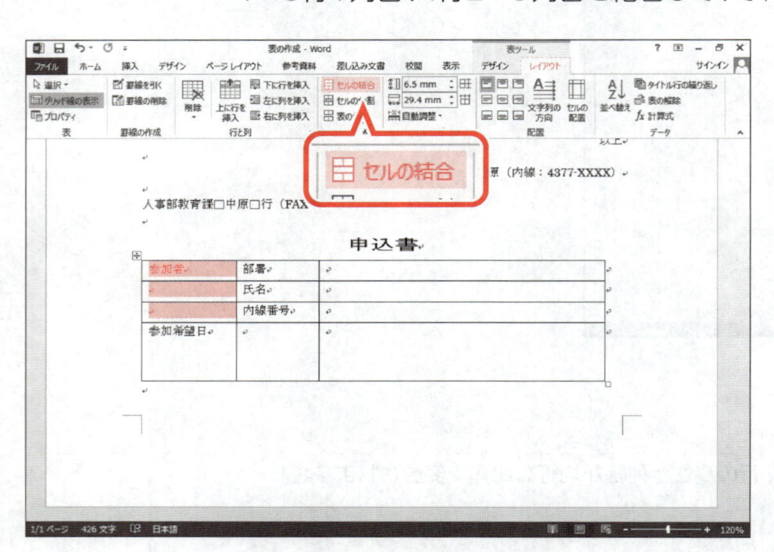

①1～3行1列目のセルを選択します。

※1行1列目から3行1列目のセルをドラッグします。

②《**レイアウト**》タブを選択します。

③《**結合**》グループの セルの結合 (セルの結合)をクリックします。

セルが結合されます。

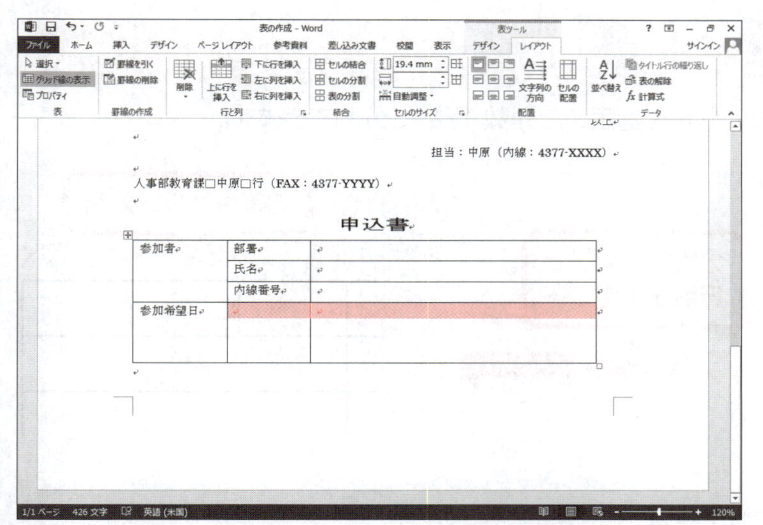

④4行2～3列目を選択します。

※4行2列目から4行3列目のセルをドラッグします。

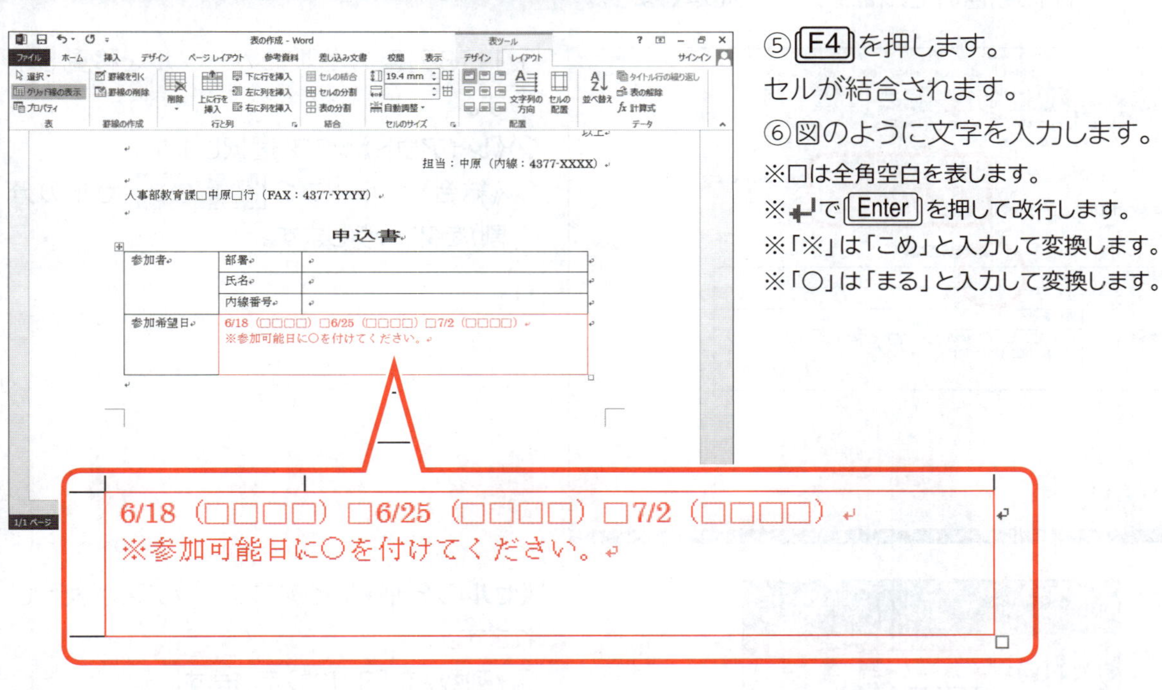

⑤F4を押します。

セルが結合されます。

⑥図のように文字を入力します。

※□は全角空白を表します。

※↵でEnterを押して改行します。

※「※」は「こめ」と入力して変換します。

※「○」は「まる」と入力して変換します。

STEP UP その他の方法（セルの結合）

◆《レイアウト》タブ→《罫線の作成》グループの 罫線の削除（罫線の削除）→結合するセルの罫線をクリック

◆結合するセルを選択し、右クリック→《セルの結合》

7 セルの分割

ひとつまたは隣り合った複数のセルを指定した列数･行数に分割できます。

1行3列目のセルを3つに分割しましょう。

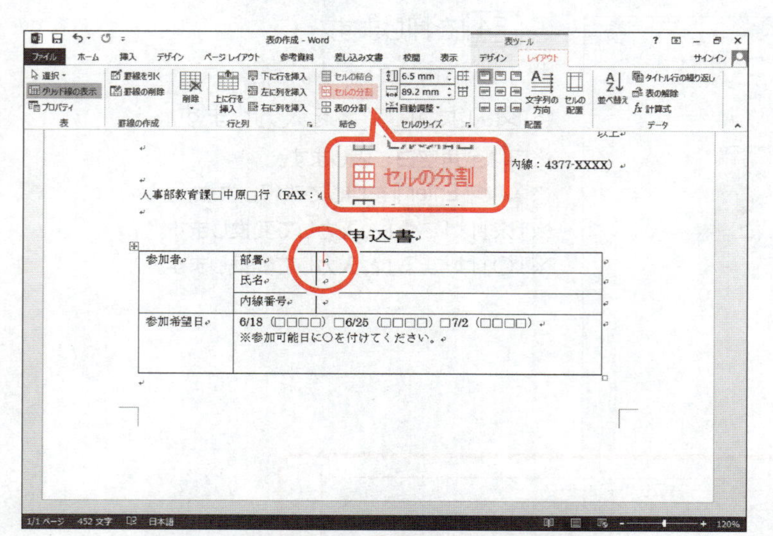

①1行3列目のセルにカーソルを移動します。

②《レイアウト》タブを選択します。

③《結合》グループの セルの分割 (セルの分割)をクリックします。

セルの分割
列数(C): 3
行数(R): 1
分割する前にセルを結合する(M)
OK キャンセル

《セルの分割》ダイアログボックスが表示されます。

④《列数》を「3」に設定します。

⑤《行数》を「1」に設定します。

⑥《OK》をクリックします。

表の作成 - Word
表ツール
ファイル ホーム 挿入 デザイン ページレイアウト 参考資料 差し込み文書 校閲 表示 デザイン レイアウト
選択 グリッド線の表示 プロパティ 罫線を引く 罫線の削除 削除 上に行を挿入 下に行を挿入 左に列を挿入 右に列を挿入 セルの結合 セルの分割 表の分割 6.5 mm 25.9 mm 自動調整 文字列の方向 セルの配置 並べ替え タイトル行の繰り返し 表の解除 計算式
担当：中原（内線：4377-XXXX）
人事部教育課□中原□行（FAX：4377-YYYY）
申込書
参加者 部署 社員番号
氏名
内線番号
参加希望日 6/18（□□□□）□6/25（□□□
※参加可能日に○を付けてくだ
社員番号
1/1 ページ 456 文字 日本語 120%

セルが分割されます。

⑦図のように文字を入力します。

⑧「社員番号」の右側の罫線を左方向にドラッグして、列幅を変更します。

その他の方法(セルの分割)

STEP UP

◆《レイアウト》タブ→《罫線の作成》グループの 罫線を引く (罫線を引く)→分割するセル内をドラッグして縦線または横線を引く

◆分割するセル内を右クリック→《セルの分割》

表に書式を設定する

1 セル内の配置の変更

セル内の文字は、水平方向の位置や垂直方向の位置を調整できます。
《レイアウト》タブの**《配置》**グループの各ボタンを使って設定します。

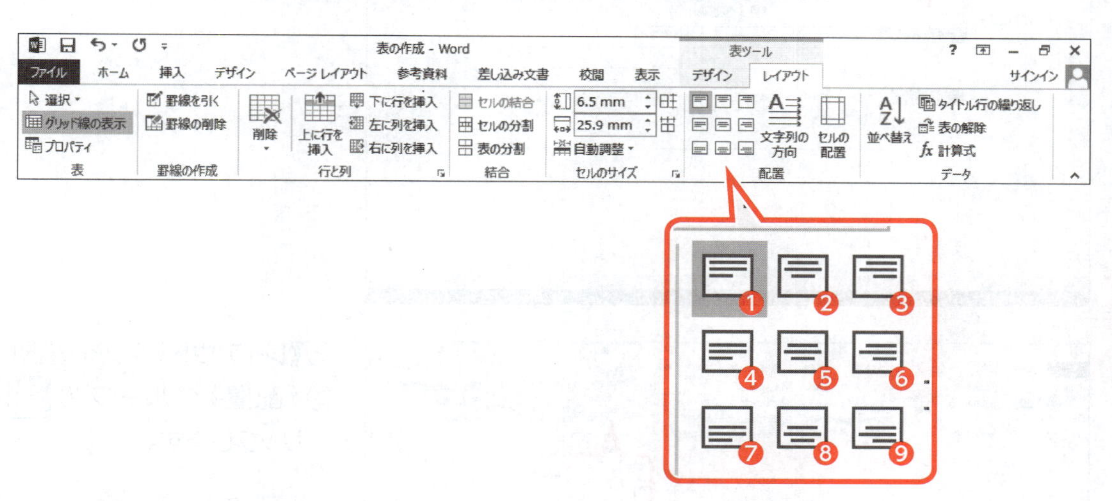

文字の配置は次のようになります。

❶両端揃え（上）
氏名

❷上揃え（中央）
氏名

❸上揃え（右）
氏名

❹両端揃え（中央）
氏名

❺中央揃え
氏名

❻中央揃え（右）
氏名

❼両端揃え（下）
氏名

❽下揃え（中央）
氏名

❾下揃え（右）
氏名

1 中央揃え

1列目を**「中央揃え」**に設定しましょう。

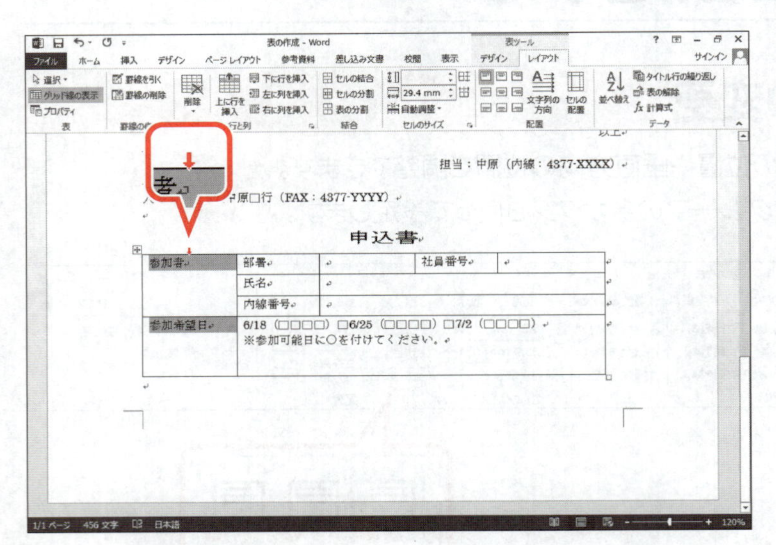

①1列目を選択します。

※列の上側をクリックします。

②**《レイアウト》**タブを選択します。

③**《配置》**グループの（中央揃え）をクリックします。

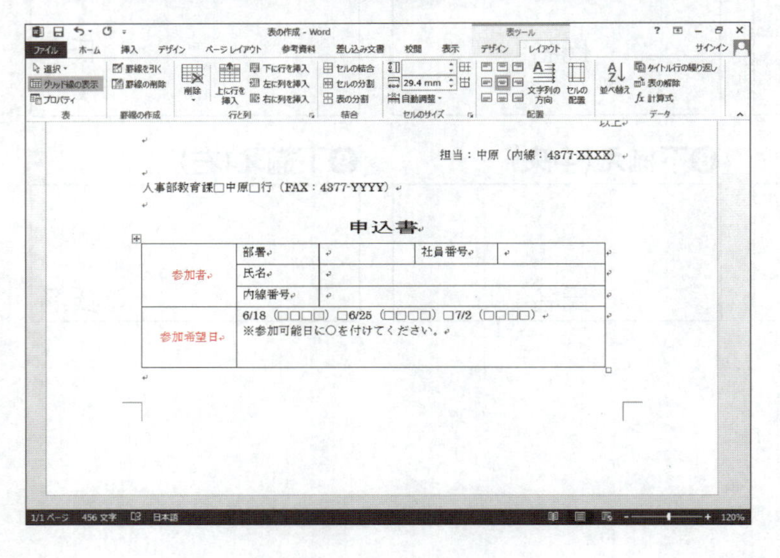

中央揃えになります。

※選択を解除しておきましょう。

2 両端揃え(中央)

2列目と4列目を**「両端揃え(中央)」**に設定しましょう。

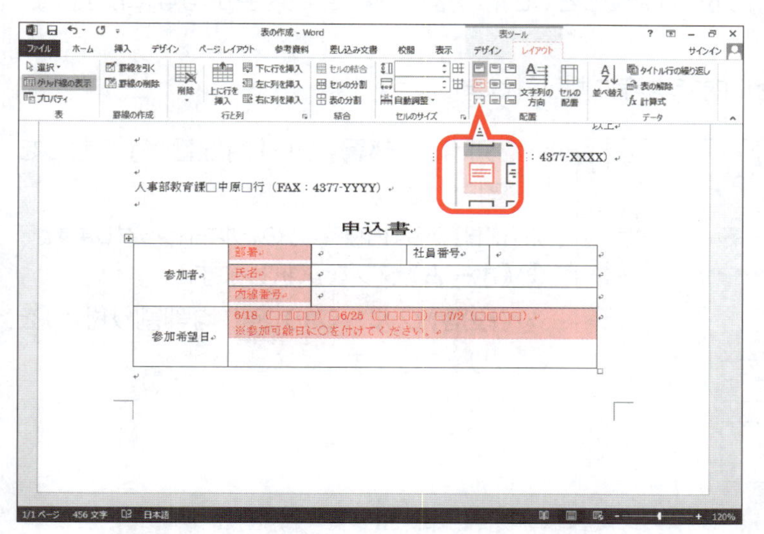

①2列目を選択します。

※列の上側をクリックします。

②**《レイアウト》**タブを選択します。

③**《配置》**グループの（両端揃え(中央)）をクリックします。

両端揃え(中央)になります。

④**「社員番号」**のセルにカーソルを移動します。

⑤F4を押します。

両端揃え(中央)になります。

※選択を解除しておきましょう。

2 セル内の均等割り付け

《ホーム》タブの[均等割り付け]（均等割り付け）を使うと、セルの幅を合わせて文字が均等に配置できます。

2列目と4列目の項目名をセル内で均等に割り付けましょう。

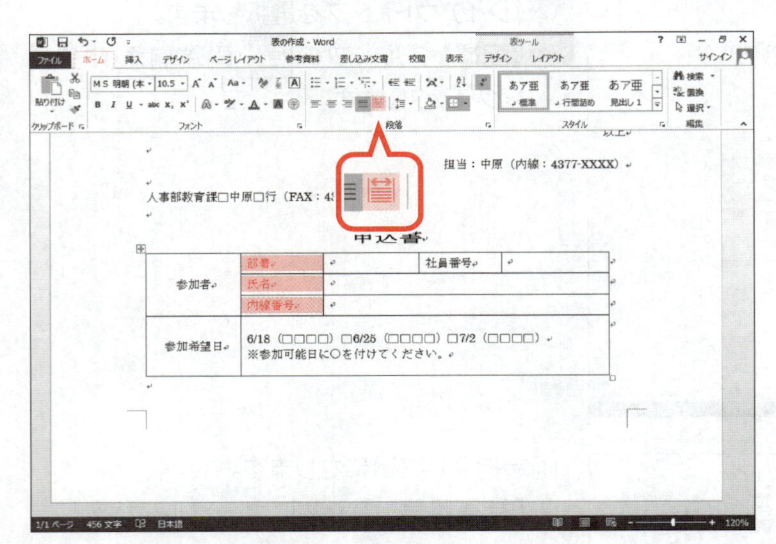

①2列目の**「部署」**から**「内線番号」**のセルを選択します。

※「部署」から「内線番号」のセルをドラッグします。

②**《ホーム》**タブを選択します。

③**《段落》**グループの[均等割り付け]（均等割り付け）をクリックします。

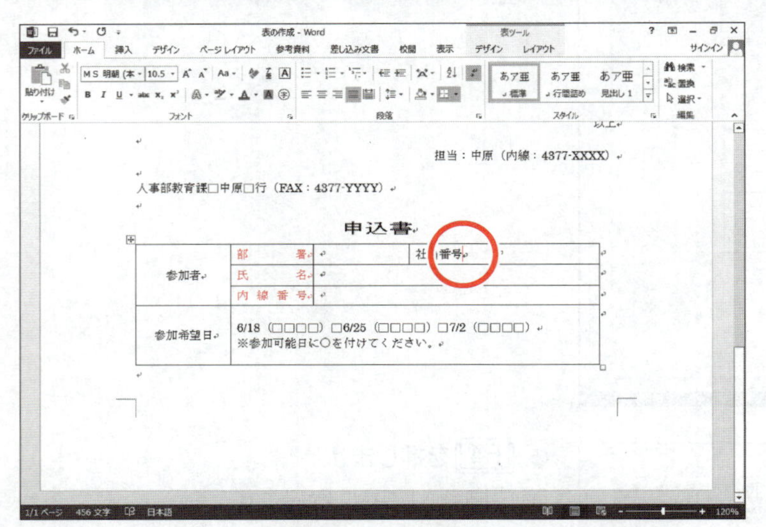

文字がセル内で均等に割り付けられます。

※ボタンが青色になります。

④**「社員番号」**のセルにカーソルを移動します。

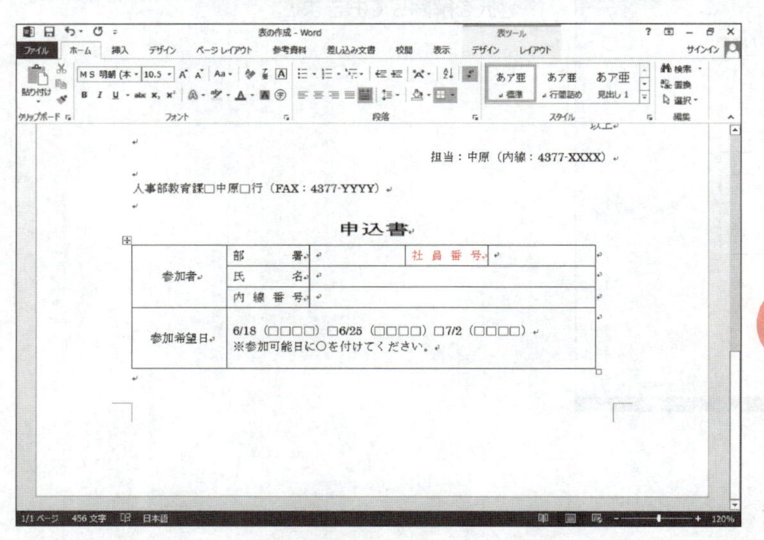

⑤[F4]を押します。

※ボタンが青色になります。

文字が均等に割り付けられます。

均等割り付けの解除

セル内の均等割り付けを解除するには、解除するセルを選択して、[均等割り付け]（均等割り付け）を再度クリックします。

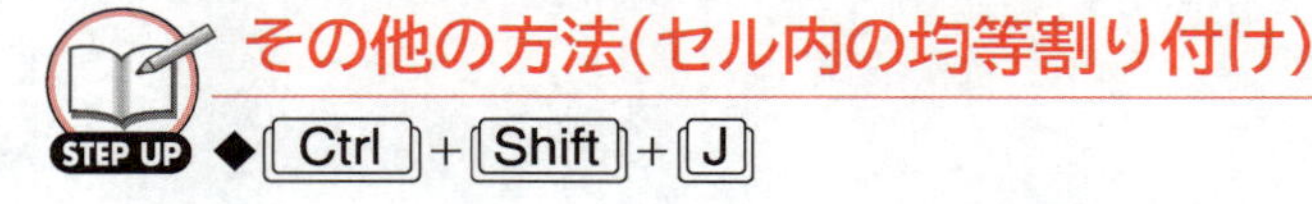

その他の方法（セル内の均等割り付け）

◆[Ctrl]+[Shift]+[J]

3 表の配置の変更

セル内の文字の配置を変更するには、**《レイアウト》**タブの**《配置》**グループから操作しますが、表全体の配置を変更するには、**《ホーム》**タブの**《段落》**グループから操作します。
表全体を行の中央に配置しましょう。

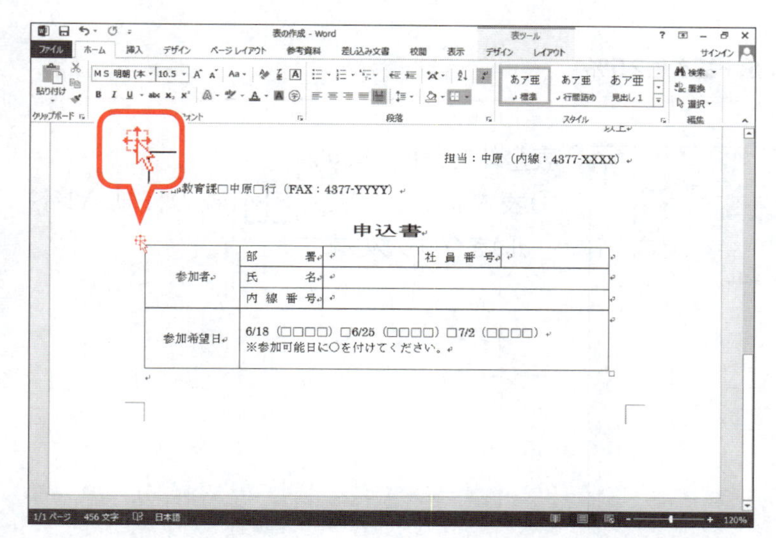

表全体を選択します。
①表内をポイントし、（表の移動ハンドル）をクリックします。

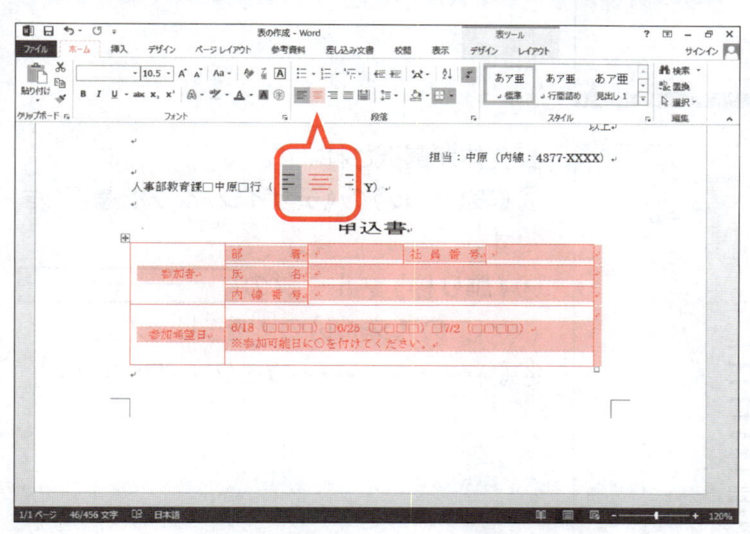

表全体が選択されます。
②**《ホーム》**タブを選択します。
③**《段落》**グループの（中央揃え）をクリックします。

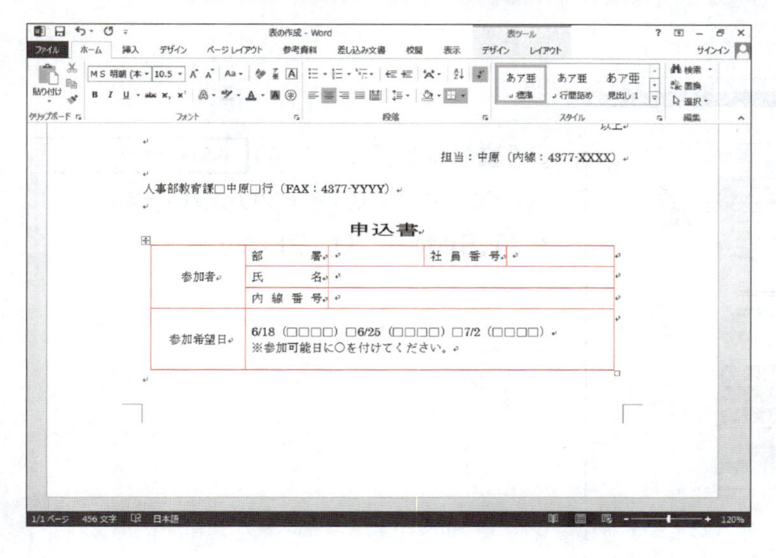

表全体が中央揃えになります。
※選択を解除しておきましょう。

STEP UP
その他の方法（表の配置の変更）

◆表内にカーソルを移動→《レイアウト》タブ→《表》グループの  （表のプロパティ）→《表》タブ→《配置》の《中央揃え》

4 罫線の太さや色の変更

罫線の太さや色は変更できます。
次のように外枠の罫線を変更しましょう。

罫線の種類：《――――――》
罫線の太さ：1.5pt
罫線の色　：青、アクセント5、黒+基本色25%

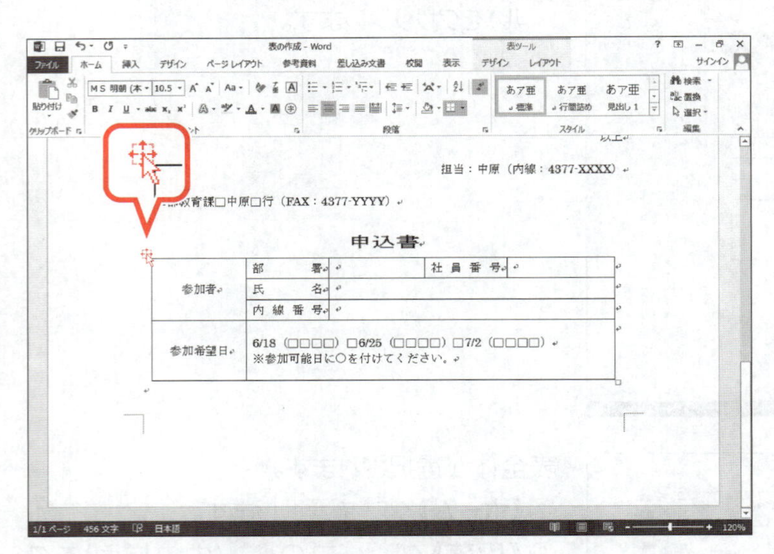

表全体を選択します。

①表内をポイントし、表の移動ハンドルをクリックします。

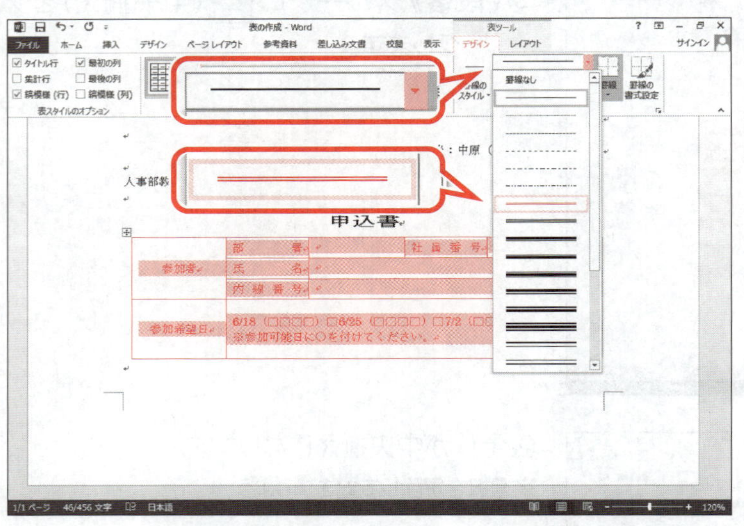

表全体が選択されます。

②《表ツール》の《デザイン》タブを選択します。

③《飾り枠》グループの[――――](ペンのスタイル)の[▼]をクリックします。

④《――――――》をクリックします。

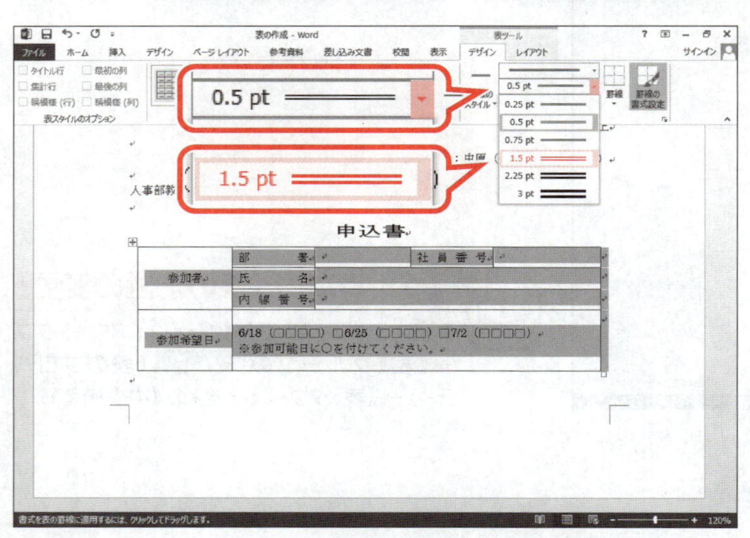

⑤《飾り枠》グループの[0.5 pt ――](ペンの太さ)の[▼]をクリックします。

⑥《1.5pt》をクリックします。

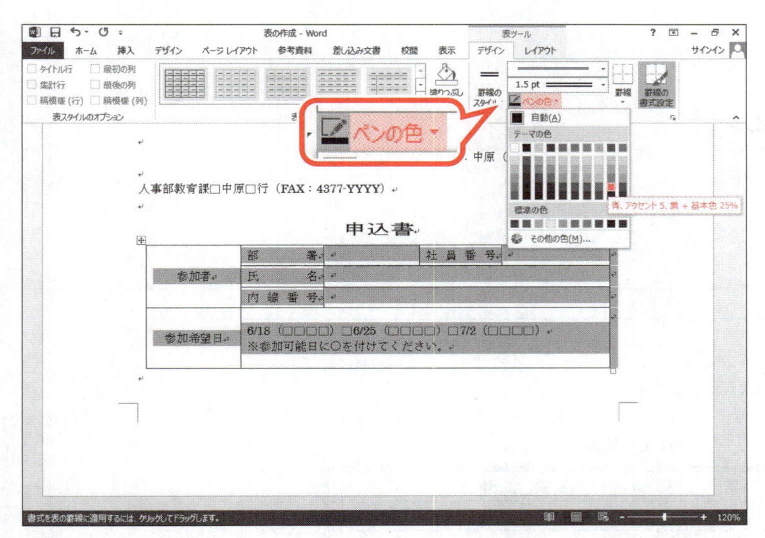

⑦《飾り枠》グループの ペンの色▾ （ペンの色）をクリックします。

⑧《テーマの色》の《青、アクセント5、黒+基本色25%》をクリックします。

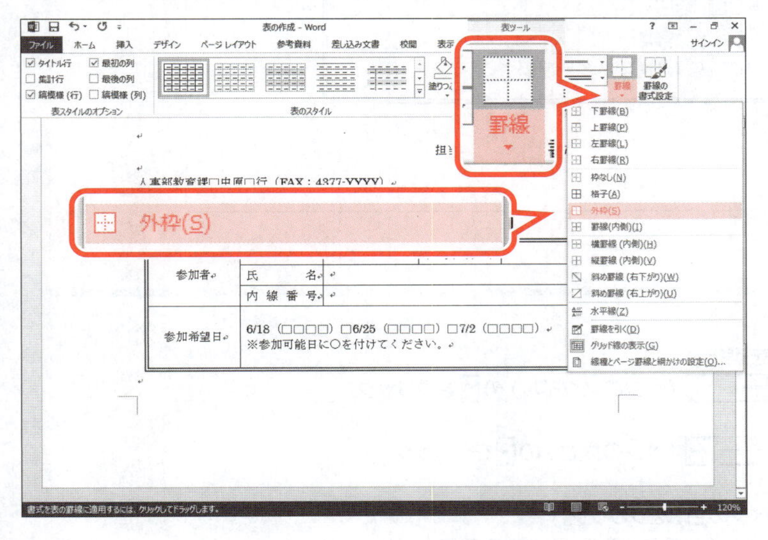

⑨《飾り枠》グループの 罫線 （罫線）の 罫線▾ をクリックします。

⑩《外枠》をクリックします。

※ボタンの絵柄が 罫線 （外枠）に変わります。

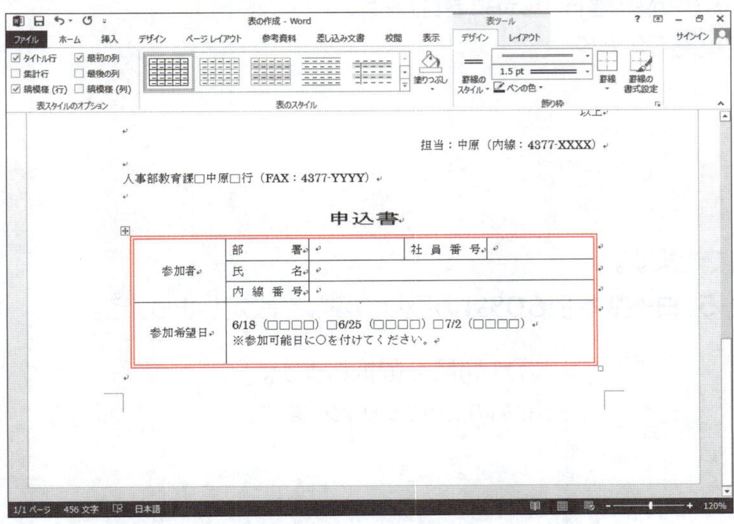

罫線の太さと色が変更されます。

※選択を解除しておきましょう。

ためしてみよう

次のように内側の罫線を変更しましょう。

罫線の種類：《――――――》
罫線の太さ：1pt
罫線の色　：青、アクセント5

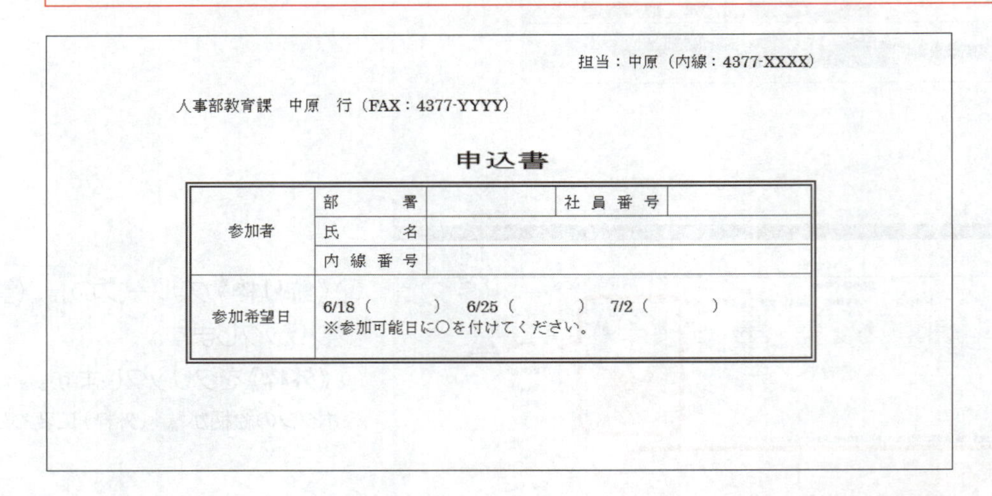

担当：中原（内線：4377-XXXX）

人事部教育課　中原　行（FAX：4377-YYYY）

申込書

参加者	部　　署		社員番号	
	氏　　名			
	内線番号			
参加希望日	6/18（　　）　6/25（　　）　7/2（　　） ※参加可能日に○を付けてください。			

Let's Try Answer

①表全体を選択
②《表ツール》の《デザイン》タブを選択
③《飾り枠》グループの［――――――］（ペンのスタイル）の［▾］をクリック
④《――――――》をクリック
⑤《飾り枠》グループの［0.5 pt ――――］（ペンの太さ）の［▾］をクリック
⑥《1pt》をクリック
⑦《飾り枠》グループの［ペンの色▾］（ペンの色）をクリック
⑧《テーマの色》の《青、アクセント5》（左から9番目、上から1番目）をクリック
⑨《飾り枠》グループの［罫線］（罫線）の［罫線▾］をクリック
⑩《罫線（内側）》をクリック

5 塗りつぶし

表内のセルに色を塗って強調できます。
1列目のセルに**「青、アクセント5、白+基本色60%」**の塗りつぶしを設定しましょう。

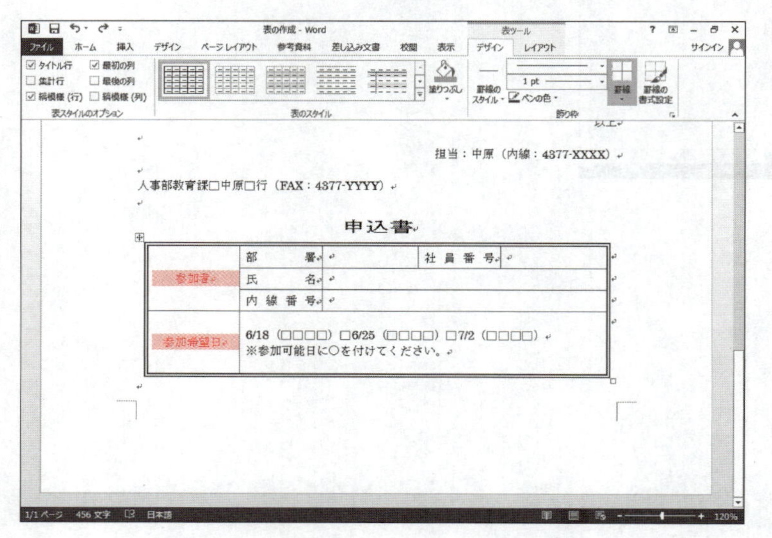

①1列目を選択します。
※列の上側をクリックします。

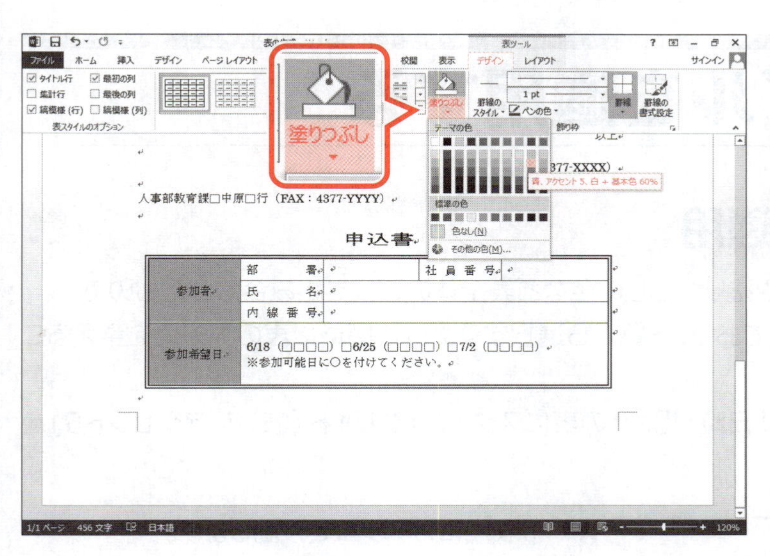

②《表ツール》の《デザイン》タブを選択します。

③《表のスタイル》グループの（塗りつぶし）の 塗りつぶし をクリックします。

④《テーマの色》の《青、アクセント5、白+基本色60%》をクリックします。

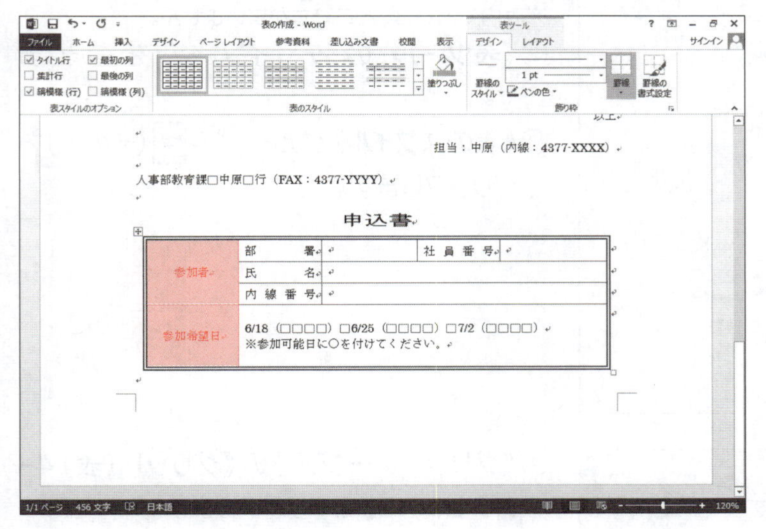

1列目に塗りつぶしが設定されます。

※選択を解除しておきましょう。

ためしてみよう

2列目と4列目の項目名のセルに「青、アクセント5、白+基本色80%」の塗りつぶしを設定しましょう。

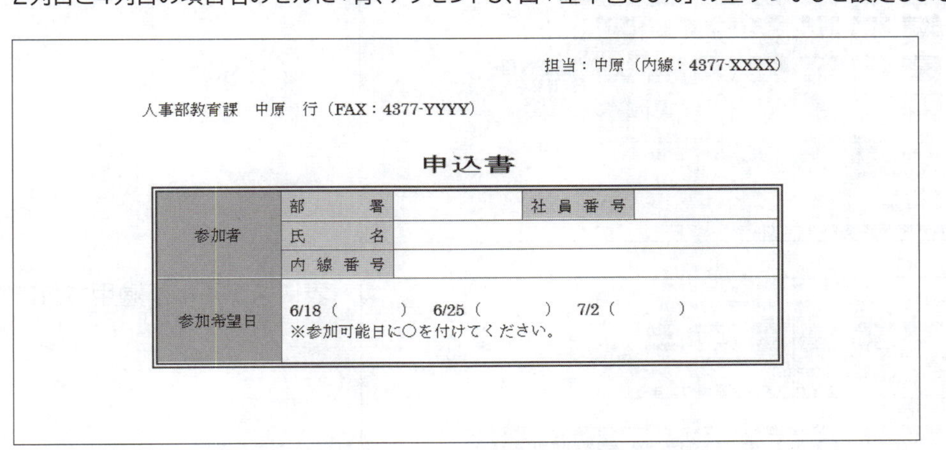

担当：中原（内線：4377-XXXX）

人事部教育課　中原　行（FAX：4377-YYYY）

申込書

参加者	部　　署		社員番号	
	氏　　名			
	内線番号			
参加希望日	6/18（　　　）　6/25（　　　）　7/2（　　　） ※参加可能日に○を付けてください。			

Let's Try Answer

①2列目の「部署」から「内線番号」のセルを選択

②《表ツール》の《デザイン》タブを選択

③《表のスタイル》グループの（塗りつぶし）の 塗りつぶし をクリック

④《テーマの色》の《青、アクセント5、白+基本色80%》（左から9番目、上から2番目）をクリック

⑤4列目の「社員番号」のセルにカーソルを移動

⑥ F4 を押す

表にスタイルを適用する

1 表のスタイルの適用

「表のスタイル」とは、罫線や塗りつぶしの色など表全体の書式を組み合わせたものです。たくさんの種類が用意されており、一覧から選択するだけで簡単に表の見栄えを整えることができます。

あらかじめ作成されている**「日時・場所」**の表にスタイル**「グリッド（表）4-アクセント5」**を適用しましょう。

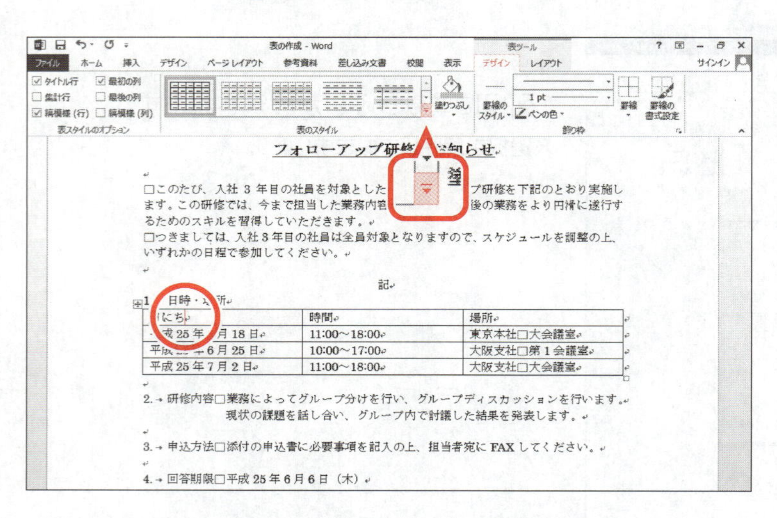

①表内にカーソルを移動します。

※表内であれば、どこでもかまいません。

②**《表ツール》**の**《デザイン》**タブを選択します。

③**《表のスタイル》**グループの▼（その他）をクリックします。

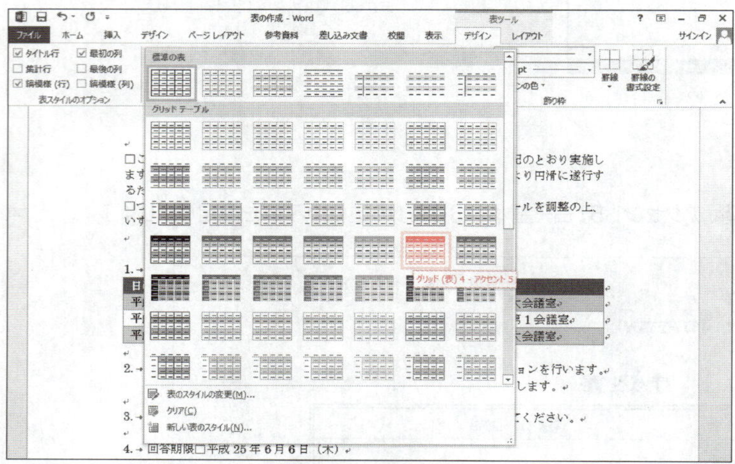

④**《グリッドテーブル》**の**《グリッド（表）4-アクセント5》**をクリックします。

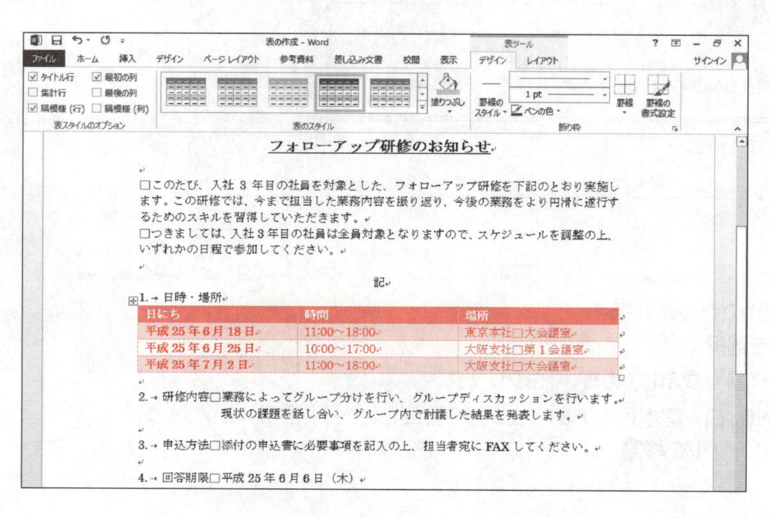

表にスタイルが適用されます。

2 表スタイルのオプションの設定

「表スタイルのオプション」を使うと、タイトル行を強調したり、最初の列や最後の列を強調したり、縞模様で表示したりなど、表の体裁を変更できます。

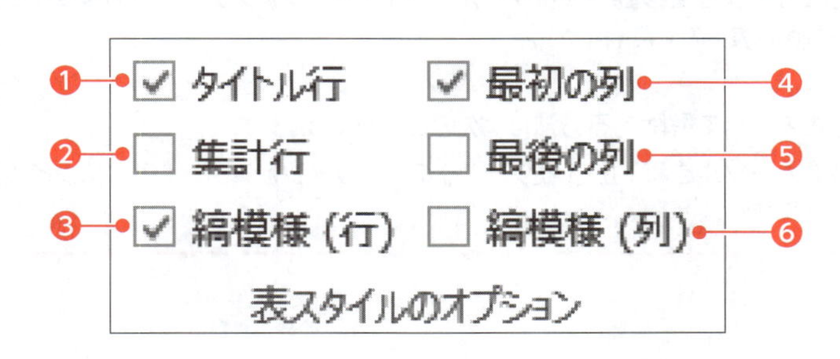

❶タイトル行
☑にすると、表の最初の行が強調されます。

❷集計行
☑にすると、表の最後の行が強調されます。

❸縞模様（行）
☑にすると、行方向の縞模様が設定されます。

❹最初の列
☑にすると、表の最初の列が強調されます。

❺最後の列
☑にすると、表の最後の列が強調されます。

❻縞模様（列）
☑にすると、列方向の縞模様が設定されます。

表スタイルのオプションを使って、1列目の強調を解除しましょう。

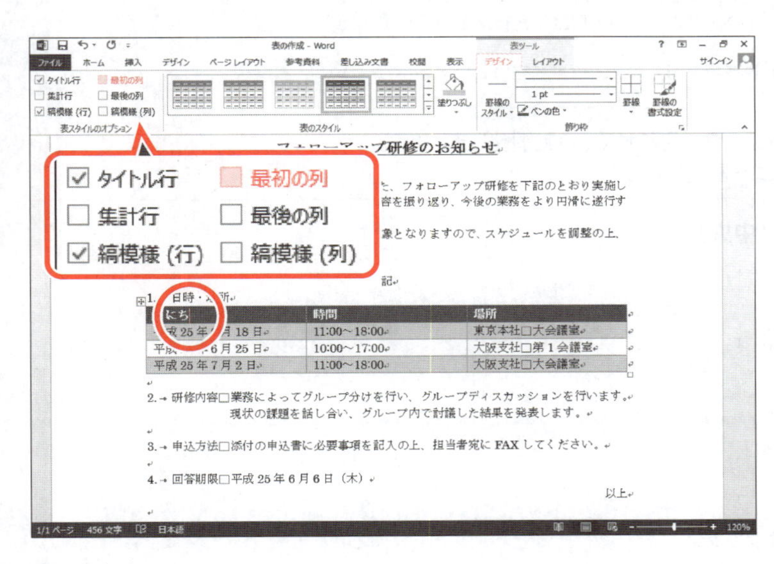

①表内にカーソルがあることを確認します。

②**《表ツール》**の**《デザイン》**タブを選択します。

③**《表スタイルのオプション》**グループの**《最初の列》**を☐にします。

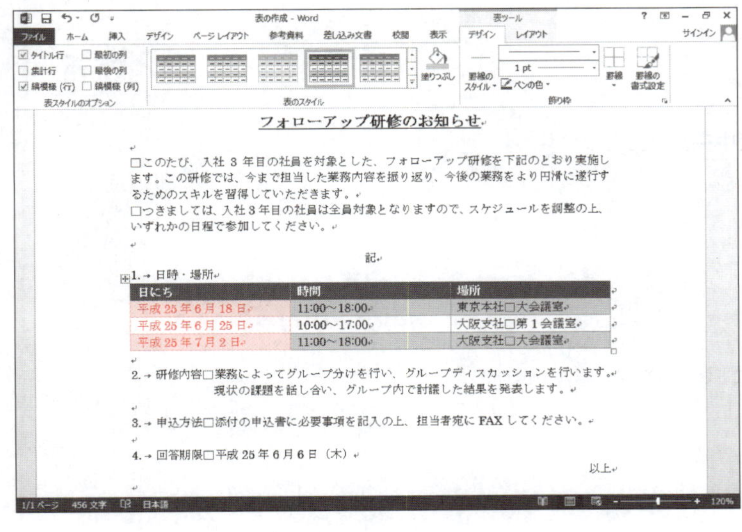

表の体裁が変更されます。

POINT ▶▶▶

表の書式のクリア

表のスタイルを解除して、もとの表の状態にする方法は、次のとおりです。

◆表内にカーソルを移動→《表ツール》の《デザイン》タブ→《表のスタイル》グループの［▼］（その他）→《標準の表》の《表（格子）》

表の書式をすべて解除する方法は、次のとおりです。

◆表内にカーソルを移動→《表ツール》の《デザイン》タブ→《表のスタイル》グループの［▼］（その他）→《クリア》

ためしてみよう

次のように「日時・場所」の表を編集しましょう。

記

1. 日時・場所

日にち	時間	場所
平成25年6月18日	11:00～18:00	東京本社　大会議室
平成25年6月25日	10:00～17:00	大阪支社　第1会議室
平成25年7月2日	11:00～18:00	大阪支社　大会議室

2. 研修内容　業務によってグループ分けを行い、グループディスカッションを行います。
現状の課題を話し合い、グループ内で討議した結果を発表します。

3. 申込方法　添付の申込書に必要事項を記入の上、担当者宛にFAXしてください。

①すべての列幅をセル内の最長のデータに合わせて、自動調整しましょう。
②1行目の項目名に次のように書式を設定しましょう。

セル内の文字の配置：上揃え（中央）
太字　　　　　　　：解除

③表全体を行の中央に配置しましょう。

Let's Try Answer

①

① 表全体を選択
② 任意の列の右側の罫線をダブルクリック

②

① 1行目を選択
② 《レイアウト》タブを選択
③ 《配置》グループの［≡］（上揃え（中央））をクリック
④ 《ホーム》タブを選択
⑤ ［B］（太字）をクリック

③

① 表全体を選択
② 《ホーム》タブを選択
③ 《段落》グループの［≡］（中央揃え）をクリック

STEP 7 段落罫線を設定する

1 段落罫線の設定

罫線を使うと、表だけでなく、水平方向の直線なども引くこともできます。
水平方向の直線は、段落に対して引くので**「段落罫線」**といいます。
「人事部教育課　中原　行…」の上の行に段落罫線を引きましょう。

表の作成 - Word
ファイル　ホーム　挿入　デザイン　ページレイアウト　参考資料　差し込み文書　校閲　表示　サインイン
Century (本ろ　10.5　あア亜 標準　あア亜 行間詰め　あア亜 見出し1　検索　置換　選択
クリップボード　フォント　段落　スタイル　編集
以上
担当：中原（内線：4377-XXXX）
人事部教育課□中原□行（FAX：4377-YYYY）
申込書

参加者	部　　署		社員番号	
	氏　　名			
	内線番号			
参加希望日	6/18（□□□□）□6/25（□□□□）□7/2（□□□□） ※参加可能日に○を付けてください。			

1/1 ページ　456 文字　英語 (米国)　120%

①**「人事部教育課　中原　行…」**の上の行を選択します。

段落記号が選択されます。

②**《ホーム》**タブを選択します。

③**《段落》**グループの（罫線）のをクリックします。

④**《線種とページ罫線と網かけの設定》**をクリックします。

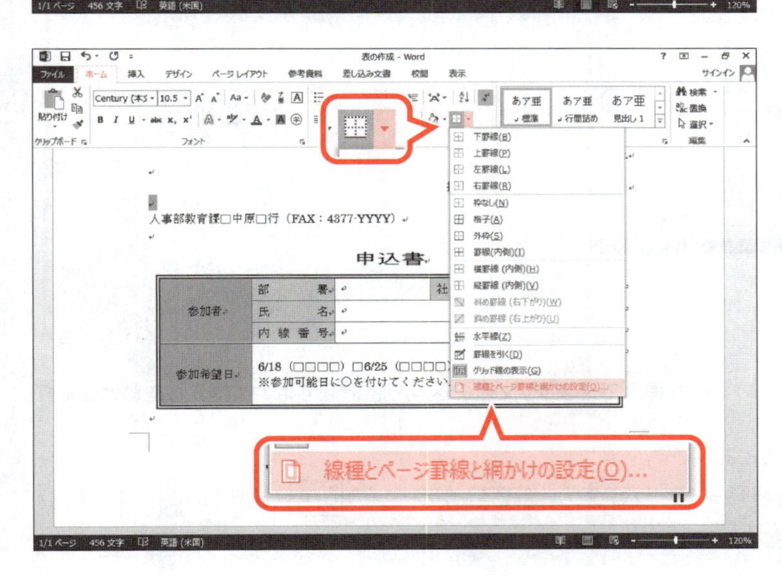

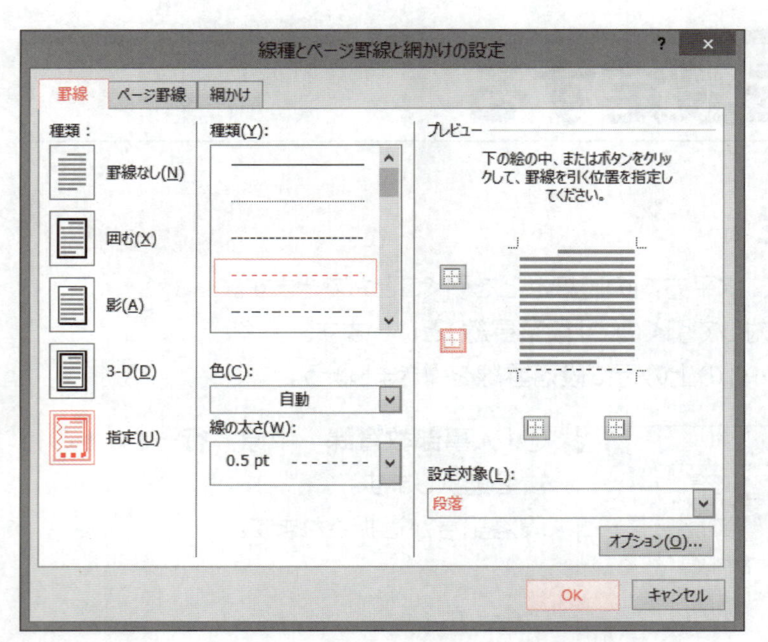

《線種とページ罫線と網かけの設定》ダイアログボックスが表示されます。

⑤《罫線》タブを選択します。

⑥《設定対象》が《段落》になっていることを確認します。

⑦左側の《種類》の《指定》をクリックします。

⑧中央の《種類》の《- - - - - - - - - - - - -》をクリックします。

⑨《プレビュー》の をクリックします。

※ がオン（色が付いている状態）になり、《プレビュー》の絵の下側に罫線が表示されます。

⑩《OK》をクリックします。

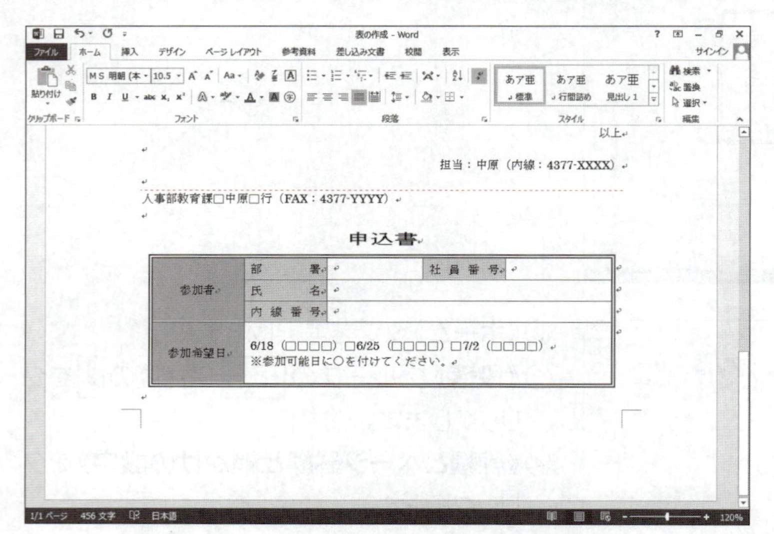

段落罫線が引かれます。

※選択を解除しておきましょう。

※文書に「表の作成完成」と名前を付けて、フォルダー「第4章」に保存し、閉じておきましょう。

水平線の挿入

「水平線」を使うと、グレーの実線を挿入できます。文書の区切り位置をすばやく挿入したいときに使うと便利です。

水平線の挿入方法は、次のとおりです。

◆挿入位置にカーソルを移動→《ホーム》タブ→《段落》グループの （罫線）の →《水平線》

Exercise 練習問題

解答 ► 別冊P.2

完成図のような文書を作成しましょう。

フォルダー「第4章」の文書「第4章練習問題」を開いておきましょう。

●完成図

平成25年9月2日

社員　各位

商品開発部

新商品の名称募集について

このたび、1月発売予定の新商品の名称を下記のとおり社内募集いたします。
採用された方には、記念品を検討しておりますので、ふるってご応募ください。

記

1. 商品概要：

特長	・ソフトバゲットをベースにドライフルーツを加えた食事用パン ・そのまま食べるとモチッと、トーストするとサクッと軽い食感
生地重量	350グラム（食べきりサイズ）
予定価格	350円（税込）

2. 応募方法：応募用紙に必要事項を記入し、応募箱に投函してください。
※応募箱は、総務部受付に設置しています。

3. 締め切り：平成25年9月27日（金）

以上

担当：町井（内線：2551）

＜応募用紙＞

部署名	
氏名	
Eメールアドレス	
新商品の名称	
理由	

1 2 3 4 5 6 7 総合問題 付録1 付録2 付録3 索引

①**「商品概要」**の表の**「特長」**の行の下に1行挿入しましょう。
また、挿入した行の1列目に**「生地重量」**、2列目に**「350グラム（食べきりサイズ）」**と入力しましょう。

②**「商品概要」**の表にスタイル**「グリッド（表）5濃色-アクセント6」**を適用しましょう。
また、1行目の強調と行方向の縞模様を解除しましょう。

③**「商品概要」**の表全体を行の中央に配置しましょう。

④完成図を参考に、**「担当：町井（内線：2551）」**の下の行に段落罫線を引きましょう。

⑤文末に5行2列の表を作成しましょう。
また、次のように表に文字を入力しましょう。

部署名↵	↵
氏名↵	↵
Eメールアドレス↵	↵
新商品の名称↵	↵
理由↵	↵

⑥完成図を参考に、**「<応募用紙>」**の表の1列目の列幅を変更しましょう。

⑦完成図を参考に、**「<応募用紙>」**の表の**「理由」**の行の高さを変更しましょう。

⑧**「<応募用紙>」**の表の1列目に**「緑、アクセント6、白+基本色60%」**の塗りつぶしを設定しましょう。

⑨次のように**「<応募用紙>」**の表の罫線を変更しましょう。

罫線の種類 ：《 ―――――――― 》
罫線の太さ ：1.5pt
罫線の色 ：緑、アクセント6、黒+基本色25%

⑩**「<応募用紙>」**の表の1列目の文字をセル内で均等に割り付けましょう。

※文書に「第4章練習問題完成」と名前を付けて、フォルダー「第4章」に保存し、閉じておきましょう。

Chapter 5

第 5 章
文書の編集

均等割り付け、ルビ、タブとリーダーなど文字の書式設定や、改ページ、段組みなど文書の構成に関する応用的な編集機能を解説します。

Chapter 5 この章で学ぶこと

学習前に習得すべきポイントを理解しておき、
学習後には確実に習得できたかどうかを振り返りましょう。

STEP 1 作成する文書を確認する

1 作成する文書の確認

次のような文書を作成しましょう。

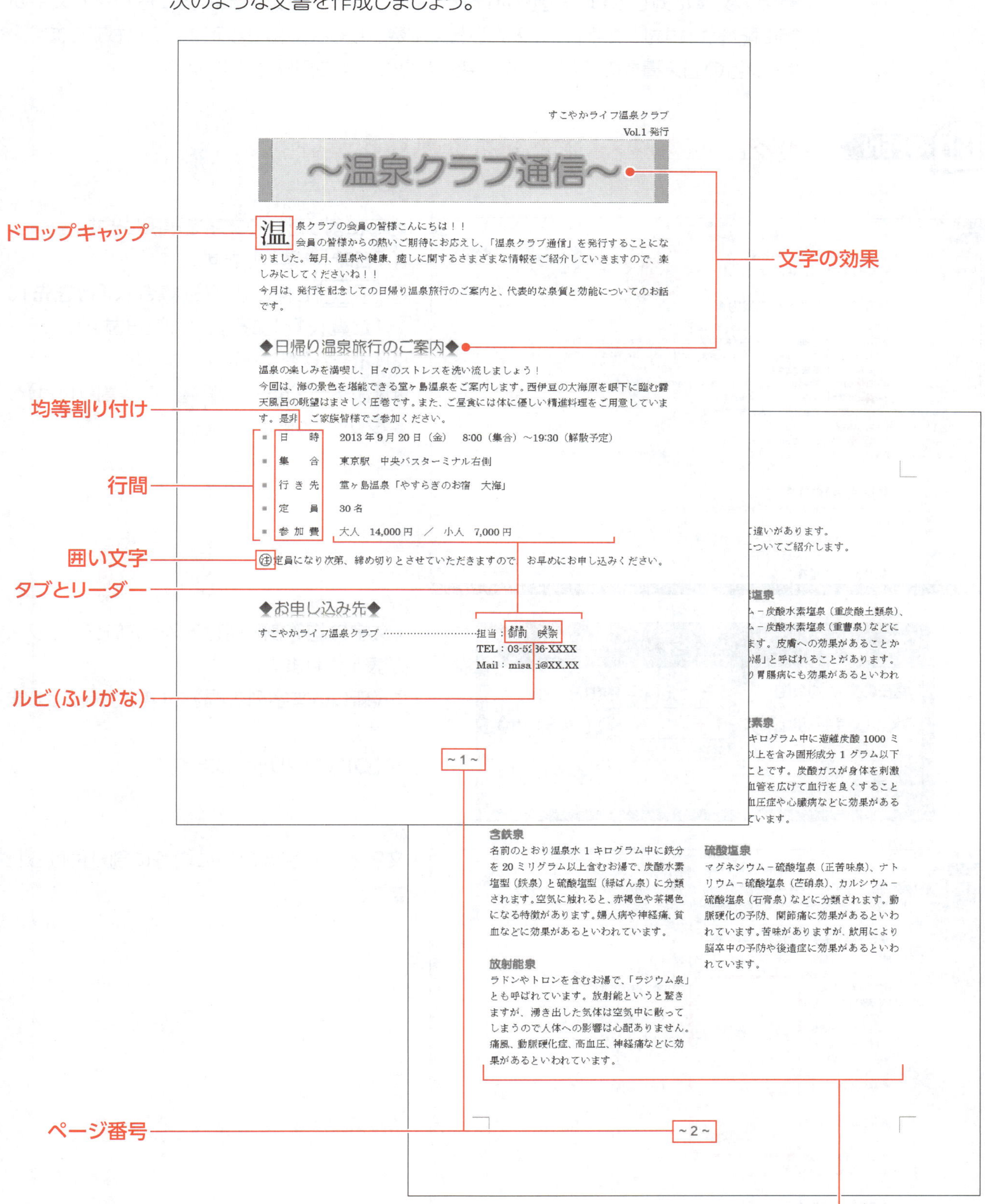
すこやかライフ温泉クラブ
Vol.1 発行

~温泉クラブ通信~

温泉クラブの会員の皆様こんにちは！！
会員の皆様からの熱いご期待にお応えし、「温泉クラブ通信」を発行することになりました。毎月、温泉や健康、癒しに関するさまざまな情報をご紹介していきますので、楽しみにしてくださいね！！
今月は、発行を記念しての日帰り温泉旅行のご案内と、代表的な泉質と効能についてのお話です。

◆日帰り温泉旅行のご案内◆

温泉の楽しみを満喫し、日々のストレスを洗い流しましょう！
今回は、海の景色を堪能できる堂ヶ島温泉をご案内します。西伊豆の大海原を眼下に臨む露天風呂の眺望はまさしく圧巻です。また、ご昼食には体に優しい精進料理をご用意しています。是非、ご家族皆様でご参加ください。

- 日　　時　2013年9月20日（金）　8:00（集合）～19:30（解散予定）
- 集　　合　東京駅　中央バスターミナル右側
- 行 き 先　堂ヶ島温泉「やすらぎのお宿　大海」
- 定　　員　30名
- 参 加 費　大人　14,000円　／　小人　7,000円

㊟定員になり次第、締め切りとさせていただきますので、お早めにお申し込みください。

◆お申し込み先◆

すこやかライフ温泉クラブ…………………………担当：御前　映奈
TEL：03-5236-XXXX
Mail：misaki@XX.XX

~1~

含鉄泉
名前のとおり温泉水1キログラム中に鉄分を20ミリグラム以上含むお湯で、炭酸水素塩型（鉄泉）と硫酸塩型（緑ばん泉）に分類されます。空気に触れると、赤褐色や茶褐色になる特徴があります。婦人病や神経痛、貧血などに効果があるといわれています。

放射能泉
ラドンやトロンを含むお湯で、「ラジウム泉」とも呼ばれています。放射能というと驚きますが、湧き出した気体は空気中に散ってしまうので人体への影響は心配ありません。痛風、動脈硬化症、高血圧、神経痛などに効果があるといわれています。

硫酸塩泉
マグネシウム－硫酸塩泉（正苦味泉）、ナトリウム－硫酸塩泉（芒硝泉）、カルシウム－硫酸塩泉（石膏泉）などに分類されます。動脈硬化の予防、関節痛に効果があるといわれています。苦味がありますが、飲用により脳卒中の予防や後遺症に効果があるといわれています。

~2~

いろいろな書式を設定する

1 文字の均等割り付け

文章中の文字に対して**「均等割り付け」**を使うと、指定した文字数の幅に合わせて文字が均等に配置されます。文字数は、入力した文字数よりも狭い幅に設定することもできます。
1ページ目の箇条書きの項目名を4文字分の幅に均等に割り付けましょう。

File OPEN　フォルダー「第5章」の文書「文書の編集」を開いておきましょう。

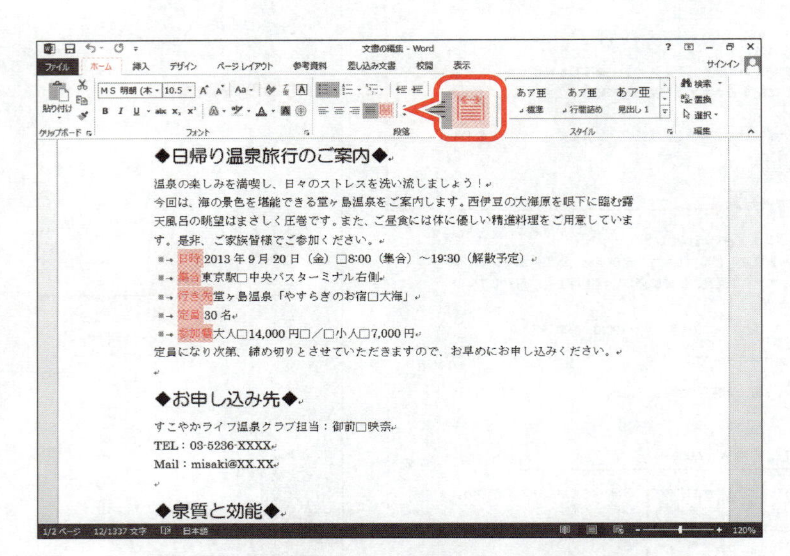

均等に割り付ける文字を選択します。

①**「日時」**を選択します。

②【Ctrl】を押しながら**「集合」**、**「行き先」**、**「定員」**、**「参加費」**を選択します。

③**《ホーム》**タブを選択します。

④**《段落》**グループの（均等割り付け）をクリックします。

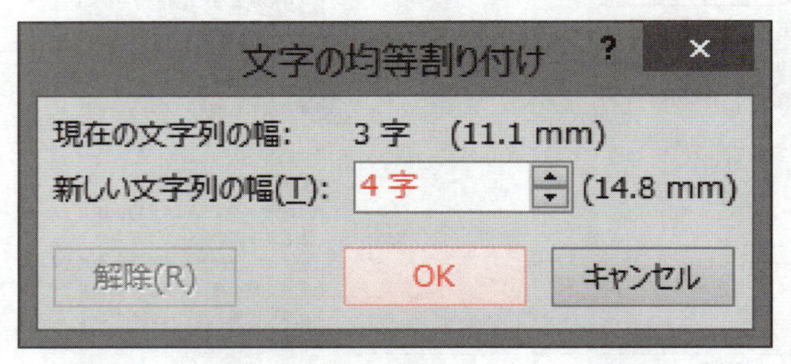

《文字の均等割り付け》ダイアログボックスが表示されます。

⑤**《新しい文字列の幅》**を**「4字」**に設定します。

⑥**《OK》**をクリックします。

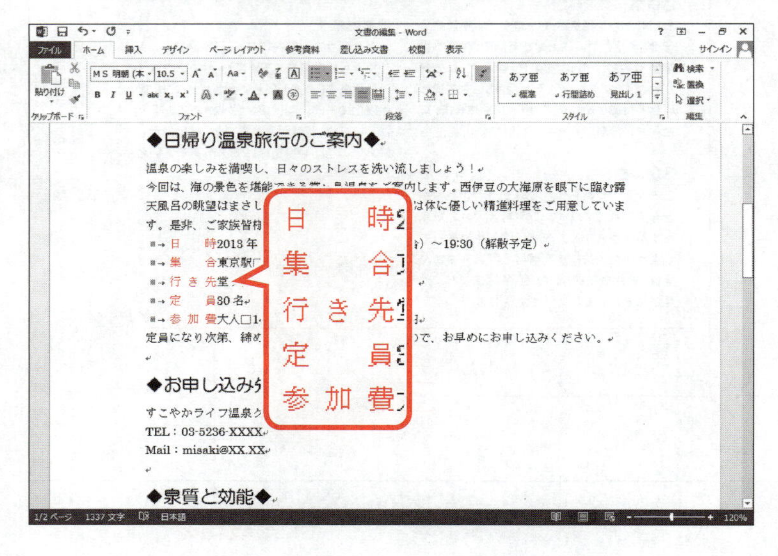

文字が4文字分の幅に均等に割り付けられます。

POINT ▶▶▶

複数箇所の均等割り付け

複数箇所に均等割り付けを設定するときは、あらかじめ複数の範囲を選択してから均等割り付けを実行すると、一度に設定できます。
表のセル内の均等割り付けとは異なり、文章中の文字の均等割り付けでは、F4 で直前に実行したコマンドを繰り返すことができません。

POINT ▶▶▶

均等割り付けの解除

設定した均等割り付けを解除する方法は、次のとおりです。

◆文字を選択→《ホーム》タブ→《段落》グループの（均等割り付け）→《解除》

2 囲い文字

「囲い文字」を使うと、「㊞」「㊙」などのように、全角1文字または半角2文字分の文字を「○」や「△」などの記号で囲むことができます。
「定員になり次第…」の前に**「㊟」**を挿入しましょう。

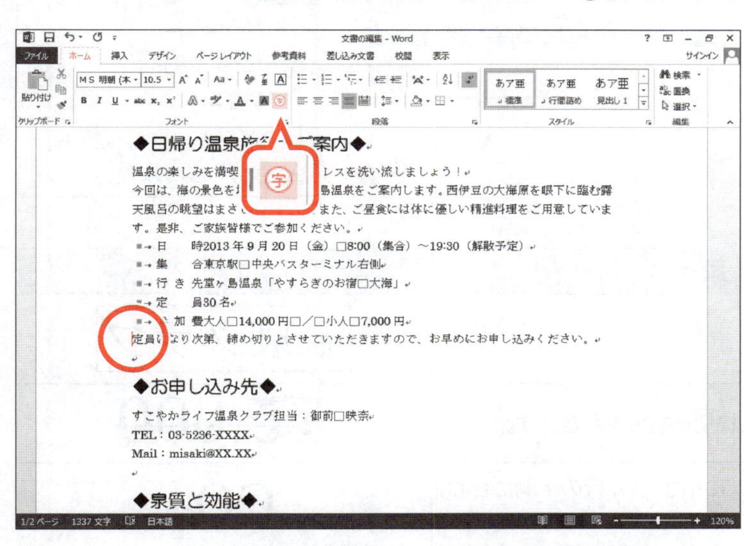

囲い文字を挿入する位置を指定します。

①**「定員になり次第…」**の前にカーソルを移動します。

②**《ホーム》**タブを選択します。

③**《フォント》**グループの（囲い文字）をクリックします。

※入力済みの文字を囲い文字にする場合は、あらかじめ文字を選択してから（囲い文字）をクリックします。

囲い文字
スタイル
なし(N)
外枠のサイズを合わせる(S)
文字のサイズを合わせる(E)
囲い文字
文字(T):
注
特
禁
注
済
囲い文字(O):
○
□
△
◇
OK
キャンセル

《囲い文字》ダイアログボックスが表示されます。

④**《スタイル》**の**《文字のサイズを合わせる》**をクリックします。

⑤**《文字》**の一覧から**《注》**を選択します。

※一覧に表示されていない場合は、スクロールして調整します。

※一覧にない文字を入力することもできます。

⑥**《囲い文字》**の一覧から**《○》**を選択します。

⑦**《OK》**をクリックします。

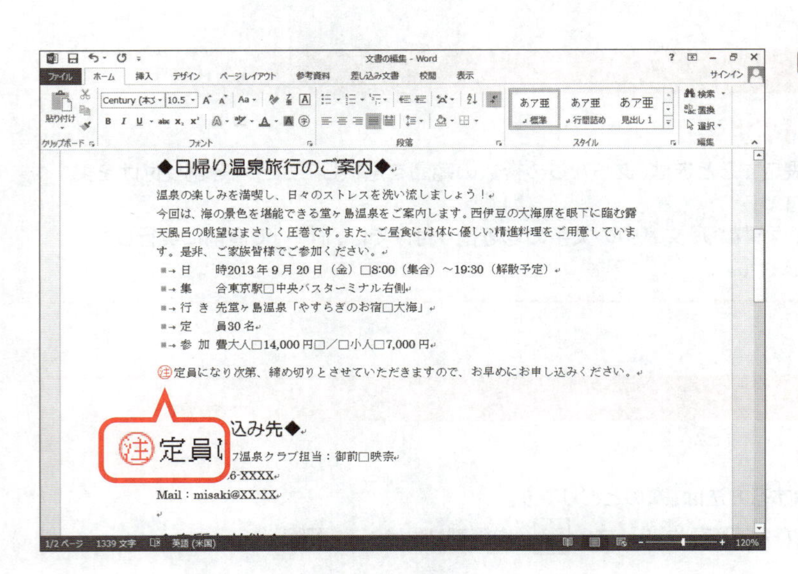

囲い文字が挿入されます。

その他の文字装飾

STEP UP

《ホーム》タブで設定できる文字の装飾には、次のようなものがあります。

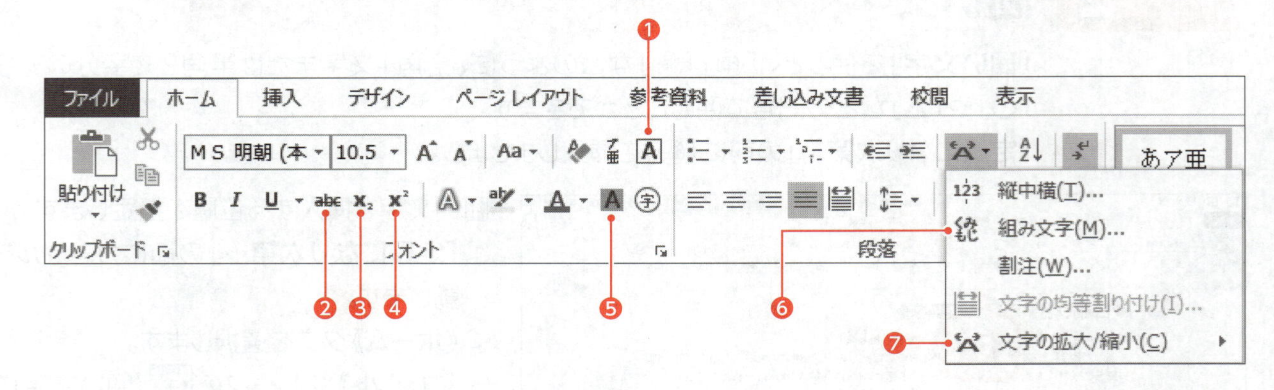

種類	説明	例
❶囲み線	文字を枠で囲みます。	温泉クラブ
❷取り消し線	選択した文字の中央を横切る横線を引きます。	~~¥5,000~~
❸下付き	文字を4分の1のサイズに小さくし、行の下側に合わせて配置します。	CO_2
❹上付き	文字を4分の1のサイズに小さくし、行の上側に合わせて配置します。	5^2
❺文字の網かけ	文字にグレーの網かけを設定します。	温泉クラブ
❻組み文字	6文字以内の文字を1文字分のサイズに組み込んで表示します。	温泉クラブ
❼文字の拡大・縮小	文字の横幅を拡大したり縮小したりします。	温泉クラブ

STEP UP 《フォント》ダイアログボックスを使った書式設定

《フォント》ダイアログボックスでは、フォントやフォントサイズ、太字、斜体、下線、文字飾りなど、文字に関する書式を一度に設定できます。
また、リボンで表示されていない文字飾りなどの書式を設定することもできます。
《フォント》ダイアログボックスを表示する方法は、次のとおりです。

◆《ホーム》タブ→《フォント》グループの

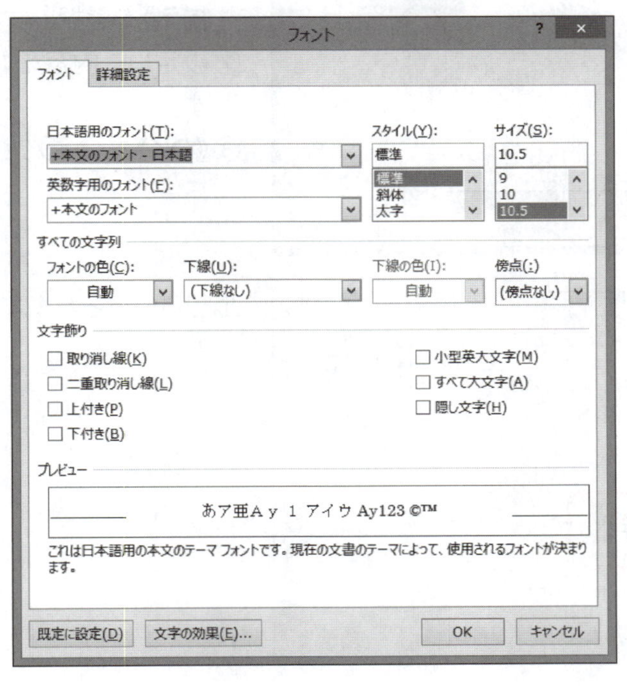

3 ルビ（ふりがな）

「**ルビ**」を使うと、難しい読みの名前や地名などにルビを付けられます。
「御前　映奈」に**「みさき　えな」**とルビを付けましょう。また、ルビは姓と名のそれぞれの文字の中央に配置されるように設定しましょう。

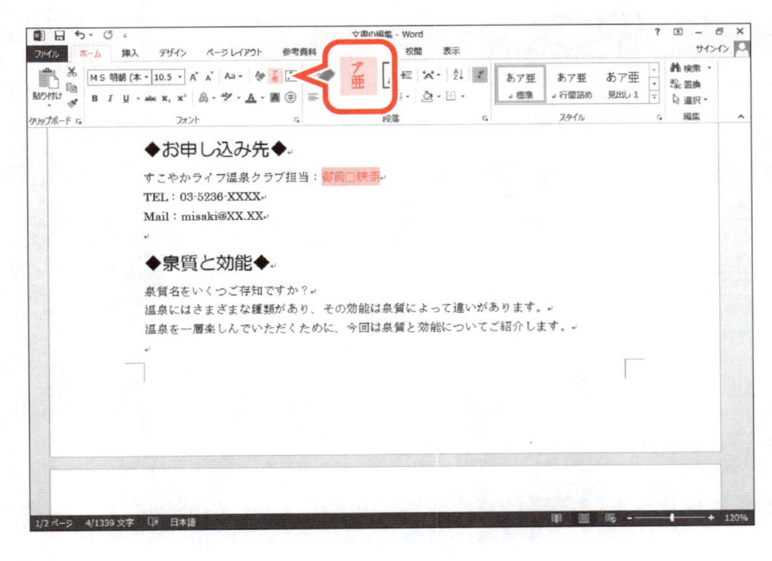

ルビを付ける文字を選択します。
①**「御前　映奈」**を選択します。
②**《ホーム》**タブを選択します。
③**《フォント》**グループの（ルビ）をクリックします。

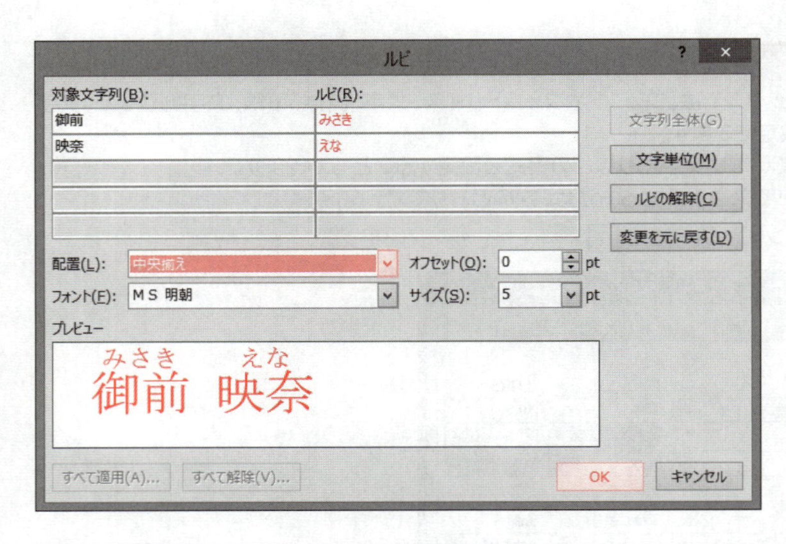

《ルビ》ダイアログボックスが表示されます。

④**「御前」**の**《ルビ》**を**「みさき」**に修正します。

⑤**「映奈」**の**《ルビ》**を**「えな」**に修正します。

⑥**《配置》**の ▼ をクリックし、一覧から**《中央揃え》**を選択します。

⑦設定した内容を**《プレビュー》**で確認します。

⑧**《OK》**をクリックします。

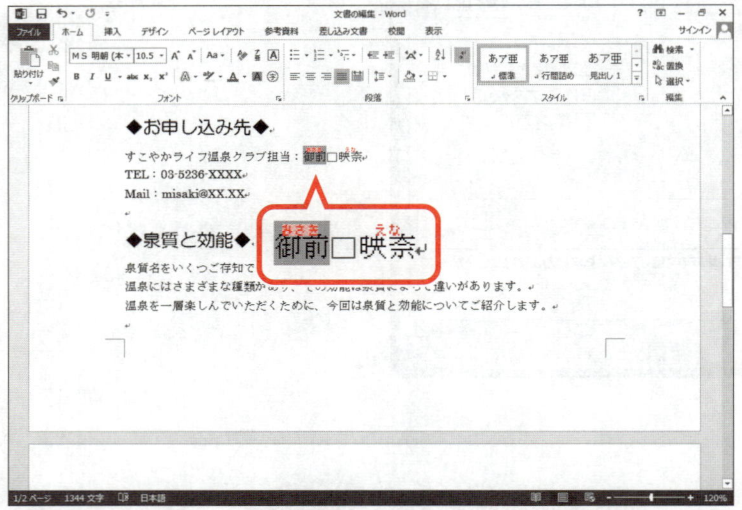

ルビが付けられます。

その他の方法(ルビの設定)

◆文字を選択→ミニツールバーの［ルビ］(ルビ)

POINT ▶▶▶

ルビの解除

設定したルビを解除する方法は、次のとおりです。

◆文字を選択→《ホーム》タブ→《フォント》グループの［ルビ］(ルビ)→《ルビの解除》

4 文字の効果

「文字の効果と体裁」を使うと、影、光彩、反射などの視覚効果を設定して、文字を強調できます。
複数の効果を組み合わせたデザインが用意されており、選択するだけで簡単に文字を際立たせることができます。

温泉クラブ通信

温泉クラブ通信

1 文字の効果の設定

見出し**「◆日帰り温泉旅行のご案内◆」**に文字の効果**「塗りつぶし（グラデーション）-青、アクセント1、反射」**を設定しましょう。

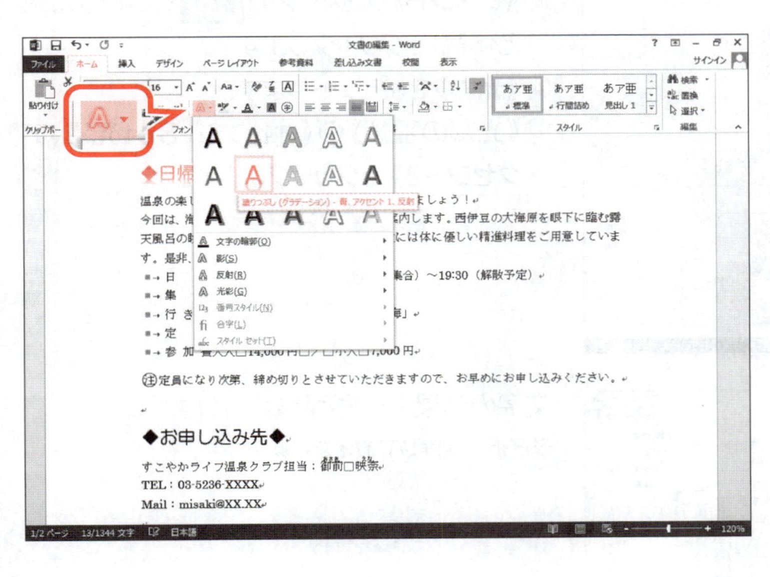

文字の効果を設定する文字を選択します。

①見出し**「◆日帰り温泉旅行のご案内◆」**を選択します。
②**《ホーム》**タブを選択します。
③**《フォント》**グループの［A▾］（文字の効果と体裁）をクリックします。
④**《塗りつぶし（グラデーション）-青、アクセント1、反射》**をクリックします。

1
2
3
4
5
6
7
総合問題
付録1
付録2
付録3
索引

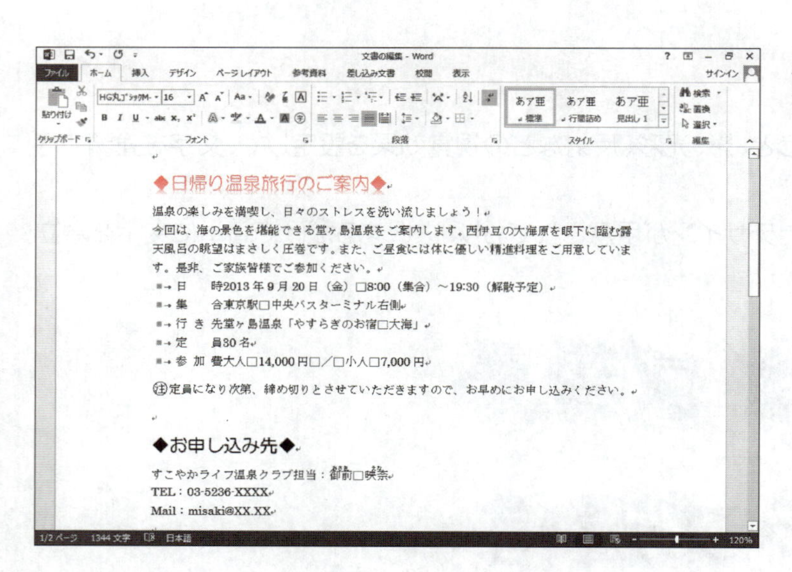

見出しに文字の効果が設定されます。
※選択を解除しておきましょう。

2 文字の効果の編集

文字の輪郭や影、光彩、反射などの効果を個別に設定できます。
タイトル**「～温泉クラブ通信～」**に光彩を設定しましょう。
光彩の種類は、**「オレンジ、8pt光彩、アクセント2」**とします。

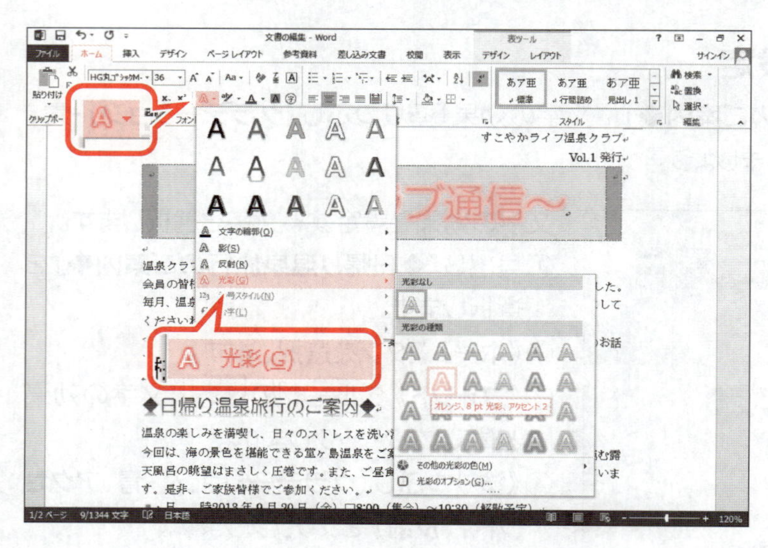

①タイトル**「～温泉クラブ通信～」**を選択します。
②**《ホーム》**タブを選択します。
③**《フォント》**グループの（文字の効果と体裁）をクリックします。
④**《光彩》**をポイントします。
⑤**《光彩の種類》**の**《オレンジ、8pt光彩、アクセント2》**をクリックします。

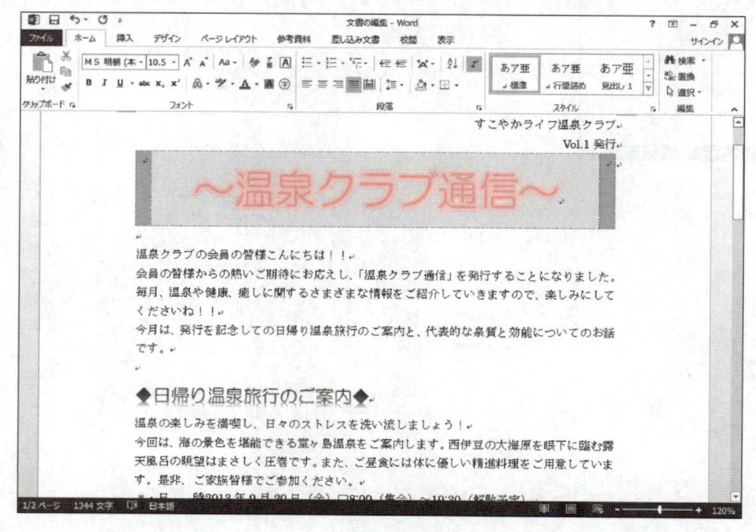

文字の効果の光彩が設定されます。
※選択を解除しておきましょう。

5 書式のコピー/貼り付け

（書式のコピー/貼り付け）を使うと、文字や段落に設定されている書式を別の場所にコピーできます。同じ書式を複数の文字に設定するときに便利です。

「◆日帰り温泉旅行のご案内◆」に設定した書式を、**「◆お申し込み先◆」**にコピーしましょう。

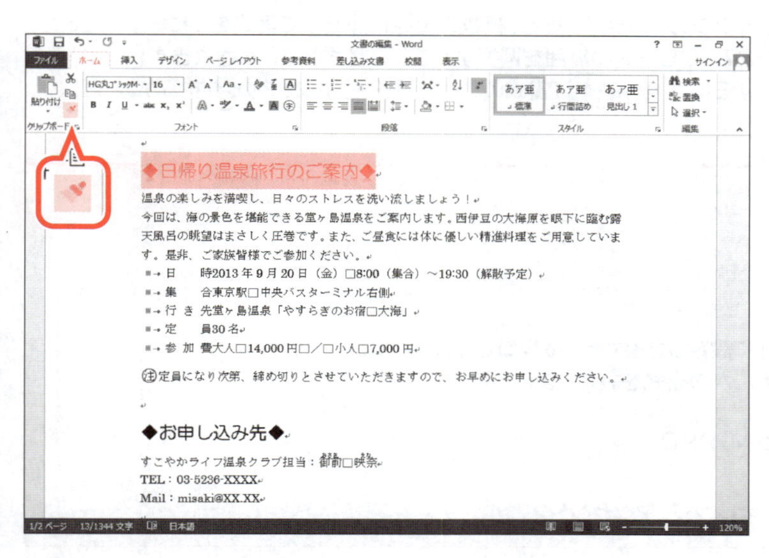

書式のコピー元の文字を選択します。

①**「◆日帰り温泉旅行のご案内◆」**を選択します。

②**《ホーム》**タブを選択します。

③**《クリップボード》**グループの（書式のコピー/貼り付け）をクリックします。

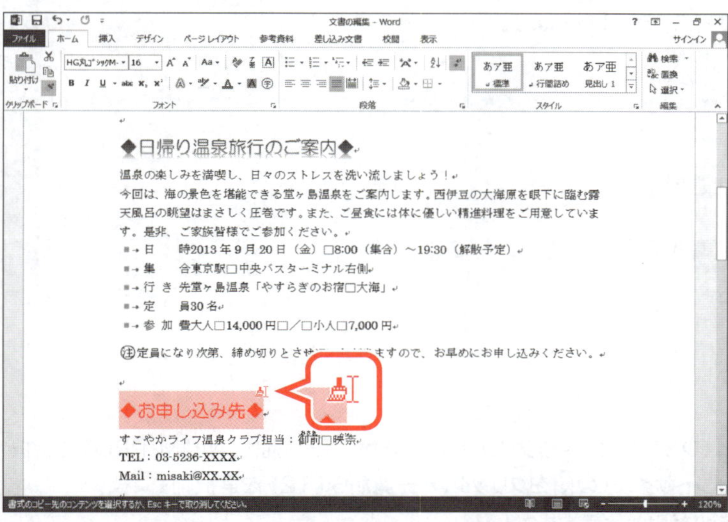

マウスポインターの形がに変わります。

書式の貼り付け先を指定します。

④**「◆お申し込み先◆」**をドラッグします。

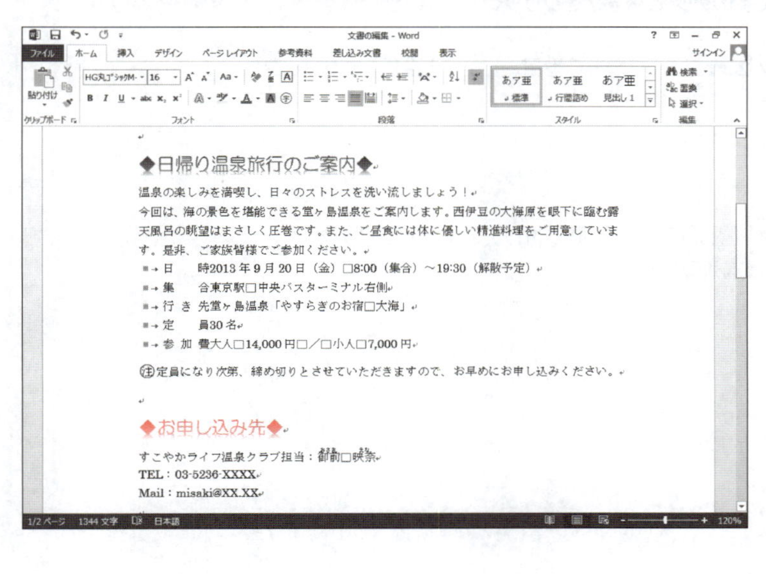

書式がコピーされます。

※選択を解除しておきましょう。

その他の方法（書式のコピー/貼り付け）

STEP UP

◆コピー元を選択→ミニツールバーの［書式のコピー/貼り付け］（書式のコピー/貼り付け）→コピー先を選択

POINT ▶▶▶

連続した書式のコピー/貼り付け

［書式のコピー/貼り付け］（書式のコピー/貼り付け）をダブルクリックすると、複数の範囲に連続して書式をコピーすることができます。ダブルクリックしたあと、コピー先の範囲を選択するごとに書式がコピーされます。
書式をコピーできる状態を解除するには、再度［書式のコピー/貼り付け］（書式のコピー/貼り付け）をクリックするか、または［Esc］を押します。

Let's Try

ためしてみよう

①「◆日帰り温泉旅行のご案内◆」に設定した書式を「◆泉質と効能◆」にコピーしましょう。
②2ページ目の「単純温泉」の文字に次の書式を設定しましょう。

フォント	：HG丸ゴシックM-PRO
フォントサイズ	：12ポイント
文字の効果	：文字の輪郭　オレンジ、アクセント2

③②で設定した書式をすべての泉質名にコピーしましょう。

Let's Try Answer

①

①「◆日帰り温泉旅行のご案内◆」を選択
②《ホーム》タブを選択
③《クリップボード》グループの［書式のコピー/貼り付け］（書式のコピー/貼り付け）をクリック
④「◆泉質と効能◆」をドラッグ

②

①「単純温泉」を選択
②《ホーム》タブを選択
③《フォント》グループの［MS 明朝 (本］（フォント）の［▼］をクリックし、一覧から《HG丸ゴシックM-PRO》を選択
④《フォント》グループの［10.5］（フォントサイズ）の［▼］をクリックし、一覧から《12》を選択
⑤《フォント》グループの［A▼］（文字の効果と体裁）をクリック
⑥《文字の輪郭》をポイント
⑦《テーマの色》の《オレンジ、アクセント2》（左から6番目、上から1番目）をクリック

③

①「単純温泉」を選択
②《ホーム》タブを選択
③《クリップボード》グループの［書式のコピー/貼り付け］（書式のコピー/貼り付け）をダブルクリック
④すべての泉質名をドラッグして書式をコピー
⑤［Esc］を押す

6 行間

Wordでは、行の下側から次の行の下側までの間隔を**「行間」**といいます。文書内の段落や箇条書きの行間を部分的に変更すると、文書の文字のバランスを調整できます。
箇条書きの段落の行間隔を現在の1.5倍に変更しましょう。

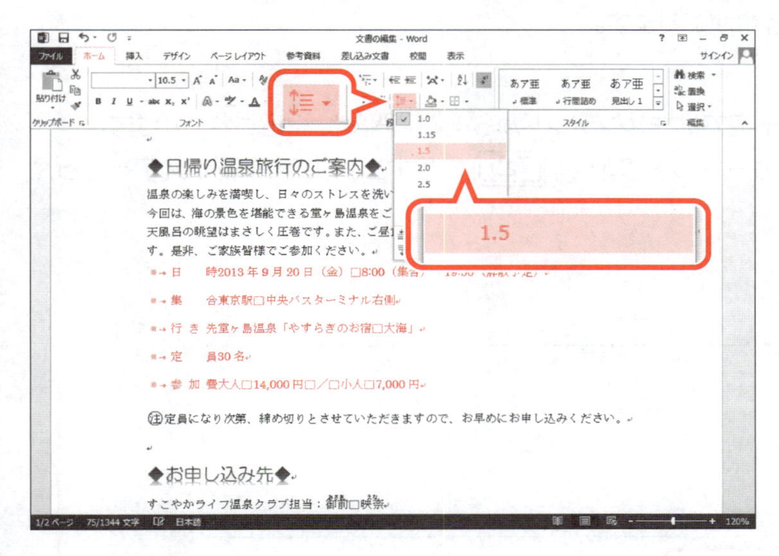

行間隔を変更する範囲を選択します。

①**「日時…」**で始まる行から**「参加費…」**で始まる行を選択します。

②**《ホーム》**タブを選択します。

③**《段落》**グループの（行と段落の間隔）をクリックします。

④**《1.5》**をクリックします。

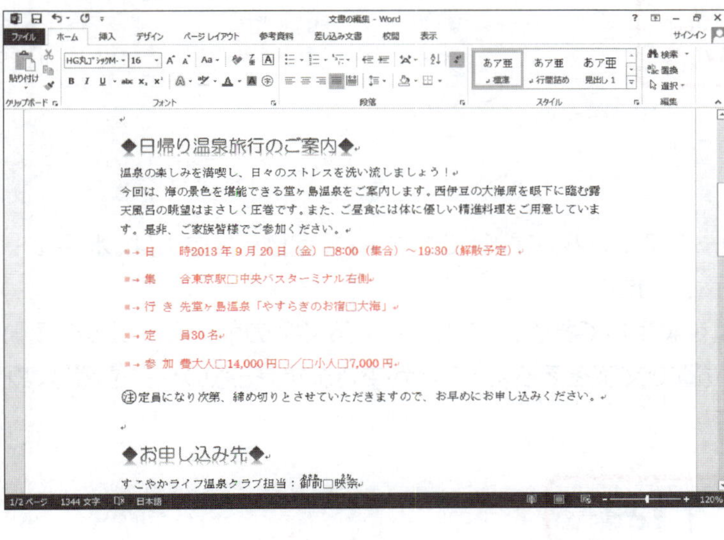

行間隔が変更されます。
※選択を解除しておきましょう。

文書全体の行間の変更

文書全体の行間を変更する場合は、《ページ設定》ダイアログボックスの《文字数と行数》タブで《行数》を設定します。行数を設定すると、設定した行数に合わせて行間が自動的に変更されます。

段落の前後の間隔を変更する

段落内の行間だけでなく段落の前後の間隔を設定できます。
段落の前後の間隔を変更する方法は、次のとおりです。

◆段落内にカーソルを移動→《ページレイアウト》タブ→《段落》グループの［0字］（前の間隔）または［0行］（後の間隔）を設定

7 タブとリーダー

「タブ」を使うと、行内の特定の位置で文字をそろえることができます。文字をそろえるための基準となる位置を「**タブ位置**」といいます。そろえる文字の前にカーソルを移動して Tab を押すと → (タブ)が挿入され、文字をタブ位置にそろえることができます。
タブ位置には、次のような種類があります。

●既定のタブ位置

既定のタブ位置は、初期の設定では左インデントから4文字間隔に設定されています。
タブでそろえる文字の前にカーソルを移動し、Tab を押すと、4文字間隔で文字をそろえることができます。

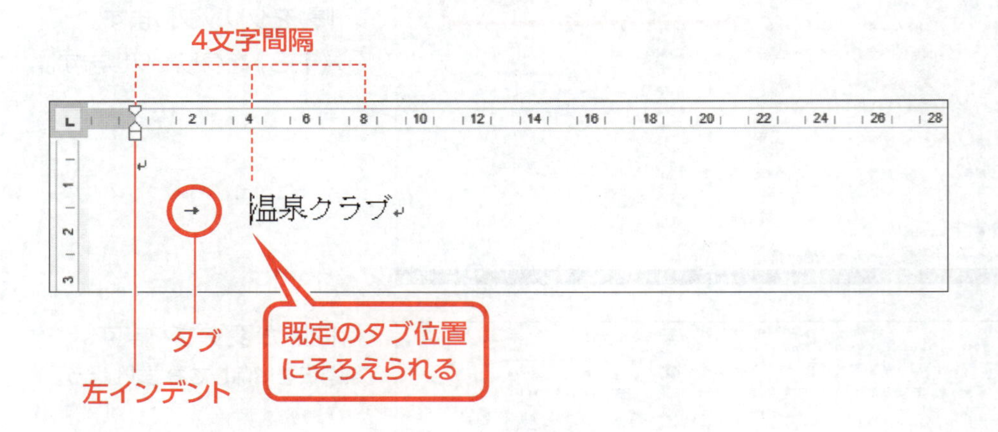

●任意のタブ位置

任意のタブ位置は水平ルーラーをクリックして設定できます。設定した位置には、水平ルーラーに ∟ (タブマーカー)が表示されます。
あらかじめ、タブの種類と位置を設定しておき、タブをそろえる文字の前にカーソルを移動し、Tab を押すと、設定した位置で文字をそろえることができます。任意のタブ位置は、既定のタブ位置より優先されます。

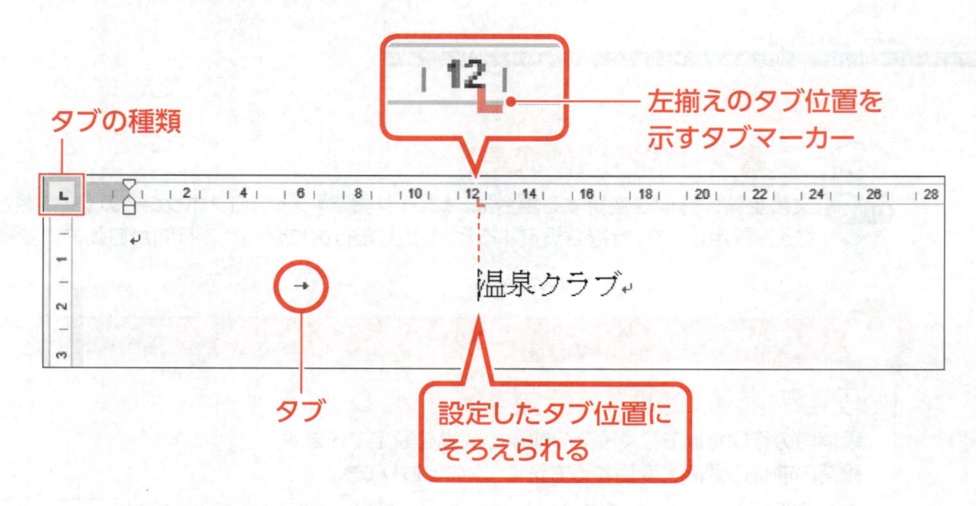

1 ルーラーの表示

タブマーカーを使用してタブ位置を設定するには、水平ルーラーを使います。
ルーラーを表示しましょう。

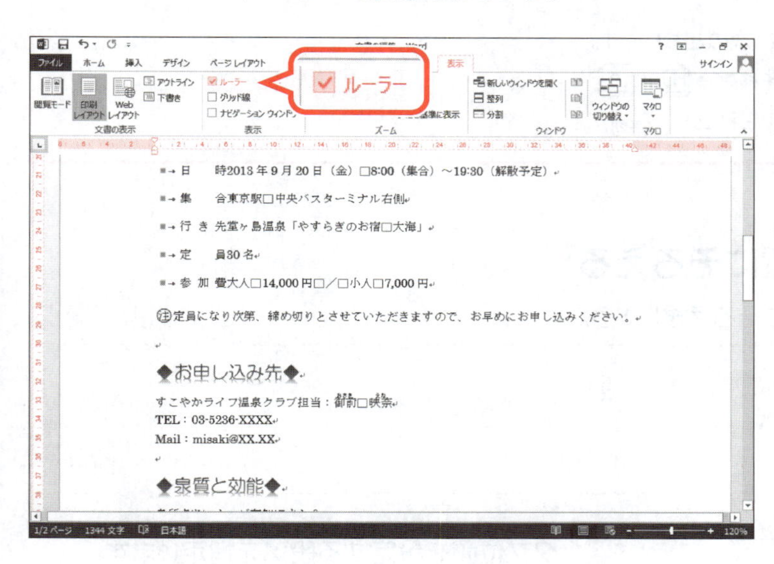

①《表示》タブを選択します。

②《表示》グループの《ルーラー》を☑にします。

ルーラーが表示されます。

※お使いの環境によって、ルーラーの目盛間隔は異なります。

2 既定のタブ位置にそろえる

箇条書きの項目名の後ろにタブを挿入して、既定のタブ位置にそろえましょう。

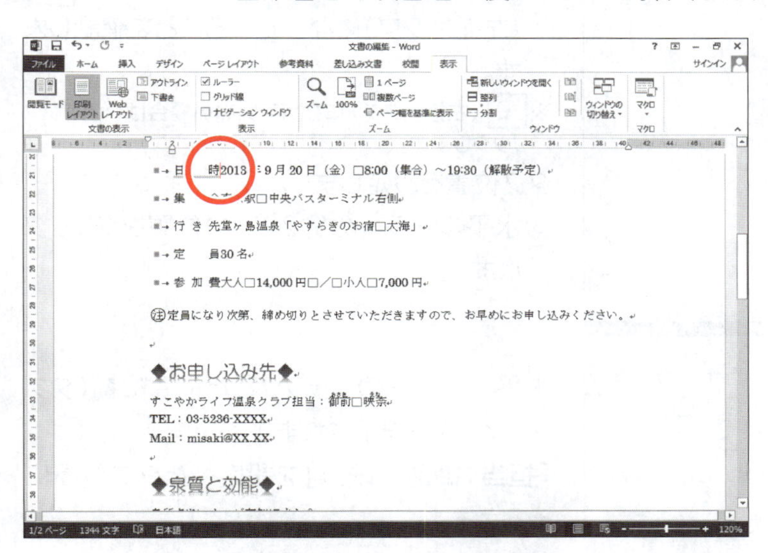

①**「日時」**の後ろにカーソルを移動します。

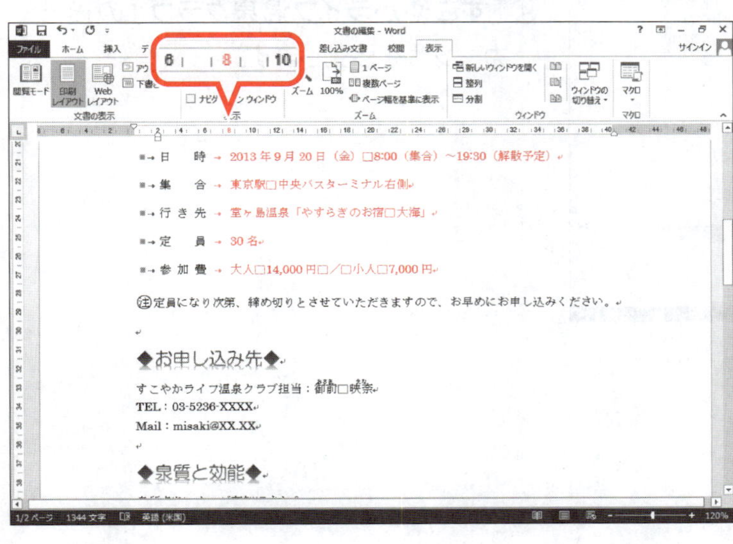

②【Tab】を押します。

→(タブ)が挿入され、既定のタブ位置(8字の位置)に文字がそろえられます。

③同様に、**「集合」「行き先」「定員」「参加費」**の後ろにタブを挿入します。

POINT ▶▶▶

→ (タブ) の削除

→ は、文字と同様に削除できます。
挿入した → を削除する方法は、次のとおりです。
◆ → (タブ) の前にカーソルを移動→ Delete
◆ → (タブ) の後ろにカーソルを移動→ Back Space

3 任意のタブ位置にそろえる

次の文字を約22字の位置にそろえましょう。

担当　：御前　映奈
TEL　：03-5236-XXXX
Mail：misaki@XX.XX

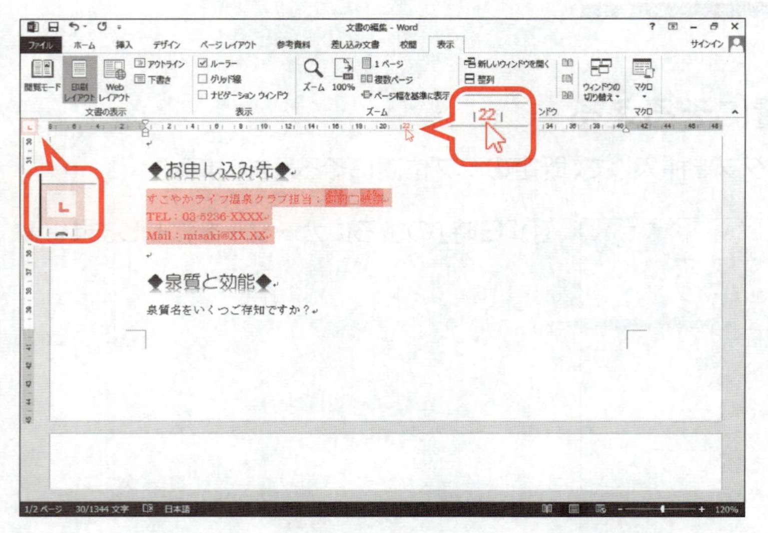

タブ位置を設定する段落を指定します。

①**「すこやかライフ…」**で始まる行から**「Mail…」**で始まる行を選択します。

②水平ルーラーの左端のタブの種類が L (左揃えタブ)になっていることを確認します。

※ L (左揃えタブ) になっていない場合は、何回かクリックします。

タブ位置を設定します。

③水平ルーラーの約22字の位置をクリックします。

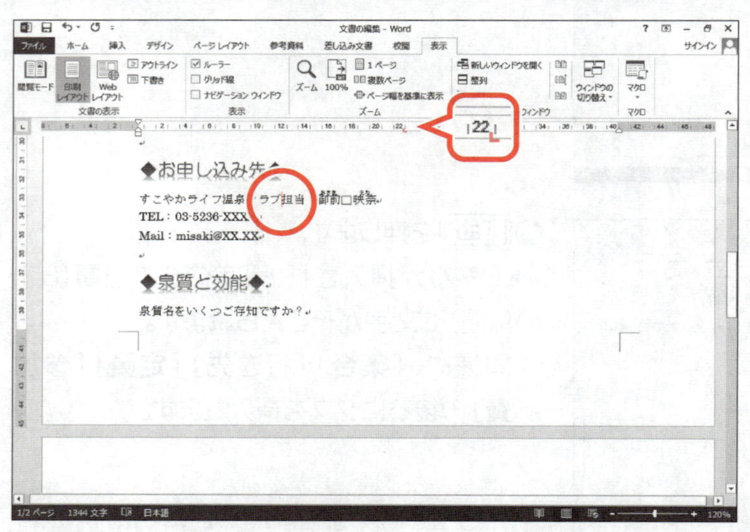

水平ルーラーのクリックした位置に L (タブマーカー)が表示されます。

「担当：御前　映奈」を設定したタブ位置にそろえます。

④**「すこやかライフ温泉クラブ」**の後ろにカーソルを移動します。

⑤ Tab を押します。

➜ (タブ)が挿入され、左インデントから約22字の位置にそろえられます。

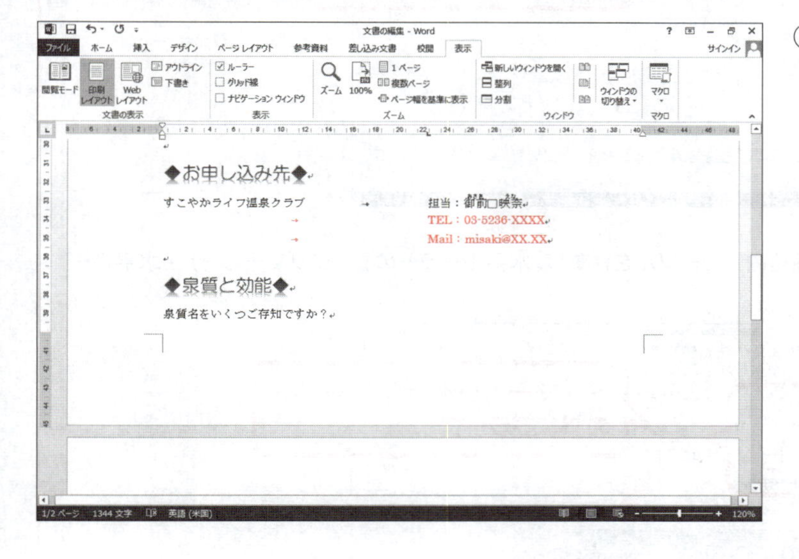

⑥同様に、**「TEL:03-5236-XXXX」「Mail:misaki@XX.XX」**の行の先頭に Tab を挿入します。

タブの種類

STEP UP

水平ルーラーの左端にある をクリックすると、タブの種類を変更できます。
タブの種類は、次のとおりです。

種類	説明
(左揃えタブ)	文字の左端をタブ位置にそろえます。
(中央揃えタブ)	文字の中央をタブ位置にそろえます。
(右揃えタブ)	文字の右端をタブ位置にそろえます。
(小数点揃えタブ)	数値の小数点をタブ位置にそろえます。
(縦棒タブ)	縦棒をタブ位置に表示します。

その他の方法(タブ位置の設定)

◆段落内にカーソルを移動→《ホーム》タブ→《段落》グループの →《タブ設定》→《タブ位置》に字数を入力→《配置》を選択

任意のタブ位置の変更・解除

設定したタブ位置を変更するには、段落内にカーソルを移動し、水平ルーラーの▙（タブマーカー）をドラッグします。

※ Alt を押しながらドラッグすると、微調整することができます。

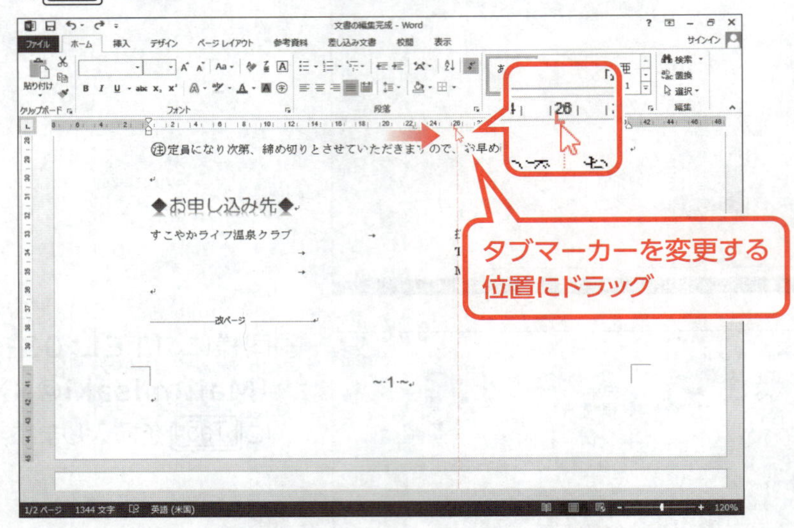

タブ位置を解除するには、段落内にカーソルを移動し、水平ルーラーの▙（タブマーカー）を水平ルーラーの外にドラッグします。

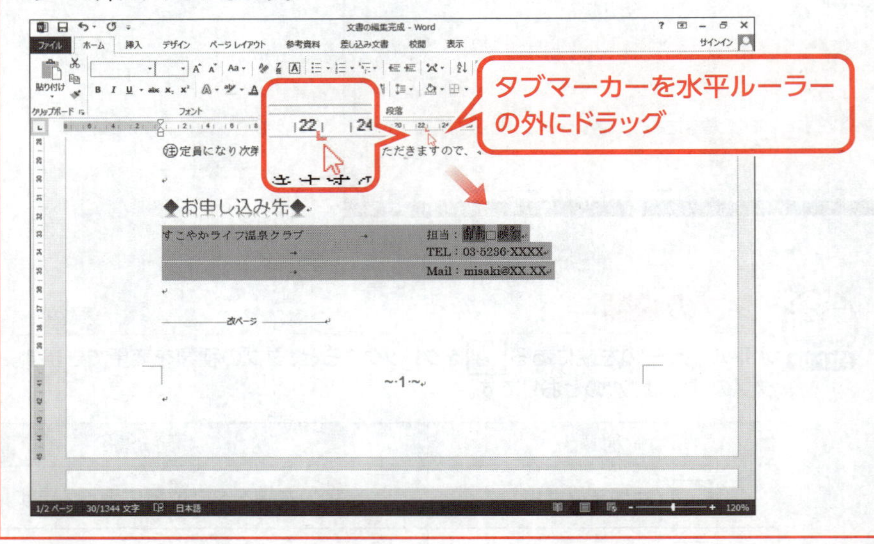

タブ位置をすべて解除

段落内に設定した複数のタブ位置をすべて解除する方法は、次のとおりです。

◆段落内にカーソルを移動→《ホーム》タブ→《段落》グループの ▣ →《タブ設定》→《すべてクリア》

4 リーダーの表示

任意のタブ位置にそろえた文字の左側に**「リーダー」**という線を表示できます。
約22字のタブ位置にそろえた**「担当：御前　映奈」**の左側に、リーダーを表示しましょう。

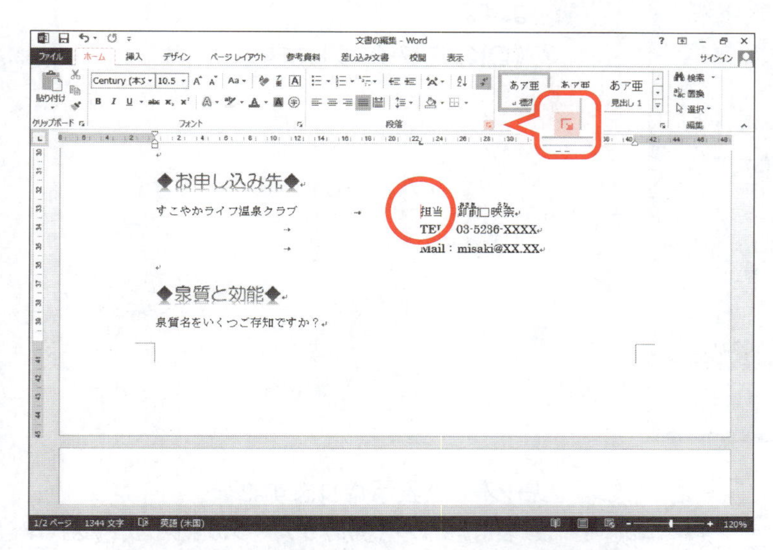

リーダーを表示する段落を指定します。

①**「担当：御前　映奈」**の段落にカーソルを移動します。

※段落内であれば、どこでもかまいません。

②**《ホーム》**タブを選択します。

③**《段落》**グループの をクリックします。

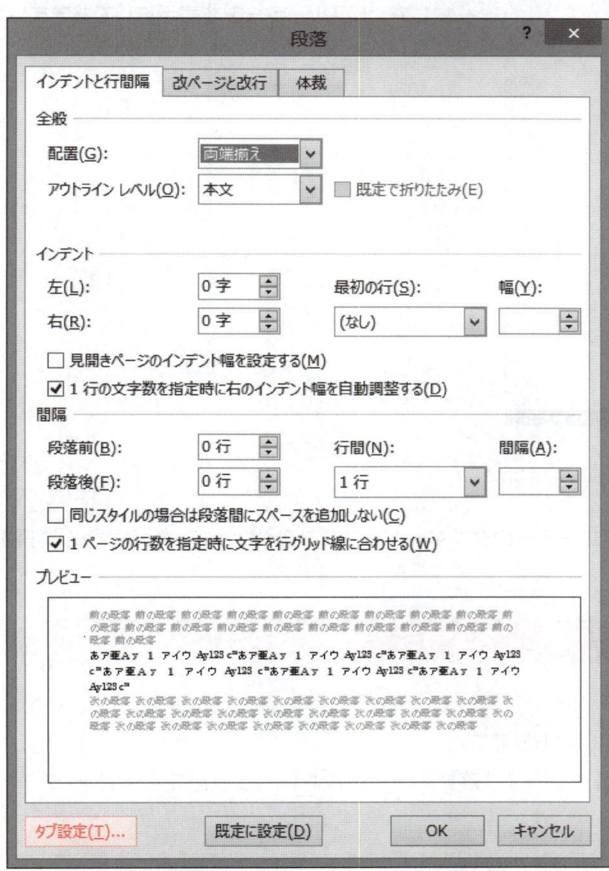

《段落》ダイアログボックスが表示されます。

④**《タブ設定》**をクリックします。

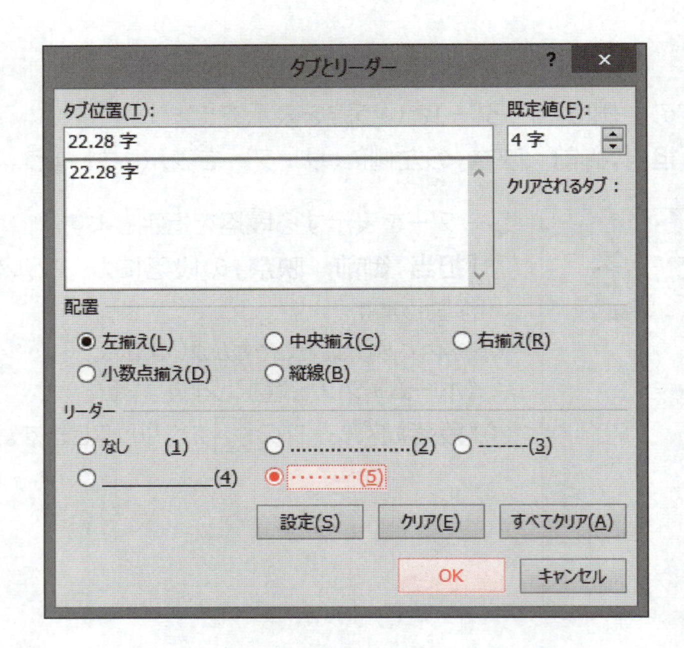

《タブとリーダー》ダイアログボックスが表示されます。

⑤《リーダー》の《・・・・・・(5)》を◉にします。

⑥《OK》をクリックします。

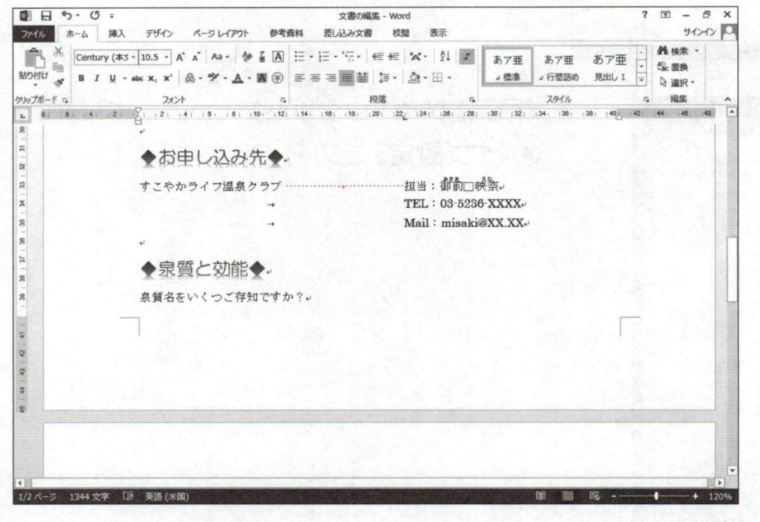

リーダーが表示されます。

※《表示》タブ→《表示》グループの《ルーラー》を☐にして、水平ルーラーを非表示にしておきましょう。

その他の方法(リーダーの表示)

◆段落内にカーソルを移動→水平ルーラーのタブマーカーをダブルクリック→《リーダー》を選択

POINT ▶▶▶

リーダーの解除

設定したリーダーを解除する方法は、次のとおりです。

◆段落内にカーソルを移動→《ホーム》タブ→《段落》グループの ⧉ →《タブ設定》→《リーダー》の《◉なし(1)》

8 ドロップキャップ

段落の先頭の文字を大きく表示することを**「ドロップキャップ」**といいます。ドロップキャップを設定すると、段落の先頭文字を強調できます。ドロップキャップの位置やドロップする行数、本文との距離などを設定することができます。

●本文内に表示

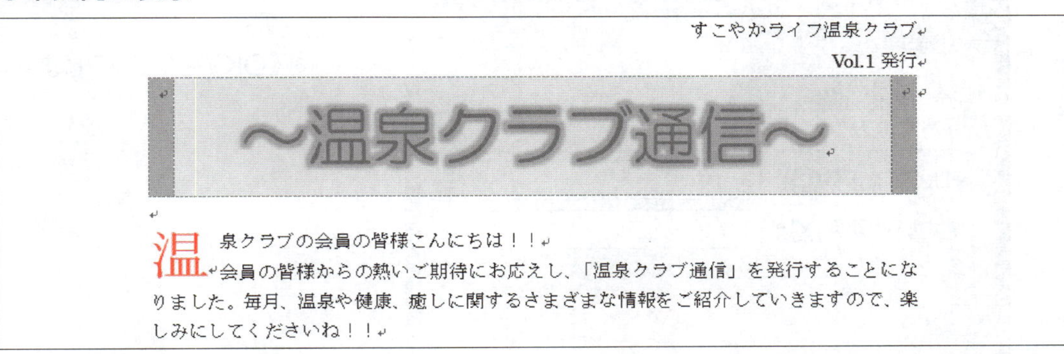

●余白に表示

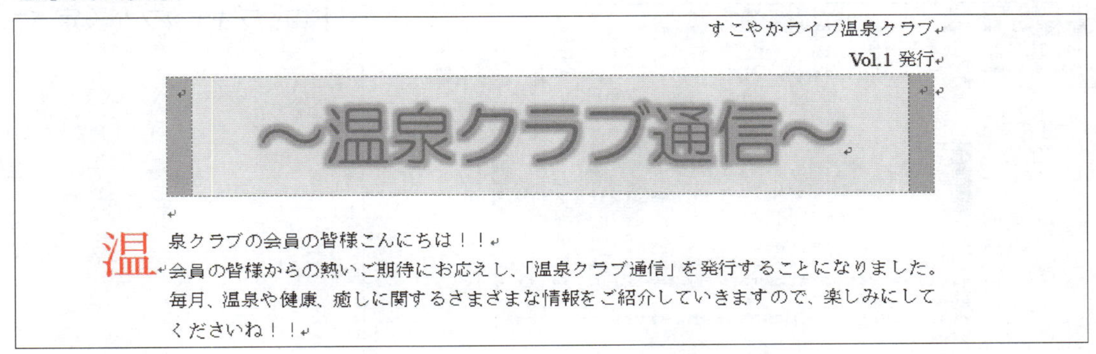

本文の最初の文字にドロップキャップを設定しましょう。

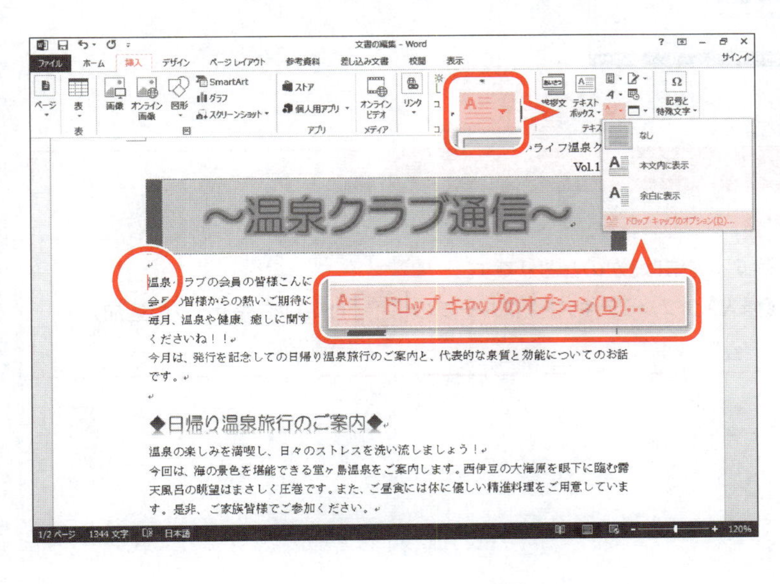

①**「温泉クラブの…」**の行にカーソルを移動します。

※段落内であれば、どこでもかまいません。

②**《挿入》**タブを選択します。

③**《テキスト》**グループの（ドロップキャップの追加）をクリックします。

④**《ドロップキャップのオプション》**をクリックします。

《ドロップキャップ》ダイアログボックスが表示されます。

⑤《位置》の《本文内に表示》をクリックします。

⑥《ドロップする行数》を「2」に設定します。

⑦《本文からの距離》を「2mm」に設定します。

⑧《OK》をクリックします。

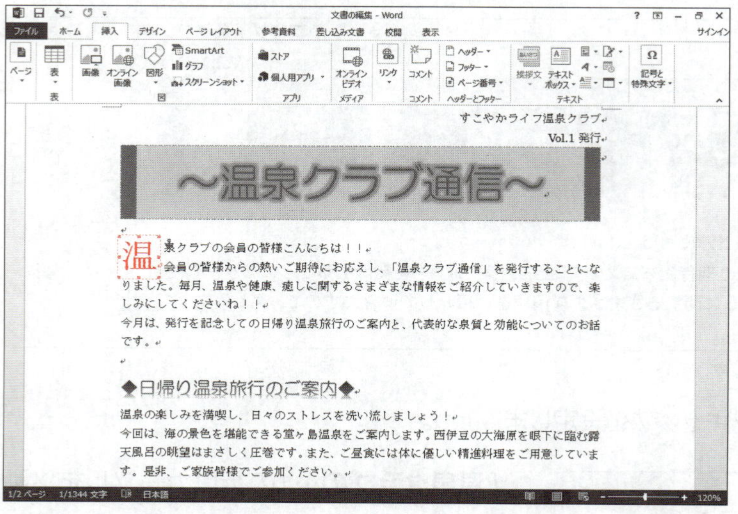

ドロップキャップが設定されます。

POINT ▶▶▶

ドロップキャップの解除

設定したドロップキャップを解除する方法は、次のとおりです。

◆段落内にカーソルを移動→《挿入》タブ→《テキスト》グループの［ドロップキャップの追加ボタン］（ドロップキャップの追加）→《なし》

段組みを設定する

1 段組み

「段組み」を使うと、文章を複数の段に分けて配置できます。設定できる段数はページのサイズによって異なります。段組みは、印刷レイアウトの表示モードで確認できます。

1 段組みの設定

2ページ目の**「単純温泉」**の行から文末までの文章を2段組みにしましょう。

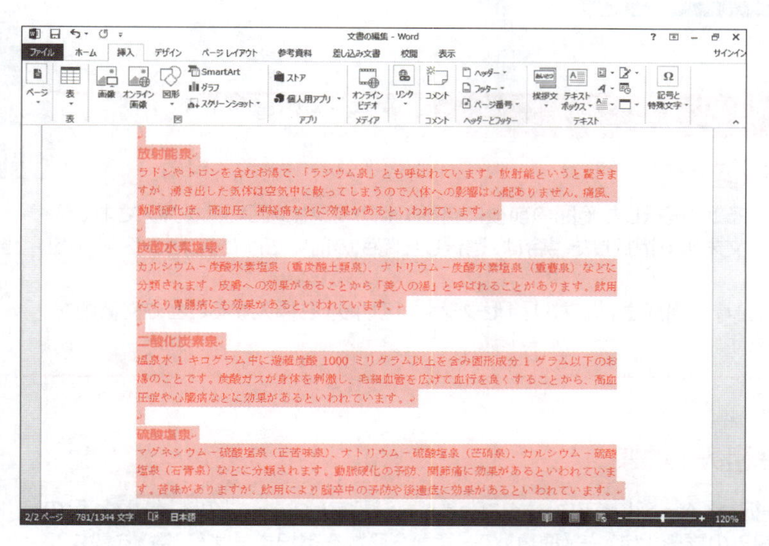

段組みにする文章を選択します。

①**「単純温泉」**の行から文末まで選択します。

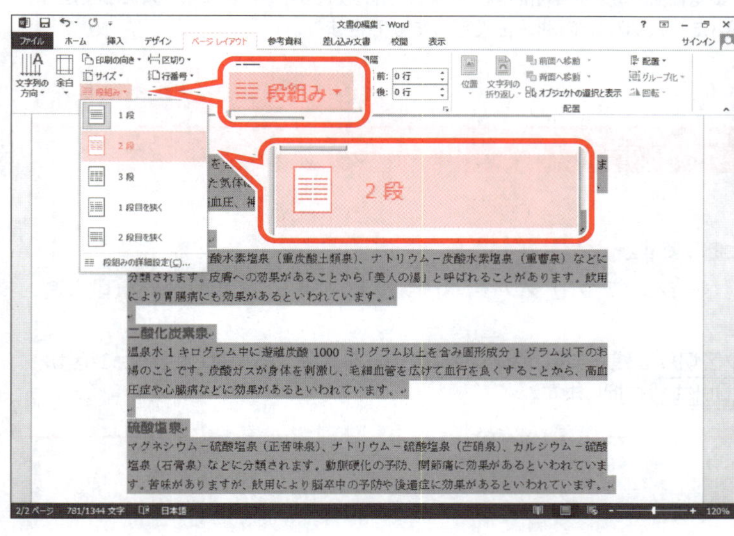

②**《ページレイアウト》**タブを選択します。

③**《ページ設定》**グループの 段組み (段の追加または削除)をクリックします。

④**《2段》**をクリックします。

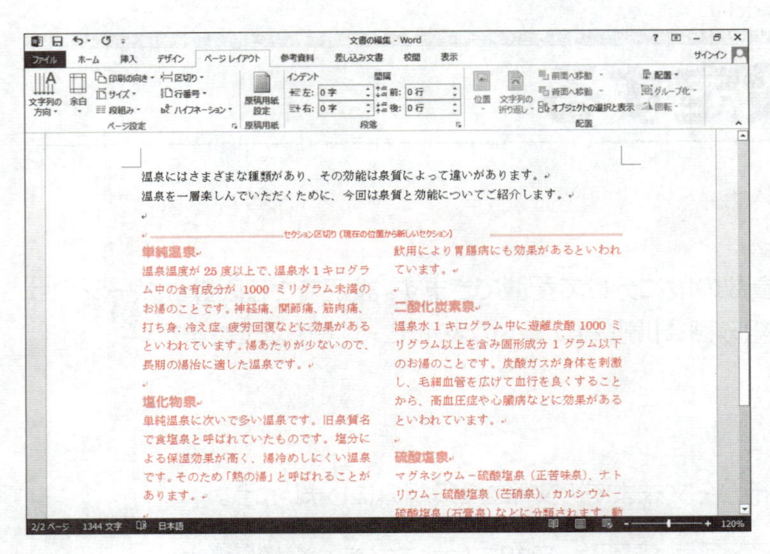

文章の前にセクション区切りが挿入され、文章が2段組みになります。
※選択を解除しておきましょう。

POINT ▶▶▶

セクションとセクション区切り

範囲を選択して段組みを設定すると、選択した範囲の前後に自動的にセクション区切りが挿入され、新しいセクションが作成されます。文末まで選択した場合は、選択した範囲の前にだけセクション区切りが挿入されます。
通常、文書はひとつの「セクション」で構成されており、「セクション区切り」を挿入することで文書内を複数の異なる書式に設定できます。

その他の方法(段組みの設定)

◆段組みにする範囲を選択→《ページレイアウト》タブ→《ページ設定》グループの [段組み] (段の追加または削除)→《段組みの詳細設定》→《種類》の一覧から段数を選択または《段数》を設定
※段と段の間に境界線を引いたり、段の幅や間隔を設定したりできます。

POINT ▶▶▶

段組みの解除

段組みを解除する方法は、次のとおりです。

◆段組み内にカーソルを移動→《ページレイアウト》タブ→《ページ設定》グループの [段組み] (段の追加または削除)→《1段》

※段組みを解除してもセクション区切りは残ります。セクション区切りを削除するには、セクション区切りの前にカーソルを移動して [Delete] を押します。

2 段区切りの設定

段組みにした文章の中で、任意の位置から強制的に段を改める場合は、**「段区切り」**を挿入します。

「炭酸水素塩泉」の行が2段目の先頭になるように、段区切りを挿入しましょう。

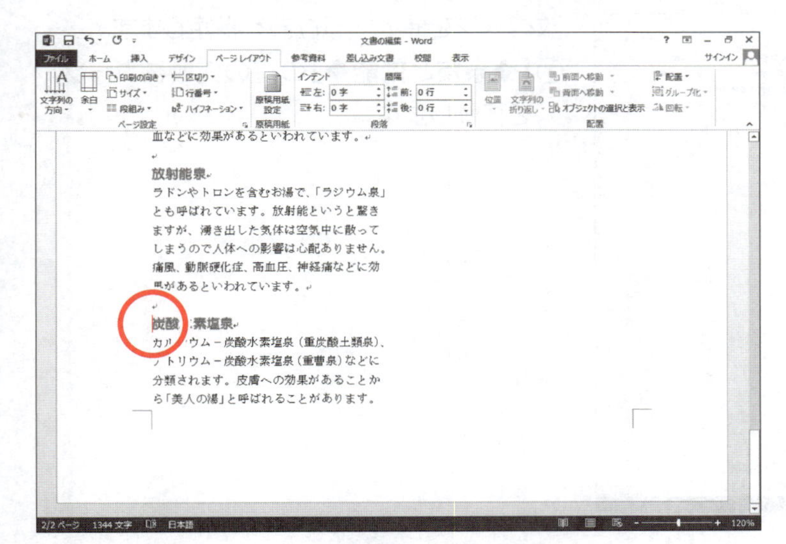

段区切りを挿入する位置を指定します。

①**「炭酸水素塩泉」**の行の先頭にカーソルを移動します。

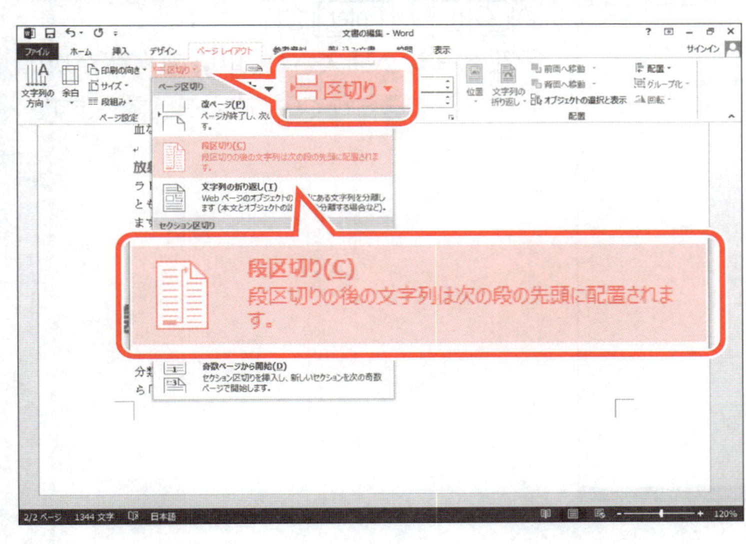

②**《ページレイアウト》**タブを選択します。

③**《ページ設定》**グループの 区切り (ページ/セクション区切りの挿入)をクリックします。

④**《ページ区切り》**の**《段区切り》**をクリックします。

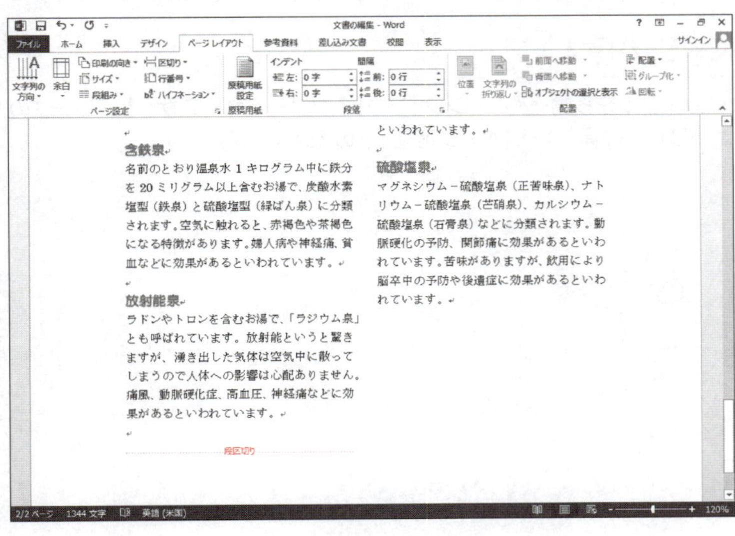

⑤段区切りが挿入され、以降の文章が次の段に送られていることを確認します。

その他の方法(段区切りの挿入)

◆段区切りを挿入する位置にカーソルを移動→Ctrl+Shift+Enter

2 改ページ

任意の位置から強制的にページを改める場合は、**「改ページ」**を挿入します。
「◆泉質と効能◆」の行が2ページ目の先頭になるように、改ページを挿入しましょう。

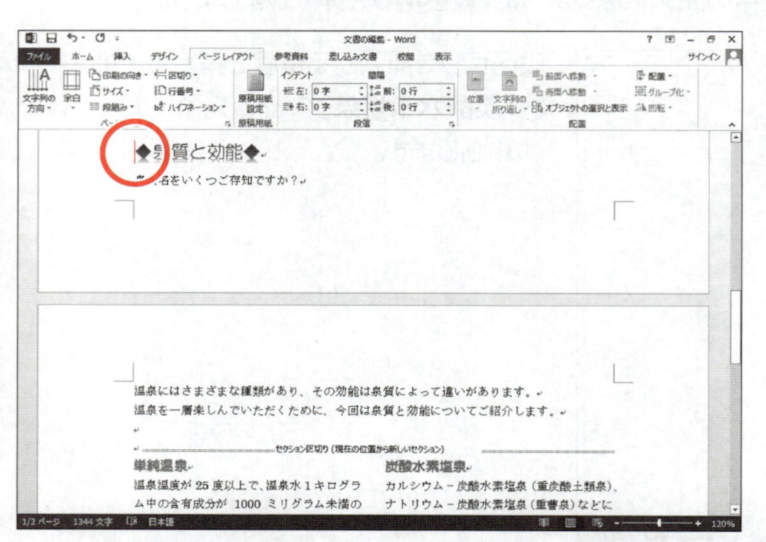

改ページを挿入する位置を指定します。

①**「◆泉質と効能◆」**の行の先頭にカーソルを移動します。

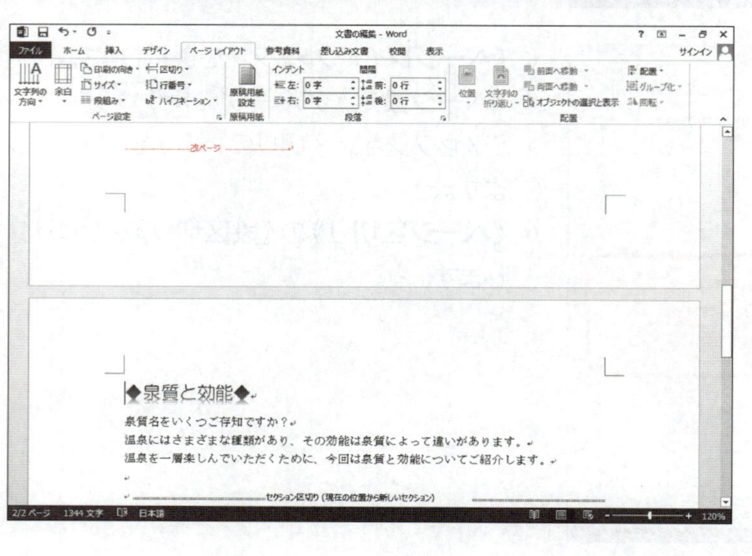

②Ctrl＋Enterを押します。

③改ページが挿入され、以降の文章が次のページに送られていることを確認します。

STEP UP その他の方法（改ページの挿入）

◆改ページを挿入する位置にカーソルを移動→《ページレイアウト》タブ→《ページ設定》グループの  （ページ/セクション区切りの挿入）→《ページ区切り》の《改ページ》

第5章 文書の編集

STEP4 ページ番号を追加する

1 ページ番号の追加

「ページ番号の追加」を使うと、すべてのページに連続したページ番号を追加できます。ページ番号は、ページの増減によって自動的にページ番号が振りなおされます。ページ番号の表示位置は、ページの上部、下部、余白、現在のカーソル位置から選択できます。また、それぞれにデザイン性の高いページ番号が用意されており、選択するだけで簡単に追加できます。

ページの下部に**「～1～」**と表示される**「チルダ」**というスタイルのページ番号を追加しましょう。

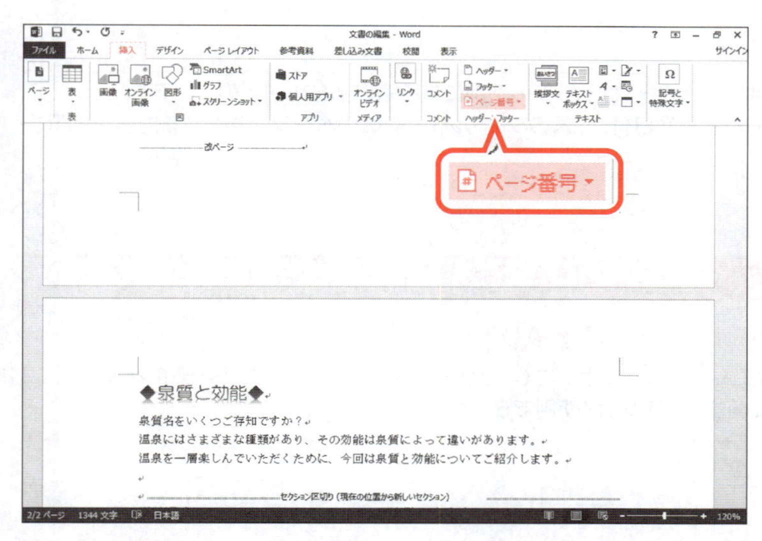

①**《挿入》**タブを選択します。

②**《ヘッダーとフッター》**グループの ページ番号 (ページ番号の追加)をクリックします。

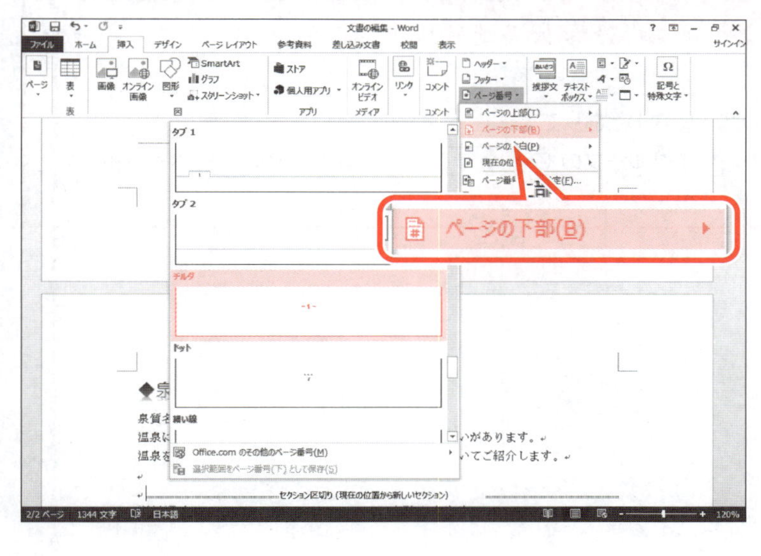

③**《ページの下部》**をポイントします。

④**《番号のみ》**の**《チルダ》**をクリックします。

※一覧に表示されていない場合は、スクロールして調整します。

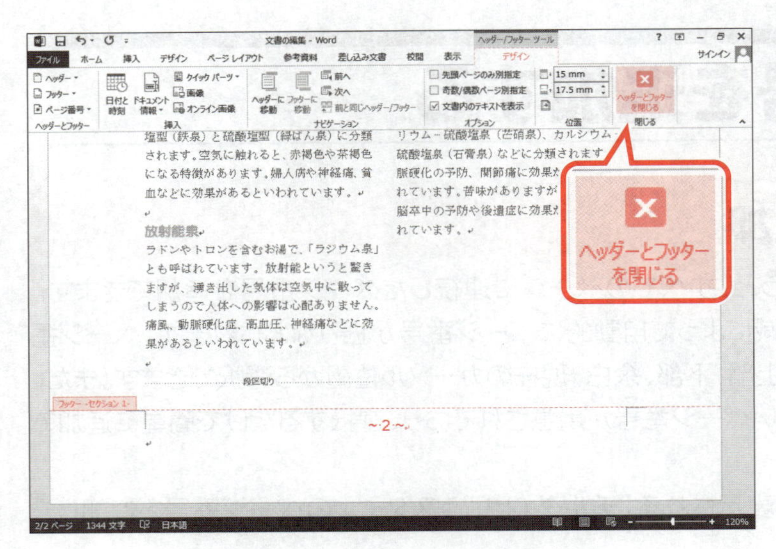

ページの下部に中央揃えで追加されます。
リボンに《ヘッダー/フッターツール》の《デザイン》タブが表示されます。

⑤《ヘッダー/フッターツール》の《デザイン》タブを選択します。

⑥《閉じる》グループの（ヘッダーとフッターを閉じる）をクリックします。

文書の編集に戻ります。

※文書に「文書の編集完成」と名前を付けて、フォルダー「第5章」に保存し、閉じておきましょう。

ヘッダーとフッター

「ヘッダー」はページの上部、「フッター」はページの下部にある余白部分の領域のことです。
ヘッダーやフッターは、ページ番号や日付、文書のタイトルなど複数のページに共通する内容を表示するときに利用します。

POINT ▶▶▶

《ヘッダー/フッターツール》の《デザイン》タブ

ヘッダーやフッター内にカーソルがあるとき、リボンに《ヘッダー/フッターツール》の《デザイン》タブが表示され、ヘッダーやフッターに関するコマンドが使用できる状態になります。

POINT ▶▶▶

ページ番号の削除

追加したページ番号を削除する方法は、次のとおりです。

◆《挿入》タブ→《ヘッダーとフッター》グループの ページ番号 （ページ番号の追加）→《ページ番号の削除》

練習問題

解答 ▶ 別冊P.3

完成図のような文書を作成しましょう。

フォルダー「第5章」の文書「第5章練習問題」を開いておきましょう。

●完成図

平成25年7月1日発行

プラネタリウム通信

空に散りばめられているようにしか見えなかった星から「絵」が見えてくる。
天井に散らばる恒星を神や人物、動物などを想像して線でつなぎ、絵に描いたのが星座の始まりだといわれています。そして、星座にはいろいろな伝説があります。
夏の夜、海や山に出かけたついでに、満天の星空を見上げてみましょう。
夏の星空は、天の川とともにやってきて、さそり座、白鳥座、こと座、わし座などが見られます。

☆・。・☆・。・☆・。・☆・。・☆・。・☆・。・☆・。・☆・。・☆・。・☆・。・☆・。・☆・。・☆・。・☆

★今月のテーマ：『夏の夜空に輝くさそり座』

ギリシャ神話では、オリオンを刺し殺したのはこの蠍（さそり）だといわれています。オリオンも星座になりましたが、蠍を恐れてさそり座と一緒に空に輝くことはありません。さそり座は夏の星座、オリオン座は冬の星座として夜空に輝いています。

S字にカーブしているさそり座は、南の空低く天の川を抱え込むように輝いています。中国では、さそり座を青龍（せいりゅう）に見立てS字にからだをくねらせた天の龍を思い描いていたそうです。

日本の瀬戸内海地方の漁師たちは、釣り針を思い描いて「魚（うお）釣り星」「鯛釣り星」と呼んでいました。

赤い星アンタレスは、夏の夜、南の空にひときわ輝いて見えます。ちょうどさそり座の心臓のように見え、とても印象的です。アンタレスとは「火星の敵」という意味で、古代の人々は、アンタレスを不気味な闇の力を持つ星だと考えていました。

☆・。・☆・。・☆・。・☆・。・☆・。・☆・。・☆・。・☆・。・☆・。・☆・。・☆・。・☆・。・☆・。・☆

★7月のプラネタリウム

- ✧ 開催曜日：水・金・土・日
- ✧ 開催時間：午前10：00～／午後2：30～（水・金は午後のみ）
- ✧ 定　　員：100名
- ✧ 入 館 料：高校生以上 300円　中学生以下 150円

お問合せ先 ……………県立学習センター
電話 052-201-XXXX

①**「プラネタリウム通信」「★今月のテーマ：『夏の夜空に輝くさそり座』」「★7月のプラネタリウム」**に文字の効果**「塗りつぶし-青、アクセント1、輪郭-背景1、影（ぼかしなし）-アクセント1」**を設定しましょう。

②**「★今月のテーマ：…」**の上の行の**「★・。・☆・。・★…」**に次の書式を設定しましょう。
また、設定した書式を**「★7月のプラネタリウム」**の上の行の**「★・。・☆・。・★…」**にコピーしましょう。

フォントの色　：黄
文字の輪郭　：ゴールド、アクセント4、黒+基本色25%

Hint フォントの色は、《ホーム》タブ→《フォント》グループの（フォントの色）を使います。

③**「ギリシャ神話では…」**から**「…闇の力を持つ星だと考えていました。」**までの文章を2段組みにしましょう。
また、段の間に境界線を設定しましょう。

Hint 段の間の境界線は、《ページレイアウト》タブ→《ページ設定》グループの段組み（段の追加または削除）→《段組みの詳細設定》を使います。

④**「ギリシャ神話では…」「S字にカーブしている…」「赤い星アンタレス…」**の先頭文字に次のようにドロップキャップを設定しましょう。

位置　　　　　　：本文内に表示
ドロップする行数：2行
本文からの距離　：2mm

⑤**「日本の瀬戸内海地方の漁師たちは…」**から2段目が始まるように段区切りを挿入しましょう。

⑥次の文字全体にルビを付けましょう。

文字	ルビ
蠍（1つ目）	さそり
青龍	せいりゅう
魚	うお

Hint 複数の文字に対して文字全体にルビを付けるには、《ルビ》ダイアログボックスで《文字列全体》を選択します。

⑦**「定員」「入館料」**を4文字文分の幅に均等に割り付けましょう。

⑧**「開催曜日：…」「開催時間：…」「定員：…」「入館料：…」**の行の行間隔を現在の1.15倍に変更しましょう。

⑨**「県立学習センター」**と**「電話052-201-XXXX」**を約36字の位置にそろえましょう。
また、完成図を参考に、**「県立学習センター」**の左側にリーダーを表示しましょう。

※文書に「第5章練習問題完成」と名前を付けて、フォルダー「第5章」に保存し、閉じておきましょう。

Chapter 6

■第 6 章■ 表現力をアップする機能

ワードアートや画像の挿入、図形の作成、ページ罫線の設定など、グラフィック機能を解説します。

Chapter 6 この章で学ぶこと

学習前に習得すべきポイントを理解しておき、
学習後には確実に習得できたかどうかを振り返りましょう。

STEP 1 作成する文書を確認する

1 作成する文書の確認

次のような文書を作成しましょう。

テーマの適用

ペット雑貨ショップ
★ラブリーハウス★

リニューアルオープン

図形の作成
図形のスタイルの適用

ワードアートの挿入
ワードアートの効果の変更
ワードアートのフォントの変更
ワードアートの移動と
サイズ変更

お客様には長らくご迷惑をおかけいたしましたが、
改装工事を無事終了し、6月18日にリニューアルオープンする運びとなりました！！

新しく生まれ変わった「ペット雑貨ショップ　ラブリーハウス」では、お連れのワンちゃんが遊べるスペースを新設いたしました！！
アットホームな雰囲気の店内でゆっくりとお買い物をお楽しみいただけます。
また、おでかけ用のお洋服からおもちゃまで、さまざまなペット用品を
豊富に取り揃えております。かわいいお洋服も続々入荷予定です。
お散歩のついでに、お気軽にお立ち寄りください！！

■リニューアルオープン・キャンペーン

リニューアルオープンを記念いたしまして、7月31日までの期間、全商品10%OFFのキャンペーンを実施いたします。

■ご来店プレゼント

キャンペーン期間中にご来店いただいたお客様には、かわいいプレゼントをご用意しております。
こちらのチラシをご持参の上、ご来店ください。

◆プレゼント例◆
- ペットまくら
- ペット専用入浴剤
- ペットのおもちゃ

ペット雑貨ショップ
★ラブリーハウス★

電　　話：045-XXX-XXXX
住　　所：横浜市港北区X-X-X
営業時間：午前10時～午後8時
U R L：http://www.lovery.xx/

画像の挿入
文字列の折り返し
画像の移動とサイズ変更
図のスタイルの適用

ページ罫線の設定

STEP 2 ワードアートを挿入する

1 ワードアート

「ワードアート」を使うと、特殊効果のある文字を挿入できます。ワードアートには、文字の形や文字方向、色や立体などの効果をまとめたスタイルがあらかじめ用意されているため、簡単に文字を装飾できます。インパクトのあるタイトルを配置したいときに便利です。

リニューアルオープン

リニューアルオープン

リニューアルオープン

2 ワードアートの挿入

ワードアートを使って、**「リニューアルオープン」**というタイトルを挿入しましょう。
ワードアートのスタイルは**「塗りつぶし-青、アクセント1、影」**にします。

File OPEN フォルダー「第6章」の文書「表現力をアップする機能」を開いておきましょう。

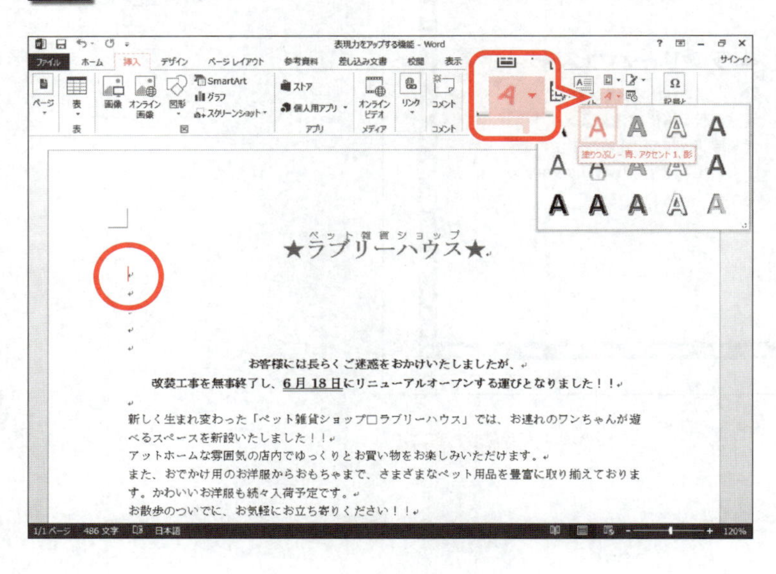

①**「★ラブリーハウス★」**の下の行にカーソルを移動します。
②**《挿入》**タブを選択します。
③**《テキスト》**グループの （ワードアートの挿入）をクリックします。
④**《塗りつぶし-青、アクセント1、影》**をクリックします。

⑤**《ここに文字を入力》**が選択されていることを確認します。

ワードアートの右側に（レイアウトオプション）が表示され、リボンに**《描画ツール》**の**《書式》**タブが表示されます。

⑥**「リニューアルオープン」**と入力します。

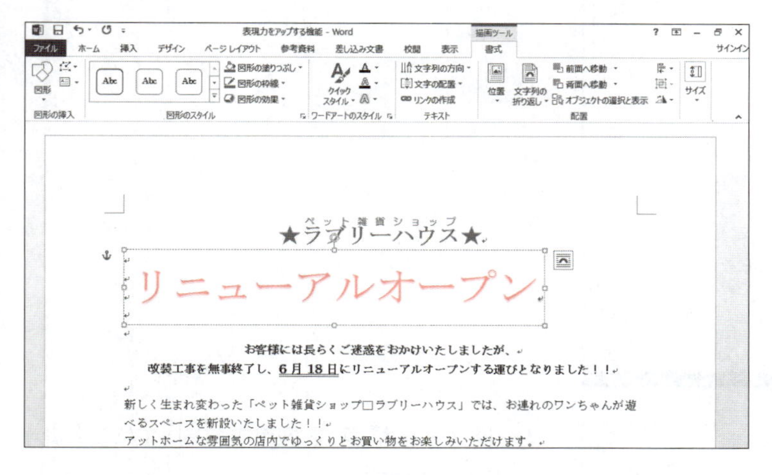

⑦ワードアート以外の場所をクリックします。

ワードアートの選択が解除され、ワードアートの文字が確定します。

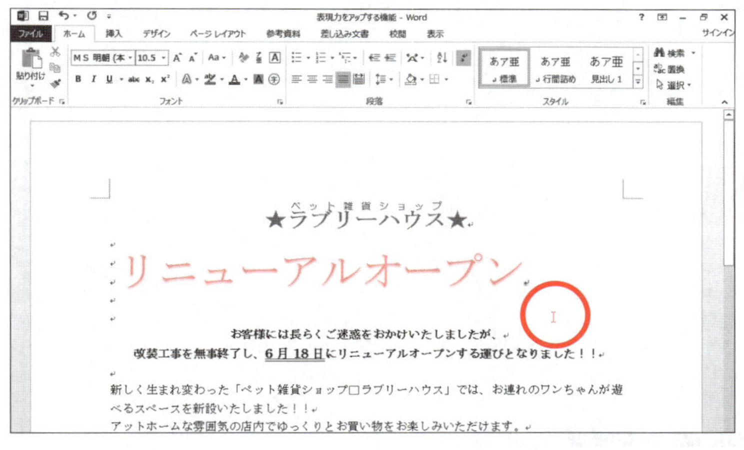

POINT ▶▶▶

レイアウトオプション

ワードアートを選択すると、ワードアートの右側に（レイアウトオプション）が表示されます。

（レイアウトオプション）では、ワードアートと文字をどのように配置するかを設定できます。

《描画ツール》の《書式》タブ

ワードアートが選択されているとき、リボンに《描画ツール》の《書式》タブが表示され、ワードアートの書式に関するコマンドが使用できる状態になります。

ワードアートの削除

ワードアートを削除する方法は、次のとおりです。

◆ワードアートを選択→Delete

3 ワードアートの効果の変更

ワードアートを挿入したあと、文字の色や輪郭、効果などを変更できます。
文字の色を変更するには［A▾］(文字の塗りつぶし)を使います。文字の輪郭の色や太さを変更するには［A▾］(文字の輪郭)を使います。文字を回転させたり変形したりするには［A▾］(文字の効果)を使います。
ワードアートの形状を**「大波1」**に変形しましょう。

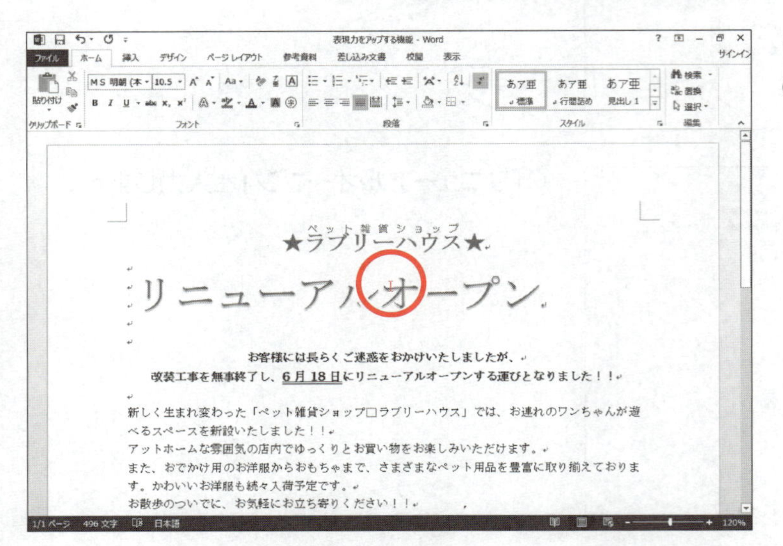

ワードアートを選択します。
①ワードアートの文字上をクリックします。

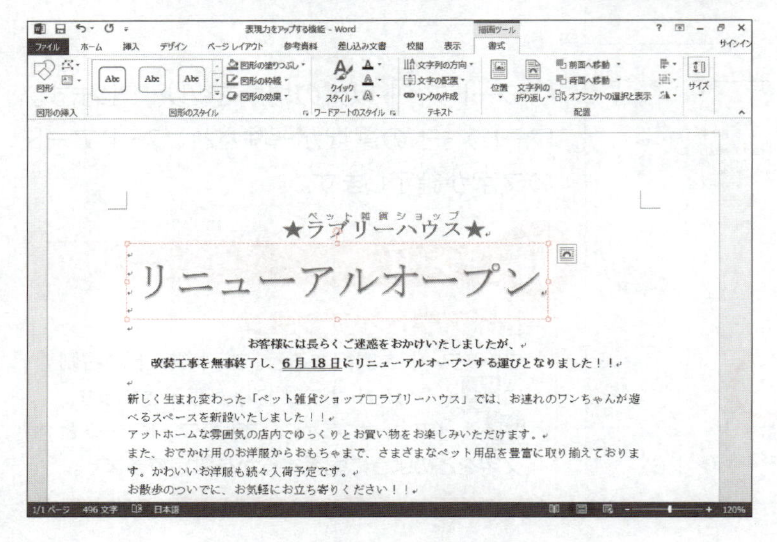

ワードアートが点線で囲まれ、□(ハンドル)が表示されます。

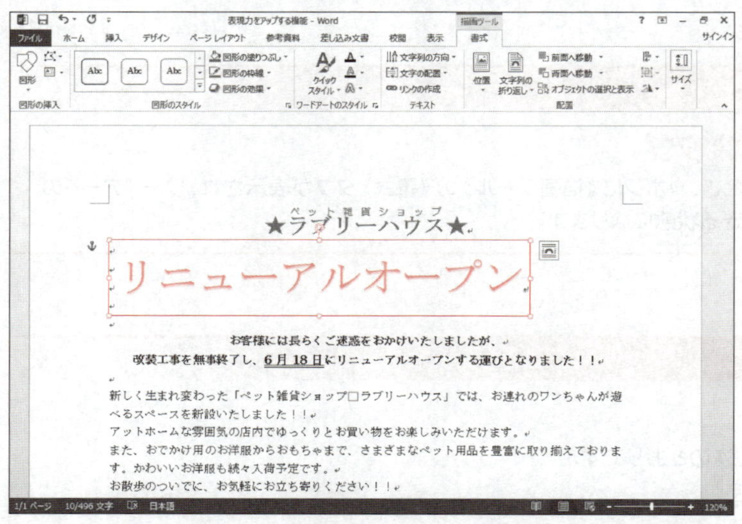

②点線上をクリックします。
ワードアートが選択されます。
ワードアートの周囲の枠線が、点線から実線に変わります。

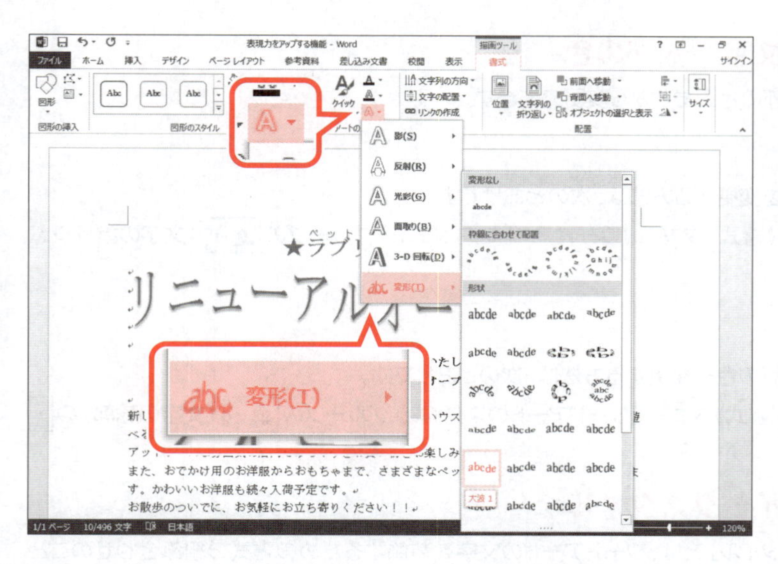

③《書式》タブを選択します。
④《ワードアートのスタイル》グループの［A▾］(文字の効果)をクリックします。
⑤《変形》をポイントします。
⑥《形状》の《大波1》をクリックします。

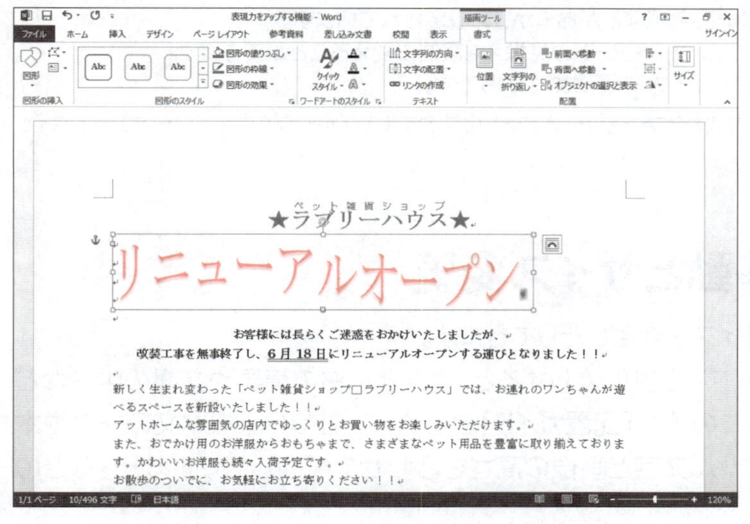

ワードアートの形状が変更されます。

POINT ▶▶▶

ワードアートの枠線

ワードアート上をクリックすると、カーソルが表示され、枠線が点線になります。この状態のとき、文字を編集したり文字の一部の書式を設定したりできます。
ワードアートの枠線をクリックすると、ワードアートが選択され、枠線が実線になります。この状態のとき、ワードアート内のすべての文字に書式を設定できます。

●ワードアート内にカーソルがある状態

リニューアルオープン

●ワードアート全体が選択されている状態

リニューアルオープン

ワードアートの文字や輪郭の色

ワードアートの文字や輪郭の色をあとから変更できます。

文字の色

ワードアートの文字の色を変更する方法は、次のとおりです。

◆ワードアートを選択→《書式》タブ→《ワードアートのスタイル》グループの［A▼］（文字の塗りつぶし）の［▼］

文字の輪郭の色

ワードアートの文字の輪郭の色を変更する方法は、次のとおりです。

◆ワードアートを選択→《書式》タブ→《ワードアートのスタイル》グループの［A▼］（文字の輪郭）の［▼］

ワードアートクイックスタイル

「ワードアートクイックスタイル」とは、ワードアートの文字を装飾するための書式の組み合わせのことです。文字の塗りつぶしや輪郭、効果などがあらかじめ設定されています。
ワードアートを挿入したあとに、ワードアートの見栄えを瞬時に変えることができます。
ワードアートのスタイルを変更する方法は、次のとおりです。

◆ワードアートを選択→《書式》タブ→《ワードアートのスタイル》グループの［クイックスタイル］（ワードアートクイックスタイル）

4 ワードアートの移動とサイズ変更

ワードアートは移動したり、サイズを変更したりできます。
ワードアートを移動したりサイズを変更したりすると、本文と余白の境界や文書の中央などに緑色の線が表示されます。この線を**「配置ガイド」**といい、ワードアートを本文の左右や本文の中央にそろえて配置したり、文字と画像の高さを合わせて配置したりするときなどの目安として利用できます。

1 ワードアートの移動

ワードアートを移動するには、ワードアートの周囲の枠線をドラッグします。
ワードアートを文書の中央寄りに移動しましょう。

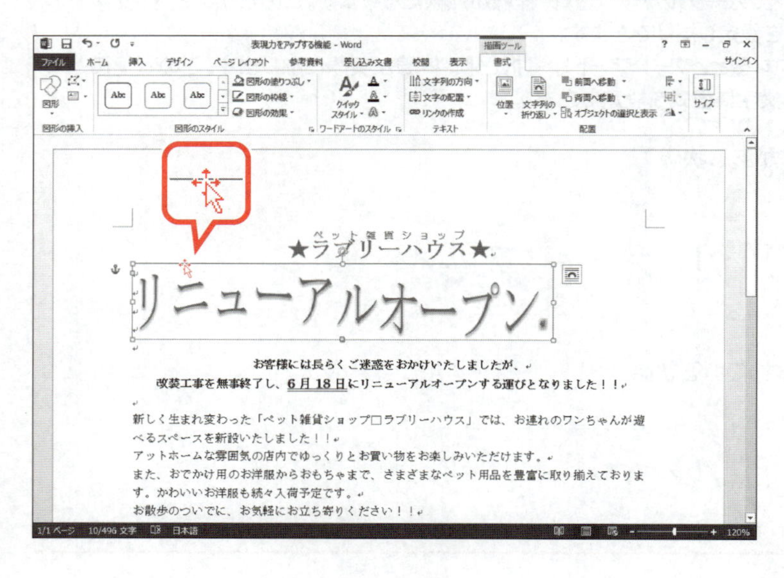

①ワードアートが選択されていることを確認します。
②ワードアートの枠線をポイントします。
マウスポインターの形が［✥］に変わります。

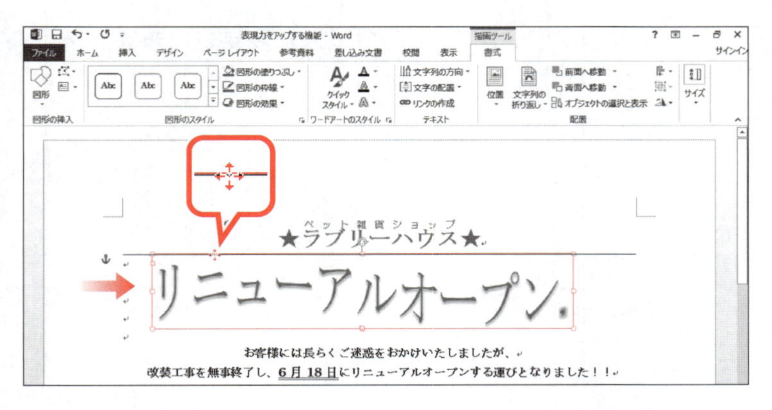

③図のように、移動先までドラッグします。
ドラッグ中、マウスポインターの形がに変わり、ドラッグしている位置によって配置ガイドが表示されます。

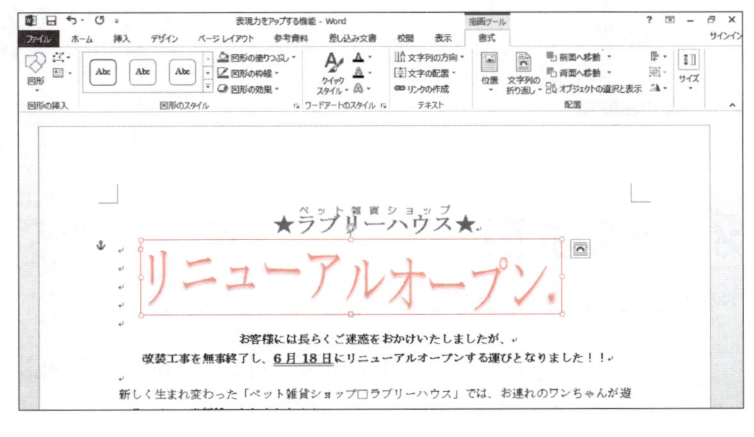

ワードアートが移動します。

2 ワードアートのサイズ変更

ワードアートのサイズを変更するには、ワードアートを選択し、周囲に表示される□(ハンドル)をドラッグします。
ワードアートのサイズを拡大しましょう。

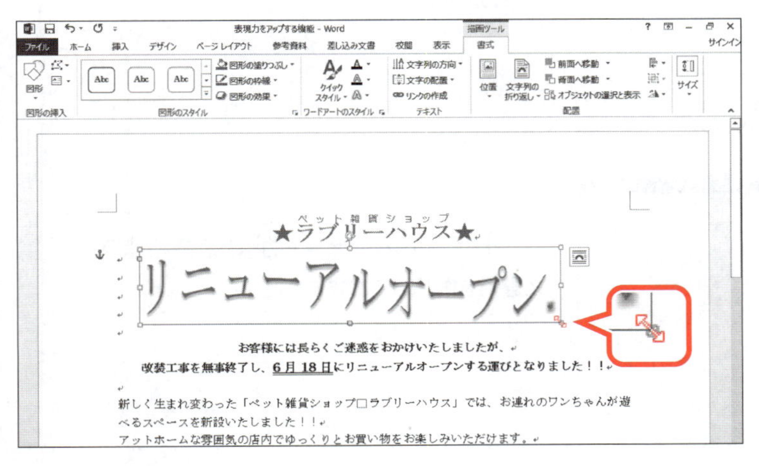

①ワードアートの右下の□(ハンドル)をポイントします。
マウスポインターの形がに変わります。

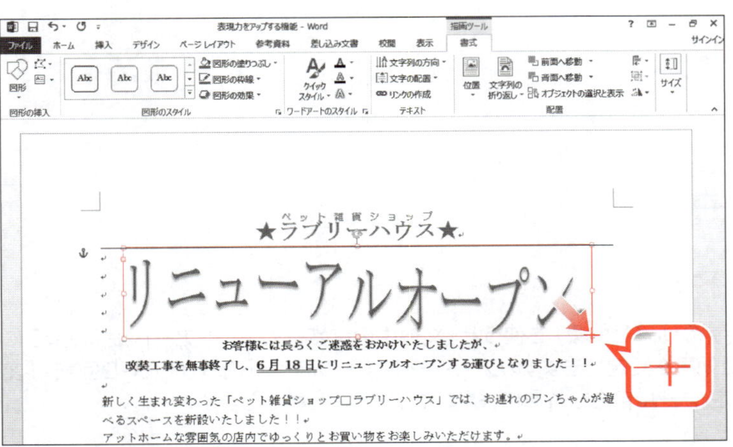

②図のように、右下にドラッグします。
ドラッグ中、マウスポインターの形が＋に変わります。

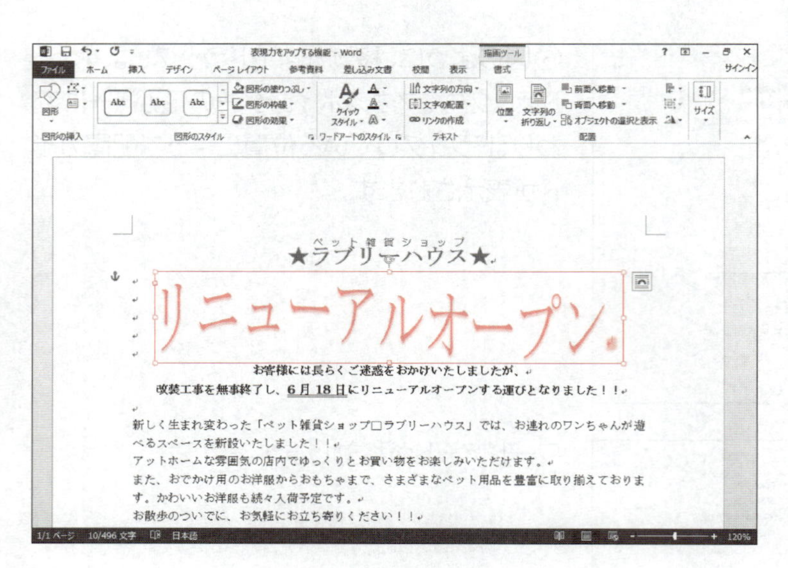

ワードアートのサイズが変更されます。

5 ワードアートのフォントの変更

挿入したワードアートのフォントを**「HGS創英角ポップ体」**に変更しましょう。

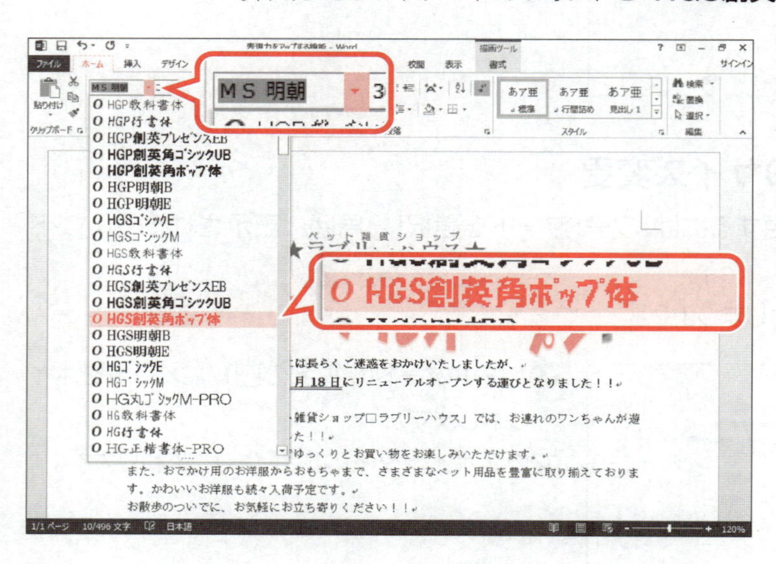

①ワードアートが選択されていることを確認します。

②**《ホーム》**タブを選択します。

③**《フォント》**グループの MS 明朝 (本 (フォント)の をクリックし、一覧から**《HGS創英角ポップ体》**を選択します。

※一覧に表示されていない場合は、スクロールして調整します。

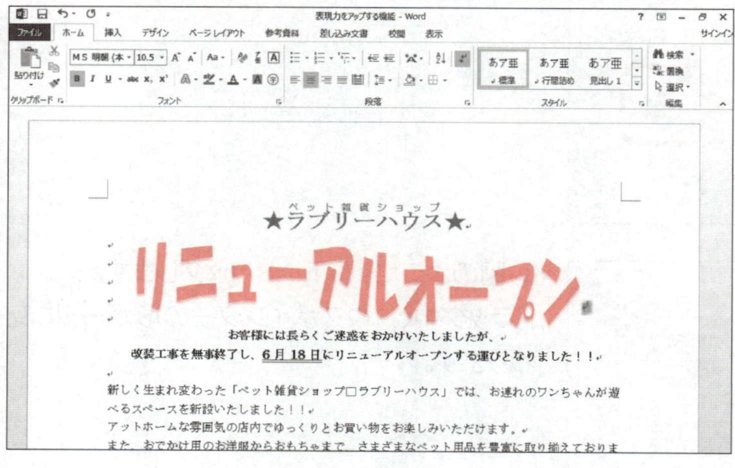

ワードアートのフォントが変更されます。

※選択を解除しておきましょう。

文字の効果とワードアート

《ホーム》タブの (文字の効果と体裁)を使うと、文書中の文字にもワードアートと同じように影、光彩、反射といった視覚効果を設定できます。ワードアートはそのほか、「面取り」「3-D回転」「変形」といった視覚効果を設定したり、自由な位置に移動したりすることができます。

STEP 3 画像を挿入する

1 画像

「画像」とは、写真やイラストをデジタル化したデータのことです。デジタルカメラで撮影したりスキャナで取り込んだりした画像をWordの文書に挿入できます。Wordでは画像のことを**「図」**ともいいます。
写真には、文書にリアリティを持たせるという効果があります。また、イラストには、文書のアクセントになったり、文書全体の雰囲気を作ったりする効果があります。

2 画像の挿入

「■ご来店プレゼント」の行に、フォルダー**「第6章」**の画像**「犬」**を挿入しましょう。

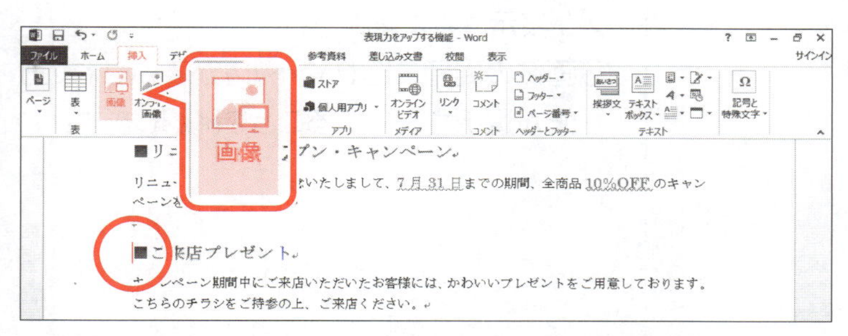

①**「■ご来店プレゼント」**の行の先頭にカーソルを移動します。
※画像は、カーソルのある位置に挿入されます。
②**《挿入》**タブを選択します。
③**《図》**グループの（画像ファイル）をクリックします。

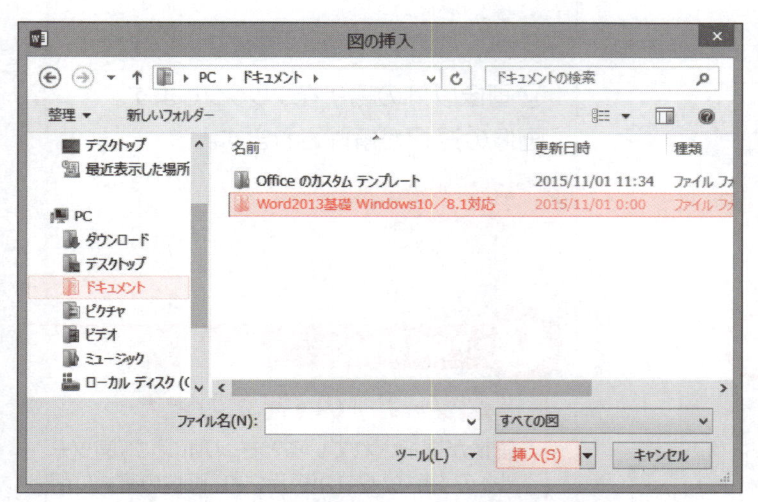

《図の挿入》ダイアログボックスが表示されます。
画像が保存されている場所を選択します。
④左側の一覧から**《ドキュメント》**を選択します。
※《ドキュメント》が表示されていない場合は、《PC》をダブルクリックします。
⑤右側の一覧から**「Word2013基礎 Windows10／8.1対応」**を選択します。
⑥**《挿入》**をクリックします。

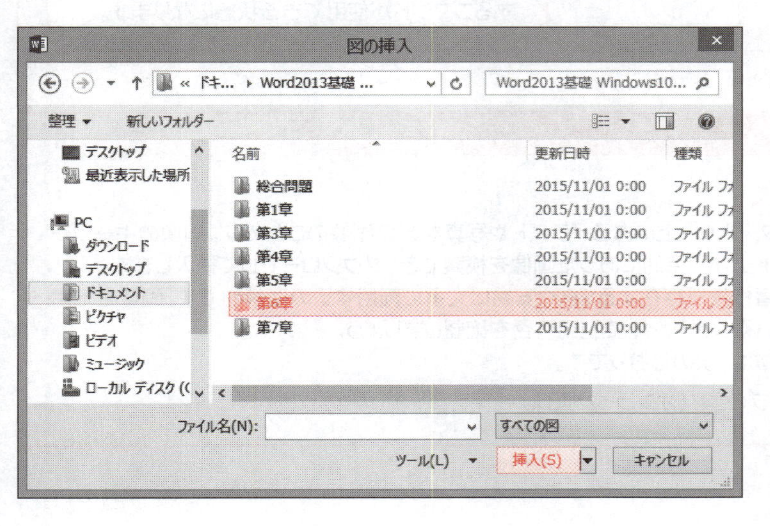

⑦一覧から**「第6章」**を選択します。
⑧**《挿入》**をクリックします。

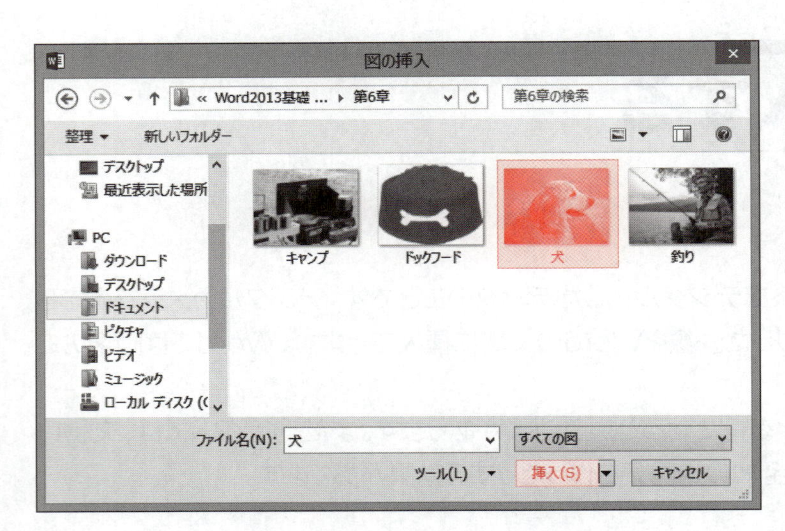

挿入する画像を選択します。
⑨一覧から**「犬」**を選択します。
⑩**《挿入》**をクリックします。

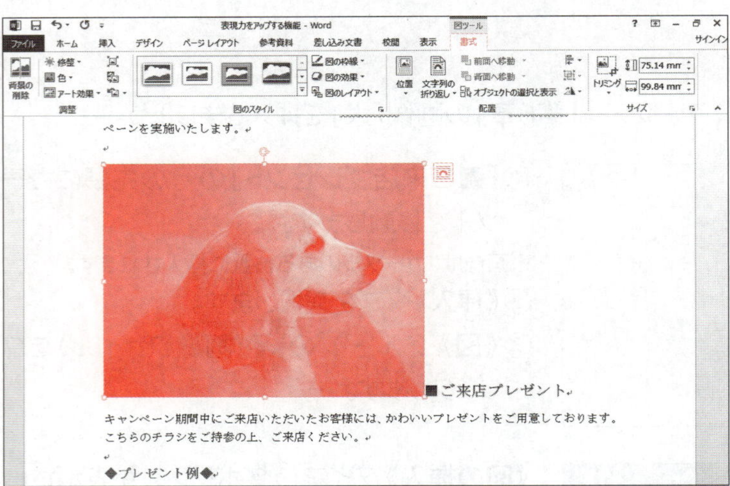

画像が挿入されます。
画像の右側に［レイアウトオプション］（レイアウトオプション）が表示され、リボンに**《図ツール》**の**《書式》**タブが表示されます。
⑪画像の周囲に□（ハンドル）が表示され、画像が選択されていることを確認します。

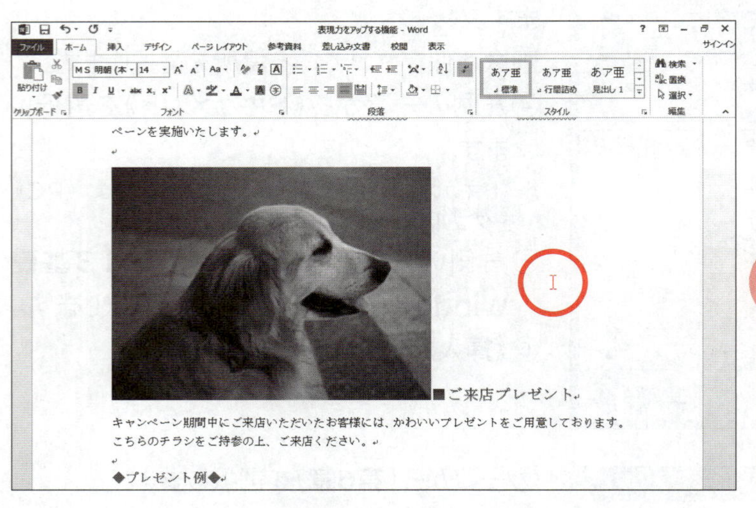

⑫画像以外の場所をクリックします。
画像の選択が解除されます。

POINT ▶▶▶

《図ツール》の《書式》タブ

画像が選択されているとき、リボンに《図ツール》の《書式》タブが表示され、画像の書式に関するコマンドが使用できる状態になります。

POINT ▶▶▶

オンライン画像の挿入

「オンライン画像」とは、インターネット上にあるイラストや写真などの画像のことです。画像のキーワードを入力すると、インターネット上から目的にあった画像を検索でき、ダウンロードして挿入します。
ただし、ほとんどの画像には著作権が存在するので、安易に文書に転用するのは禁物です。画像を転用する際には、画像を提供しているWebサイトで利用可否を確認しましょう。
オンライン画像を挿入する方法は、次のとおりです。
◆《挿入》タブ→《図》グループの［オンライン画像］（オンライン画像）

3 文字列の折り返し

画像を挿入した直後は、画像を自由な位置に移動できません。画像を自由な位置に移動するには、**「文字列の折り返し」**を設定します。

初期の設定では、文字列の折り返しは**「行内」**になっています。画像の周囲に沿って本文を周り込ませるには、文字列の折り返しを**「四角」**に設定します。

文字列の折り返しを**「四角」**に設定しましょう。

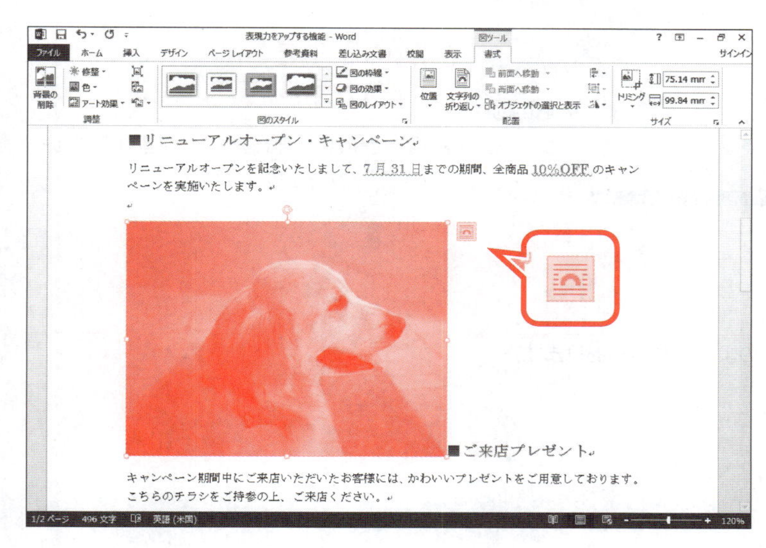

①画像をクリックします。

画像が選択されます。

※画像の周囲に□（ハンドル）が表示されます。

②［アイコン］（レイアウトオプション）をクリックします。

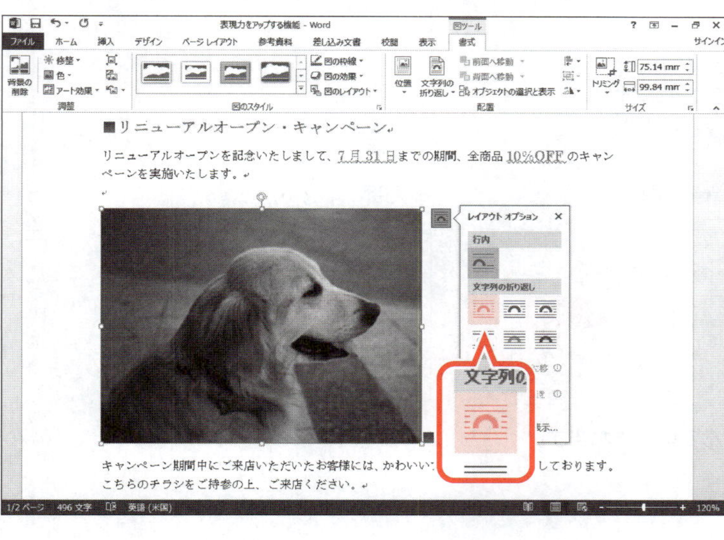

《レイアウトオプション》が表示されます。

③**《文字列の折り返し》**の［アイコン］（四角）をクリックします。

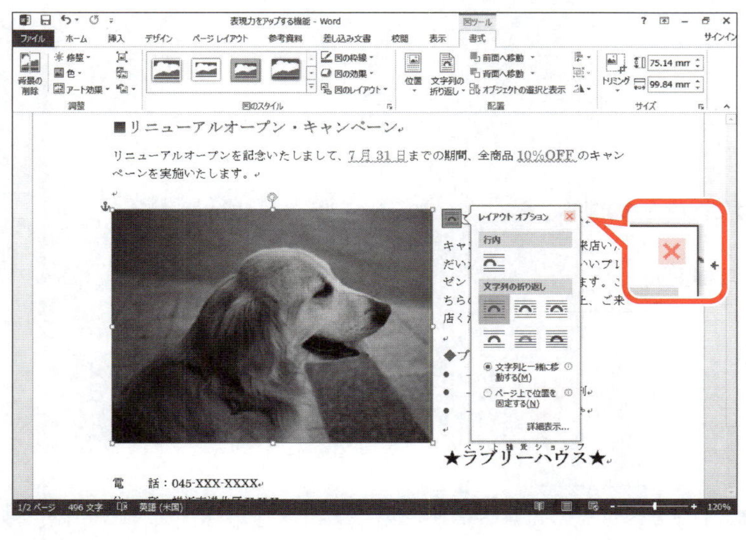

④**《レイアウトオプション》**の［×］（閉じる）をクリックします。

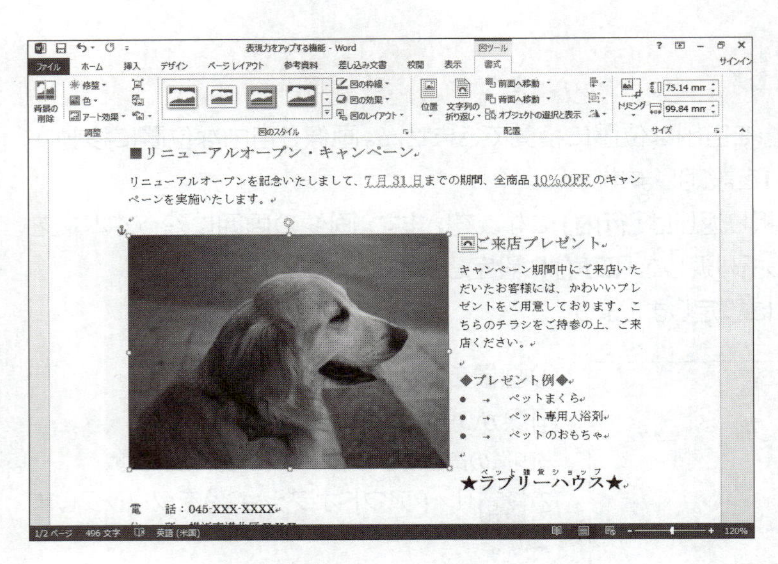

《レイアウトオプション》が閉じられます。
文字列の折り返しが四角に変更され、画像の周囲に本文が周り込みます。

その他の方法（文字列の折り返し）

◆画像を選択→《書式》タブ→《配置》グループの（文字列の折り返し）

文字列の折り返し

文字列の折り返しには、次のようなものがあります。

●行内

文字と同じ扱いで画像が挿入されます。
1行の中に文字と画像が配置されます。

●四角

●外周

●内部

文字が画像の周囲に周り込んで配置されます。

●上下

文字が行単位で画像を避けて配置されます。

●背面

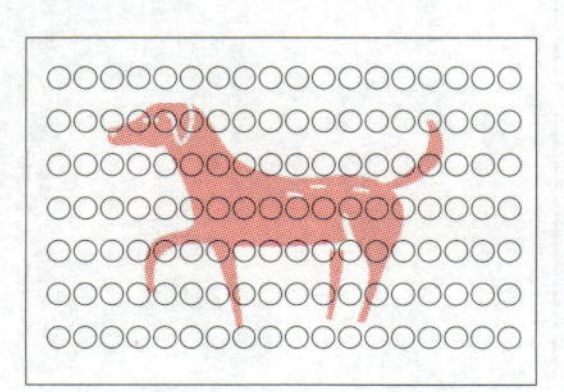

●前面

文字と画像が重なって配置されます。

4 画像の移動とサイズ変更

画像を挿入したあと、文書に合わせて画像を移動したりサイズを変更したりできます。
画像を移動したりサイズ変更したりするときも配置ガイドが表示されます。配置ガイドに合わせて移動したりサイズ変更したりすると、すばやく目的の位置に配置できます。

1 画像の移動

文字列の折り返しを**「行内」**から**「四角」**に変更すると、画像を自由な位置に移動できるようになります。画像を移動するには、画像をドラッグします。
画像を**「●ペットまくら」**の段落の左側に移動しましょう。

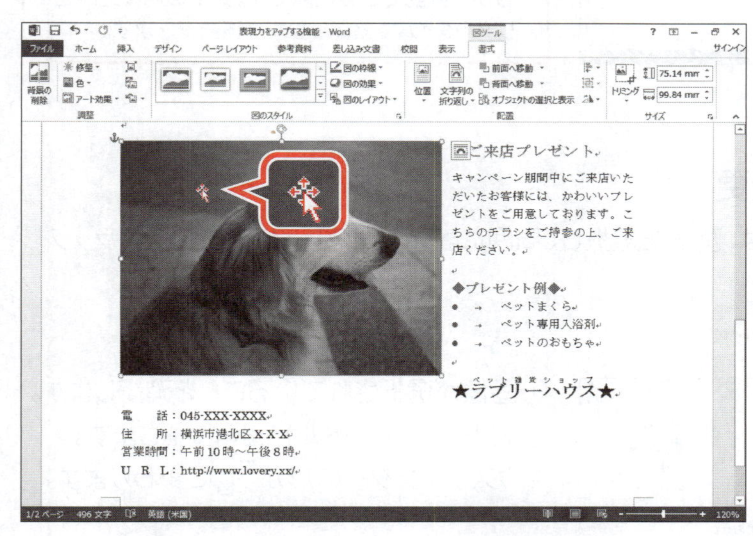

①画像が選択されていることを確認します。
②画像をポイントします。
マウスポインターの形が✥に変わります。

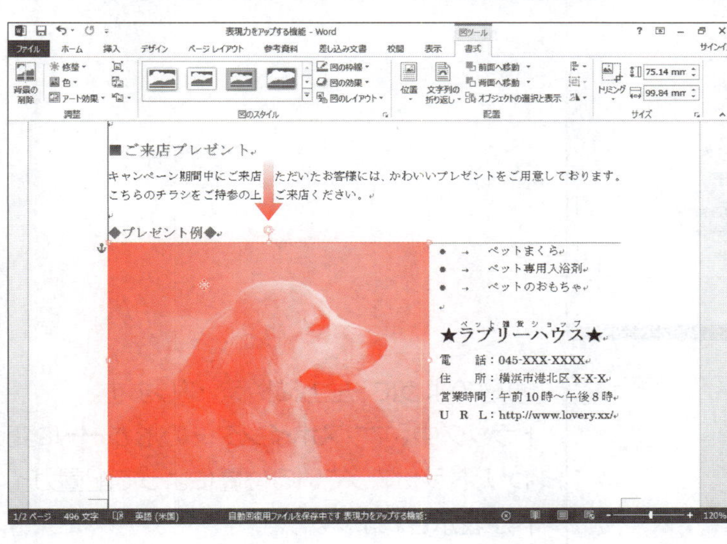

③図のように、移動先までドラッグします。
ドラッグ中、マウスポインターの形が✥に変わり、ドラッグしている位置によって配置ガイドが表示されます。
※画像の移動に合わせて、文字が周り込みます。

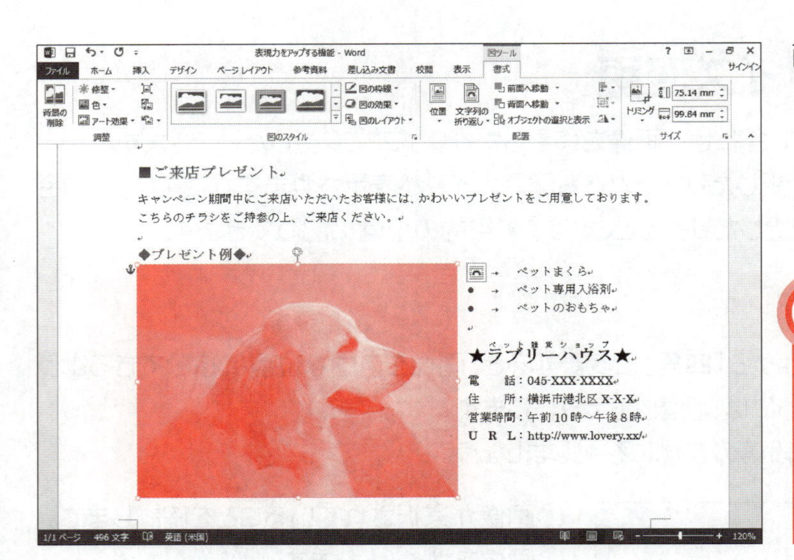

画像が移動します。

POINT ▶▶▶

ライブレイアウト

「ライブレイアウト」とは、画像などの動きに合わせて、文字がどのように周り込んで表示されるかを確認できる機能です。文字の周り込みをリアルタイムで確認しながら移動できます。

2 画像のサイズ変更

画像のサイズを変更するには、画像を選択し、周囲に表示される□(ハンドル)をドラッグします。

画像のサイズを縮小しましょう。

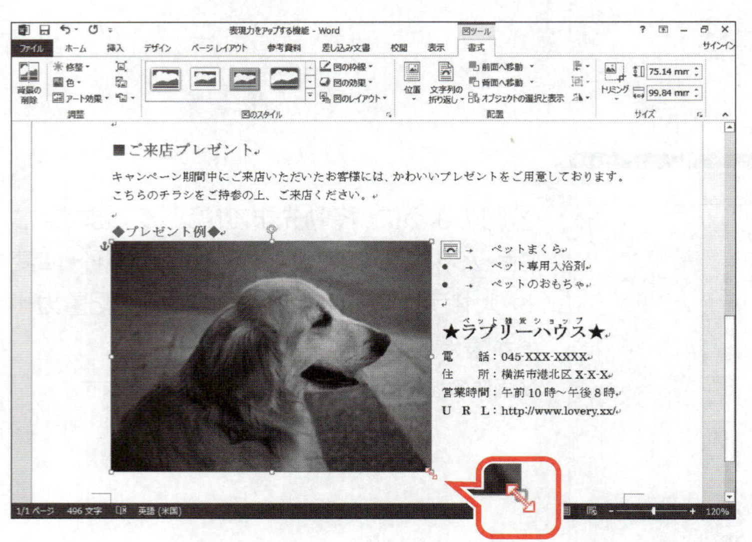

①画像が選択されていることを確認します。

②右下の□(ハンドル)をポイントします。

マウスポインターの形が⤡に変わります。

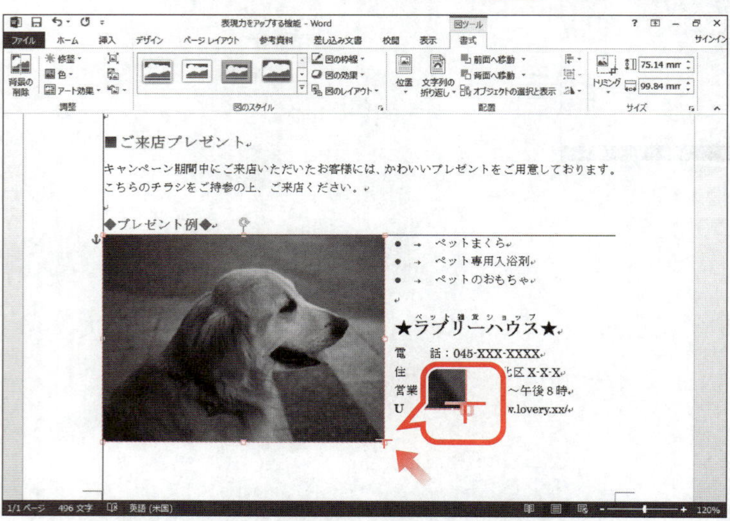

③図のように、左上にドラッグします。

ドラッグ中、マウスポインターの形が┼に変わり、ドラッグしている位置によって配置ガイドが表示されます。

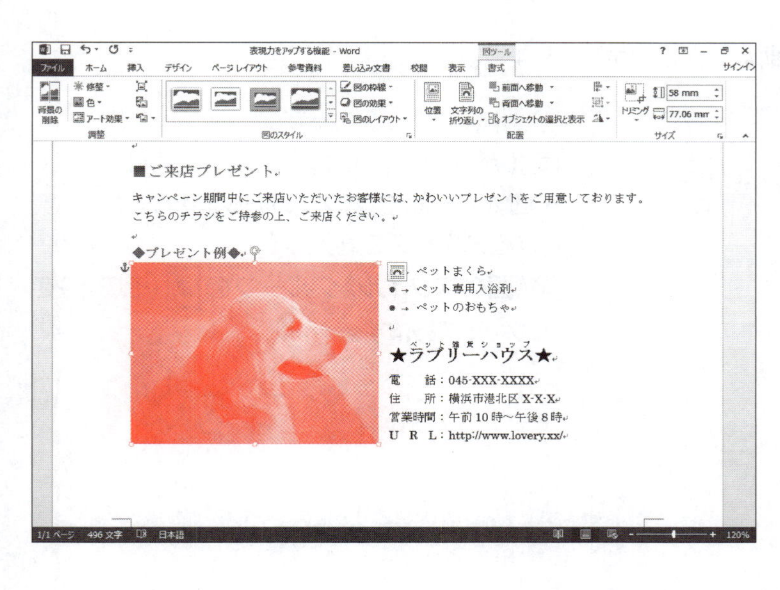

画像のサイズが変更されます。

※選択を解除しておきましょう。

STEP UP **画像の回転**

画像は自由な角度に回転できます。

画像の上側に表示される をポイントし、マウスポインターの形が に変わったらドラッグします。

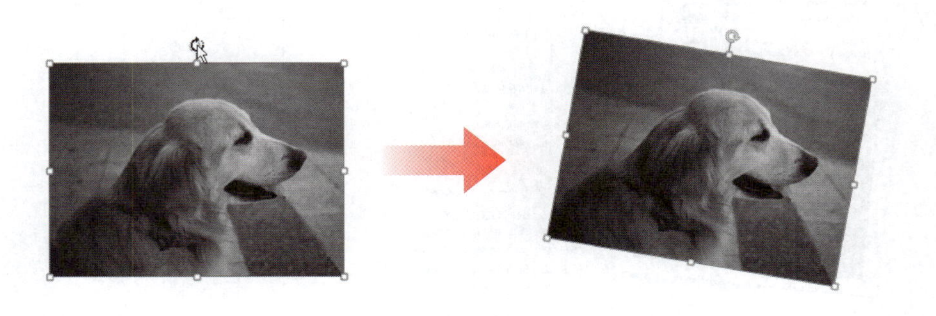

5 図のスタイルの適用

「図のスタイル」は、画像の枠線や効果などをまとめて設定した書式の組み合わせのことです。あらかじめ用意されている一覧から選択するだけで、簡単に画像の見栄えを整えることができます。影や光彩を付けて立体的に表示したり、画像にフレームを付けて装飾したりできます。

挿入した画像にスタイル**「回転、白」**を適用しましょう。

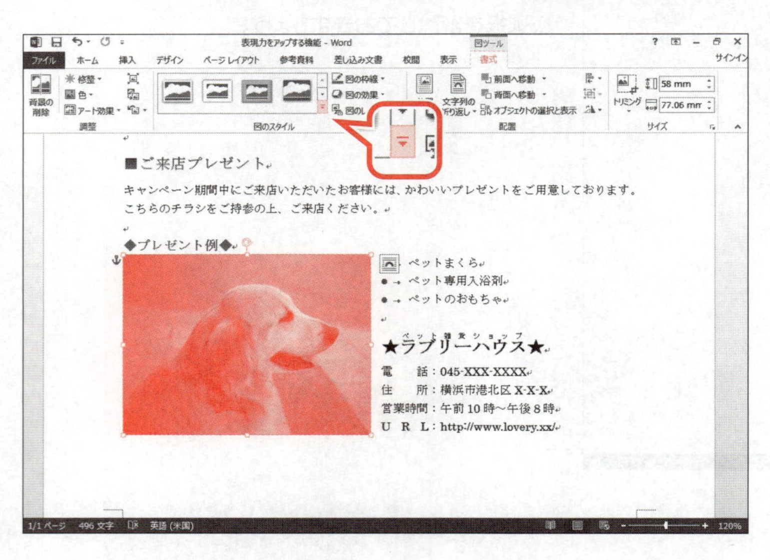

①画像をクリックします。

画像が選択されます。

※画像の周囲に○（ハンドル）が表示されます。

②**《書式》**タブを選択します。

③**《図のスタイル》**グループの （その他）をクリックします。

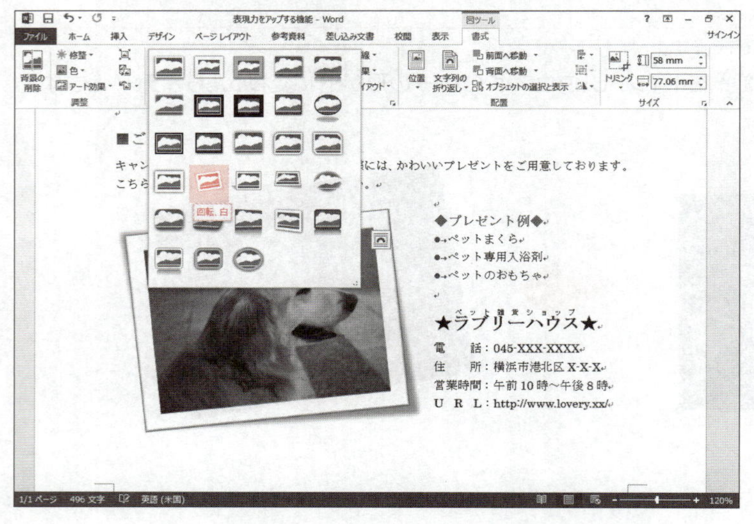

④**《回転、白》**をクリックします。

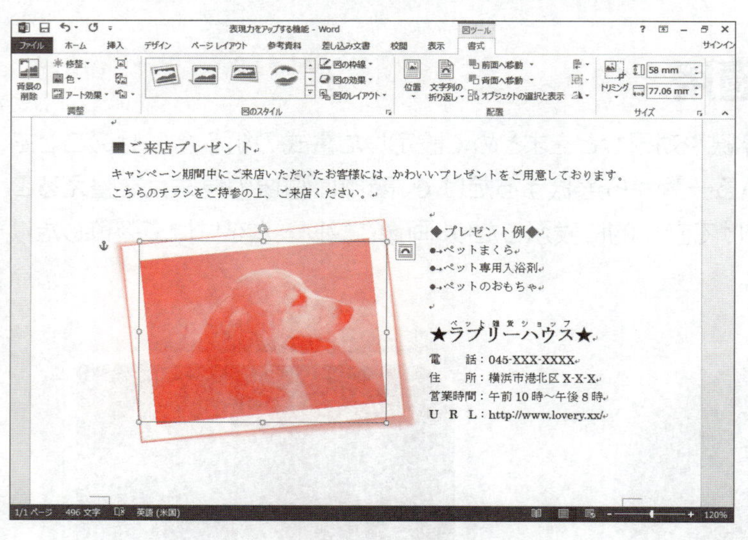

図のスタイルが適用されます。

※選択を解除しておきましょう。

図のリセット

「図のリセット」を使うと、画像の枠線や効果などの設定を解除し、挿入した直後の状態に戻すことができます。

図をリセットする方法は、次のとおりです。

◆画像を選択→《書式》タブ→《調整》グループの （図のリセット）

図のスタイルの変更

STEP UP

画像に図のスタイルを適用したあと、枠線の色や太さを変更したり、影やぼかしなどの設定を変更したりできます。
枠線の色や太さ、影やぼかしの設定を変更する方法は、次のとおりです。

枠線の色や太さの変更

◆画像を選択→《書式》タブ→《図のスタイル》グループの 図の枠線▾（図の枠線）

影やぼかしなどの効果の変更

◆画像を選択→《書式》タブ→《図のスタイル》グループの 図の効果▾（図の効果）

Let's Try ためしてみよう

図を参考に画像を挿入し、編集しましょう。

ペット雑貨ショップ
★ラブリーハウス★

リニューアルオープン

お客様には長らくご迷惑をおかけいたしましたが、
改装工事を無事終了し、6月18日にリニューアルオープンする運びとなりました！！

新しく生まれ変わった「ペット雑貨ショップ□ラブリーハウス」では、お連れのワンちゃんが遊べるスペースを新設いたしました！！
アットホームな雰囲気の店内でゆっくりとお買い物をお楽しみいただけます。
また、おでかけ用のお洋服からおもちゃまで、さまざまなペット用品を
豊富に取り揃えております。かわいいお洋服も続々入荷予定です。
お散歩のついでに、お気軽にお立ち寄りください！！

■リニューアルオープン・キャンペーン

リニューアルオープンを記念いたしまして、7月31日までの期間、全商品10%OFFのキャンペーンを実施いたします。

①「■リニューアルオープン・キャンペーン」の行に、フォルダー「第6章」の「ドッグフード」を挿入しましょう。
②画像の文字列の折り返しを「四角」に設定しましょう。
③画像の位置を調整しましょう。
④画像のサイズを調整しましょう。
※選択を解除しておきましょう。

Let's Try Answer

①

①「■リニューアルオープン・キャンペーン」の行の先頭にカーソルを移動
②《挿入》タブを選択
③《図》グループの（画像ファイル）をクリック
④左側の一覧から《ドキュメント》を選択
⑤右側の一覧から《Word2013基礎 Windows10／8.1対応》を選択
⑥《挿入》をクリック
⑦一覧から「第6章」を選択
⑧《挿入》をクリック
⑨一覧から「ドッグフード」を選択
⑩《挿入》をクリック

②

①画像を選択
②（レイアウトオプション）をクリック
③《文字列の折り返し》の（四角）をクリック
④《レイアウトオプション》の（閉じる）をクリック

③

①画像を移動先までドラッグ

④

①画像を選択
②画像の○（ハンドル）をドラッグ

STEP4 図形を作成する

1 図形

「**図形**」を使うと、線、基本図形、ブロック矢印、フローチャートなどのいろいろな図形を簡単に作成できます。図形は、文書を装飾するだけでなく、文字を入力したり、複数の図形を組み合わせて複雑な図形を作成したりすることもできます。

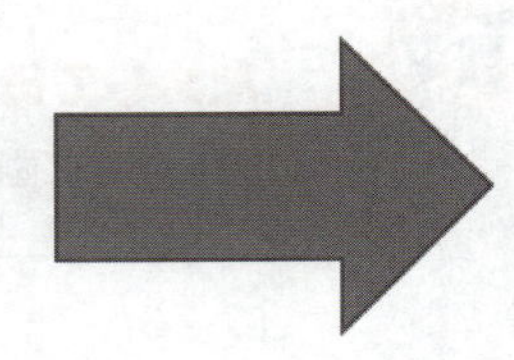

2 図形の作成

ワードアートの右上に、図形の「**星5**」を作成しましょう。

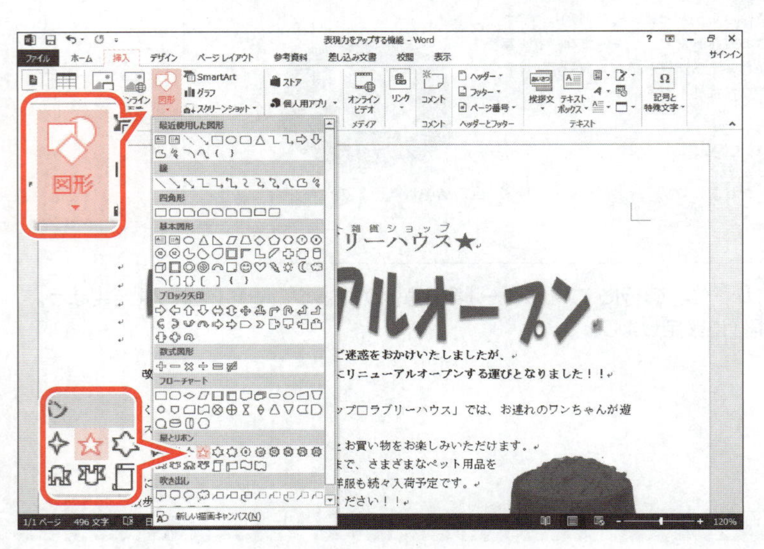

①文頭を表示します。

②《**挿入**》タブを選択します。

③《**図**》グループの（図形の作成）をクリックします。

④《**星とリボン**》の（星5）をクリックします。

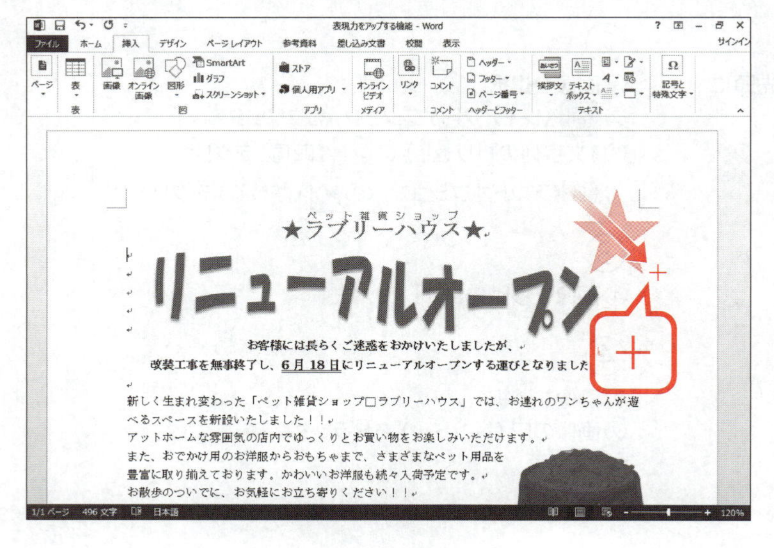

マウスポインターの形が＋に変わります。

⑤図のようにドラッグします。

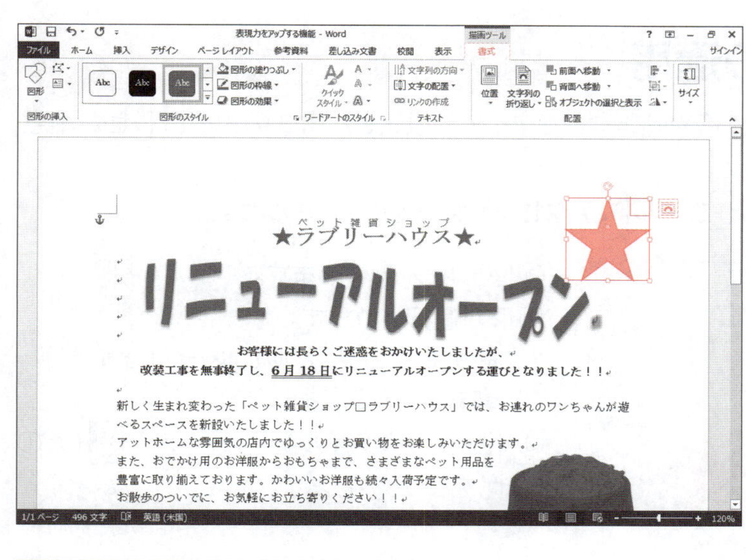

図形が作成されます。
図形の右側に［レイアウトオプション］が表示され、リボンに**《描画ツール》**の**《書式》**タブが表示されます。
⑥図形の周囲に□（ハンドル）が表示され、図形が選択されていることを確認します。

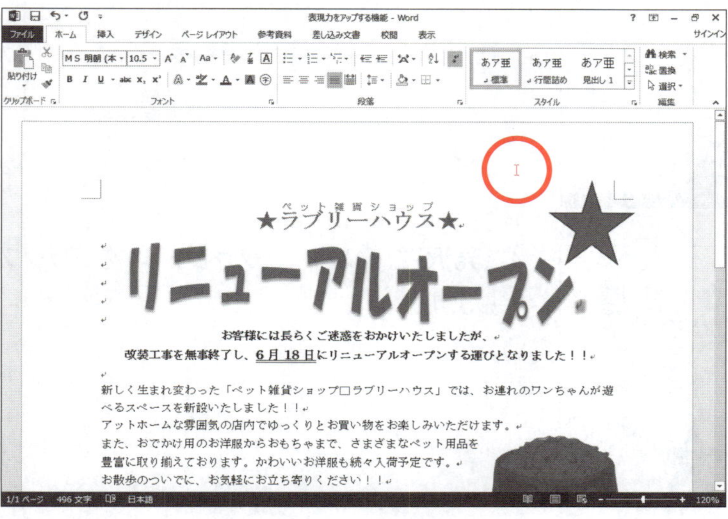

⑦図形以外の場所をクリックします。
図形の選択が解除されます。

正方形／真円の作成

□（正方形/長方形）や○（円/楕円）は Shift を押しながらドラッグすると正方形や真円を作成できます。

文字の追加

図形に文字を入力したいときは、図形を選択した状態で文字を入力します。また、吹き出しの図形を作成すると、作成直後にカーソルが表示されるため、そのまま文字を入力できます。

プレゼントを用意しています！

3 図形のスタイルの適用

図形のスタイルには、図形の枠線や効果などをまとめて設定した書式の組み合わせが用意されています。
作成した図形にスタイル**「光沢-ゴールド、アクセント4」**を適用しましょう。

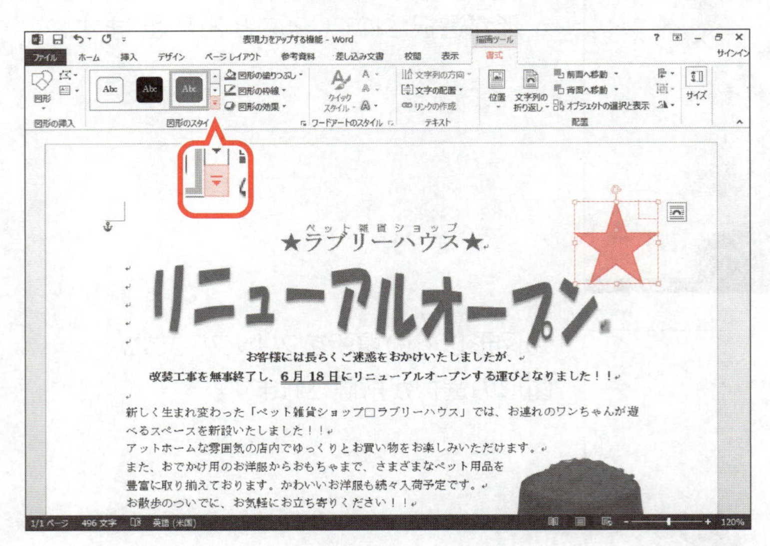

①図形をクリックします。
図形が選択されます。
※図形の周囲に□（ハンドル）が表示されます。
②**《書式》**タブを選択します。
③**《図形のスタイル》**グループの［▼］（その他）をクリックします。

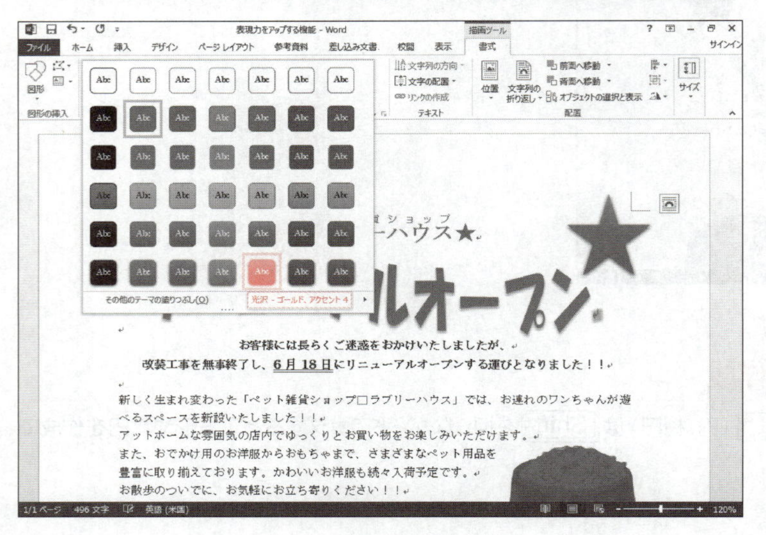

④**《光沢-ゴールド、アクセント4》**をクリックします。

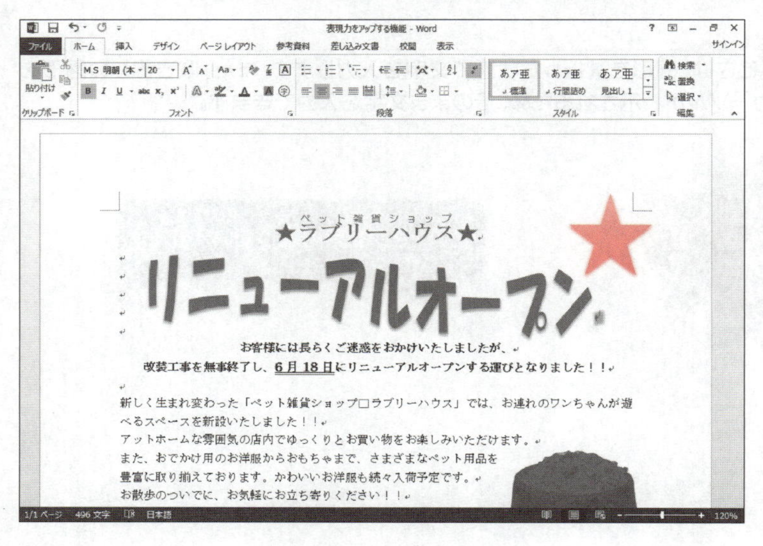

図形のスタイルが適用されます。
※選択を解除しておきましょう。

ページ罫線を設定する

1 ページ罫線

「ページ罫線」を使うと、ページの周りに罫線を引いて、ページを飾ることができます。ページ罫線には、線の種類や絵柄が豊富に用意されています。

2 ページ罫線の設定

次のようなページ罫線を設定しましょう。

絵柄　　：●●●●●
色　　　：オレンジ、アクセント2
線の太さ：12pt

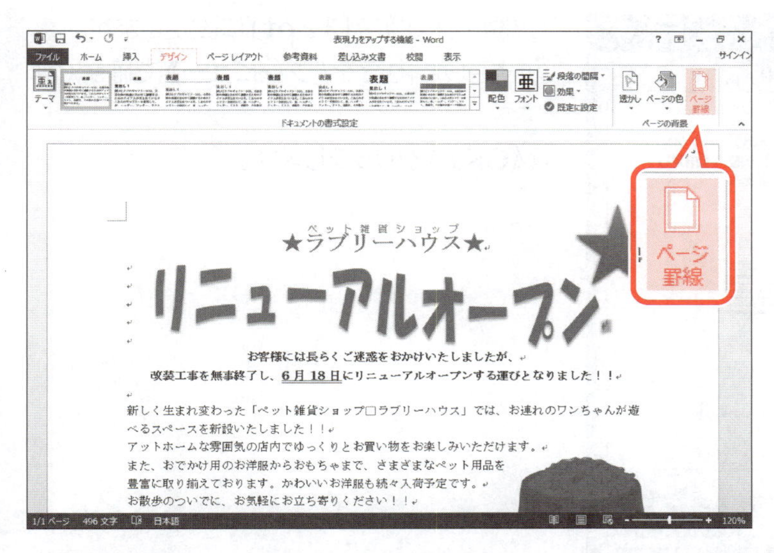

①**《デザイン》**タブを選択します。
②**《ページの背景》**グループの（罫線と網掛け）をクリックします。

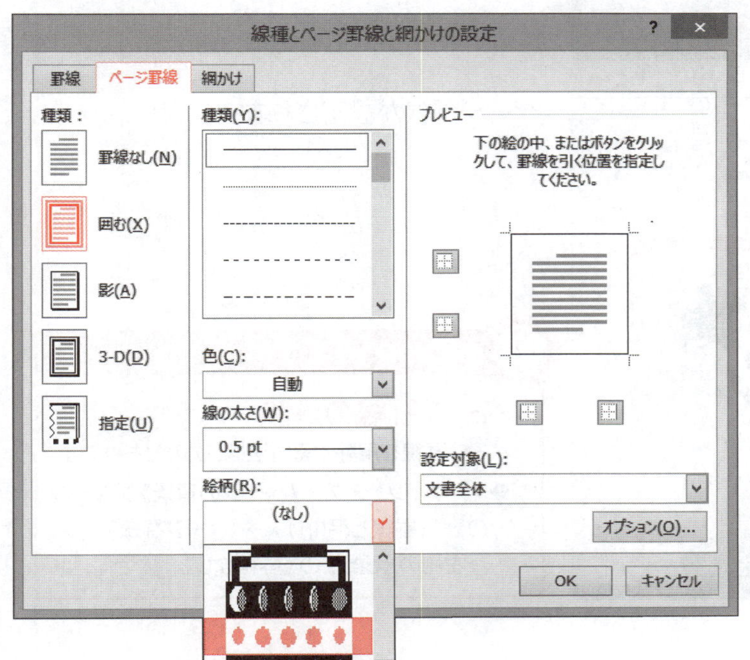

《線種とページ罫線と網かけの設定》ダイアログボックスが表示されます。
ページ罫線の種類や絵柄を設定します。
③**《ページ罫線》**タブを選択します。
④左側の**《種類》**の**《囲む》**をクリックします。
⑤**《絵柄》**のをクリックし、一覧から**《●●●●●》**を選択します。
※一覧に表示されていない場合は、スクロールして調整します。

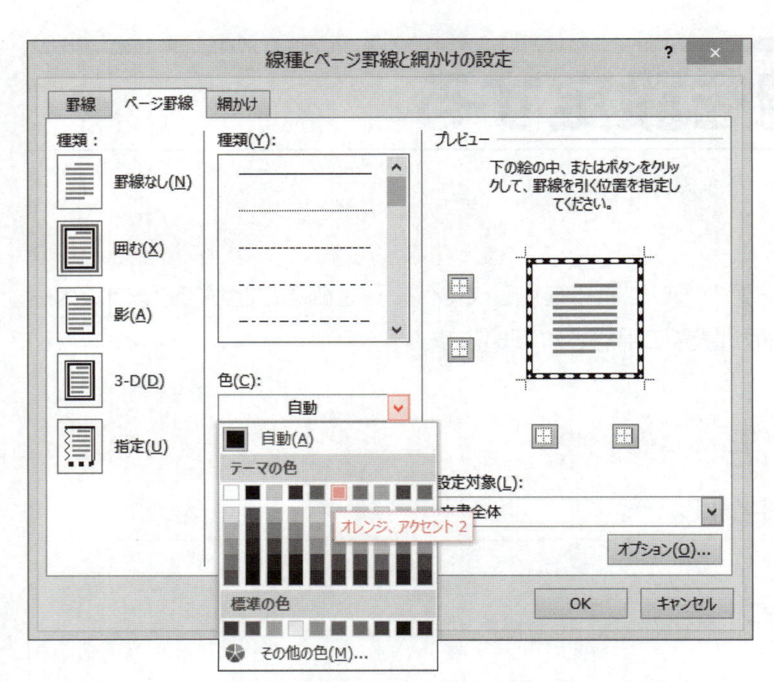

⑥《色》の ▼ をクリックします。
⑦**《テーマの色》**の**《オレンジ、アクセント2》**をクリックします。

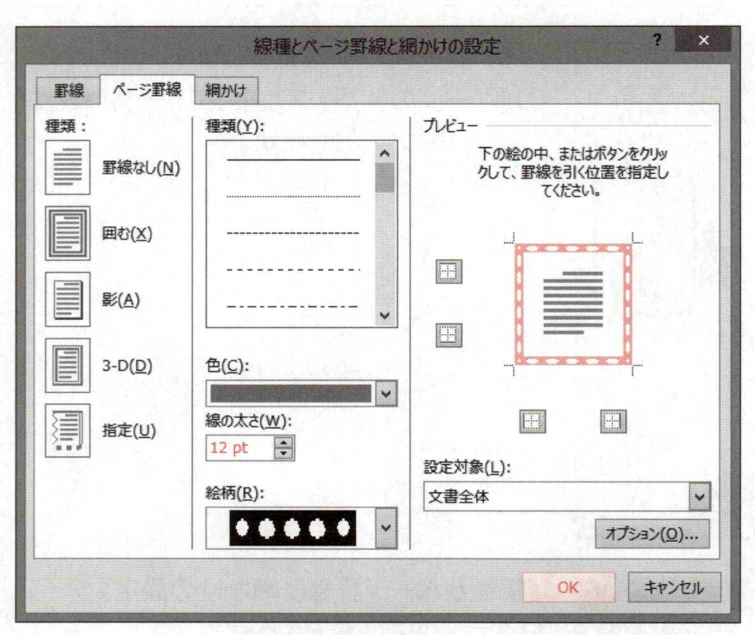

⑧**《線の太さ》**を**「12pt」**に設定します。
⑨設定した内容を**《プレビュー》**で確認します。
⑩**《OK》**をクリックします。

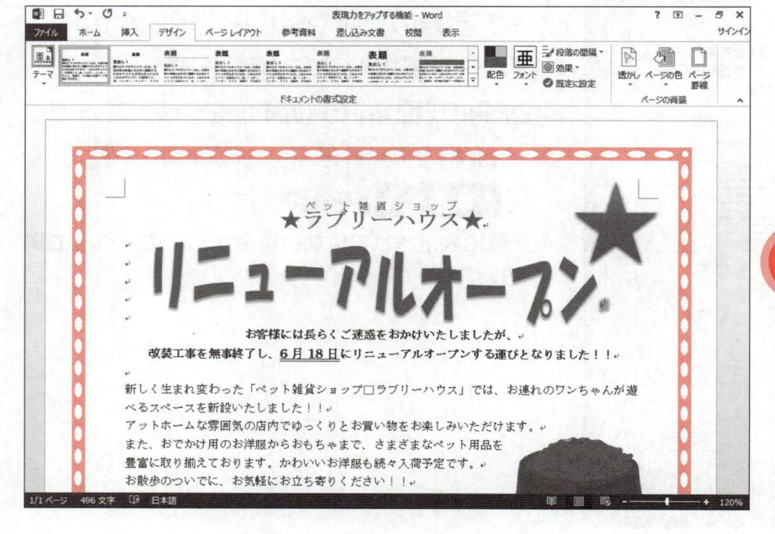

ページ罫線が設定されます。

POINT ▶▶▶

ページ罫線の解除

ページ罫線を解除する方法は、次のとおりです。

◆《デザイン》タブ→《ページの背景》グループの（罫線と網掛け）→《ページ罫線》タブ→左側の《種類》の《罫線なし》

STEP 6 テーマを適用する

1 テーマ

「テーマ」とは、文書全体の配色(フォントやページの色などで使われる色の組み合わせ)、フォント(見出しや本文のフォント)、段落の間隔(段落や行間の間隔)、効果(図形やグラフなどのスタイル)を組み合わせて登録したものです。テーマには、**「シャボン」「オーガニック」「メッシュ」**などの名前が付けられており、テーマごとに配色やフォント、行間、効果が設定されています。
テーマを適用すると、文書全体のデザインが一括して変更され、統一感のある文書が作成できます。

2 テーマの適用

テーマを適用すると、文書全体のデザインを一括して変更できるので、ワードアートや図形などのオブジェクトごとにひとつずつ書式を設定する手間を省くことができます。
作成した文書にテーマ**「イオンボードルーム」**を適用しましょう。

①**《デザイン》**タブを選択します。
②**《ドキュメントの書式設定》**グループの(テーマ)をクリックします。
③**《イオンボードルーム》**をクリックします。

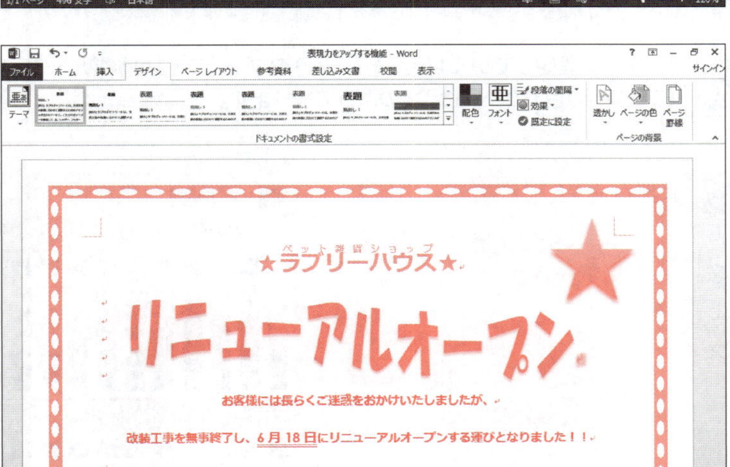

テーマが適用されます。

POINT ▶▶▶

テーマの解除

初期の設定では、「Office」という名前のテーマが適用されています。「Office」を選択すると標準のテーマに戻すことができます。

3 テーマのカスタマイズ

テーマの配色、フォント、行間、効果は、それぞれ個別に設定することもできます。
テーマのフォントを「**Consolas-Verdana**」に変更しましょう。

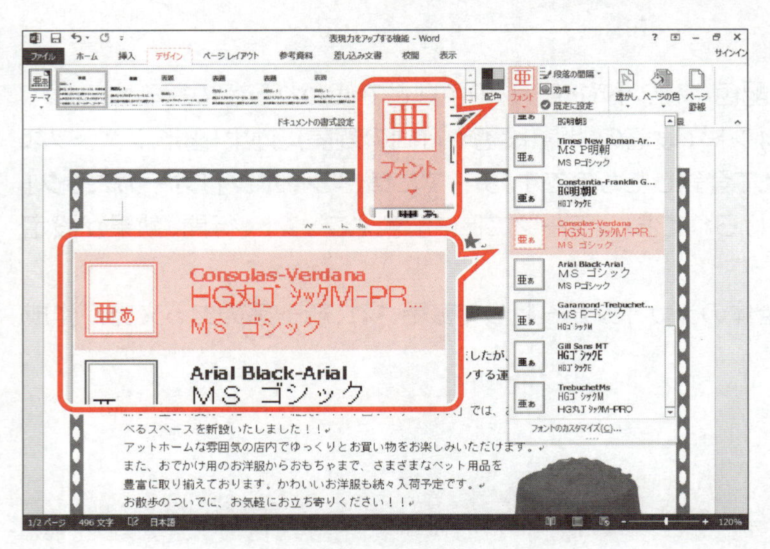

①**《デザイン》**タブを選択します。
②**《ドキュメントの書式設定》**グループの（テーマのフォント）をクリックします。
③**《Consolas-Verdana》**をクリックします。
※一覧に表示されていない場合は、スクロールして調整します。

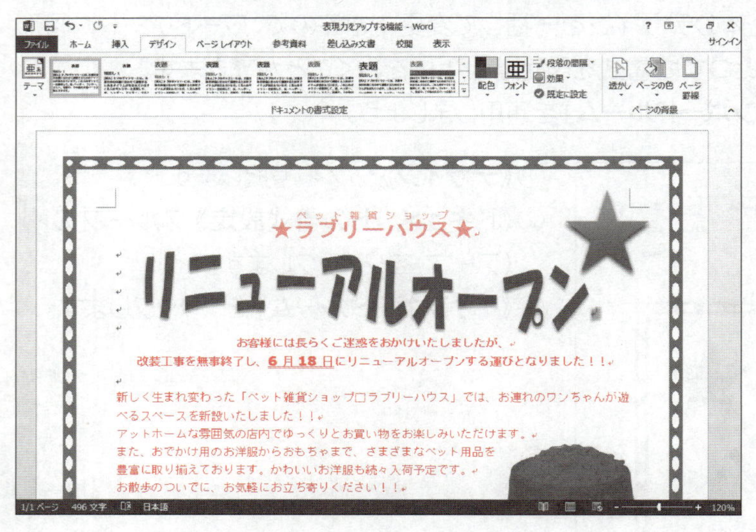

文書のフォントが変更されます。
※文書に「表現力をアップする機能完成」と名前を付けて、フォルダー「第6章」に保存し、閉じておきましょう。

テーマのフォント・テーマの色

テーマを適用すると、設定したテーマに応じてリボンのボタンに表示されるフォントや配色などの一覧が変更されます。
例えば、テーマを「イオンボードルーム」に設定している場合、《ホーム》タブ→《フォント》グループの MS ゴシック（フォント）や A（フォントの色）の一覧は、次のようになります。

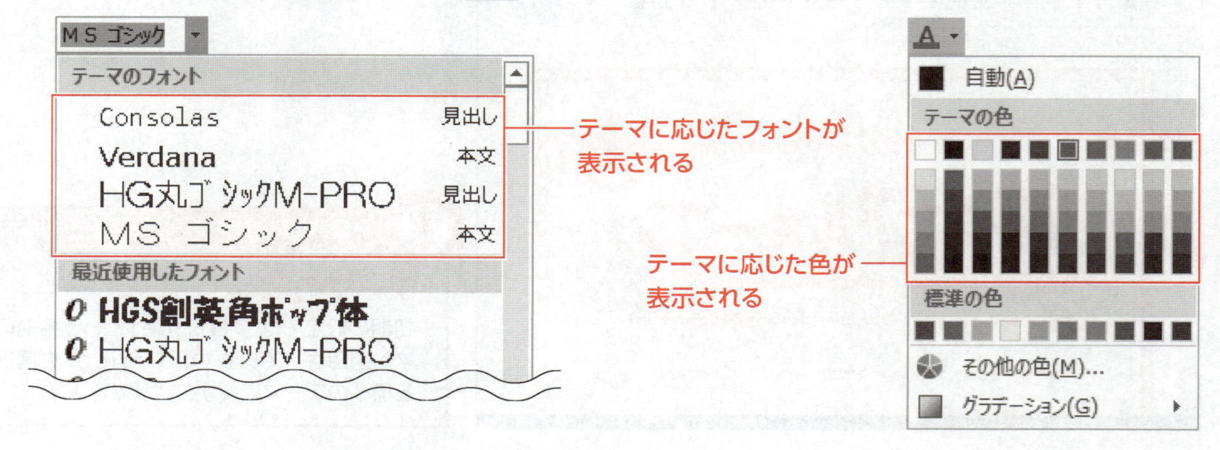

練習問題

解答 ► 別冊P.4

完成図のような文書を作成しましょう。

フォルダー「第6章」の文書「第6章練習問題」を開いておきましょう。

●完成図

新刊のお知らせ

雑誌『GREEN』の人気連載から単行本が発売されます。
秋に向けてアウトドア生活を楽しみたいあなたに最適です！！

■気軽に始めるフライフィッシング

9月10日発売！

女性にも人気上昇中のフライフィッシング。これから始める方のために、魚の生態はもちろん、釣り場のマナー、釣り方、道具のそろえ方など、初心者がすぐに楽しめる方法をやさしく解説しています。フライフィッシングの世界に飛び込む第一歩に最適な1冊です。

定　　価：1,680円（本体1,600円）
ページ数：176p

■家族でキャンプを楽しもう

9月20日発売！

家族で安全にキャンプを楽しむためのポイントをイラスト付きで解説しています。キャンプ初心者のお父さんもこの1冊でキャンプの達人に大変身！キャンプ場の選び方から、テントの設営・撤収方法、キャンプ中の楽しい遊び方や美味しいアウトドア料理までをご紹介しています。

定　　価：1,890円（本体1,800円）
ページ数：192p

<ご購入のお問合せ先>

GREEN EARTH 出版　ダイレクトショップ　03-5432-XXXX

①ワードアートを使って、**「新刊のお知らせ」**というタイトルを挿入しましょう。
また、ワードアートに次の書式を設定しましょう。

ワードアートのスタイル	**：塗りつぶし-青、アクセント1、輪郭-背景1、影（ぼかしなし）-アクセント1**
フォント	**：HGP明朝E**
変形	**：下カーブ**

②完成図を参考に、ワードアートの位置とサイズを変更しましょう。

③フォルダー**「第6章」**の画像**「釣り」**を挿入しましょう。
また、画像に次の書式を設定し、位置とサイズを変更しましょう。

文字列の折り返し	**：四角**
図のスタイル	**：対角を切り取った四角形、白**

④フォルダー**「第6章」**の画像**「キャンプ」**を挿入しましょう。
また、画像に次の書式を設定し、位置とサイズを変更しましょう。

文字列の折り返し	**：四角**
図のスタイル	**：対角を切り取った四角形、白**

⑤完成図を参考に、**「■気軽に始めるフライフィッシング」**の右横に**「角丸四角形吹き出し」**の図形を作成しましょう。
また、図形の中に**「9月10日発売！」**と入力しましょう。

Hint 角丸四角形吹き出しの先端を移動するには、黄色の□（ハンドル）をドラッグします。

⑥図形を**「■家族でキャンプを楽しもう」**の右横にコピーしましょう。
また、図形の中を**「9月20日発売！」**に修正しましょう。

Hint 図形をコピーするには、Ctrl を押しながらドラッグします。

⑦次のページ罫線を設定しましょう。

絵柄	**：** （絵柄）
線の太さ	**：14pt**

⑧テーマ**「オーガニック」**を適用しましょう。

※文書に「第6章練習問題完成」と名前を付けて、フォルダー「第6章」に保存し、閉じておきましょう。

Chapter 7

■第 7 章■
便利な機能

文書の検索や置換、PDFファイルとして保存したり編集したりする方法など、役に立つ便利な機能を解説します。

Chapter 7 この章で学ぶこと

学習前に習得すべきポイントを理解しておき、
学習後には確実に習得できたかどうかを振り返りましょう。

1	文書内の単語を検索できる。	☑☑☑ → P.204
2	文書内の単語を別の単語に置換できる。	☑☑☑ → P.207
3	文書をPDFファイルとして保存できる。	☑☑☑ → P.210
4	PDFファイルを開いて、編集できる。	☑☑☑ → P.212

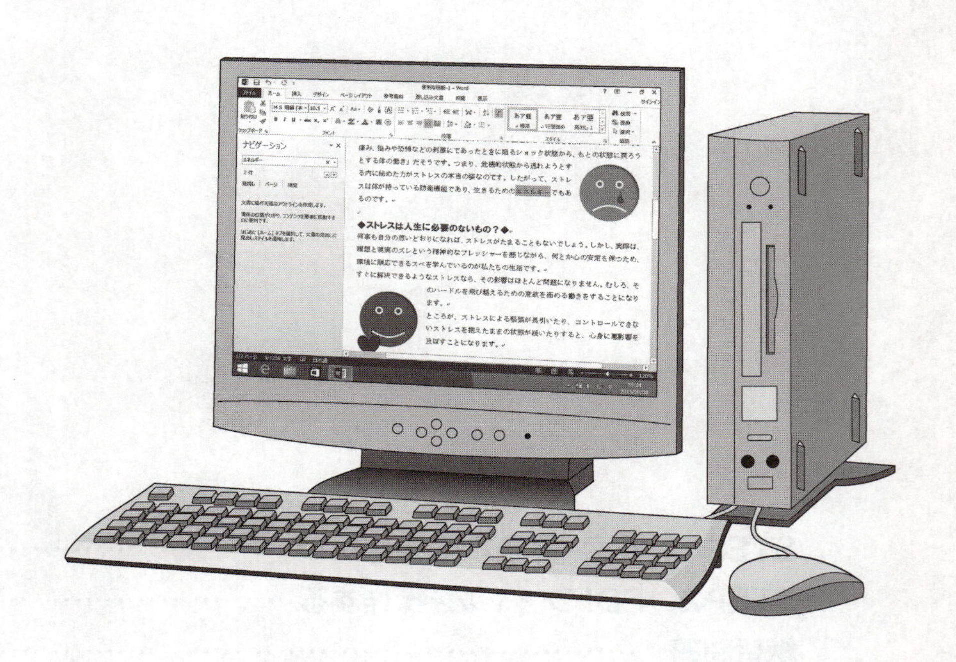

STEP 1 検索・置換する

1 検索

「検索」を使うと、文書内にある特定の単語や表、図形や画像などを検索できます。特に長文の場合、文書内から特定の単語を探し出すのは手間がかかるため、検索を使って効率よく正確に作業を進めることができます。
検索は、**「ナビゲーションウィンドウ」**を使って行います。ナビゲーションウィンドウを使って検索すると、検索した単語の位置を簡単に把握できます。
文書中の**「エネルギー」**という単語を検索しましょう。

File OPEN フォルダー「第7章」の文書「便利な機能-1」を開いておきましょう。

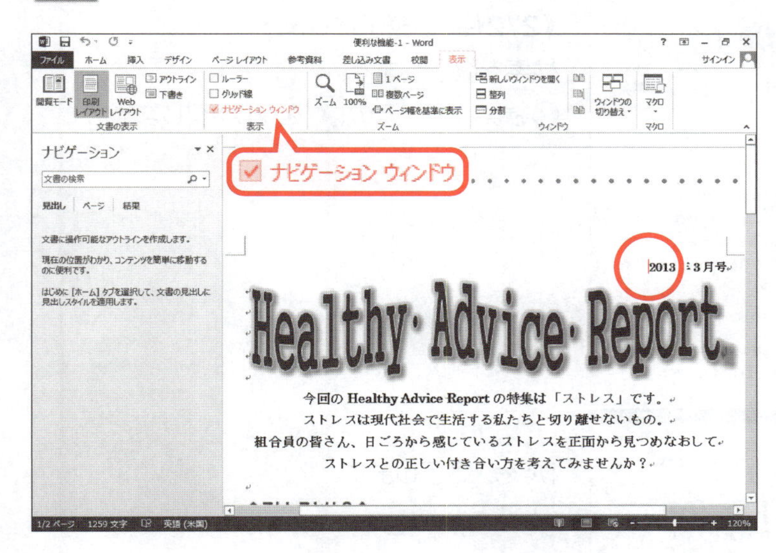

文書の先頭から検索します。
①文頭にカーソルがあることを確認します。
※文頭にカーソルがない場合は、Ctrl + Home を押します。
②**《表示》**タブを選択します。
③**《表示》**グループの**《ナビゲーションウィンドウ》**を☑にします。

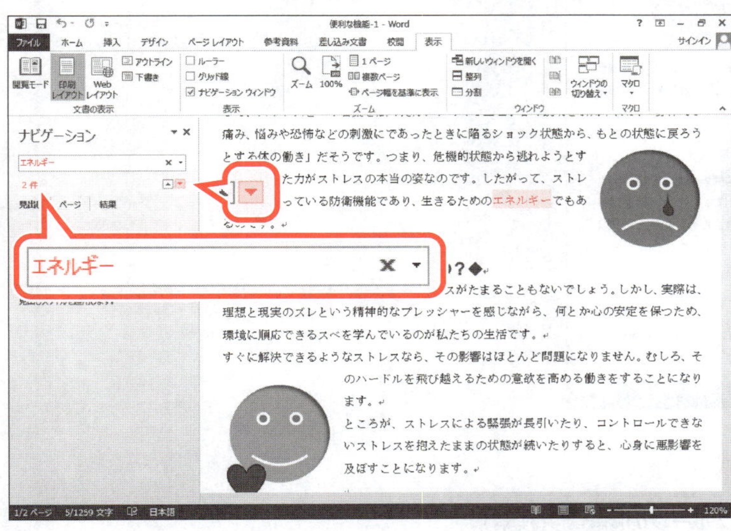

ナビゲーションウィンドウが表示されます。
④検索ボックスに**「エネルギー」**と入力します。
自動的に検索結果が表示され、文書内の該当する単語に色が付きます。
ナビゲーションウィンドウに、検索結果が**《2件》**と表示されます。
⑤ ▼ をクリックします。

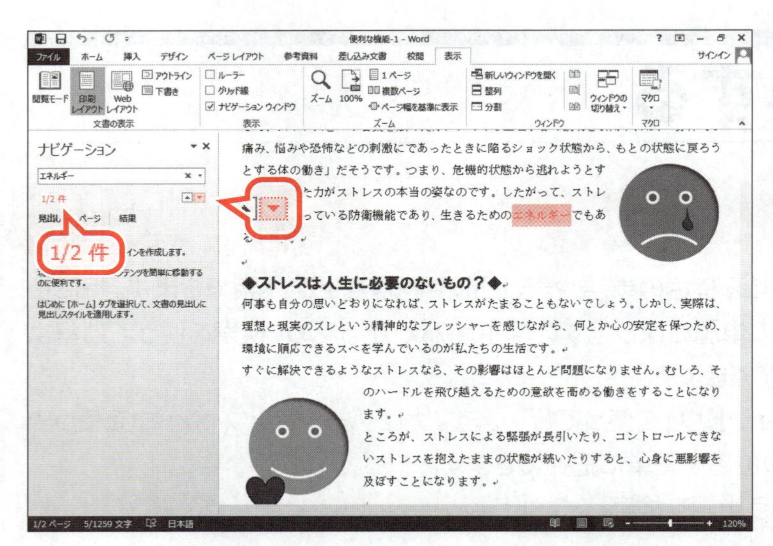

1件目の検索結果が選択されます。
ナビゲーションウィンドウに、検索結果が**《1/2件》**と表示されます。
2件目の検索結果を確認します。
⑥ ▼ をクリックします。

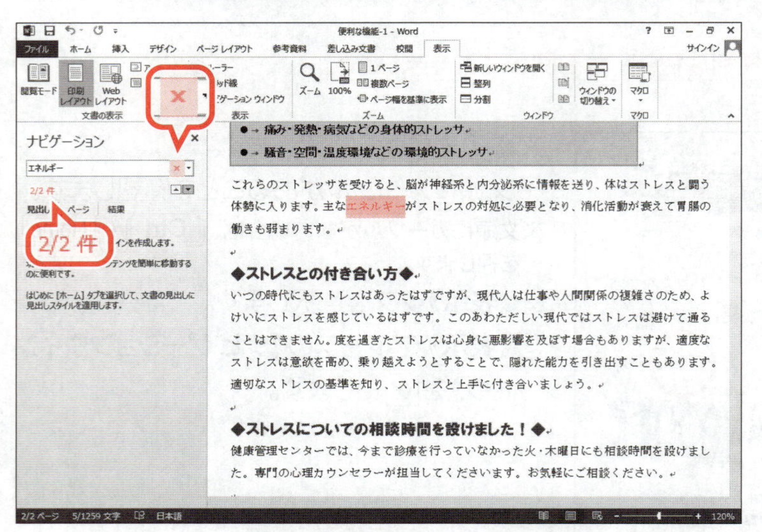

2件目の検索結果が選択されます。
ナビゲーションウィンドウに、検索結果が**《2/2件》**と表示されます。
検索を終了します。
⑦検索ボックスの × をクリックします。

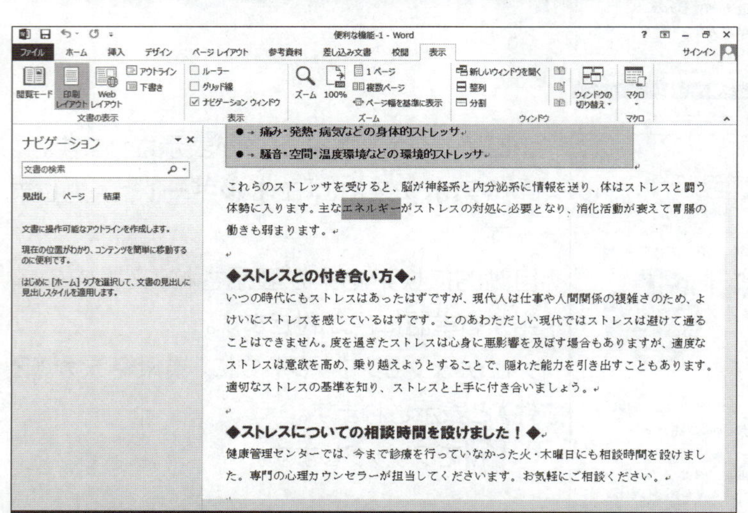

検索が終了します。

その他の方法(検索)

STEP UP

◆《ホーム》タブ→《編集》グループの 検索 (検索)
◆ Ctrl + F

ナビゲーションウィンドウで検索結果の表示

単語を検索すると、ナビゲーションウィンドウでは、次のように検索結果を確認できます。
初期の設定で、単語を検索した直後は《見出し》が表示されます。

●見出し

見出しが設定されている文書の場合、検索した単語が含まれる見出しに色が付きます。

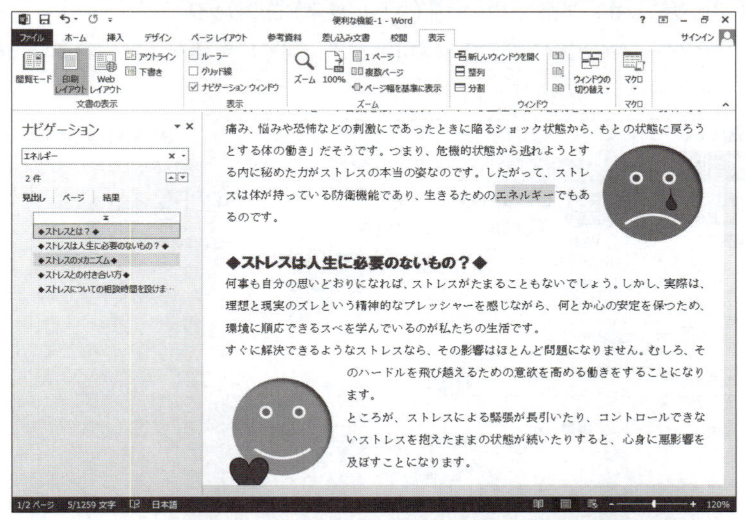

※フォルダー「第7章」の文書「便利な機能-1」には見出しが設定されていないため、ナビゲーションウィンドウに検索結果は表示されません。

●ページ

検索した単語が含まれるページだけが表示されます。

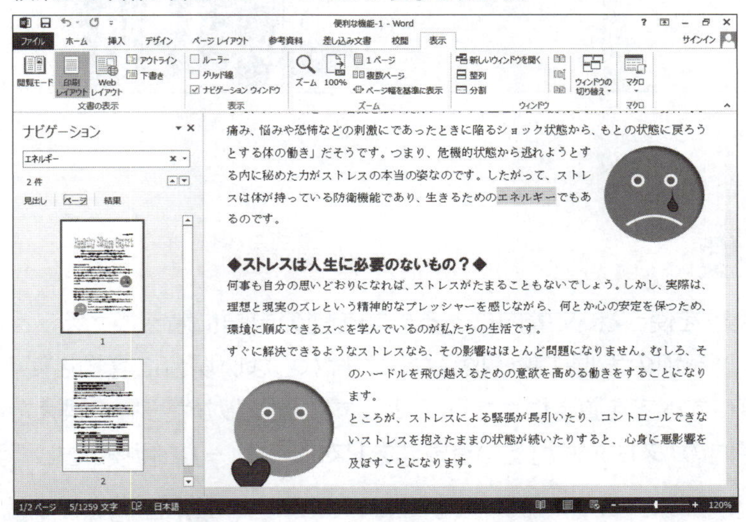

●結果

検索した単語を含む周辺の文章が表示されます。

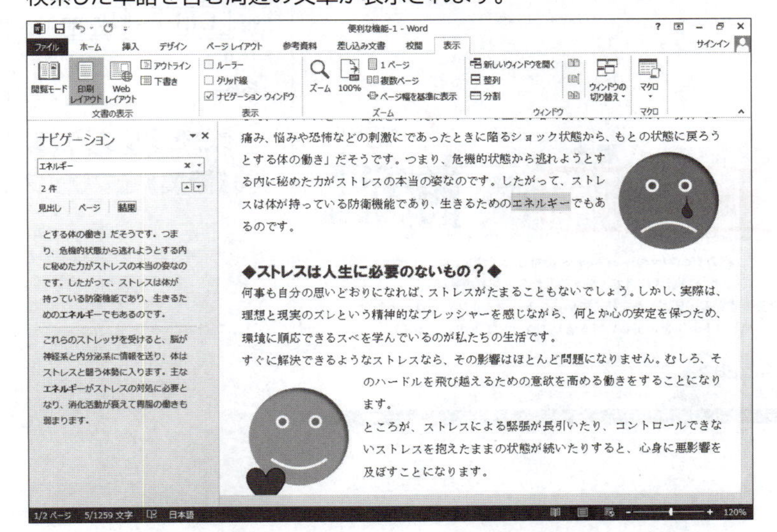

POINT ▶▶▶

その他の検索

単語だけでなく、表や図形、画像なども検索できます。
表や図形、画像などを検索する方法は、次のとおりです。
◆ナビゲーションウィンドウの［検索アイコン］（さらに検索）をクリック
※ナビゲーションウィンドウの検索ボックスにすでに単語が入力されている場合は、［▼］をクリックします。

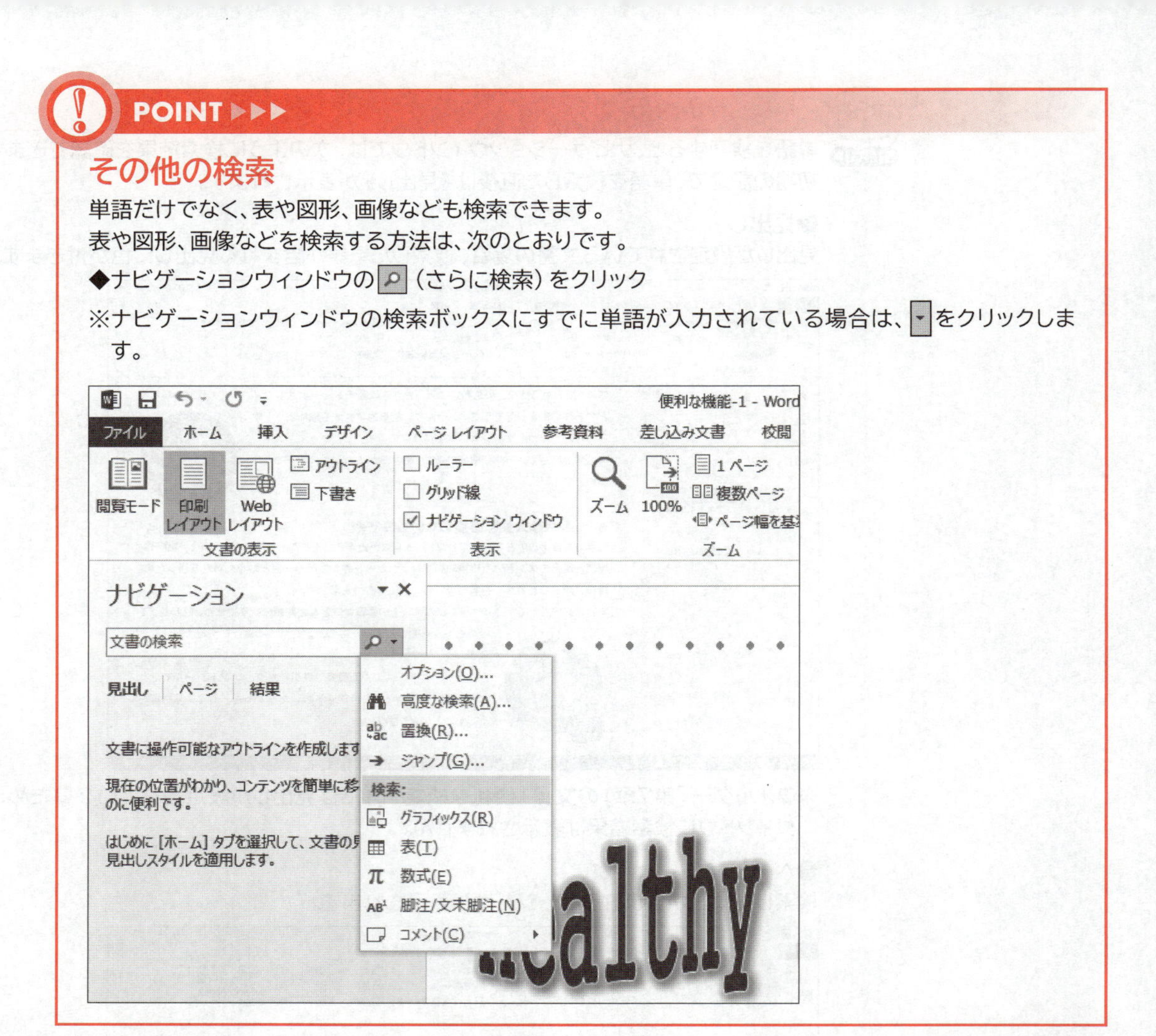

2 置換

「置換」を使うと、文書内にある単語を別の単語に置き換えることができます。文書中のある表現を別の表現に置き換えなければならない場合に置換を使うと便利です。置換では、一度にすべてを置き換えたり、ひとつずつ確認しながら置き換えたりできます。
文書内の**「ストレッサ」**という単語を**「ストレッサー」**に置換しましょう。

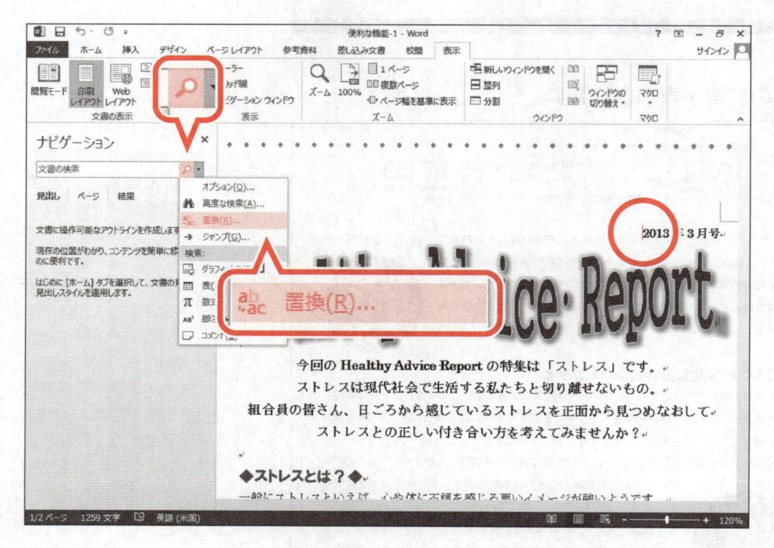

文書の先頭から置換します。
①文頭にカーソルを移動します。
※［Ctrl］＋［Home］を押すと、効率よく移動できます。
②ナビゲーションウィンドウの［検索アイコン］（さらに検索）をクリックします。
③《置換》をクリックします。

《**検索と置換**》ダイアログボックスが表示されます。

④《**置換**》タブを選択します。

⑤《**検索する文字列**》に「**ストレッサ**」と入力します。

※前回検索した文字が表示されます。

⑥《**置換後の文字列**》に「**ストレッサー**」と入力します。

⑦《**次を検索**》をクリックします。

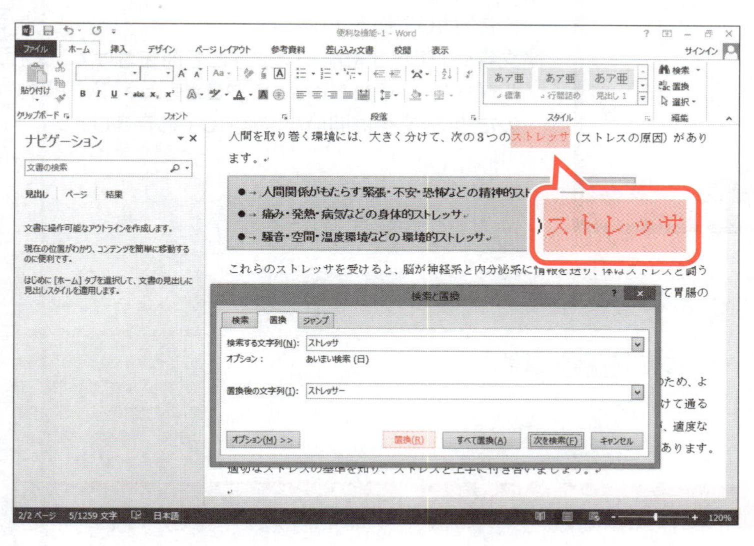

文書内の「**ストレッサ**」が表示されます。

※《検索と置換》ダイアログボックスが重なって見づらい場合は、ダイアログボックスを移動しましょう。

⑧《**置換**》をクリックします。

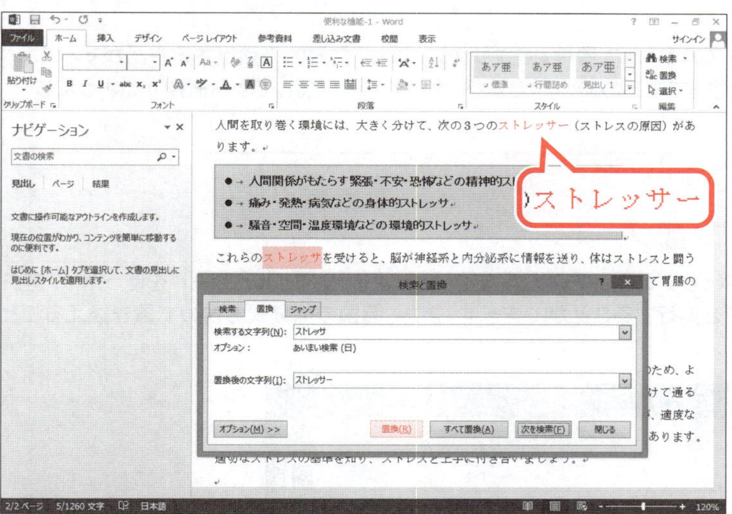

「**ストレッサ**」が「**ストレッサー**」に置換され、次の検索結果が表示されます。

⑨《**置換**》をクリックします。

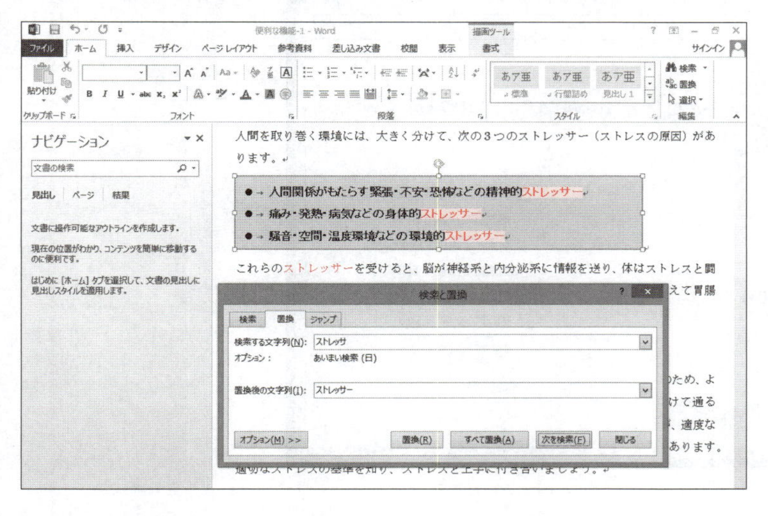

2件目の「**ストレッサ**」が「**ストレッサー**」に置換されます。

⑩同様に、すべての「**ストレッサ**」を「**ストレッサー**」に置き換えます。

※3個の項目が置換されます。

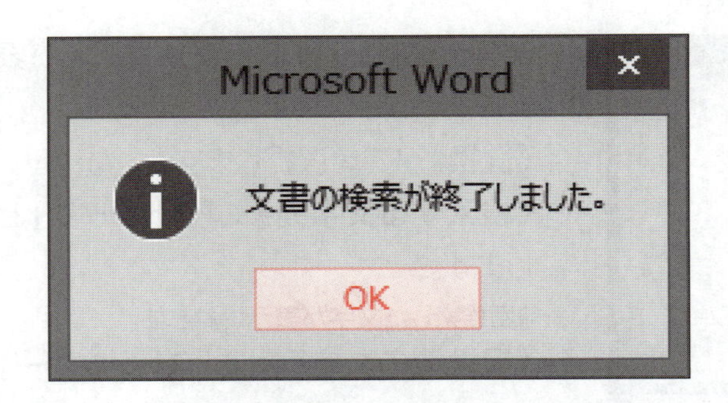

図のようなメッセージが表示されます。

⑪《OK》をクリックします。

⑫《閉じる》をクリックします。

※ ✕ (閉じる) をクリックして、ナビゲーションウィンドウを閉じておきましょう。

※文書に「便利な機能-1完成」と名前を付けて、フォルダー「第7章」に保存しておきましょう。次の操作のために、文書は開いたままにしておきましょう。

その他の方法(置換)

◆《ホーム》タブ→《編集》グループの 置換 (置換)

◆ Ctrl + H

POINT ▶▶▶

すべて置換

《検索と置換》ダイアログボックスの《すべて置換》をクリックすると、文書内の該当する単語がすべて置き換わります。一度の操作で置換できるので便利ですが、事前によく確認してから置換するようにしましょう。

検索と置換のオプション

《検索と置換》ダイアログボックスの《オプション》をクリックすると、ワイルドカードを使ったり、空白文字を無視したりして検索を実行することができます。また、置換では書式も含めて置き換えることができます。

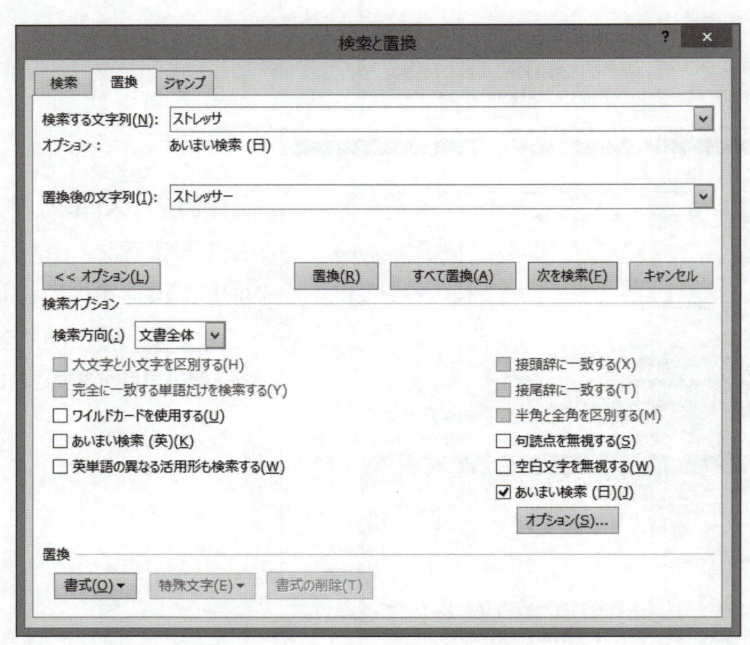

PDFファイルを操作する

1 PDFファイル

「PDFファイル」とは、パソコンの機種や環境に関わらず、もとのアプリで作成したとおりに正確に表示できるファイル形式です。作成したアプリがなくてもファイルを表示できるので、閲覧用によく利用されています。
Wordでは、保存時にファイルの形式を指定するだけで、PDFファイルを作成できます。

2 PDFファイルとして保存

文書に**「健康アドバイスレポート（配布用）」**と名前を付けて、PDFファイルとしてフォルダー**「第7章」**に保存しましょう。

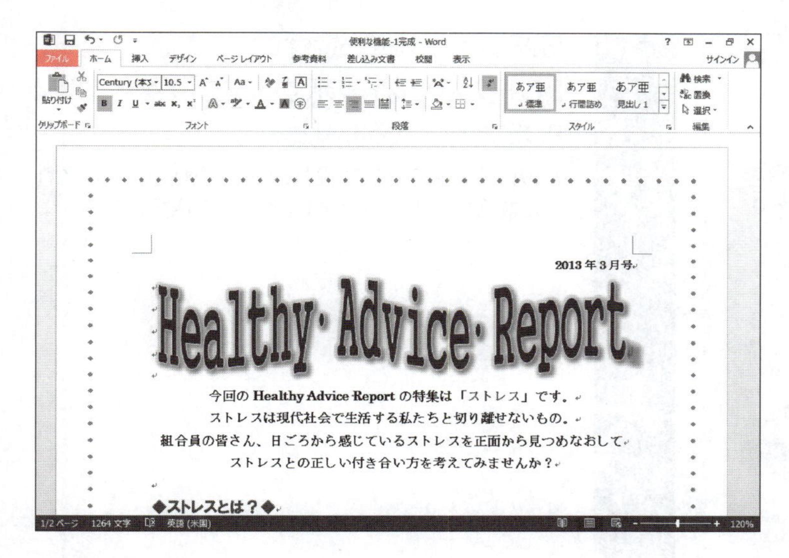

①**《ファイル》**タブを選択します。

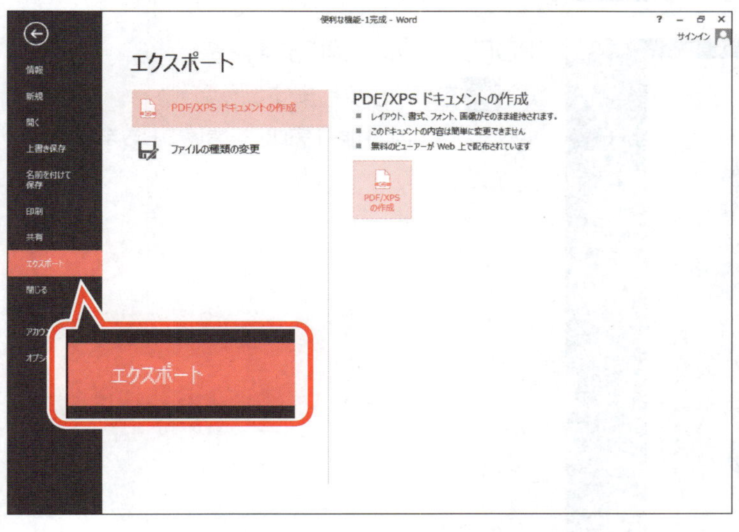

②**《エクスポート》**をクリックします。
③**《PDF/XPSドキュメントの作成》**をクリックします。
④**《PDF/XPSの作成》**をクリックします。

1
2
3
4
5
6
7
総合問題
付録1
付録2
付録3
索引

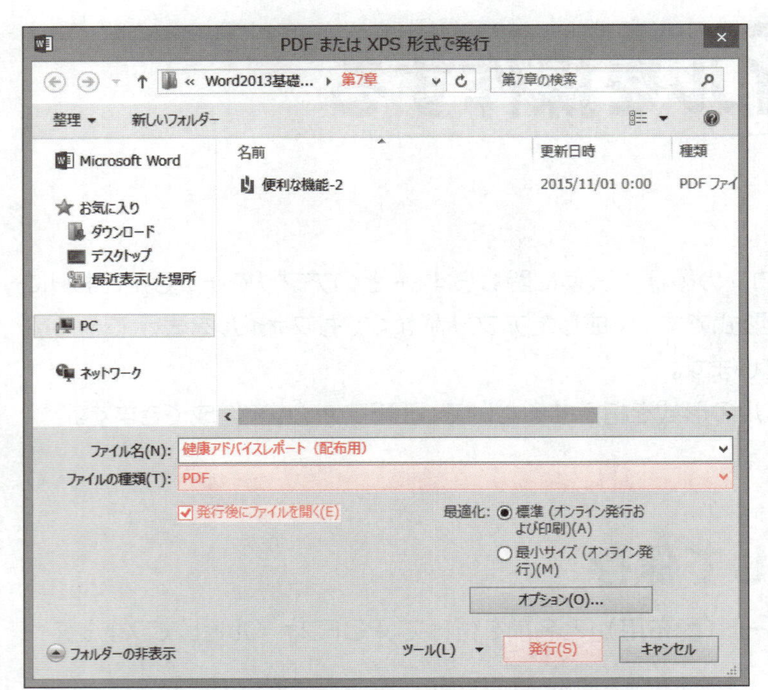

《PDFまたはXPS形式で発行》ダイアログボックスが表示されます。

PDFファイルを保存する場所を指定します。

⑤フォルダー**「第7章」**が開かれていることを確認します。

※開かれていない場合は、《ドキュメント》→「Word2013基礎 Windows10／8.1対応」→「第7章」を選択します。

⑥**《ファイル名》**に**「健康アドバイスレポート（配布用）」**と入力します。

⑦**《ファイルの種類》**が**《PDF》**になっていることを確認します。

⑧**《発行後にファイルを開く》**を☑にします。

⑨**《発行》**をクリックします。

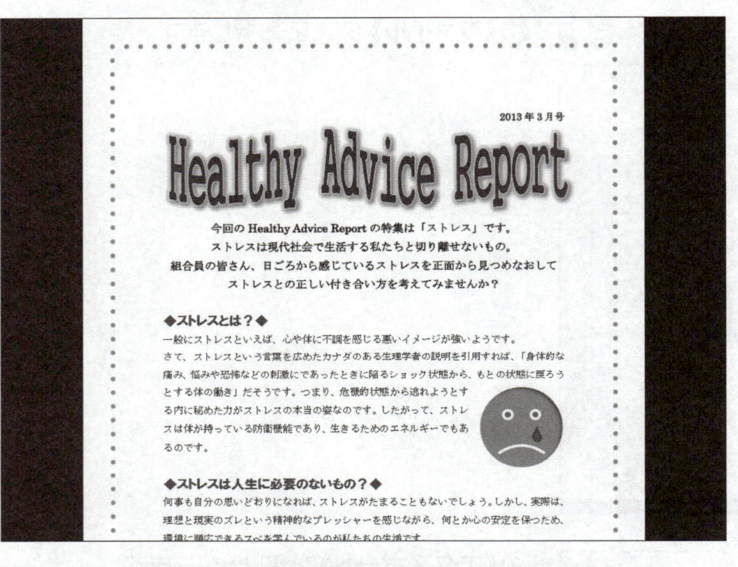

PDFファイルが作成されます。

PDFファイルを表示するアプリが起動し、PDFファイルが開かれます。

※Windows 10でアプリを選択する画面が表示された場合は、《Microsoft Edge》を選択します。

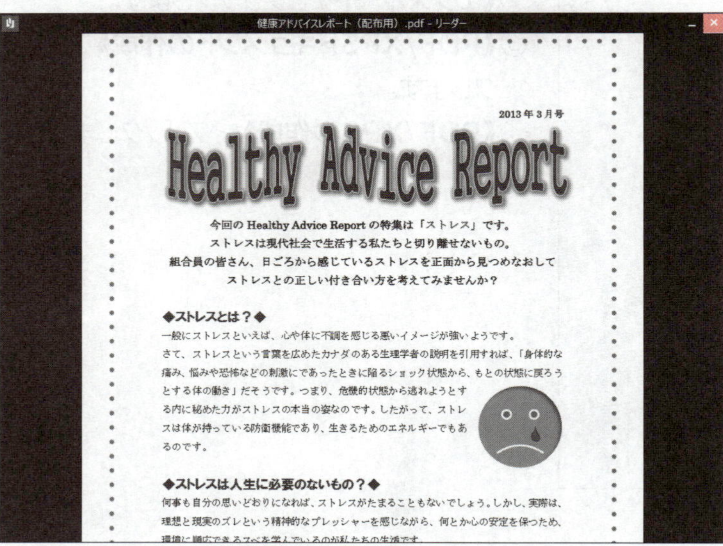

PDFファイルを閉じます。

⑩ × をクリックします。

※文書「便利な機能-1完成」を閉じておきましょう。

3 PDFファイルの編集

PDFファイルは、Wordで表示したり編集したりできます。PDFファイルをWordで開くと、PDFファイル内のデータを自動的に判別して文字などに変換して表示します。文字だけでなく、画像や表なども認識して変換されるため、Word上で自由に編集することが可能です。

1 PDFファイルを開く

WordでPDFファイル**「便利な機能-2」**を開きましょう。

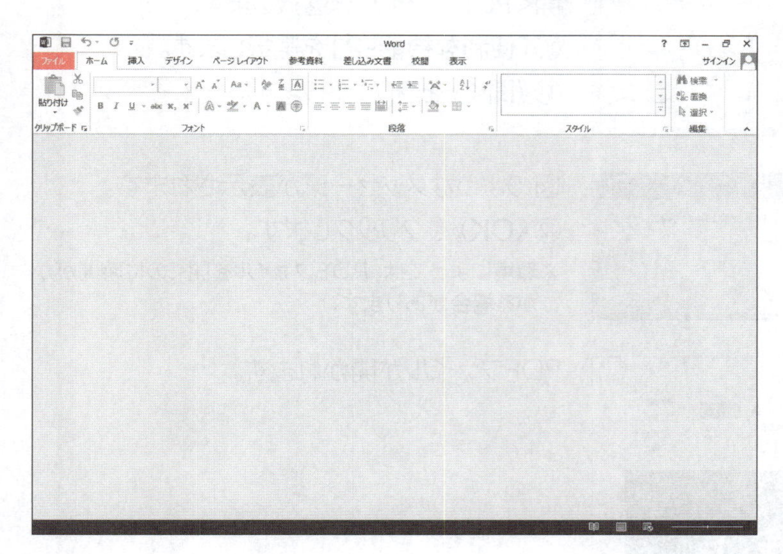

①**《ファイル》**タブを選択します。

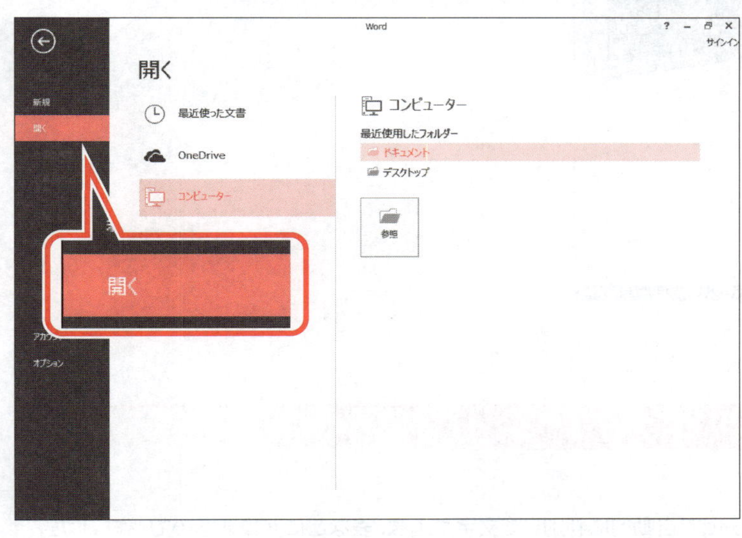

②**《開く》**をクリックします。
③**《コンピューター》**をクリックします。
④**《ドキュメント》**をクリックします。

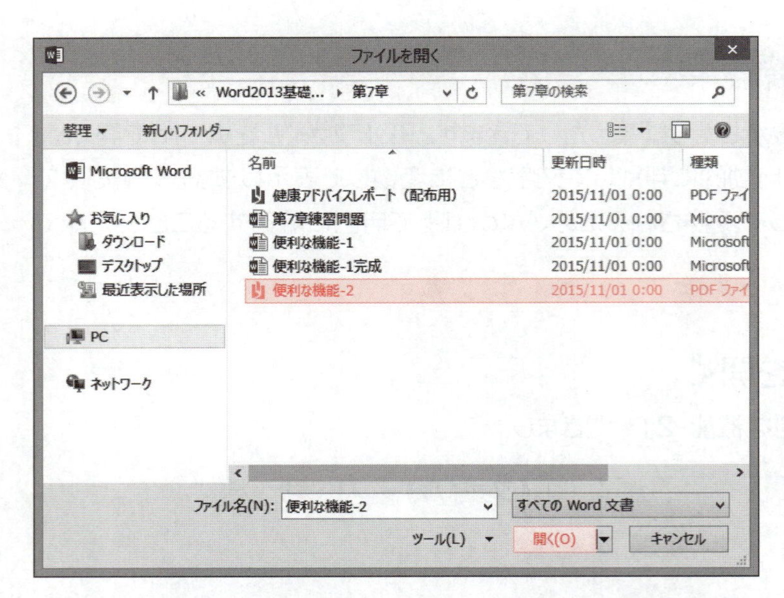

《ファイルを開く》ダイアログボックスが表示されます。

⑤**《ドキュメント》**が表示されていることを確認します。

⑥右側の一覧から**「Word2013基礎 Windows10／8.1対応」**を選択します。

⑦**《開く》**をクリックします。

⑧**「第7章」**を選択します。

⑨**《開く》**をクリックします。

開くPDFファイルを選択します。

⑩**「便利な機能-2」**を選択します。

⑪**《開く》**をクリックします。

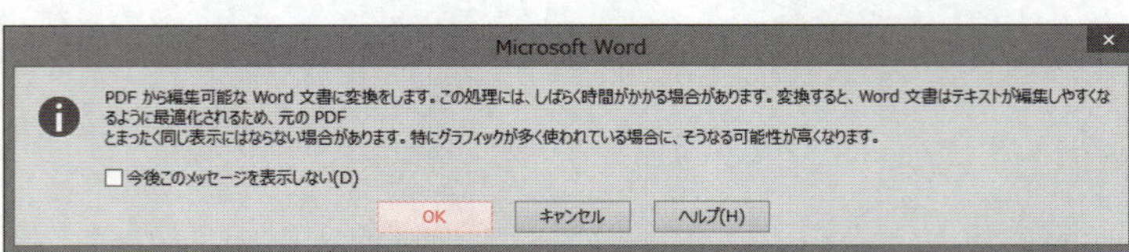

図のようなメッセージが表示されます。

⑫**《OK》**をクリックします。

※環境によっては、PDFファイルを開くのに時間がかかる場合があります。

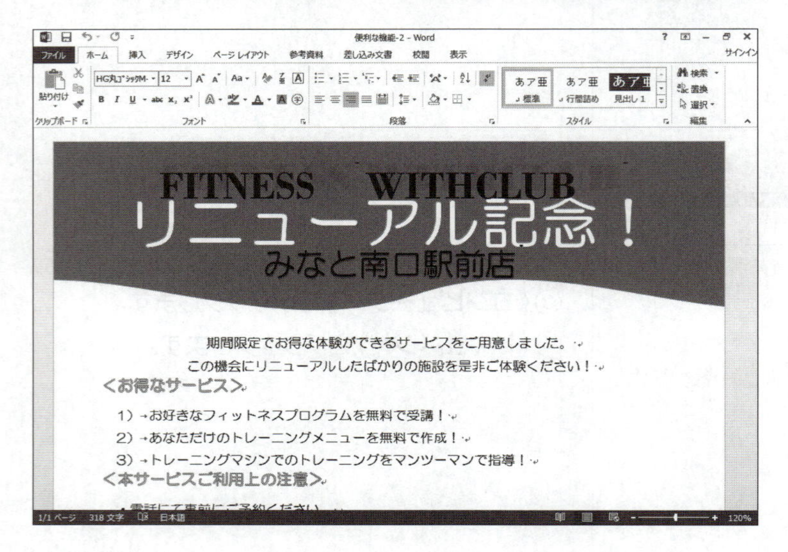

PDFファイルが開かれます。

POINT ▶▶▶

PDFファイルの表示

PDFファイル内のデータは、Wordで自動的に判別して文字や画像、表などに変換するので、作成したアプリの状態がそのまま表示されない場合があります。ワードアートや図形などを使っている場合は、レイアウトが崩れてしまったり、文字として認識されなかったりする場合があります。

2 PDFファイルの編集

「・電話にて事前に…」の「・電話」の後ろに「（045-231-XXXX）」と入力しましょう。

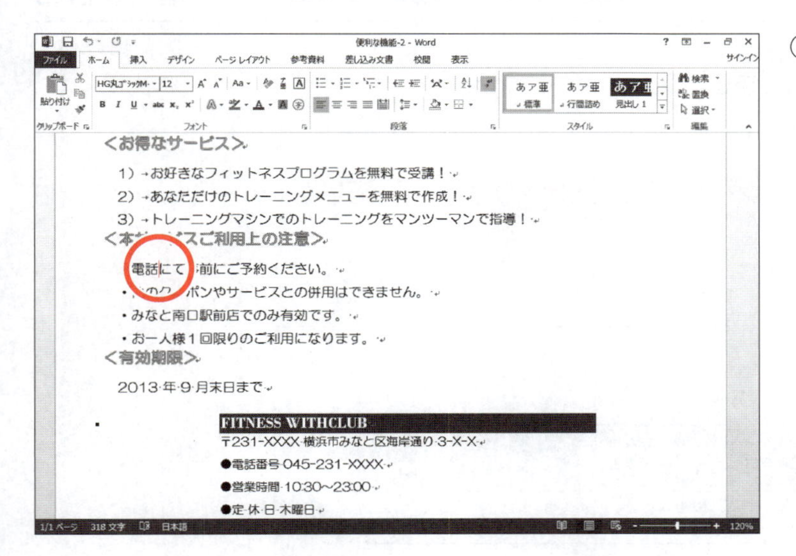

①「・電話」の後ろにカーソルを移動します。

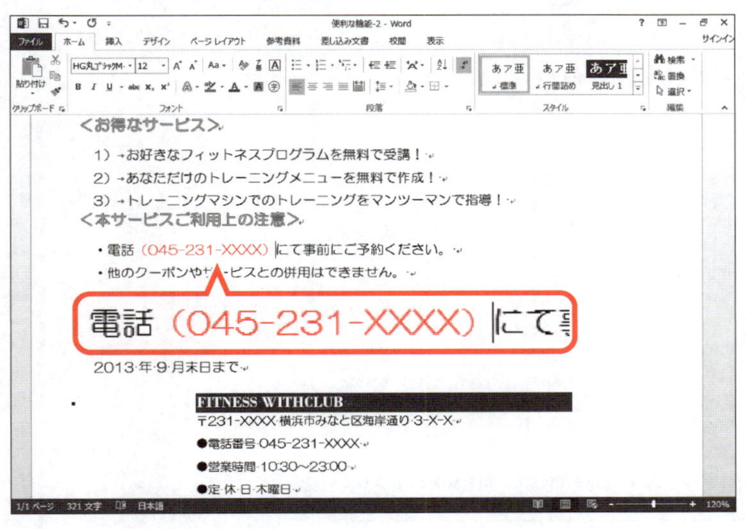

文字を入力します。

②「（045-231-XXXX）」と入力します。

文字が挿入されます。

※文書に「リニューアル記念（配布用）」と名前を付けて、PDFファイルとしてフォルダー「第7章」に保存しておきましょう。

※文書に「便利な機能-2完成」と名前を付けて、フォルダー「第7章」に保存しておきましょう。

POINT ▶▶▶

Wordで開いたPDFファイルの保存

PDFファイルをWordで開くと、Word 2013のファイル形式で開かれるため、そのまま上書き保存すると、Word文書として保存されます。
PDFファイルとして発行したい場合は、あらためてPDFファイルとして保存する必要があります。

練習問題

解答 ▶ 別冊P.5

完成図のような文書を作成しましょう。

フォルダー「第7章」の文書「第7章練習問題」を開いておきましょう。

●完成図

ヘルスチェックシート

事前にご記入の上、健康診断の受付時にご提出ください。

従業員番号		所　　属	
氏　　名		内線番号	

■最近の健康状態について、「はい」か「いいえ」に印を付けてください。

➢ 夜、頭が冴えて寝つきが悪い	□はい	□いいえ
➢ いびきをかく	□はい	□いいえ
➢ 朝、目覚めが悪く頭が重い	□はい	□いいえ
➢ 頭がぼんやりする	□はい	□いいえ
➢ 立ちくらみやめまいを起こしやすい	□はい	□いいえ
➢ 視力がおちた気がする	□はい	□いいえ
➢ 食欲がない	□はい	□いいえ
➢ 胃がもたれる	□はい	□いいえ
➢ イライラしがちである	□はい	□いいえ
➢ 肩こりが気になる	□はい	□いいえ
➢ 手足が冷えやすい	□はい	□いいえ
➢ たばこを吸う	□はい	□いいえ
➢ お酒を飲む	□はい	□いいえ
➢ 定期的に運動する	□はい	□いいえ

■現在または過去において、病気やケガにより医師の治療を受けたことがある場合は記入してください。

治療年月：
疾病名：
治療の経過：

■その他、健康状態について気になることがあれば記入してください。

①文書内の**「Yes」**という単語を**「はい」**に、**「No」**という単語を**「いいえ」**に置換しましょう。

②文書に**「健康チェックシート（配布用）」**と名前を付けて、PDFファイルとしてフォルダー**「第7章」**に保存しましょう。また、保存後、PDFファイルを表示しましょう。

※PDFファイルを閉じておきましょう。

※文書に「第7章練習問題完成」と名前を付けて、フォルダー「第7章」に保存し、閉じておきましょう。

■総合問題■

Wordの実践力と応用力を養う総合問題を記載しています。

Exercise

総合問題1

解答 ► 別冊P.6

完成図のような文書を作成しましょう。
※Wordを起動し、新しい文書を作成しておきましょう。

●完成図

平成25年3月20日

東京カメラ販売株式会社
新宿店　高橋　様

青山電子産業株式会社
販売推進部

カタログ送付のご案内

拝啓　春分の季節、貴社いよいよご隆盛のこととお慶び申し上げます。平素は格別のご高配を賜り、厚く御礼申し上げます。
　さて、ご請求いただきましたカタログを下記のとおりご送付いたしますので、ご査収のほどよろしくお願い申し上げます。

敬具

記

＜送付内容＞
① デジタルカメラ総合カタログ　300部
② デジタル一眼レフAシリーズカタログ　300部
③ コンパクトLシリーズカタログ　300部
④ デジタル一眼レフAXリーフレット　500部
⑤ コンパクトLXリーフレット　500部

以上

担当：黒川

①次のようにページレイアウトを設定しましょう。

用紙サイズ　：A4
印刷の向き　：縦
1ページの行数　：30行

②次のように文章を入力しましょう。
※文章の入力を省略する場合は、フォルダー「総合問題」の文書「総合問題1」を開きましょう。

Hint　あいさつ文は、《挿入》タブ→《テキスト》グループの（あいさつ文の挿入）を使って入力しましょう。

平成25年3月20日↵
東京カメラ販売株式会社↵
□□□新宿店□高橋□様↵
青山電子産業株式会社↵
販売推進部↵
↵
カタログ送付のご案内↵
↵
拝啓□春分の季節、貴社いよいよご隆盛のこととお慶び申し上げます。平素は格別のご高配を賜り、厚く御礼申し上げます。↵
□さて、下記のとおりご請求いただきました新シリーズのカタログをご送付いたしますので、よろしくお願い申し上げます。↵
敬具↵
↵
記↵
↵
<送付内容>↵
デジタルカメラ総合カタログ□□□□□□□□□300部↵
デジタル一眼レフＡシリーズカタログ□□□□□300部↵
コンパクトＬ シリーズカタログ□□□□□□□□300部↵
デジタル一眼レフＡＸリーフレット□□□□□□500部↵
コンパクトＬＸリーフレット□□□□□□□□□500部↵
↵
以上↵
↵
担当：黒川↵

※↵で Enter を押して改行します。
※□は全角空白を表します。
※英字は全角で入力します。

③発信日付**「平成25年3月20日」**と発信者名**「青山電子産業株式会社」「販売推進部」**、担当者名**「担当：黒川」**をそれぞれ右揃えにしましょう。

④タイトル**「カタログ送付のご案内」**に次の書式を設定しましょう。

フォント　　　：MSゴシック	二重下線
フォントサイズ：20ポイント	中央揃え
太字	

⑤**「下記のとおり」**を**「…新シリーズのカタログを」**の後ろに移動しましょう。

⑥**「新シリーズの」**を削除しましょう。

⑦**「…ご送付いたしますので、」**の後ろに**「ご査収のほど」**を挿入しましょう。

⑧**「<送付内容>」**の行から**「コンパクトＬＸ…」**で始まる行に7文字分の左インデントを設定しましょう。

⑨**「デジタルカメラ…」**で始まる行から**「コンパクトＬＸ…」**で始まる行に**「①②③」**の段落番号を付けましょう。

⑩印刷イメージを確認し、1部印刷しましょう。

※文書に「総合問題1完成」と名前を付けて、フォルダー「総合問題」に保存し、閉じておきましょう。

総合問題2

解答 ► 別冊P.7

完成図のような文書を作成しましょう。

File OPEN　フォルダー「総合問題」の文書「総合問題2」を開いておきましょう。

●完成図

平成25年4月8日

お客様　各位

FOMファニチャー株式会社
代表取締役　青木　宗助

東京ショールーム移転のごあいさつ

拝啓　春暖の候、時下ますますご清祥の段、お慶び申し上げます。平素はひとかたならぬ御愛顧を賜り、厚く御礼申し上げます。
　このたび、東京ショールームを下記のとおり移転することになりました。
新しいショールームは、お打合せコーナーおよびキッズコーナーを充実させ、落ち着いた雰囲気の中でご相談いただけるようになりました。
　これを機に、スタッフ一同、より高いサービスをお客様にご提供していく所存でございます。
　今後とも、引き続き一層の御愛顧を賜りますようお願い申し上げます。

敬具

記

■　営業開始日：平成25年5月13日（月）
※5月11日（土）までは、旧住所にて営業しております。
※5月12日（日）は、勝手ながら臨時休館とさせていただきます。
■　新住所　　：〒100-0005　東京都千代田区丸の内3-X-X　FOMビル1F
■　新電話番号：03-3847-XXXX
■　最寄り駅　：

駅名	路線名	出口	所要時間
二重橋前駅	東京メトロ千代田線	1番出口	徒歩4分
日比谷駅	都営三田線	B7出口	
有楽町駅	JR山手線	国際フォーラム口	

以上

①**「FOMファニチャー株式会社」**の下の行に**「代表取締役□青木□宗助」**と入力しましょう。
※□は全角空白を表します。

②発信日付**「平成25年4月8日」**と発信者名**「FOMファニチャー株式会社」「代表取締役　青木　宗助」**を右揃えにしましょう。

③タイトル**「東京ショールーム移転のごあいさつ」**に次の書式を設定しましょう。

フォントサイズ：14ポイント
一重下線
中央揃え

④**「営業開始日…」「新住所…」「新電話番号…」「最寄り駅　：」**の行に2文字分の左インデントを設定しましょう。

⑤**「営業開始日…」「新住所…」「新電話番号…」「最寄り駅　：」**の行に箇条書きとして**「■」**の行頭文字を付けましょう。

⑥**「※5月11日（土）までは…」**で始まる行から**「※5月12日（日）は…」**で始まる行に10文字分の左インデントを設定しましょう。

⑦**「最寄り駅　：」**の下の行に4行4列の表を作成しましょう。
また、次のように表に文字を入力しましょう。

駅名↵	路線名↵	出口↵	所要時間↵
二重橋前駅↵	東京メトロ千代田線↵	1番出口↵	徒歩4分↵
日比谷駅↵	都営三田線↵	B7出口↵	↵
有楽町駅↵	JR山手線↵	国際フォーラム口↵	↵

⑧表の2～4行4列目のセルを結合しましょう。

⑨表全体の列幅をセル内の最長のデータに合わせて、自動調整しましょう。
また、完成図を参考に、表のサイズを縦方向に拡大しましょう。

⑩表の1行目の文字をセル内で**「中央揃え」**に設定しましょう。
また、それ以外の文字をセル内で**「両端揃え（中央）」**に設定しましょう。

⑪表の1行目に**「白、背景1、黒+基本色25%」**の塗りつぶしを設定しましょう。

⑫表の1行目の下側の罫線の太さを**「1.5pt」**に変更しましょう。

⑬表全体を行の中央に配置しましょう。

※文書に「総合問題2完成」と名前を付けて、フォルダー「総合問題」に保存し、閉じておきましょう。

総合問題3

解答 ▶ 別冊P.8

完成図のような文書を作成しましょう。

File OPEN フォルダー「総合問題」の文書「総合問題3」を開いておきましょう。

●完成図

平成25年4月9日

社員　各位

総務部人事課長

平成25年度　春のテニス大会のお知らせ

毎年、恒例となりました春のテニス大会を下記のとおり開催します。
テニス大会も今年で10回目となりました。社員間の親睦をはかり、また、日ごろの運動不足を解消して来期への活力としましょう。みなさん、ふるってご参加ください。

記

1. 日　　時　　平成25年5月18日（土）午前9時～午後4時
2. 場　　所　　みなと運動公園　テニスコート
3. 種　　目　　チーム戦（男子・女子・ミックスダブルス　各1ペア）
4. 試合方法　　総当りリーグ戦
5. 申込方法　　参加申込書に必要事項を記入の上、担当宛に提出してください。
※1チーム6名（男女各3名）で申し込んでください。
チームは同期や部署内で自由に編成してかまいません。
6. 申込期限　　平成25年4月26日（金）

以上

担当：白川（内線：XXXX）

参加申込書

●チーム名：

※代表者の番号に○を付けてください。

	氏名	社員番号	部署名	E-Mail	性別
1					
2					
3					
4					
5					
6					

①次のようにページレイアウトを設定しましょう。

用紙サイズ	**：A4**
印刷の向き	**：縦**
余白（上）	**：30mm**
1ページの行数	**：40行**

②**「日　　時」「場　　所」「種　　目」「試合方法」「申込方法」「申込期限」**の文字に次の書式を設定しましょう。

斜体
一重下線

③**「日　　時…」「場　　所…」「種　　目…」「試合方法…」「申込方法…」「申込期限…」**の行に**「1.2.3.」**の段落番号を付けましょう。

④**「※1チーム6名…」**で始まる行から**「チームは同期や部署内で…」**で始まる行に9文字分の左インデントを設定しましょう。

⑤完成図を参考に、**「担当：白川（内線：XXXX）」**の下の行に段落罫線を引きましょう。

⑥文末に7行6列の表を作成しましょう。
また、次のように表に文字を入力しましょう。

↵	氏名↵	社員番号↵	部署名↵	E-Mail↵	性別↵
1↵	↵	↵	↵	↵	↵
2↵	↵	↵	↵	↵	↵
3↵	↵	↵	↵	↵	↵
4↵	↵	↵	↵	↵	↵
5↵	↵	↵	↵	↵	↵
6↵	↵	↵	↵	↵	↵

⑦完成図を参考に、表全体の列幅を変更しましょう。

⑧表にスタイル**「グリッド（表）6カラフル-アクセント6」**を適用しましょう。
また、行方向の縞模様を解除しましょう。

⑨表の1行目に**「緑、アクセント6、白+基本色80%」**の塗りつぶしを設定しましょう。

⑩表の1行目と1列目の文字をセル内で**「上揃え（中央）」**に設定しましょう。

※文書に「総合問題3完成」と名前を付けて、フォルダー「総合問題」に保存し、閉じておきましょう。

総合問題4

解答 ► 別冊P.9

完成図のような文書を作成しましょう。

フォルダー「総合問題」の文書「総合問題4」を開いておきましょう。

●完成図

記入日：　　年　　月　　日

講習会受講報告書

社外講習会を受講いたしましたので、以下のとおりご報告いたします。

■受講者

所属			
氏名		社員ID	
内線番号		メールアドレス	

■受講内容

講習会名		主催元	
受講期間	年　月　日～	年　月　日	
受講理由			
受講内容			
所感			

＜押印欄＞

人材開発部	所属長	受講者

※所属長へ報告後、2週間以内にメールまたはFAXにて人材開発部宛に提出してください。

①**「■受講者」**の下の行に3行4列の表を作成しましょう。
また、次のように表に文字を入力しましょう。

所属↵	↵	↵	↵
氏名↵	↵	社員ID↵	↵
内線番号↵	↵	メールアドレス↵	↵

②**「■受講者」**の表の1行2～4列目のセルを結合しましょう。

③完成図を参考に、**「■受講者」**の表の1列目と3列目の列幅を変更しましょう。

④**「■受講者」**の表の1列目と3列目の文字をセル内で均等に割り付けましょう。

⑤**「■受講者」**の表の1列目と3列目に**「白、背景1、黒+基本色25%」**の塗りつぶしを設定しましょう。

⑥**「■受講内容」**の表の1行2列目のセルを3つに分割しましょう。
また、分割した1行3列目のセルに**「主催元」**と入力しましょう。

⑦完成図を参考に、**「■受講内容」**の表の1行3列目の列幅を変更しましょう。
また、1行3列目のセルに**「白、背景1、黒+基本色25%」**の塗りつぶしを設定し、文字をセル内で均等に割り付けましょう。

⑧**「■受講内容」**の表の**「受講費用」**の行の下に1行挿入しましょう。
また、挿入した行の1列目に**「受講理由」**と入力しましょう。

⑨**「■受講内容」**の表の**「受講費用」**の行を削除しましょう。

⑩完成図を参考に、**「■受講内容」**の表の**「受講内容」**と**「所感」**の下の行の高さを高くしましょう。

⑪**「<押印欄>」**の表の2列目を削除しましょう。

⑫**「<押印欄>」**の表全体を行の右端に配置しましょう。
また、**「<押印欄>」**の文字と表の開始位置がそろうように**「<押印欄>」**の行に適切な文字数分の左インデントを設定しましょう。

⑬**「■受講者」**と**「■受講内容」**の表の外枠の罫線の太さを**「2.25pt」**に変更しましょう。

※文書に「総合問題4完成」と名前を付けて、フォルダー「総合問題」に保存し、閉じておきましょう。

総合問題5

解答 ▶ 別冊P.10

完成図のような文書を作成しましょう。

File OPEN　フォルダー「総合問題」の文書「総合問題5」を開いておきましょう。

●完成図

2013年夏号

みなと市防犯ニュース

あなたの家は大丈夫？～住まいの防犯対策～

最近、空き巣が増えています。盗みに入って家人に見つかり、居直り強盗に変身するなんて怖いケースも報じられています。わずかな油断から大切な財産を失い、命を危険にさらしては大変です。今からでも遅くありません。防犯を意識して対策を講じましょう。

まずは、被害に遭った方の話をご紹介します。

1件目は帰宅時間を調べての犯行です。被害者宅はマンションの3階。犯人は隣接するマンションの通路からベランダに飛び移り、窓ガラスを割って侵入。当時、被害者は毎晩11時ごろに帰宅しており、警察では帰宅時間を調べられての犯行だろうとの見解でした。

2件目は明かりがなかったことによる犯行です。マンションの駐車場から新車を盗まれた被害者。犯行のあったマンションの駐車場は、常に門が開いており、誰でも出入りできる状態でした。明かりは利用者が必要時に点ける習慣になっており、夜中は明かりが点いていないことがほとんどだったという。

3件目は工事の騒音に紛れての犯行です。被害者宅は8階建てマンションの7階。玄関扉や周辺のガラスを破壊し、手や器具を差し入れてドアの内側にあるツマミ（サムターン）を回して開錠する「サムターン回し」という手口による犯行。8階は全
たため、7階が狙われたらしい。当時、隣のマンションが外装工事中で
付かなかったという。

犯人は資産家だけでなく、一般家庭も狙います。住宅侵入は意外に朝や
分でも犯行は可能です。侵入に5分かかれば約7割が、10分かかれば
といいます。防犯対策のひとつとして、侵入を許さない家づくりを心か

市民防犯講演会を開催します！

「自主防犯活動の効果的な方法と防犯に役立つ情報」をテーマに防犯
健吾氏をお招きして、市民防犯講演会を開催します。
みなさんの参加をお待ちしております。

➢ 日時
8月26日（月）　午後6時～8時（開場：午後5時30分）

➢ 場所
みなと市文化会館　小ホール（みなと市桜町1-X-X）

➢ お問合せ窓口
みなと市危機管理課
電話）04X-334-XXXX　FAX）04X-334-YYYY

1/2

防犯活動リーダー養成講座 受講者募集！

みなと市では、地域における防犯活動のリーダーを養成するための防犯講座を開催します。安全で、安心できる町づくりのために、率先して行動していただける方を募集します。
ふるってご応募ください。

➢ 会場
みなと市文化会館　3階　会議室A
※8月26日（月）は、みなと市文化会館　小ホールになります。

➢ 受講資格
市内在住・在勤の18歳以上の方で、全講座を受講できる方

➢ 申込期間
8月12日（月）まで

➢ 申込方法
① 電話・FAXでのお申し込み　　電話）04X-334-XXXX　FAX）04X-334-YYYY
② 窓口でのお申し込み　　みなと市役所3階危機管理課
または、みなと駅前支所総務課防犯担当

➢ 講座プログラム

開催日	時間	講座内容
8月21日（水）	午後6時30分～7時	開校式
	午後7時～8時30分	第1回：みなと市の防犯対策を考える 講　師：みなと市危機管理課長
8月26日（月）	午後6時～8時	第2回：自主防犯活動の効果的な方法と防犯に役立つ情報 講　師：防犯アドバイザー　田村　健吾
8月28日（水）	午後6時30分～8時	第3回：防犯対策における注意点と予防策 講　師：株式会社 みなと警備保障　田中　修
9月4日（水）	午後6時30分～8時	第4回：いざという時の護身術 講　師：みなと合気道塾　横川　要
9月11日（水）	午後6時～7時	第5回：これからの自主防犯 講　師：みなと警察署　署長　佐藤　稔
	午後7時～8時	修了式

街頭防犯カメラの設置について

ひったくりや自転車盗難など身近な犯罪が多発しています。犯罪の抑止と市民の不安解消のため、本年度70箇所に街頭防犯カメラを設置します。設置にあたり説明会を開催します。

➢ 開催日程

日時	会場
9月20日（金）午後7時	みなと市文化会館　3階　会議室B
9月27日（金）午後7時	みなと駅前支所　第1会議室
10月1日（火）午後7時	西部公民館　会議室
10月4日（金）午後7時	東部公民館　研修室

発行元：みなと市危機管理課

2/2

①完成図を参考に、**「みなと市防犯ニュース」**の右側に**「太陽」**の図形を作成しましょう。
また、図形にスタイル**「グラデーション-オレンジ、アクセント2」**を適用しましょう。

②**「あなたの家は大丈夫?～住まいの防犯対策～」**に次の書式を設定しましょう。

フォントサイズ	:12ポイント
文字の効果	:塗りつぶし(グラデーション)-青、アクセント1、反射

③②で設定した書式を**「市民防犯講演会を開催します!」「防犯活動リーダー養成講座 受講者募集!」「街頭防犯カメラの設置について」**にコピーしましょう。

④**「1件目は…」「2件目は…」「3件目は…」**の先頭文字に次のようにドロップキャップを設定しましょう。

位置	:本文内に表示
ドロップする行数	:2行

⑤1ページ目の**「日時」**から**「電話)04X-334-XXXX…」**と2ページ目の**「会場」**から**「または、みなと駅前支所総務課防犯担当」**の行の行間隔を現在の1.15倍に変更しましょう。

⑥**「防犯活動リーダー養成講座 受講者募集!」**の行から次のページが始まるように、改ページを挿入しましょう。

⑦**「8月27日(火)は、みなと市文化会館 小ホールになります。」**の行の先頭に**「㊟」**の囲い文字を挿入しましょう。囲い文字は外枠のサイズを合わせます。

⑧**「①電話・FAXでのお申し込み」**の後ろの**「電話)04X-334-XXXX…」**、**「②窓口でお申し込み」**の後ろの**「みなと市役所3階危機管理課」**と**「または、みなと駅前支所総務課防犯担当」**を約20字の位置にそろえましょう。

⑨文書内の**「27日(火)」**を**「26日(月)」**に一度に置換しましょう。

⑩ページの下部に**「太字の番号2」**のページ番号を追加しましょう。
また、ページ番号を下から**「5mm」**の位置に設定しましょう。

Hint ページ番号の位置は、《ヘッダー/フッターツール》の《デザイン》タブ→《位置》グループの 17.5 mm (下からのフッター位置)で設定します。

※文書に「総合問題5完成」と名前を付けて、フォルダー「総合問題」に保存し、閉じておきましょう。

総合問題6

解答 ► 別冊P.11

完成図のような文書を作成しましょう。

File OPEN フォルダー「総合問題」の文書「総合問題6」を開いておきましょう。

●完成図

Piano & Lunch

海側のテラス席にさわやかなメロディが響く。
美しい調べを聴きながら優雅なランチはいかがでしょうか？
美味しい料理と心地よいピアノの音色に癒されて、
心やすらぐランチタイムをお届けします。

◆ 期　　間　平成25年10月9日(水)～14日(月)
◆ 時　　間　午前11時30分～午後2時30分
◆ コース・料金　アンサンブル：2,000円
コンチェルト：3,000円
(サービス料・税込)
◆ 演 奏 者　音田 奏

■コース内容

♪アンサンブル

本日のスープ
シェフおすすめオードブル
全粒粉を使った手づくりパン
白身魚と彩り野菜のグリル
コーヒー
小菓子

・・・全6品

♪コンチェルト

本日のスープ
シェフおすすめオードブル
グリーンサラダ
全粒粉を使った手づくりパン
チキンのグリル
コーヒー
本日のドルチェ

・・・全7品

■ご予約・お問い合わせ

レストラン・SEAGULL(シーガル)
営業時間：午前10時～午後11時(火曜日定休)
住　所：神戸市中央区波止場町X-X
電　話：078-333-XXXX

①ワードアートを使って、**「Piano_&_Lunch」**というタイトルを挿入しましょう。
ワードアートのスタイルは**「塗りつぶし-青、アクセント1、影」**にします。
※_は半角空白を表します。

②ワードアートの形状を**「下凹レンズ」**に変形しましょう。

③ワードアートの文字列の折り返しを**「背面」**に設定しましょう。
また、完成図を参考に、ワードアートの位置とサイズを変更しましょう。

④**「期間」「時間」「コース・料金」「演奏者」**を5文字分の幅に均等に割り付けましょう。

⑤**「平成25年10月…」「午前11時30分…」「アンサンブル：…」「コンチェルト：…」「(サービス料…」「音田　奏」**を約10字の位置にそろえましょう。

⑥フォルダー**「総合問題」**の画像**「ピアノ」**を挿入しましょう。

⑦画像の文字列の折り返しを**「背面」**に設定しましょう。
また、完成図を参考に、画像の位置とサイズを変更しましょう。

⑧**「♪アンサンブル」**から**「…全7品」**までの文章を2段組みにしましょう。

⑨**「♪アンサンブル」**、**「♪コンチェルト」**、**「レストラン・SEAGULL」**から**「電　　話：078-333-XXXX」**までの行に文字の効果**「塗りつぶし(グラデーション)-青、アクセント1、反射」**を設定しましょう。

⑩**「SEAGULL」**の文字全体に**「シーガル」**とルビを付けましょう。

⑪次のページ罫線を設定しましょう。

絵柄	：■ ■ ■ ■ ■
色	：青、アクセント1
線の太さ	：12pt

⑫テーマ**「オーガニック」**を適用し、テーマの色を**「赤味がかったオレンジ」**に変更しましょう。

Hint テーマの色は、《デザイン》タブ→《ドキュメントの書式設定》グループの(テーマの色)で設定します。

※文書に「総合問題6完成」と名前を付けて、フォルダー「総合問題」に保存し、閉じておきましょう。

1 2 3 4 5 6 7 総合問題 付録1 付録2 付録3 索引

Exercise 総合問題7

解答 ► 別冊P.12

完成図のような文書を作成しましょう。

フォルダー「総合問題」の文書「総合問題7」を開いておきましょう。

●完成図

■基礎クラス■

月3回／全36回／1回4,000円(材料費含む)
季節のメニューを取り入れた家庭料理をテーマに、お料理の基本からご紹介する総合コースです。

■専科クラス■

月3回／全36回／1回5,000円(材料費含む)
基礎をマスターしている方を対象に、フランス料理やイタリア料理などをご紹介するコースです。

■四季クラス■

月1回／1回4,500円(材料費含む)
旬の食材を活かして、家庭で作れる会席料理をご紹介するコースです。

■デザートクラス■

月1回／1回3,500円(材料費含む)
おしゃれなケーキやふっくらパン、和菓子などをご紹介するコースです。材料の下ごしらえから仕上げまでしっかり実習します。
1回に2～3種類作り、完成したデザートはお持ち帰りいただけます。

■英語でクッキング■

月1回／1回4,500円(材料費含む)
手軽なお料理やお菓子作りを楽しみながら英会話がレッスンできるコースです。

◆今月のレッスンスケジュール(2013年8月)◆

	午前の部 10:00～12:00	午後の部 14:00～16:00	夜間の部 19:00～21:00
基礎クラス	月曜クラス：5・19・26 木曜クラス：8・22・29	火曜クラス：6・20・27 土曜クラス：17・24・31	
専科クラス	水曜クラス：7・21・28	月曜クラス：5・19・26	金曜クラス：9・23・30
四季クラス	6(火)／29(木)	22(木)／29(木)	
デザートクラス		2(金)／29(木)	3(土)／24(土)
英語でクッキング		7(水)／28(水)	31(土)

※四季クラス・デザートクラス・英語でクッキングは月ごとにメニューが変わります。ご都合のよい日程でご受講ください。

Rose クッキングスクール　札幌市中央区北一条西X-X　緑ビル 2F
TEL&FAX　011-210-XXXX

①テーマ**「レトロスペクト」**を適用しましょう。

②次の各文字に書式を設定しましょう。

文字	フォントサイズ	文字の効果
Roseクッキングスクール（1行目）	36ポイント	塗りつぶし-白、輪郭-アクセント1、影
"少人数で・ゆっくり・わかりやすく"…	12ポイント	塗りつぶし-白、輪郭-アクセント1、影
■基礎クラス■	16ポイント	塗りつぶし-黒、文字1、輪郭-背景1、影（ぼかしなし）-アクセント1
※四季クラス・デザートクラス…	8ポイント	
Roseクッキングスクール（下から2行目）	18ポイント	塗りつぶし-オレンジ、アクセント2、輪郭-アクセント2
札幌市中央区北一条西X-X　緑ビル2F	12ポイント	
TEL&FAX　011-210-XXXX	12ポイント	

③**「■基礎クラス■」**に設定した書式を**「■専科クラス■」「■四季クラス■」「■デザートクラス■」「■英語でクッキング■」「◆今月のレッスンスケジュール…」**にコピーしましょう。

④**「■基礎クラス■」**から**「…英会話がレッスンできるコースです。」**の行までの文章を2段組みにしましょう。
また、**「■デザートクラス■」**から2段目が始まるように段区切りを挿入しましょう。

⑤**「◆今月のレッスンスケジュール…」**の表にスタイル**「グリッド（表）5濃色-アクセント6」**を適用しましょう。

⑥完成図を参考に、**「◆今月のレッスンスケジュール…」**の表の空欄のセルに右下がりの斜め罫線を引きましょう。罫線の色は**「白、背景1」**にします。

Hint　右下がりの斜め罫線は、《表ツール》の《デザイン》タブ→《飾り枠》グループの（罫線）の→《斜め罫線（右下がり）》を使います。

⑦**「◆今月のレッスンスケジュール…」**の表内のすべての文字をセル内で中央揃えにしましょう。

⑧**「◆今月のレッスンスケジュール…」**の表全体を行の中央に配置しましょう。

⑨フォルダー**「総合問題」**の画像**「バラ」**を挿入しましょう。

⑩画像の文字列の折り返しを**「背面」**に設定しましょう。
また、画像にスタイル**「四角形、右下方向の影付き」**を適用しましょう。

⑪完成図を参考に、画像の位置とサイズを調整しましょう。

※文書に「総合問題7完成」と名前を付けて、フォルダー「総合問題」に保存し、閉じておきましょう。

総合問題8

解答 ► 別冊P.14

完成図のような文書を作成しましょう。

File OPEN フォルダー「総合問題」の文書「総合問題8」を開いておきましょう。

●完成図

Florist FOM

母の日特別ギフトのご案内

5月第2日曜日は『母の日』です。
日ごろの感謝の気持ちを込めてお花を贈りませんか？
Florist FOMでは、ご予約のお客様限定のフラワーギフトをご用意いたしました。

◆ 商品案内

商品番号①：カーネーション鉢植え
レッド／ピンク／イエローの3色からお選びいただけます。ご注文時にご指定ください。
高さ：約30cm
商品価格：3,000円（税込）
特別販売価格：2,700円（税込）

商品番号②：寄せ植え
ミニバラ、ガーベラ、アイビーの寄せ植えです。
お花の色は当店にお任せください。
高さ：約20cm
商品価格：4,000円（税込）
特別販売価格：3,600円（税込）

◆ 特典

- 特別販売価格（商品価格の10%OFF）にてご提供
- オリジナルカード、ラッピング、鉢カバー、人形のピックをプレゼント
- 長く楽しむためのお手入れBOOKをプレゼント

◆ お届け期間：2013年5月10日（金）～12日（日）

◆ お申し込み方法

お申し込み用紙に必要事項をご記入の上、5月1日（水）までにお申し込みください。

◆ お問合せ先

Florist FOM　担当：高梨（TEL：0120-333-XXX）

■母の日特別ギフト　お申し込み用紙■

お届け先①	〒	商品番号	
		商品名	
	TEL	特別販売価格	円
			様

お届け先②	〒	商品番号	
		商品名	
	TEL	特別販売価格	円
			様

お届け先③	〒	商品番号	
		商品名	
	TEL	特別販売価格	円
			様

ご依頼主		住所	
		TEL1	
	様	TEL2	

※ご依頼主様のお電話番号には、日中つながりやすい番号を「TEL1」にご記入ください。

<Florist FOM 使用欄>

①テーマ**「ファセット」**を適用し、テーマのフォントを**「TrebuchetMs」**に変更しましょう。

②**「■母の日特別ギフト　お申し込み用紙■」**の行から次のページが始まるように、改ページを挿入しましょう。

③完成図を参考に、タイトル**「母の日特別ギフトのご案内」**の背面に**「正方形/長方形」**の図形を作成しましょう。
また、図形にスタイル**「パステル-ゴールド、アクセント3」**を適用しましょう。

Hint 文字列の折り返しを設定するには、《書式》タブ→《配置》グループの（文字列の折り返し）を使います。

④フォルダー**「総合問題」**の画像**「カーネーション」**と**「寄せ植え」**を挿入しましょう。
また、2つの画像に次の書式を設定しましょう。

文字列の折り返し　：四角
図のスタイル　　　：四角形、面取り

⑤完成図を参考に、2つの画像の位置とサイズを調整しましょう。

⑥完成図を参考に、2ページ目の**「お届け先①」**の表をコピーして**「お届け先②」「お届け先③」**の表を作成しましょう。

⑦**「お届け先③」**の表の2行下に3行4列の表を作成しましょう。
また、次のように表に文字を入力しましょう。

ご依頼主↵	↵	住所↵	↵
↵	↵	TEL1↵	↵
↵	様↵	TEL2↵	↵

⑧**「ご依頼主」**の表の1列目と2列目のセルをそれぞれ結合しましょう。

⑨完成図を参考に、**「ご依頼主」**の表の列幅と表のサイズを変更しましょう。
また、行の高さをそろえましょう。

Hint 行の高さをそろえるには、《レイアウト》タブ→《セルのサイズ》グループの（高さを揃える）を使います。

⑩**「ご依頼主」**の表の1列目と3列目に**「オレンジ、アクセント4、白+基本色60%」**の塗りつぶしを設定しましょう。

⑪完成図を参考に、**「ご依頼主」**の表の2列目と3列目の文字の配置を変更しましょう。

⑫完成図を参考に、**「<Florist FOM使用欄>」**の表のサイズを変更し、表全体を行の右端に配置しましょう。

⑬文書に**「特別ギフトのご案内（配布用）」**と名前を付けてPDFファイルとしてフォルダー**「総合問題」**に保存しましょう。また、保存後、PDFファイルを表示しましょう。

※PDFファイルを閉じておきましょう。
※文書に「総合問題8完成」と名前を付けて、フォルダー「総合問題」に保存し、閉じておきましょう。

付録 1 ショートカットキー一覧

知っていると便利なWordのショートカットキーを記載しています。

Appendix
ショートカットキー一覧

文書を開く	Ctrl + O
上書き保存	Ctrl + S
名前を付けて保存	F12
文書を閉じる	Ctrl + W
Wordの終了	Alt + F4
入力中の文字を検索	Ctrl + F8
コピー	Ctrl + C
切り取り	Ctrl + X
貼り付け	Ctrl + V
元に戻す	Ctrl + Z
やり直し	Ctrl + Y
検索	Ctrl + F
置換	Ctrl + H
印刷	Ctrl + P
ヘルプ	F1
繰り返し	F4
すべて選択	Ctrl + A
文頭にカーソルを移動	Ctrl + Home
文末にカーソルを移動	Ctrl + End
太字	Ctrl + B
斜体	Ctrl + I
下線	Ctrl + U
左揃え	Ctrl + L
中央揃え	Ctrl + E
右揃え	Ctrl + R
両端揃え	Ctrl + J
タブ位置をすべて解除	Ctrl + Shift + N
段区切りの挿入	Ctrl + Shift + Enter
改ページの挿入	Ctrl + Enter
目次フィールドの更新	F9
変更履歴の記録	Ctrl + Shift + E
文章校正	F7
見出し1	Ctrl + Alt + ! 1 ぬ
見出し2	Ctrl + Alt + " 2 ふ
見出し3	Ctrl + Alt + # 3 ぁ あ

■付録 2■ ビジネス文書の基礎知識

ビジネス文書の種類や形式・書き方のポイントを解説します。

STEP 1 ビジネス文書とは何かを確認する

1 ビジネス文書とは

ビジネス文書とは、会社の日常業務で発生する連絡事項や依頼事項、各種の案内、報告など企業や官公庁（自治体）などで扱う文書のことです。

紙で印刷されたものはもちろん、メールなどもビジネス文書に含まれます。

※本書では、一般的なビジネス文書について記述しています。企業内で独自の文書規定がある場合などは、その規定に従ってください。

2 ビジネス文書の種類

ビジネス文書は、**「社内文書」「社外文書」「その他の業務で使用するメモや資料」**に分類されます。

●社内文書

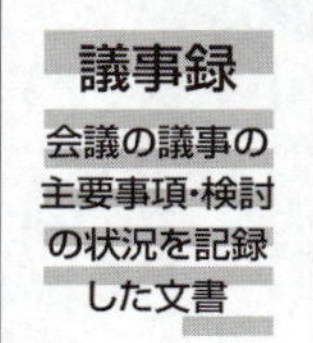

議事録
会議の議事の
主要事項・検討
の状況を記録
した文書

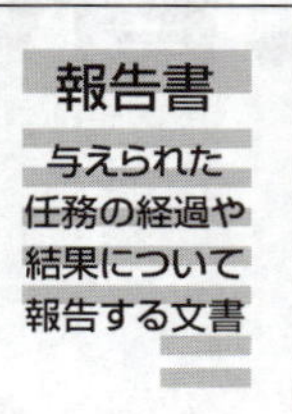

報告書
与えられた
任務の経過や
結果について
報告する文書

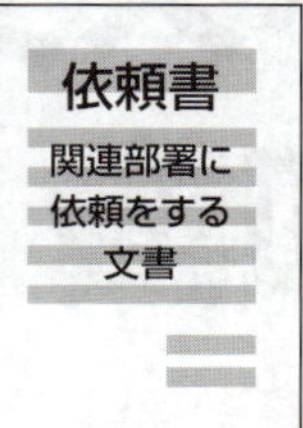

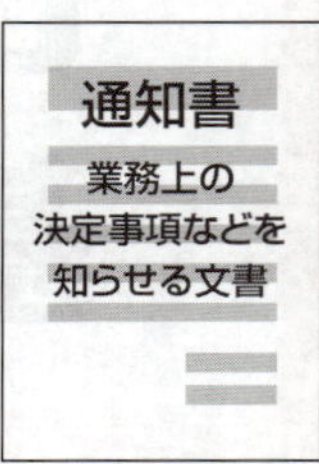

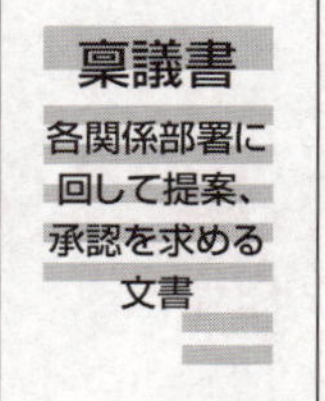

稟議書
各関係部署に
回して提案、
承認を求める
文書

●社外文書

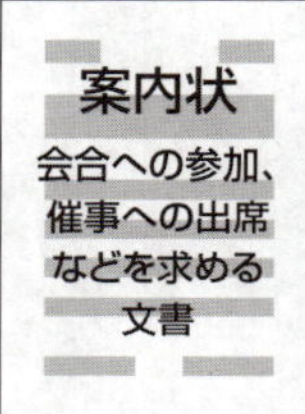

案内状
会合への参加、
催事への出席
などを求める
文書

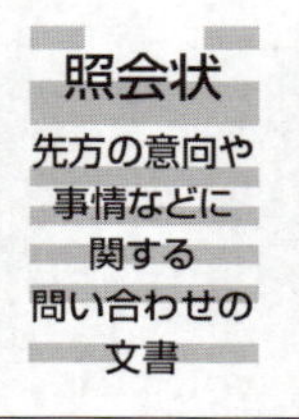

照会状
先方の意向や
事情などに
関する
問い合わせの
文書

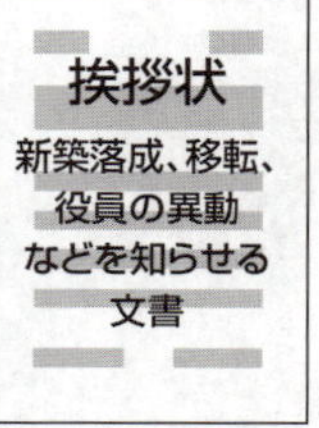

挨拶状
新築落成、移転、
役員の異動
などを知らせる
文書

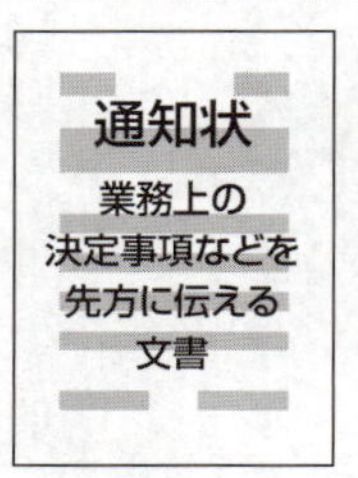

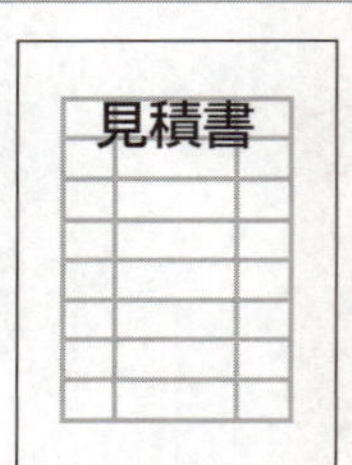

●その他の業務で使用するメモや資料

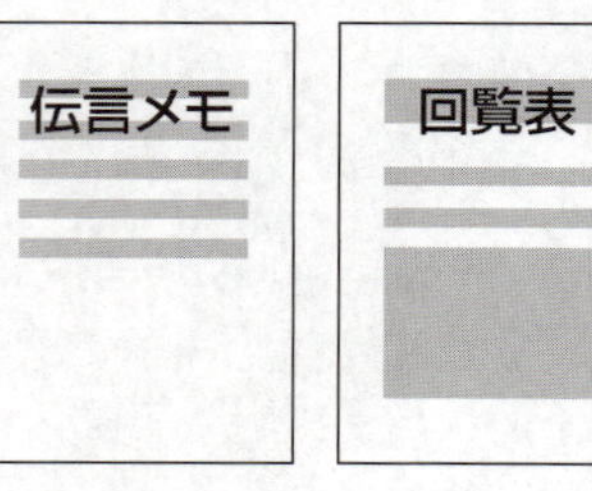

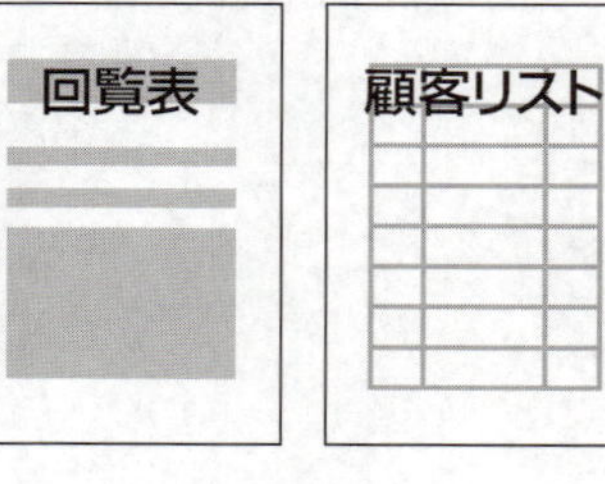

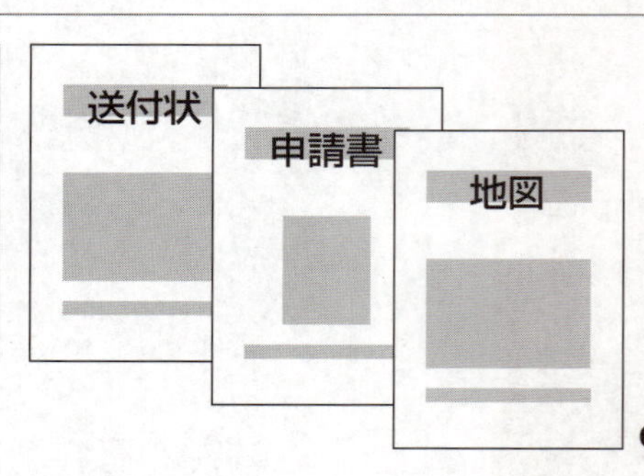

etc...

3 ビジネス文書のポイント

ビジネス文書を作成するときのポイントは、次のとおりです。

- **●正確であること（「事実」「意見」などが明確に区別され、わかりやすい）**
- **●簡潔であること（必要なことが要領よくまとまっている）**
- **●適時であること（タイミングがよい）**
- **●表記法に従うこと（文字、文体、句読点の使い方が正しい）**
- **●経済的であること（迅速かつ効率的に作成ができ、扱いが簡単である）**
- **●客観的であること（個人的な判断にかたよっていない）**

4 ビジネス文書の留意点

ビジネス文書を作成するときの留意点は、次のとおりです。

1 文字、文体

①漢字は、原則として常用漢字を使います。数字は、原則としてアラビア数字を使います。

※地名、人名、会社名などの固有名詞は常用漢字以外でも使うことができます。

②社内向けには常体、敬体を使い、社外向けには敬体、特別敬体を使います。

●常体　・・・である。・・・する。
●敬体　・・・であります。・・・します。
●特別敬体・・・でございます。・・・いたします。

2 書式

書式は、原則として横書きとします。

ただし、次の文書は縦書きとする場合もあります。

- **●法令などで特に定められているもの**
- **●表彰状、祝辞、弔辞に類するもの**

3 1件1文書

ひとつのテーマにひとつの文書を対応させます。

※通常、テーマ別にファイリングするため、1件1文書の形式が便利です。

4 文書の用紙

用紙は、原則としてA4版を縦長に使います。

また、原則として1枚に収め、2枚以上にわたる場合は左上をとじ、ページ番号を下部中央に付けます。

STEP 2 ビジネス文書の基本形を確認する

1 社内向け文書

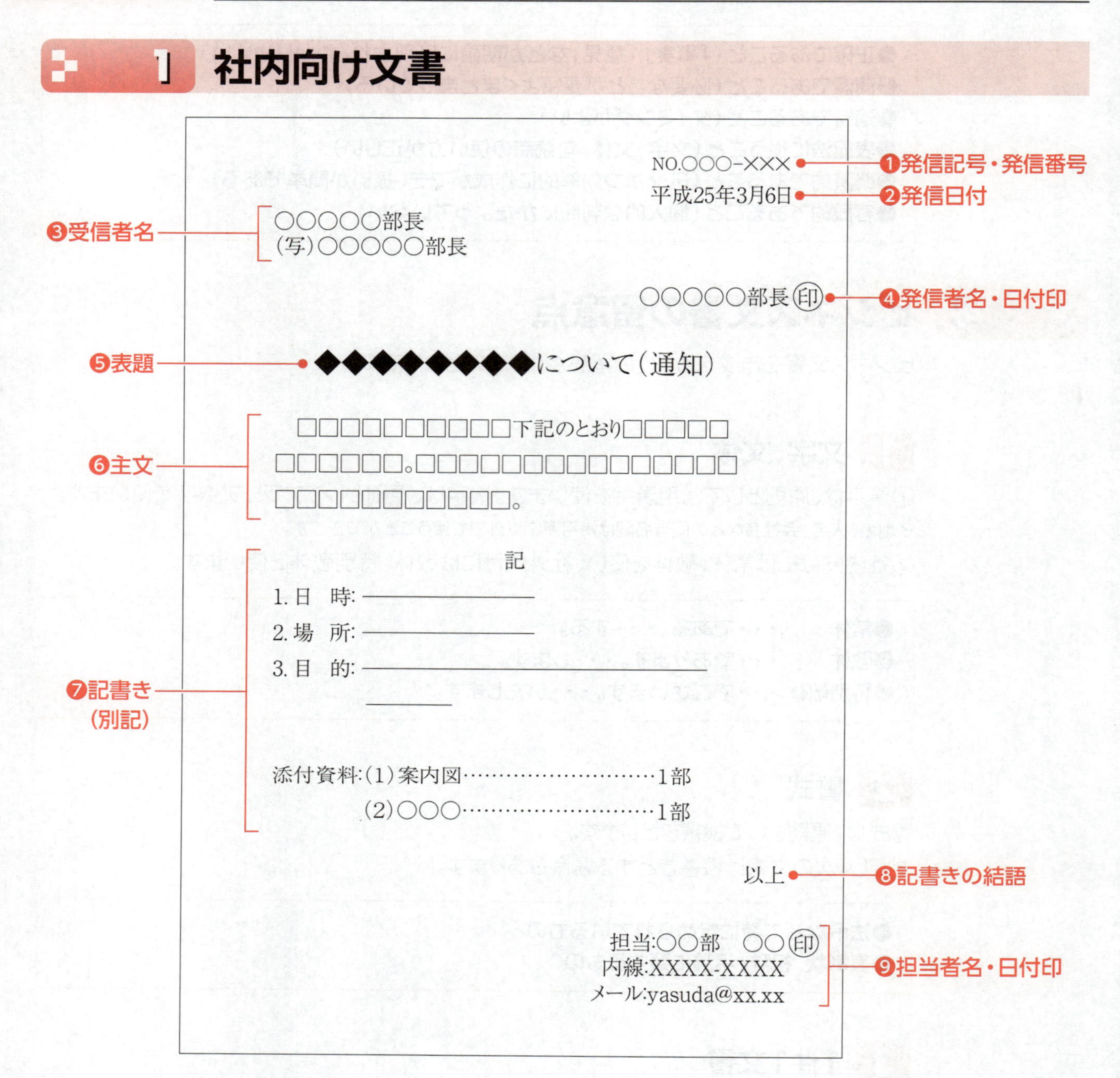
NO.○○○-×××
平成25年3月6日

○○○○○部長
(写)○○○○○部長

○○○○○部長 印

◆◆◆◆◆◆◆◆◆について(通知)

□□□□□□□□□□□下記のとおり□□□□□□
□□□□□□□。□□□□□□□□□□□□□□□□□
□□□□□□□□□□□□□。

記

1. 日　時: ____________
2. 場　所: ____________
3. 目　的: ____________

添付資料:(1)案内図……………………1部
(2)○○○……………………1部

以上

担当:○○部　○○ 印
内線:XXXX-XXXX
メール:yasuda@xx.xx

❶発信記号・発信番号
発信元では、必要に応じて文書の発信番号を管理します。発信番号は文書の右上に記述します。
省略する場合もあります。

❷発信日付
原則として、発信当日の年月日を記述します。
西暦とするか元号とするかは、組織内の規定に合わせます。

❸受信者名
左端を主文の左端とそろえます。
受信者名は、原則として役職名だけ、または部署名と個人名を記述します。

＜例＞

営業企画部長
営業企画部　鈴木部長

※受信者の部署名や役職名は最新の情報を確認し、間違えないように注意しましょう。

送付先が多い場合は、**「関係者　各位」**などと記述します。

❹発信者名・日付印
発信者名は所属長の部署名と役職名を記述し、本文の右上、受信者名より下の行に記述します。書面について発信者が確認したことを明示するための押印は日付印を使います。

❺表題
本文の内容がひと目でわかるような件名にします。
中央に本文より大きい文字で記述します。

＜例＞

管理職研修会開催の件
年末・年始の就業について
全社販売実績について（報告）

※本文の内容により、「通知」「回答」「報告」などを（　）書きで記述します。

❻主文
記書き（別記）がある場合は、**「下記のとおり」**と記述します。

❼記書き（別記）
主文において**「下記のとおり」**とした場合は、主文の下に中央揃えで**「記」**を記述します。記書きは、**「1. 2. 3. …」**などの見出し記号を付けて箇条書きにします。

❽記書きの結語
「以上」でしめくくり、右端に記述します。

❾担当者名・日付印
担当者の部署名、氏名、内線番号、メールアドレスなどの連絡先を右端に記述し、担当者の日付印を押します。

2 社外向け文書

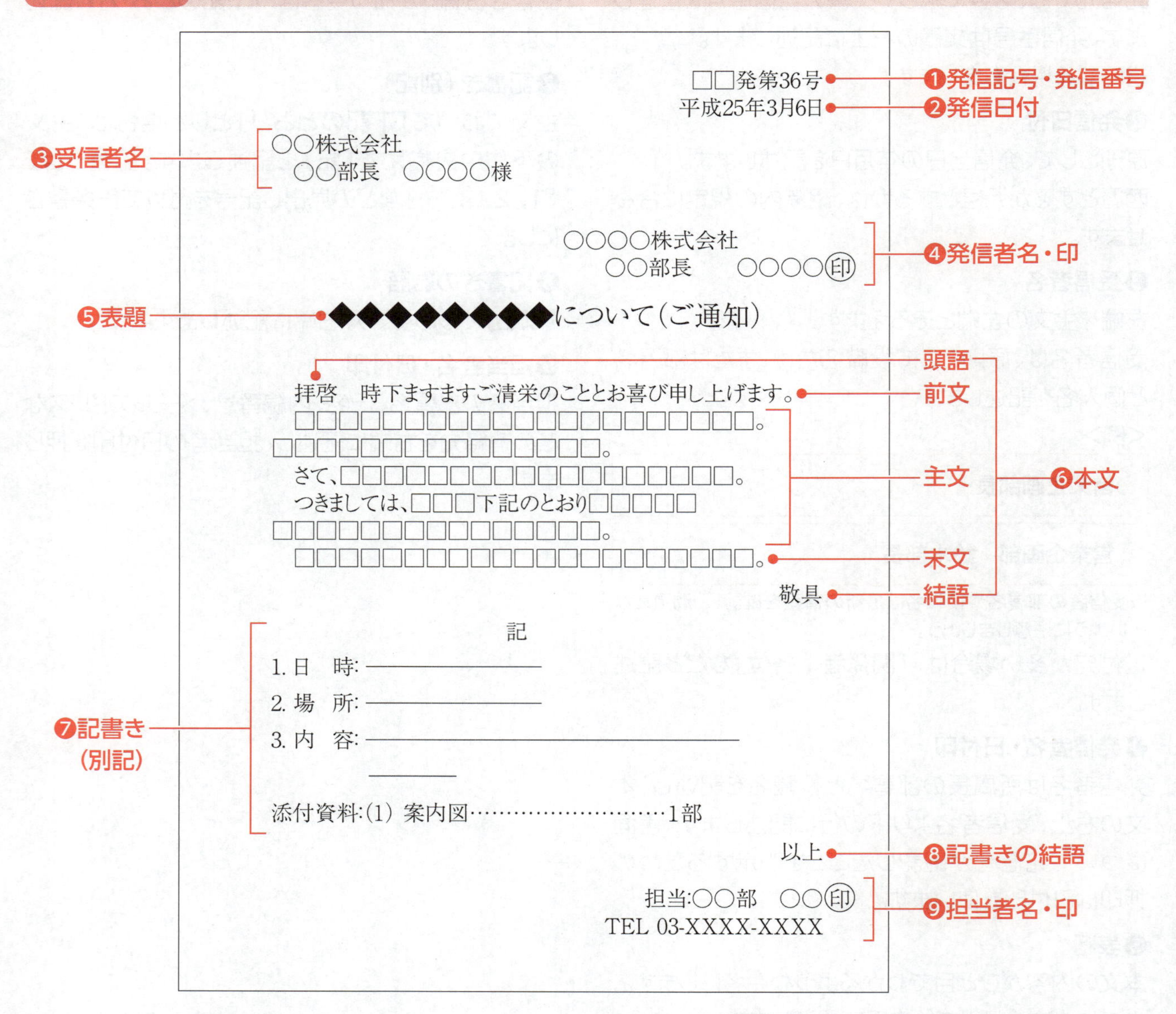

□□発第36号
平成25年3月6日

○○株式会社
　○○部長　○○○○様

○○○○株式会社
○○部長　○○○○㊞

◆◆◆◆◆◆◆◆◆◆について（ご通知）

拝啓　時下ますますご清栄のこととお喜び申し上げます。
　□□□□□□□□□□□□□□□□□□□□□□□。
□□□□□□□□□□□□□□□□□□□□□。
　さて、□□□□□□□□□□□□□□□□□□□□。
　つきましては、□□□下記のとおり□□□□□□
□□□□□□□□□□□□□□□□□□□□。
　□□□□□□□□□□□□□□□□□□□□□□□□。

敬具

記

1. 日　時：
2. 場　所：
3. 内　容：

添付資料：(1) 案内図……………………1部

以上

担当：○○部　○○㊞
TEL 03-XXXX-XXXX

❶発信記号・発信番号

発信元では、必要に応じて文書の発信番号を管理します。発信番号は文書の右上に記述します。
省略する場合もあります。

❷発信日付

原則として、発信当日の年月日を記述します。
西暦とするか元号とするかは、送付先の慣行などに合わせます。

❸受信者名

左端を本文の左端とそろえます。
会社名は、正式名称を記述します。略称の(株)、K.K.などは使いません。

<例>

青空科学（株）  青空科学株式会社

受信者名は、原則として役職名と個人名を併記します。
送付先が複数の場合は、原則として送付先ごとに作成します。
受信者の敬称は、次のとおりです。

官庁、会社などの団体にあてる
→ **御中**
役職名、個人名にあてる
→ **様**
会社や個人などを特定しない複数にあてる
→ **各位**

❹**発信者名・印**

発信者名は原則として所属長にし、本文の右上、受信者名より下の行に記述します。

<例>

富士コン商事株式会社
販売部長　山田　勝

発信者の印は、原則として会社所有の社印を押印します。社印がない場合は、認印を押印します。

※日付印は使いません。

<例>

山田電子産業株式会社
東京支店　販売部長　佐藤　太郎　㊞

社印・認印

※案内状、挨拶状など、多数印刷し配付する場合やメールの場合は押印しなくてもかまいません。

❺**表題**

本文の内容がひと目でわかるような件名にします。(　)書きの記述には敬体を使い、相手発信の関連文書については**「貴信」**を添えます。

<例>

契約条件の変更ついて（ご回答）
（貴信平成24年10月1日付、営業発第0077関連）

❻**本文**

本文は、次のように記述します。

◆**頭語**

「拝啓」、**「謹啓」**などを使います。

◆**前文**

時候のあいさつや相手の繁栄を祝う言葉を添えます。

◆**主文**

前文の次の行に改行して記述します。

わかりやすく、簡潔に記述します。文は短く区切り、あいまいな表現や重複する表現は避け、結論を先に記述します。また適切な敬語を使います。

◆**末文**

主文をしめくくります。本文の末尾に改行して記述します。

◆**結語**

頭語に対応する**「敬具」**、**「謹白」**などの結語を使います。

❼**記書き（別記）**

主文において**「下記のとおり」**とした場合は、主文の下に中央揃えで**「記」**を記述します。記書きは、**「1. 2. 3. …」**などの見出し記号を付けて箇条書きにします。

❽**記書きの結語**

「以上」でしめくくり、右端に記述します。

❾**担当者名・印**

明示する必要がある場合は、**「以上」**の下に担当者の部署名、氏名、電話番号、メールアドレスなどの連絡先を右端に記述し、担当者の認印を押印します。

ビジネス文書の定型表現を確認する

1 頭語・結語

頭語と結語には、次のようなものがあります。文書の種類に応じて使い分けましょう。

文書の種類	頭　語	結　語
一般的な場合	拝啓	敬具
	謹啓	謹白　敬白　謹言
取り急ぎ要件のみ書く場合	前略	草々
返信の場合	拝復	敬具　敬白

2 時候のあいさつ

時候のあいさつには、次のようなものがあります。
相手の立場や地位、相手との関係を考慮しながら、使い分けましょう。

月	一般的なあいさつの例	やや打ち解けたあいさつの例
1月	新春の候、厳寒の候、大寒の候	寒さ厳しき折から
2月	余寒の候、梅花の候、立春の候	立春とは名ばかりですが
3月	早春の候、浅春の候、春分の候	日増しに暖かくなりましたが
4月	陽春の候、春暖の候、桜花の候	うららかなよい季節を迎え
5月	新緑の候、薫風の候、初夏の候	青葉薫るころとなりましたが
6月	梅雨の候、短夜の候、向暑の候	うっとうしい日々が続きますが
7月	盛夏の候、炎暑の候、酷暑の候	暑さ厳しき折から
8月	残暑の候、晩夏の候、秋暑の候	風の音にも秋の訪れを感じる季節となり
9月	初秋の候、秋雨の候、新涼の候	さわやかなよい季節を迎え
10月	秋冷の候、仲秋の候、錦秋の候	さわやかな晴天の続くこのごろ
11月	晩秋の候、向寒の候、初霜の候	秋もいちだんと深まってまいりましたが
12月	寒冷の候、師走の候、初冬の候	暮れも押し迫ってまいりましたが

3 末文のあいさつ

末文のあいさつには、次のようなものがあります。文書の種類に応じて使い分けましょう。

種　類	例
通　知	とりあえずお知らせ申し上げます。 まずはご一報申し上げます。 取り急ぎごあいさつ申し上げます。 まずはお知らせまで。
案　内	ご案内かたがたお願い申し上げます。 まずはご案内まで。

種　類	例
照　会	取り急ぎ照会申し上げます。 まずはご照会まで。
依　頼	ご依頼申し上げます。 なにとぞご回答をお願い申し上げます。 何分のご返事を賜りますようお願いいたします。
回　答	まずはご返事申し上げます。 取り急ぎご回答申し上げます。

Appendix 3

■付録 3■
Officeの基礎知識

コマンドの実行、タッチ操作、ヘルプの利用、ファイルの互換性など、
Office 2013を操作する上で必要な基礎知識を解説します。

STEP 1 コマンドを実行する

1 コマンドの実行

作業を進めるための指示を**「コマンド」**、指示を与えることを**「コマンドを実行する」**といいます。コマンドを実行して、書式を設定したり、ファイルを保存したりします。
コマンドを実行する方法には、次のようなものがあります。
作業状況や好みに合わせて、使いやすい方法で操作しましょう。

- ●リボン
- ●バックステージビュー
- ●ミニツールバー
- ●クイックアクセスツールバー
- ●ショートカットメニュー
- ●ショートカットキー

2 リボン

「リボン」には、Wordの機能を実現するためのさまざまなコマンドが用意されています。
ユーザーはリボンを使って、行いたい作業を選択します。
リボンの各部の名称と役割は、次のとおりです。

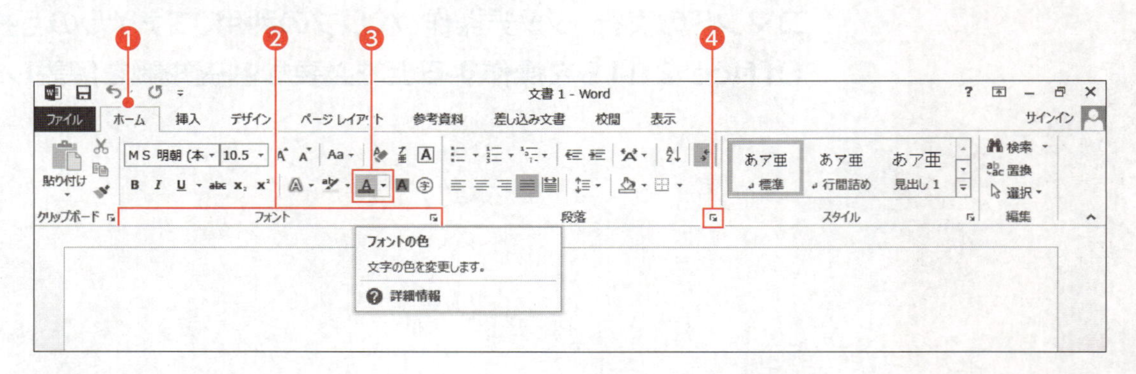

❶タブ
関連する機能ごとに、ボタンが分類されています。

❷グループ
各タブの中で、関連するボタンがグループごとにまとめられています。

❸ボタン
ポイントすると、ボタンの名前と説明が表示されます。クリックすると、コマンドが実行されます。▼が表示されているボタンは、▼をクリックすると、一覧に詳細なコマンドが表示されます。

❹起動ツール
クリックすると、**「ダイアログボックス」**や**「作業ウィンドウ」**が表示されます。

POINT ▶▶▶

その他のタブ

表や図形などが操作対象のとき、新しいタブが自動的に表示されます。
操作対象に応じてリボンの内容が切り替わるので、目的のコマンドを探しやすくなっています。

表内にカーソルがあるとき、《デザイン》タブと《レイアウト》タブが表示される

STEP UP ダイアログボックス

リボンのボタンをクリックすると、「ダイアログボックス」が表示される場合があります。
ダイアログボックスでは、コマンドを実行するための詳細な設定を行います。
ダイアログボックスの各部の名称と役割は、次のとおりです。

●《ホーム》タブ→《フォント》グループの をクリックした場合

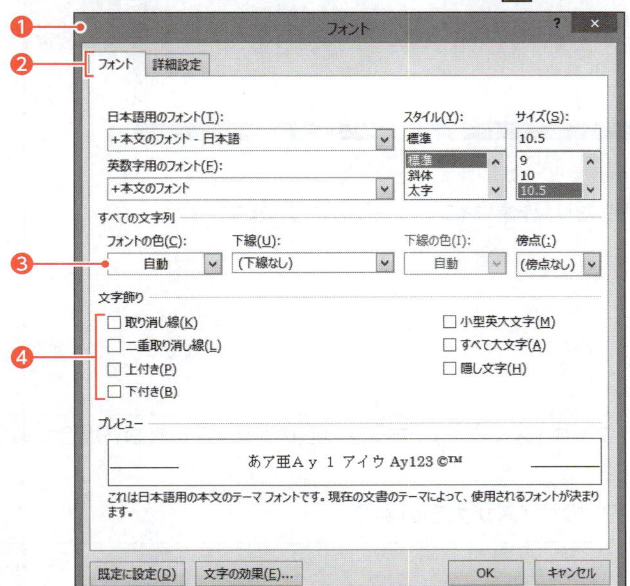

❶タイトルバー
ダイアログボックスの名称が表示されます。

❷タブ
ダイアログボックス内の項目が多い場合に、関連する項目ごとに見出し(タブ)が表示されます。タブを切り替えて、複数の項目をまとめて設定できます。

❸ドロップダウンリストボックス
をクリックすると、選択肢が一覧で表示されます。

❹チェックボックス
クリックして、選択します。
☑オン(選択されている状態)
☐オフ(選択されていない状態)

●《ページレイアウト》タブ→《ページ設定》グループの をクリックした場合

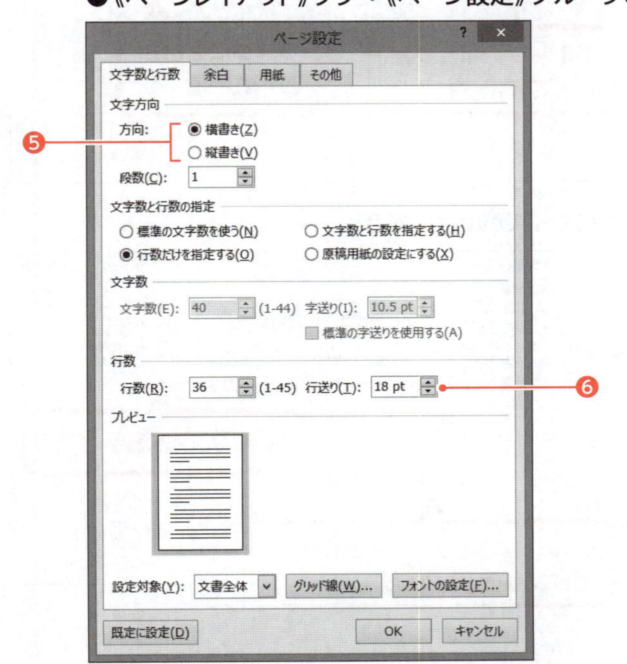

❺オプションボタン
クリックして、選択肢の中からひとつだけ選択します。
◉オン(選択されている状態)
○オフ(選択されていない状態)

❻スピンボタン
クリックして、数値を指定します。
テキストボックスに数値を直接入力することもできます。

作業ウィンドウ

リボンのボタンをクリックすると、「作業ウィンドウ」が表示される場合があります。
選択したコマンドによって、作業ウィンドウの使い方は異なります。
作業ウィンドウの各部の名称と役割は、次のとおりです。

●《ホーム》タブ→《クリップボード》グループの をクリックした場合

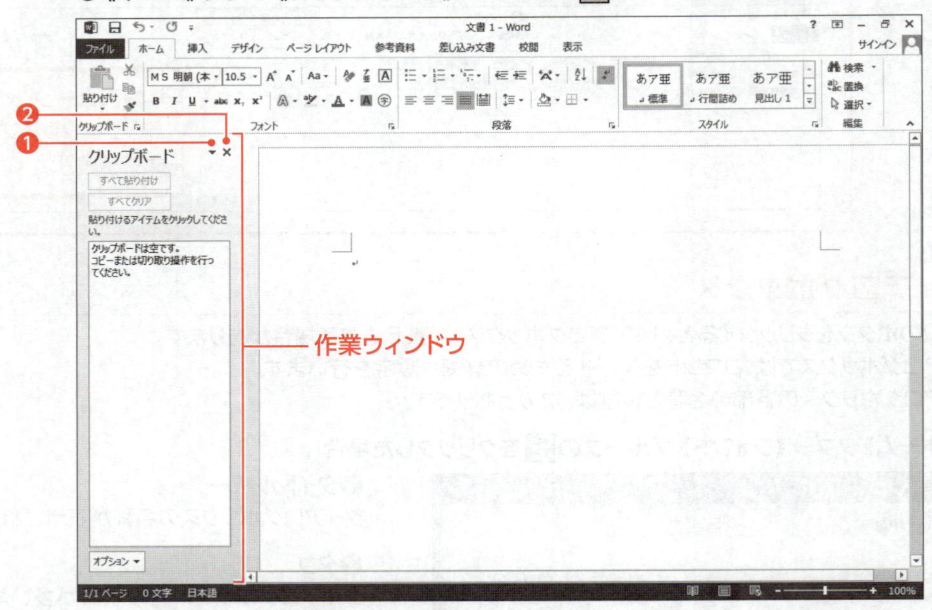

❶ （作業ウィンドウオプション）
作業ウィンドウのサイズや位置を変更したり、作業ウィンドウを閉じたりします。

❷ （閉じる）
作業ウィンドウを閉じます。

ボタンの形状

ディスプレイの画面解像度やウィンドウのサイズによって、ボタンの形状やサイズが異なる場合があります。

●画面解像度が高い場合／ウィンドウのサイズが大きい場合

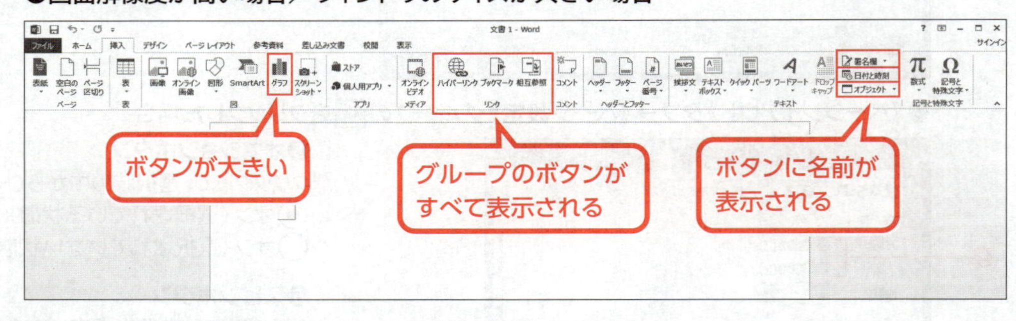

●画面解像度が低い場合／ウィンドウのサイズが小さい場合

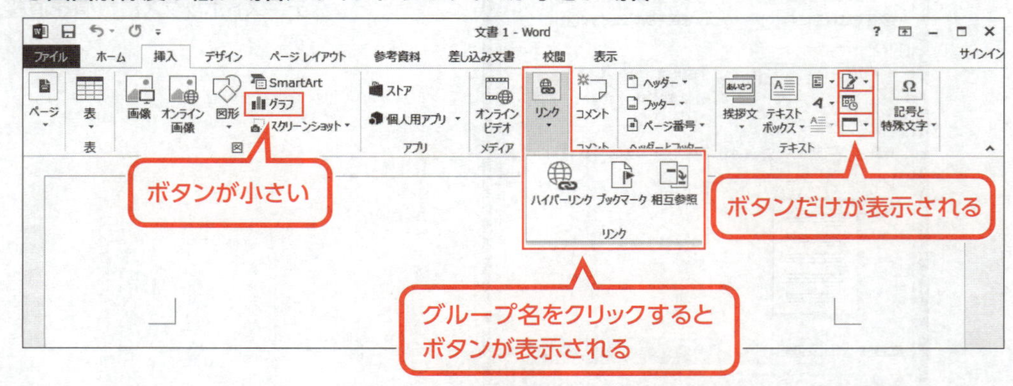

リボンのユーザー設定

ユーザーが独自にリボンのタブやグループを作成して、必要なコマンドを登録できます。

◆リボンを右クリック→《リボンのユーザー設定》→《Wordのオプション》ダイアログボックスで設定

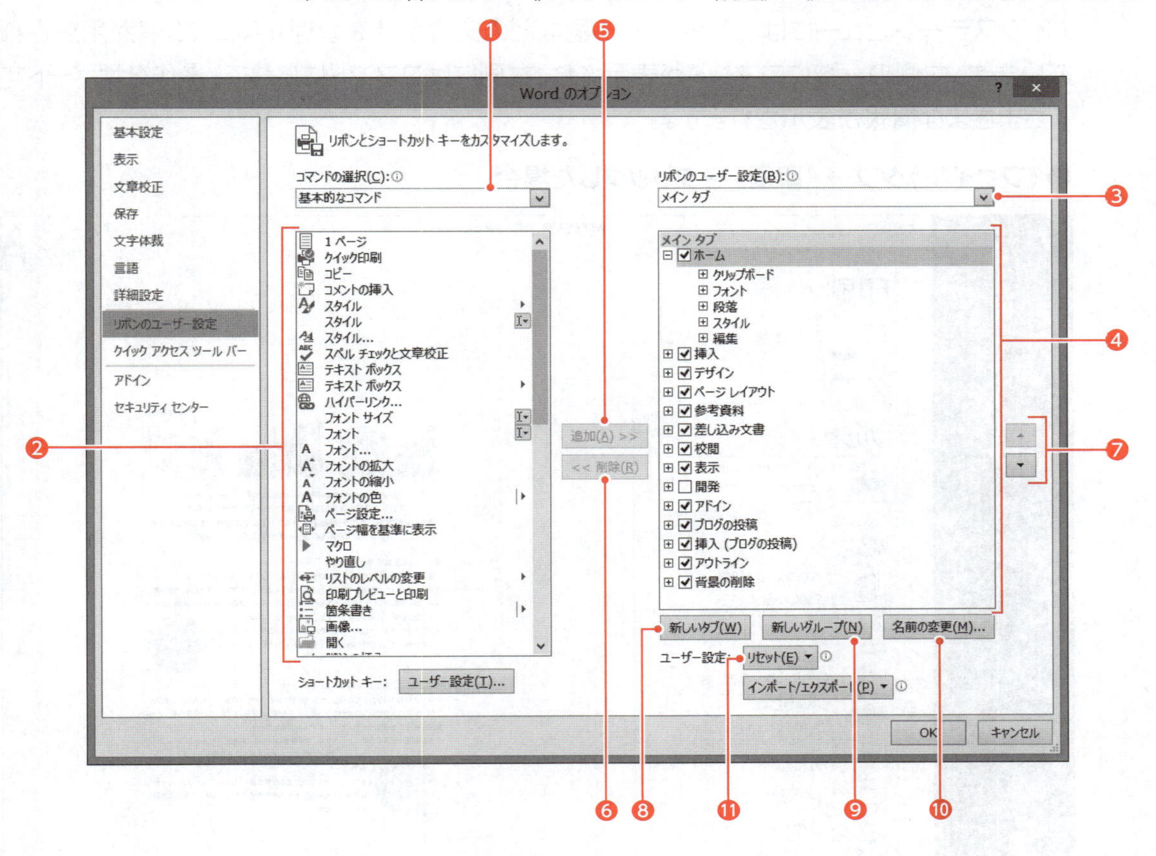

❶コマンドの種類
リボンに追加するコマンドの種類を選択します。

❷コマンドの一覧
❶で選択する種類に応じて、コマンドが表示されます。この一覧からリボンに追加するコマンドを選択します。

❸タブの種類
設定するタブの種類を選択します。

❹現在のタブの設定
❸で選択する種類に応じて、現在のタブの設定状況が表示されます。この一覧から操作対象のタブやグループを選択します。

❺追加
❷で選択したコマンドを、タブ内のグループに追加します。

❻削除
タブに追加したコマンドを削除します。また、作成したタブやグループを削除します。

❼上へ／下へ
タブ内のコマンドの順番を入れ替えます。

❽新しいタブ
リボンに《新しいタブ（ユーザー設定）》と、そのタブ内に《新しいグループ（ユーザー設定）》を作成します。

❾新しいグループ
タブ内に《新しいグループ（ユーザー設定）》を作成します。

❿名前の変更
タブやグループの名前を変更します。

⓫リセット
ユーザーが設定したリボンをリセットして、もとの状態に戻します。

3 バックステージビュー

《ファイル》タブをクリックすると表示される画面を**「バックステージビュー」**といいます。
バックステージビューには、ファイルや印刷などの文書全体を管理するコマンドが用意されています。左側の一覧にコマンドが表示され、右側にはコマンドに応じて、操作をサポートするさまざまな情報が表示されます。

●《ファイル》タブ→《印刷》をクリックした場合

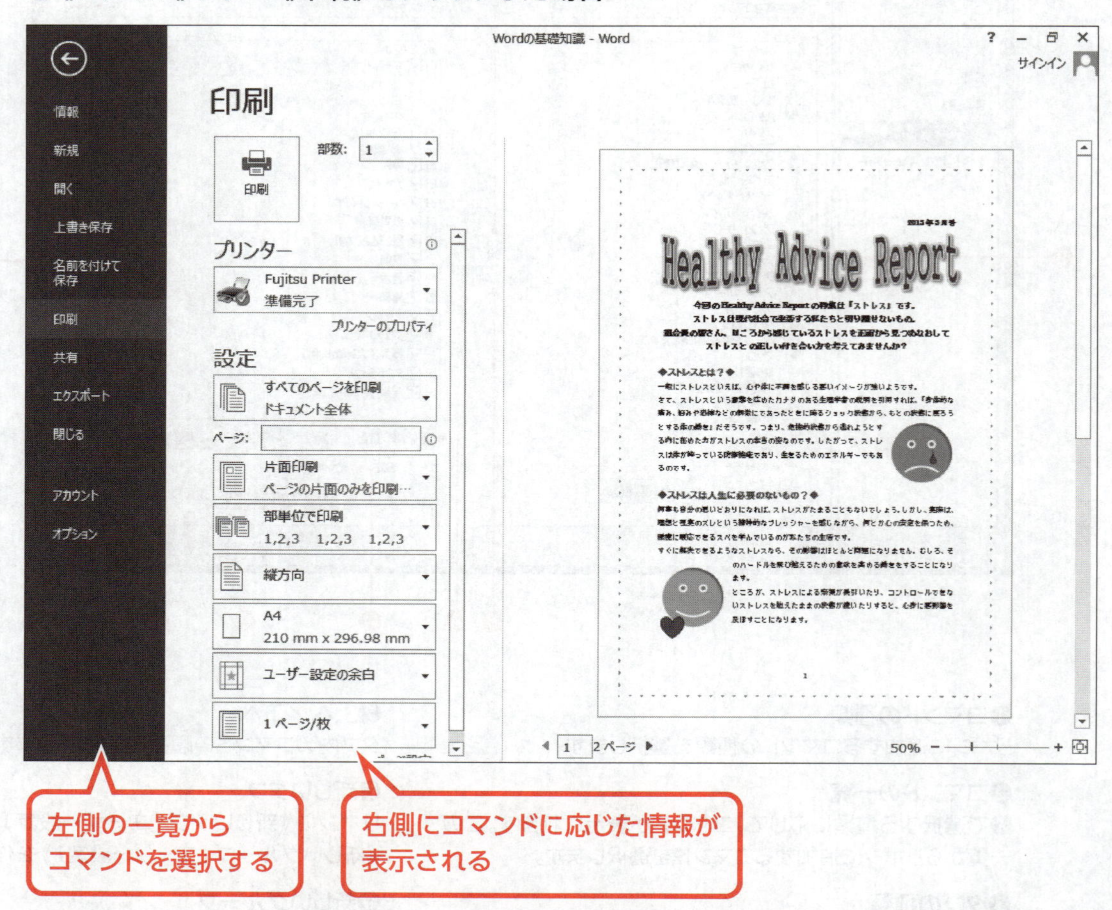

※コマンドによっては、クリックするとすぐにコマンドが実行され、右側に情報が表示されない場合もあります。

バックステージビューの表示の解除

《ファイル》タブをクリックしたあと、バックステージビューを解除してもとの表示に戻る方法は、次のとおりです。

◆左上の(←)をクリック

◆Esc

4 ミニツールバー

文字を選択したり、選択した範囲を右クリックしたりすると、文字の近くに**「ミニツールバー」**が表示されます。
ミニツールバーには、よく使う書式設定のボタンが用意されています。

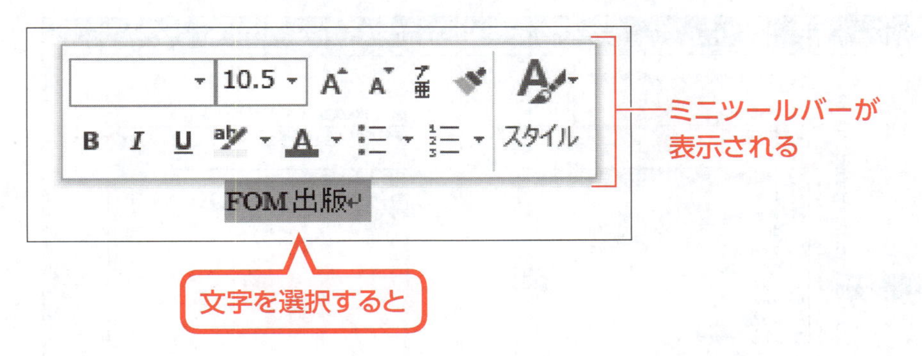

ミニツールバーの表示の解除

ミニツールバーの表示を解除する方法は、次のとおりです。

◆ Esc

◆ミニツールバーが表示されていない場所をポイント

5 クイックアクセスツールバー

「クイックアクセスツールバー」には、初期の設定で、（上書き保存）、（元に戻す）、（繰り返し）の3つのコマンドが登録されています。
クイックアクセスツールバーには、ユーザーがよく使うコマンドを自由に登録できます。クイックアクセスツールバーにコマンドを登録しておくと、リボンのタブを切り替えたり階層をたどったりする手間が省けるので効率的です。

※タッチ対応のパソコンでは、3つのコマンドのほかに（タッチ/マウスモードの切り替え）が登録されています。

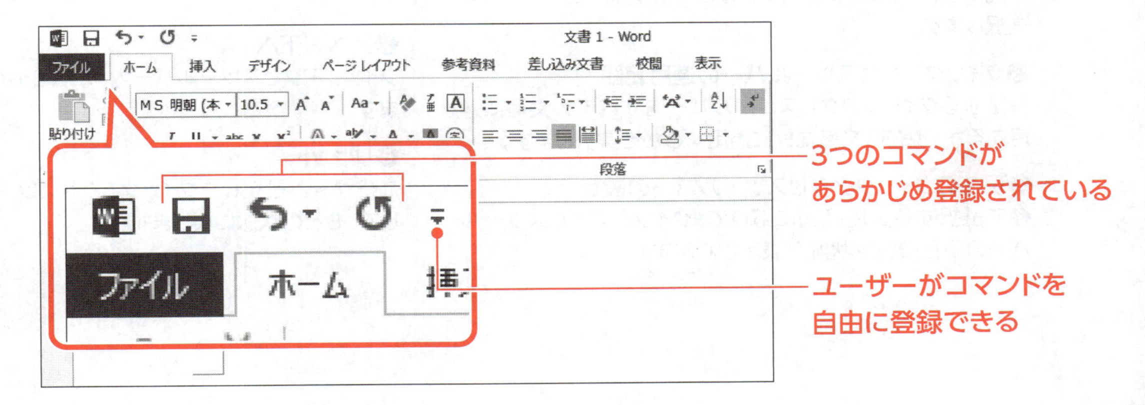

クイックアクセスツールバーのユーザー設定

ユーザーが独自にクイックアクセスツールバーに必要なコマンドを登録できます。

◆クイックアクセスツールバーの（クイックアクセスツールバーのユーザー設定）→《その他のコマンド》→《Wordのオプション》ダイアログボックスで設定

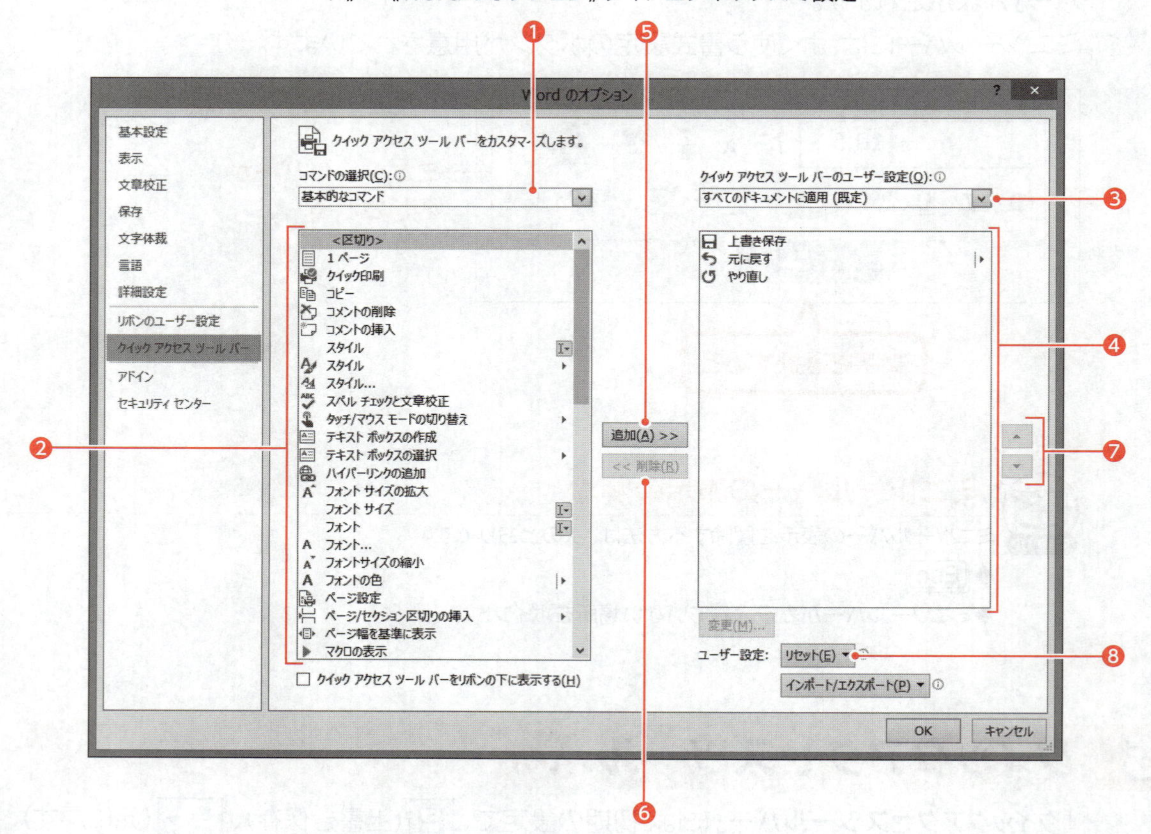

❶コマンドの種類
クイックアクセスツールバーに追加するコマンドの種類を選択します。

❷コマンドの一覧
❶で選択する種類に応じて、コマンドが表示されます。この一覧からクイックアクセスツールバーに追加するコマンドを選択します。

❸クイックアクセスツールバーの適用範囲
設定するクイックアクセスツールバーをすべての文書に適用するか、現在の文書だけに適用するかを選択します。

❹現在のクイックアクセスツールバーの設定
❸で選択する適用範囲に応じて、クイックアクセスツールバーの現在の設定状況が表示されます。

❺追加
❷で選択したコマンドを、クイックアクセスツールバーに追加します。

❻削除
クイックアクセスツールバーに追加したコマンドを削除します。

❼上へ／下へ
クイックアクセスツールバー内のコマンドの順番を入れ替えます。

❽リセット
ユーザーが設定したクイックアクセスツールバーをリセットして、もとの状態に戻します。

6 ショートカットメニュー

任意の場所を右クリックすると、**「ショートカットメニュー」**が表示されます。ショートカットメニューには、作業状況に合ったコマンドが表示されます。

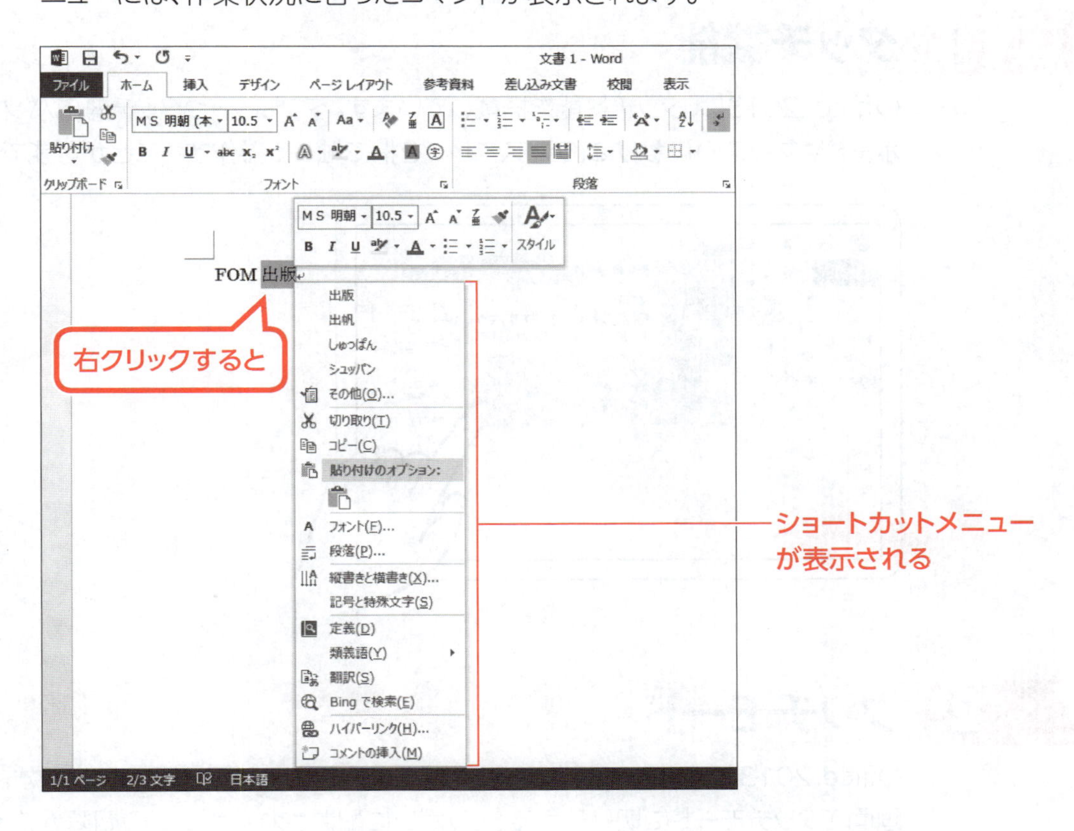

ショートカットメニューの表示の解除

ショートカットメニューの表示を解除する方法は、次のとおりです。

◆ Esc

◆ショートカットメニューが表示されていない場所をクリック

7 ショートカットキー

よく使うコマンドには、**「ショートカットキー」**が割り当てられています。キーボードのキーを押すことでコマンドが実行されます。

キーボードからデータを入力したり編集したりしているときに、マウスに持ち替えることなくコマンドを実行できるので効率的です。

リボンやクイックアクセスツールバーのボタンをポイントすると、コマンドによって対応するショートカットキーが表示されます。

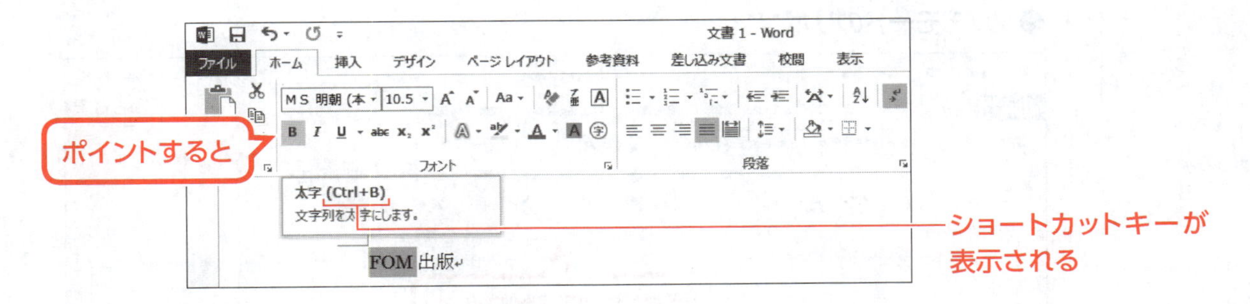

タッチで操作する

1 タッチ機能

Office 2013は、タッチ機能を搭載しています。タブレットやタッチ対応パソコンでは、キーボードやマウスの代わりに、ディスプレイを指で触って操作することが可能です。

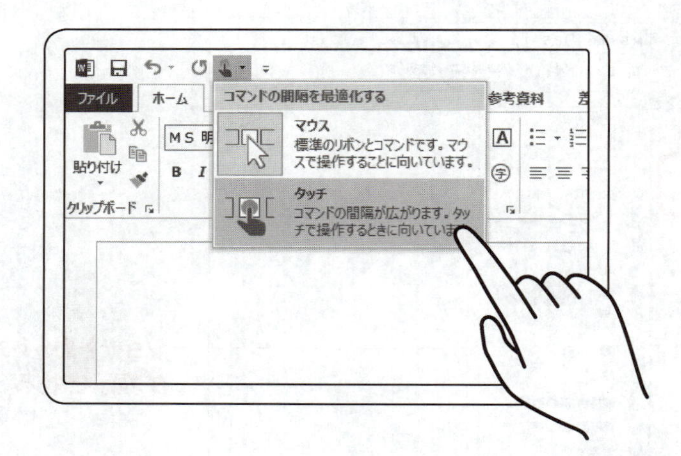

2 タッチモード

Office 2013には、タッチ操作に適した**「タッチモード」**が用意されています。
画面をタッチモードに切り替えると、リボンに配置されたボタンの間隔が広がり、指でボタンが押しやすくなります。

POINT ▶▶▶

マウスモード

タッチモードに対して、マウス操作に適した標準の画面を「マウスモード」といいます。

●マウスモードのリボン

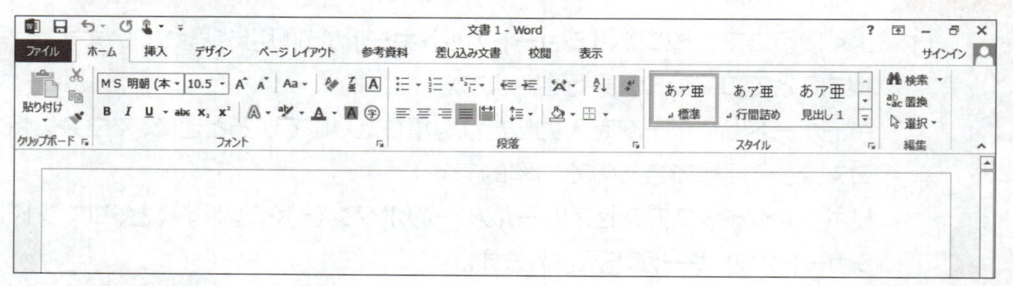

●タッチモードのリボン

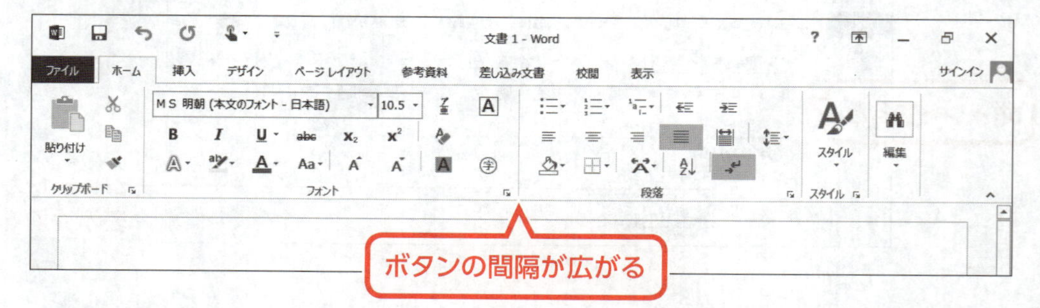

1 タッチモードへの切り替え

マウスモードからタッチモードに切り替えるには、クイックアクセスツールバーの［ボタン］（タッチ/マウスモードの切り替え）を使います。
マウスモードからタッチモードに切り替えましょう。

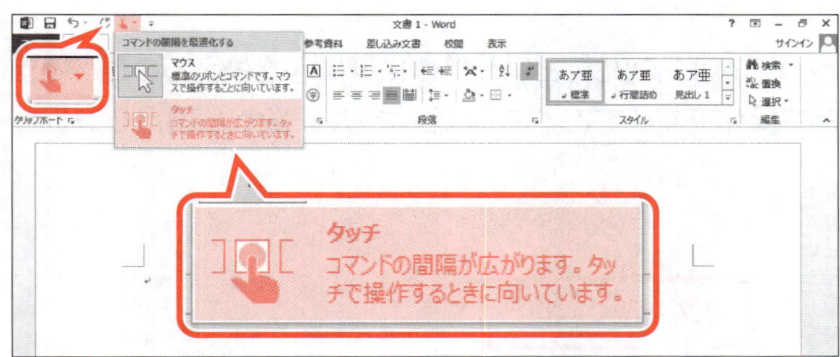

①クイックアクセスツールバーの［ボタン］（タッチ/マウスモードの切り替え）をクリックします。

※表示されていない場合は、クイックアクセスツールバーの［ボタン］（クイックアクセスツールバーのユーザー設定）→《タッチ/マウスモードの切り替え》をクリックします。

②**《タッチ》**をクリックします。

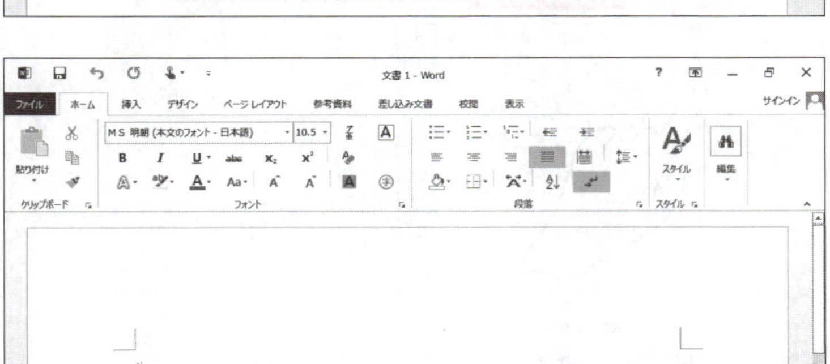

タッチモードに切り替わります。

③ボタンの間隔が広がっていることを確認します。

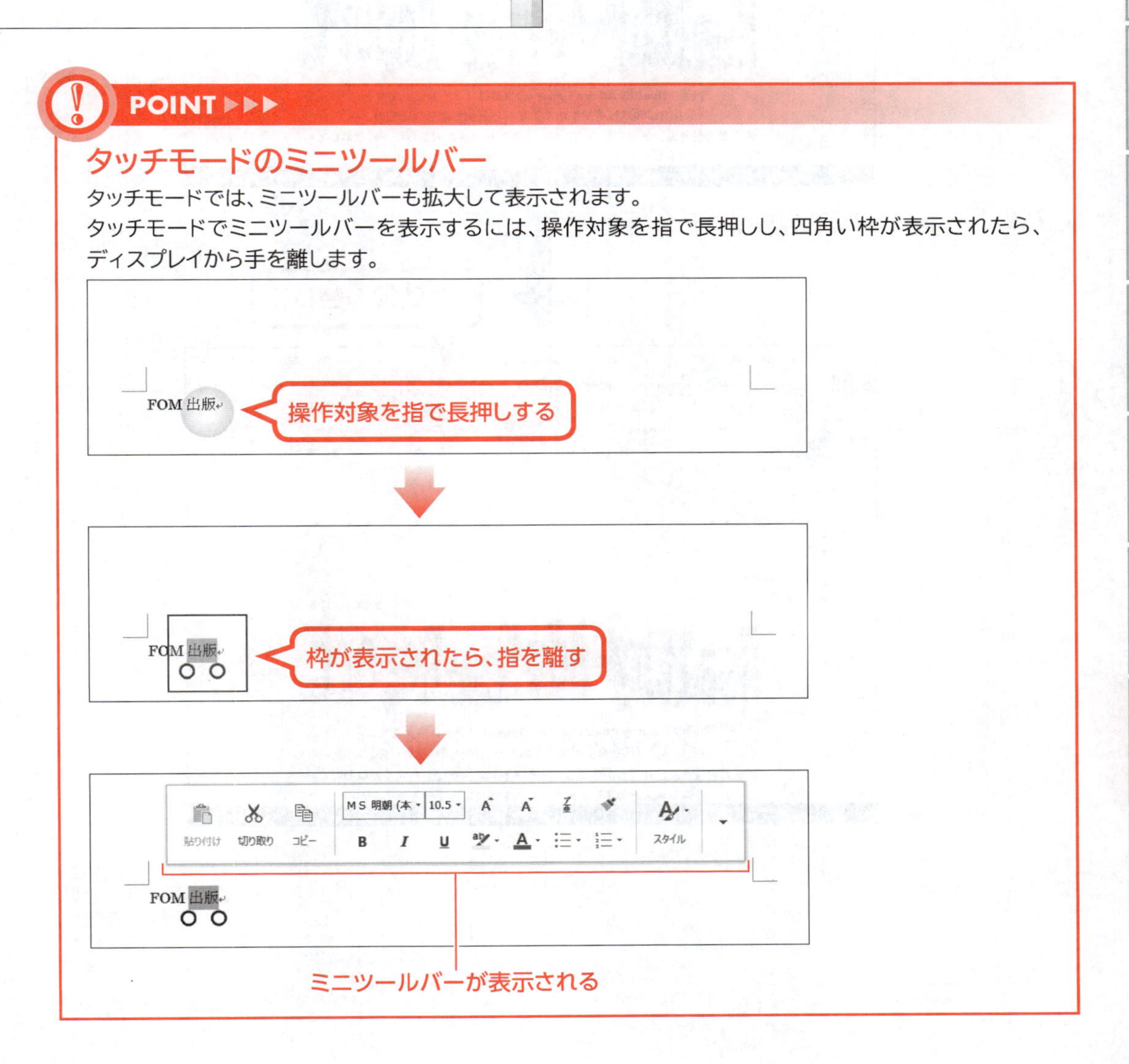

POINT ▶▶▶

タッチモードのミニツールバー

タッチモードでは、ミニツールバーも拡大して表示されます。
タッチモードでミニツールバーを表示するには、操作対象を指で長押しし、四角い枠が表示されたら、ディスプレイから手を離します。

3 タッチ基本操作

Word 2013によるタッチ操作を確認しましょう。

1 タップ

マウスでクリックする操作は、タッチでは**「タップ」**という操作にほぼ置き換えることができます。タップとは、項目を軽く押す操作です。コマンドを実行したり、一覧から項目を選択したりするときに使います。

●項目の選択

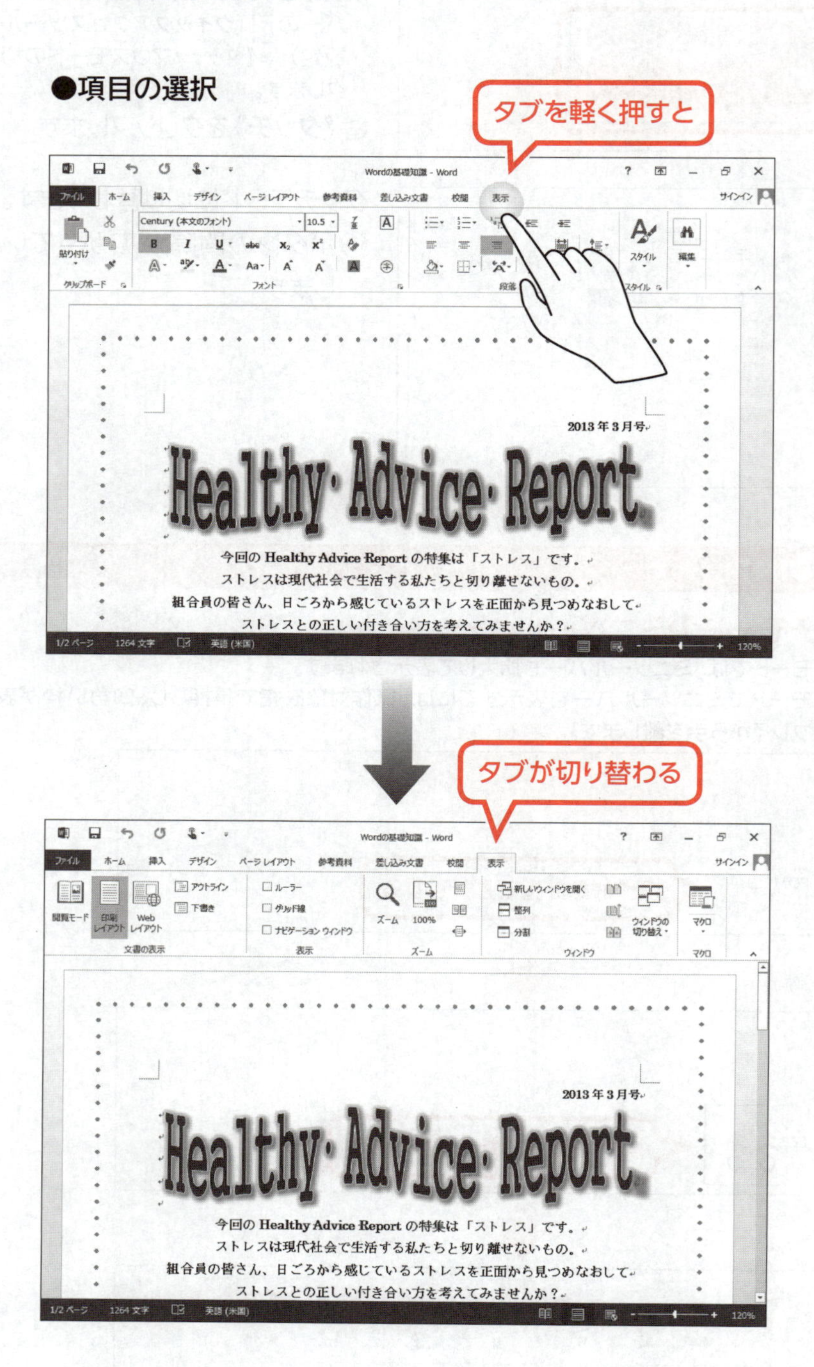

2 スライド

「スライド」とは、指を目的の方向へ軽く払うように動かす操作です。
画面をスクロールするときに使います。

●画面のスクロール

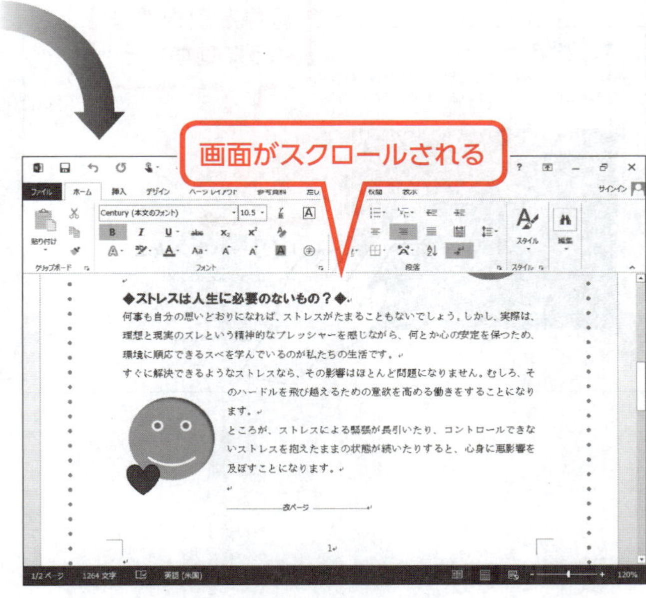

3 スワイプ

「スワイプ」とは、指である部分からある部分までをなぞるように、しっかり動かす操作です。
目的の場所まで文書をスクロールするときなどに使います。

●画面のスクロール

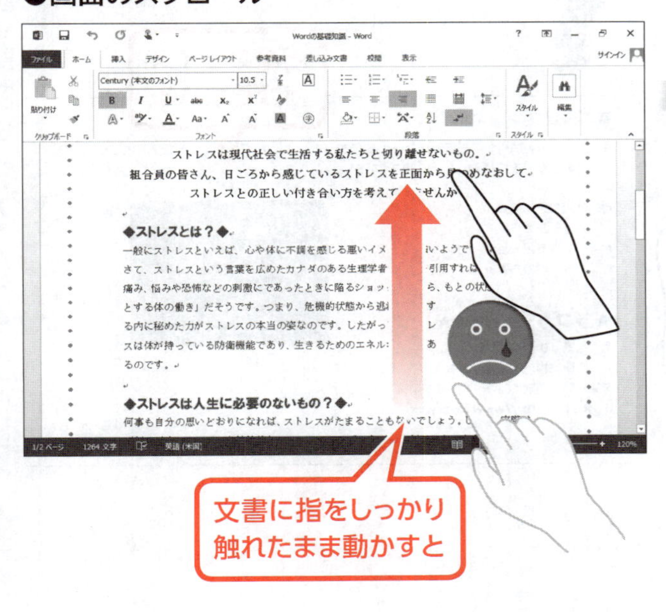

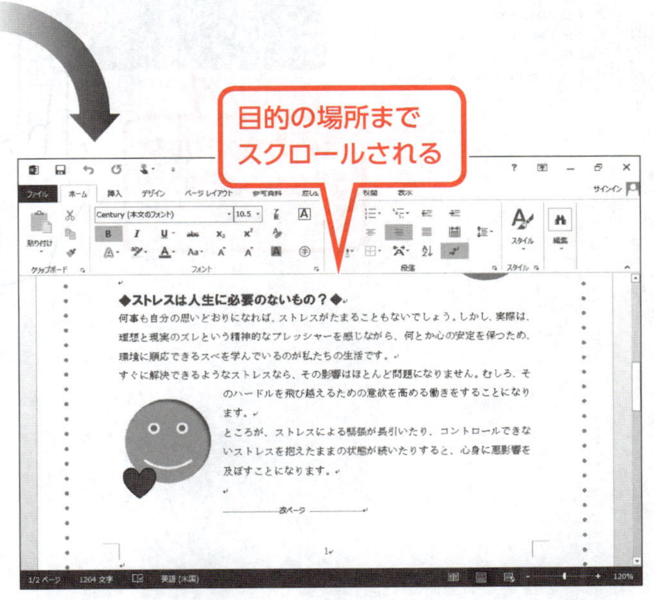

4 ドラッグ

「ドラッグ」とは、操作対象を選択して、引きずるように動かす操作です。
マウスを使って机上でドラッグする操作を、指を使ってディスプレイ上で行います。
図形や画像などを移動したり、サイズを変更したりするときなどに使います。

●画像の移動

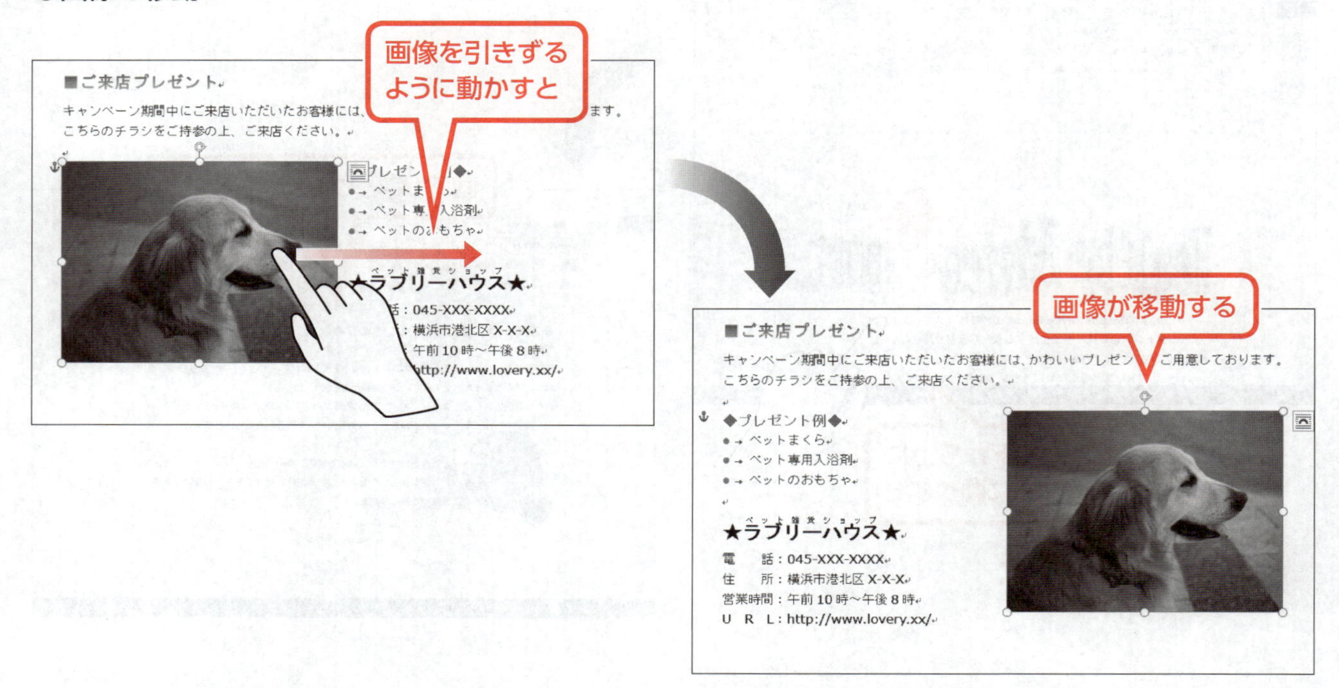

●画像のサイズ変更

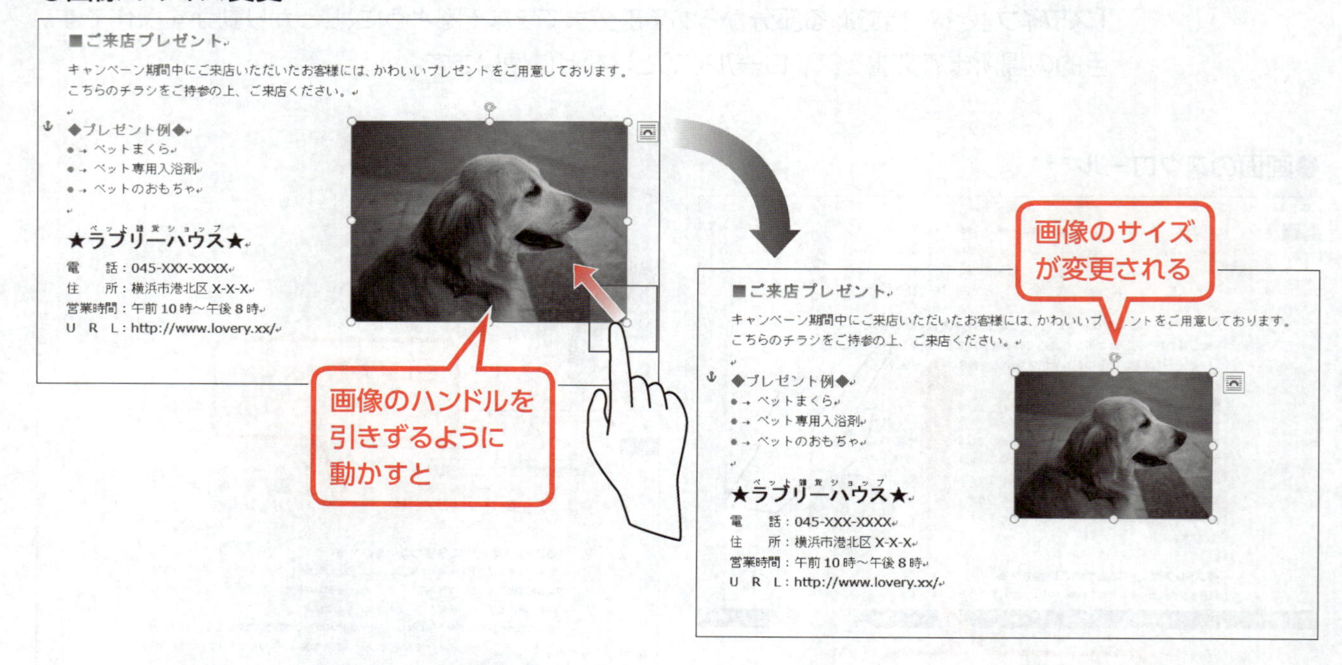

5 ズーム

「ズーム」とは、2本の指を使って、指と指の間を広げたり、狭めたりする操作です。
文書を拡大したり縮小したりするときなどに使います。

●文書の表示倍率の拡大

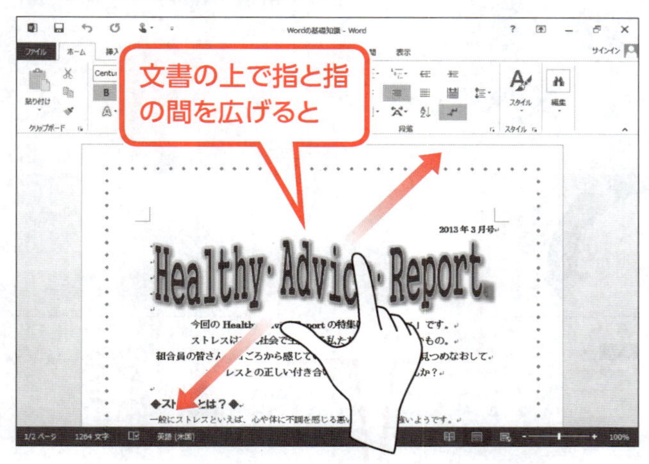

●文書の表示倍率の縮小

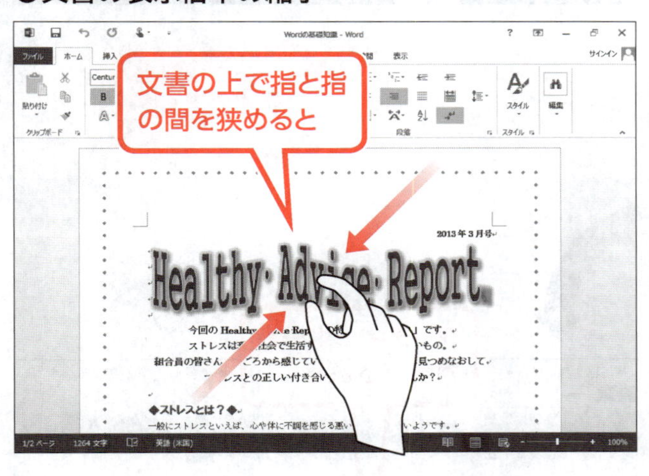

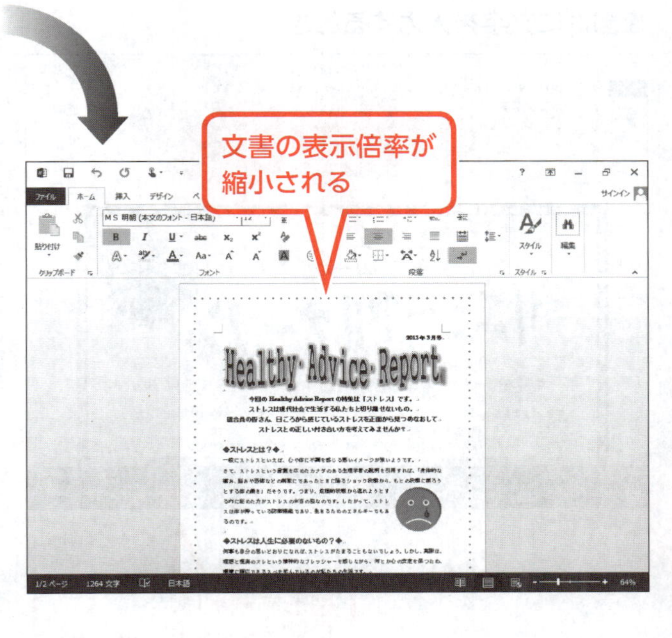

4 タッチキーボード

タッチ操作で文書に文字を入力したり、図形に文字を追加したりする場合には、**「タッチキーボード」**を使います。

タッチキーボードはタスクバーの（タッチキーボード）をタップして表示します。

●文書に文字を入力するとき

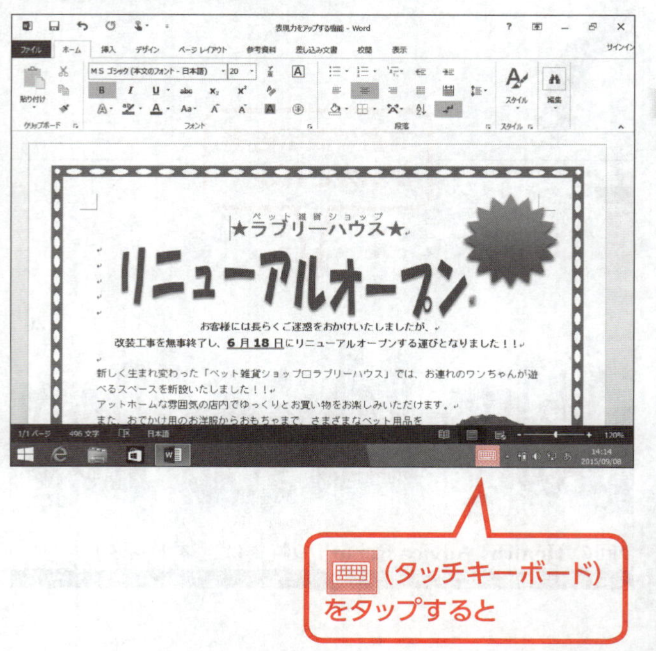

（タッチキーボード）をタップすると

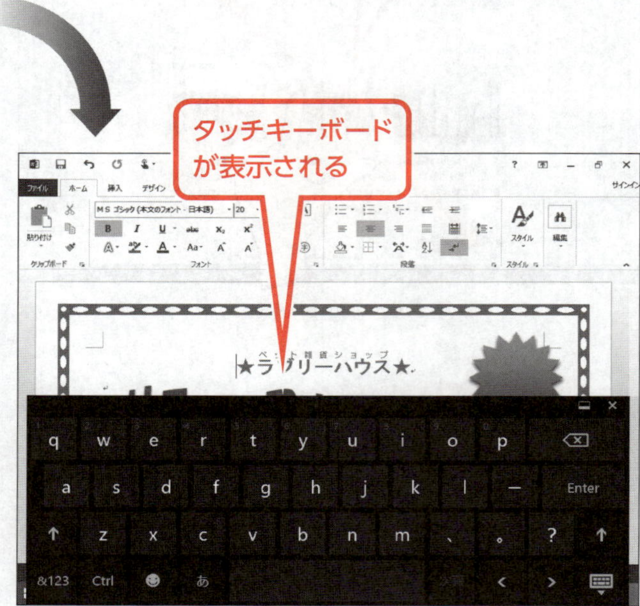

タッチキーボードが表示される

●図形に文字を入力するとき

図形を選択し、（タッチキーボード）をタップすると

タッチキーボードが表示される

5 範囲選択ハンドル

タッチ操作で文字を選択する場合、**「範囲選択ハンドル」**を使います。
操作対象の文字をタップすると、文字の下に1つ目の○(範囲選択ハンドル)が表示されます。その○をドラッグすると、2つ目の○(範囲選択ハンドル)が表示されます。1つ目の○から2つ目の○までの範囲が選択されていることを表します。

●文字を任意の長さで範囲選択するとき

新しく生まれ変わった「ペット雑貨ショップ□ラブリーハウス」では、お連れのワンちゃんが遊べるスペースを新設いたしました！！
アットホームな雰囲気の店内でゆっくりとお買い物をお楽しみいただけます。
また、おでかけ用のお洋服からおもちゃまで、さまざまなペット用品を豊富に取り揃えております。かわいいお洋服も続々入荷予定です。
お散歩のついでに、お気軽にお立ち寄りください！！

文字上をタップすると、1つ目の○が表示される

○を左右にドラッグすると、範囲が選択される

●複数行を範囲選択するとき

文字上をタップすると、1つ目の○が表示される

○を上下にドラッグすると、行単位で範囲が選択される

単語の範囲選択

意味のあるひとかたまりの単語を選択する方法は次のとおりです。

◆目的の単語をすばやく2回タップ

STEP 3 ヘルプを利用する

1 ヘルプ

Wordのわからない用語や機能の説明、操作の手順を確認するには、?(Microsoft Wordヘルプ)を使います。キーワードを入力することによって、関連する情報を検索できます。

2 キーワードによる検索

?(Microsoft Wordヘルプ)を使って、**「ワードアート」**の挿入方法を調べてみましょう。

※インターネットに接続できる環境が必要です。

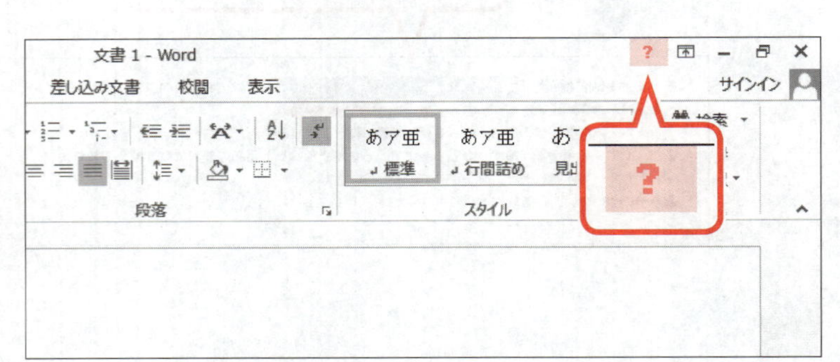

①?(Microsoft Wordヘルプ)をクリックします。

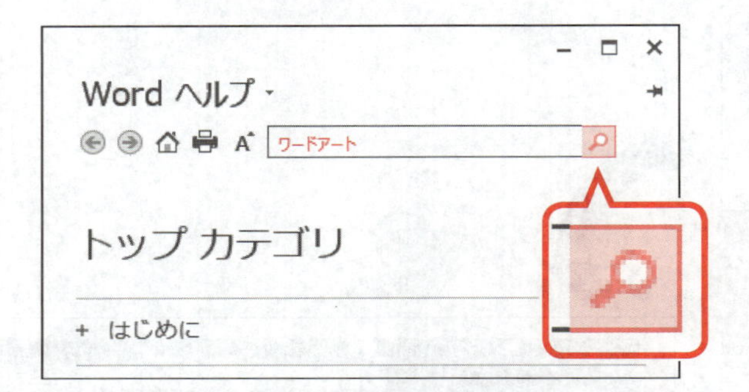

《Wordヘルプ》ウィンドウが表示されます。

②**「ワードアート」**と入力します。

③(オンラインヘルプの検索)をクリックします。

Word ヘルプ

ワードアート

ワードアートを挿入する - Office のサポート

Office では、ワードアートを使用して装飾効果を作成することができます。Word および PowerPoint で既存のテキストをワードアートに変換します。... ワードアートを挿入する ワードアートを使用すると、特殊効果を簡単に追加して ...

テキスト ボックス、図形、ワードアート、または図を回転する ...

テキスト ボックス、図形、ワードアート、または図を、Word、Excel、Outlook、PowerPoint、および Project 2013 で回転します。[図ツール] タブと [描画ツール] タブにある回転ハンドルとその他のオプションについて説明します。

図、図形、ワードアート、その他のオブジェクトのサイズを ...

図、図形、ワードアート、その他のオブジェクトのサイズを変更する 図 (または図形) の拡張、縮小、またはサイズ変更を行うには、サイズ変更ハンドルを使うか、[図ツール] の [書式] タブ

検索結果の一覧が表示されます。

④**《ワードアートを挿入する》**をクリックします。

ヘルプの内容が表示されます。
⑤ (ホーム)をクリックします。

Word ヘルプ
ワードアート
トップ カテゴリ
+ はじめに
+ 文書を作成して書式設定する
+ ヘッダーとフッターを追加する

《Wordヘルプ》ウィンドウのトップに戻ります。

POINT ▶▶▶

検索対象の設定

ヘルプには、インターネット上のヘルプとコンピューター内のヘルプがあります。
《Wordヘルプ》の右側の をクリックすると、検索対象のヘルプを設定できます。

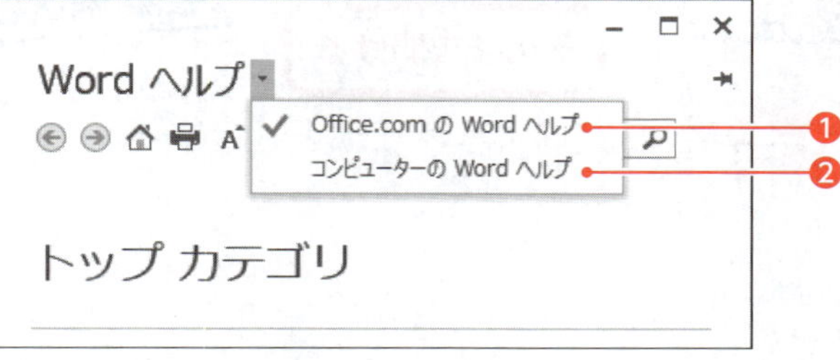

❶Office.comのWordヘルプ
マイクロソフト社が運営するホームページに公開されているWordヘルプです。豊富な情報が用意されており、最新の情報を入手できます。
※インターネット上のヘルプは、検索する時期によって結果が異なります。

❷コンピューターのWordヘルプ
お使いのパソコンに入っているWordヘルプです。情報が限られているので、キーワードを入力しても該当する情報が表示されない場合があります。

STEP4 ファイルの互換性を確認する

1 ファイル形式の違い

Word 2013は、Word 2007やWord 2010と同じファイル形式が使われています。このファイル形式は、Word 2003以前のバージョンとは異なる新しいファイル形式になります。
Word 2013のファイル形式は、XMLという言語を利用しており、ファイルサイズが小さい、ほかのアプリケーションとデータのやり取りがしやすい、ファイルが壊れても回復しやすいなどの特長があります。
ファイルの拡張子は、Word 97/2000/2002/2003の各バージョンでは**「.doc」**でしたが、Word 2007/2010/2013では**「.docx」**になっています。
ほかのユーザーとファイルをやり取りしたり、複数のパソコンでファイルをやり取りしたりする場合、ファイルの互換性を考慮しなければなりません。

STEP UP 拡張子の表示

初期の設定では、拡張子は表示されません。
拡張子を表示する方法は、次のとおりです。

◆タスクバーの  （エクスプローラー）→《表示》タブ→《表示/非表示》グループの《☑ファイル名拡張子》

2 Word2013のファイルを以前のバージョンのWordで利用する

Word 2013の文書（拡張子**「.docx」**）は、Word 2007/2010でそのまま開くことができます。ただし、Word 2013の新機能は一部利用できません。

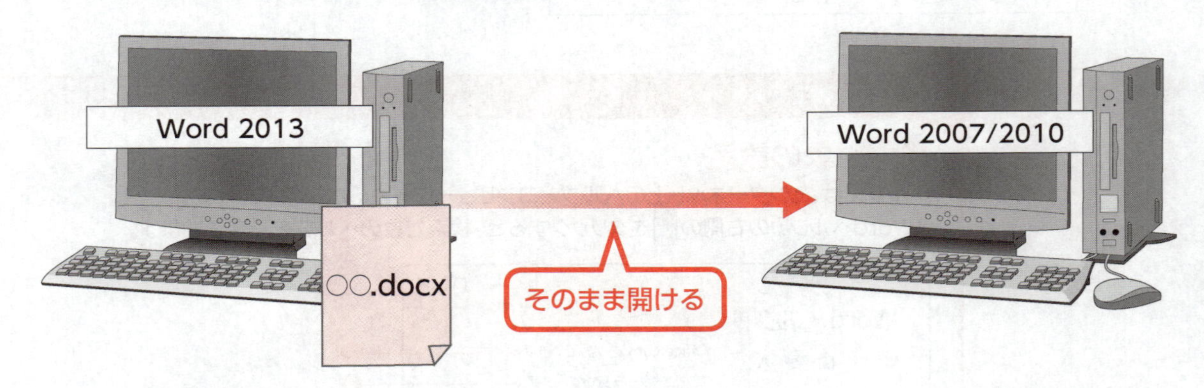

3 以前のバージョンのファイルをWord 2013で利用する

以前のバージョンのファイルをWord 2013で利用する場合の互換性について、その概要を確認しましょう。

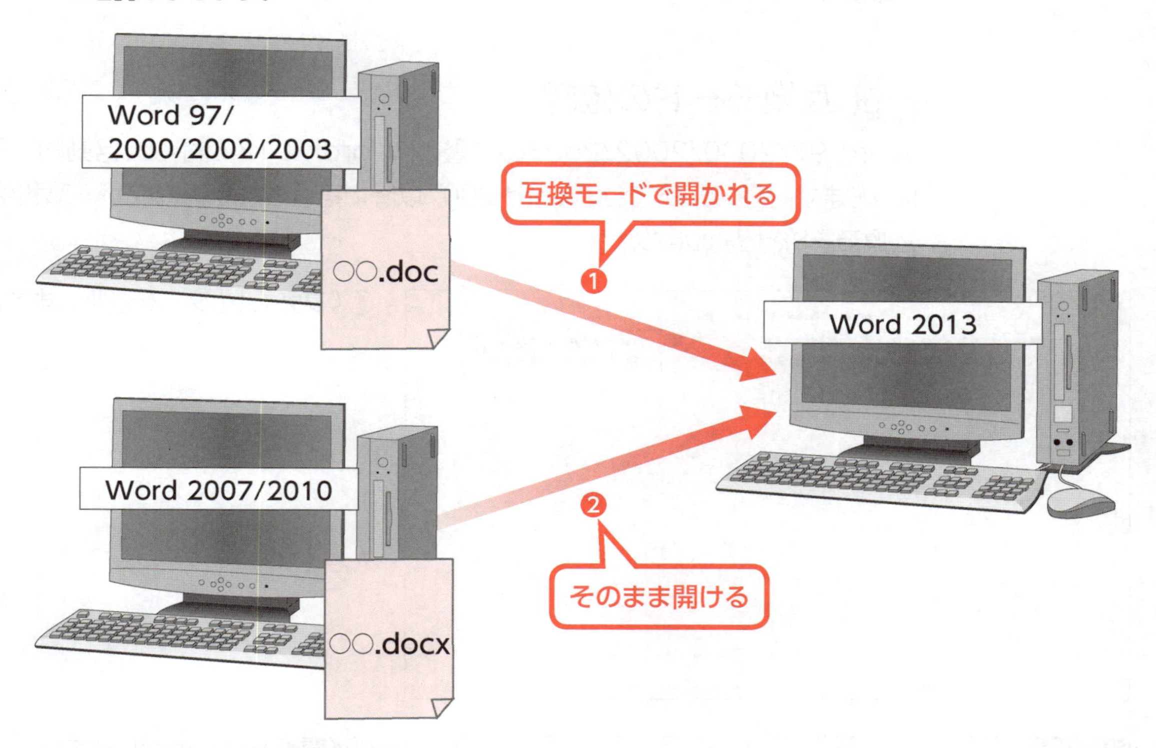

❶Word 97/2000/2002/2003→Word 2013

Word 97/2000/2002/2003の文書(拡張子**「.doc」**)をWord 2013で開くと、**「互換モード」**で表示されます。この互換モードのとき、Word 2007以降に搭載された新機能は一部利用できません。

ファイル形式を変換すると、互換モードが解除されて、Word 2013のすべての機能が利用できる状態になります。

❷Word 2007/2010→Word 2013

Word 2007/2010の文書(拡張子**「.docx」**)は、Word 2013でそのまま開くことができます。ファイル形式が同じなので、Word 2013のすべての機能をそのまま利用できます。

4 Word 97/2000/2002/2003のファイルをWord 2013で利用する

Word 97/2000/2002/2003の文書(拡張子「**.doc**」)をWord 2013で利用する方法を確認しましょう。

1 互換モードの確認

Word 97/2000/2002/2003の文書を、Word 2013で開くと、自動的に**「互換モード」**になります。互換モードでは、Word 2007以降に搭載された新機能が一部利用できません。
互換モードを確認しましょう。

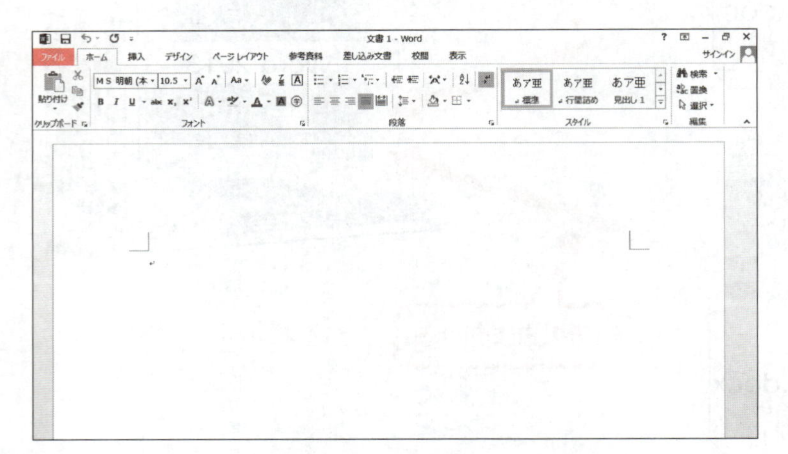

①**《ファイル》**タブを選択します。

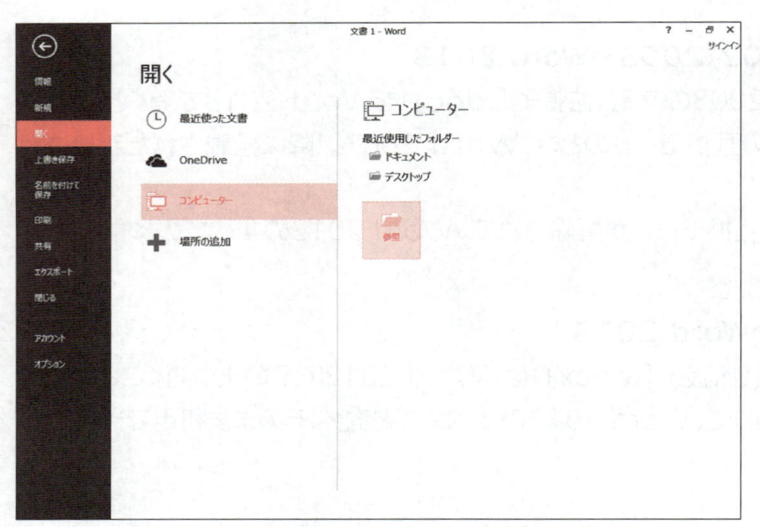

②**《開く》**をクリックします。
③**《コンピューター》**をクリックします。
④**《参照》**をクリックします。

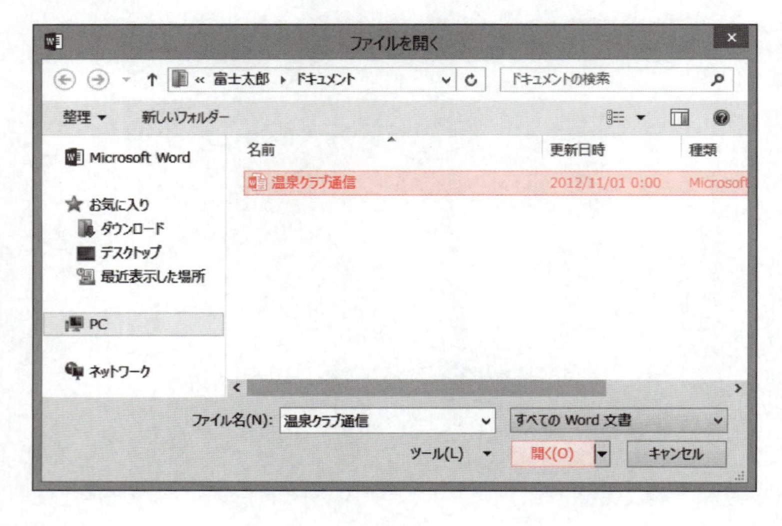

《ファイルを開く》ダイアログボックスが表示されます。
⑤ファイルの場所を指定します。
⑥一覧からファイルを選択します。
⑦**《開く》**をクリックします。

文書が開かれます。

⑧タイトルバーに《[互換モード]》と表示されていることを確認します。

Word 2007以降に搭載された新機能が利用できないことを確認します。

⑨《ホーム》タブを選択します。

⑩《フォント》グループの A ▾（文字の効果と体裁）が淡色表示になり、利用できない状態になっていることを確認します。

※この機能は、Word 2010で搭載された新機能です。

POINT ▶▶▶

互換モードでの上書き保存

互換モードの状態で文書を上書き保存すると、もとのバージョンのファイル形式のまま保存されます。

2 ファイル形式の変換

互換モードでは、Word 2007以降に搭載された新機能を一部利用できないという制限があります。

Word 2013のすべての機能を利用するためには、ファイル形式を**「変換」**する必要があります。互換モードで開いた文書のファイル形式を変換する方法を確認しましょう。

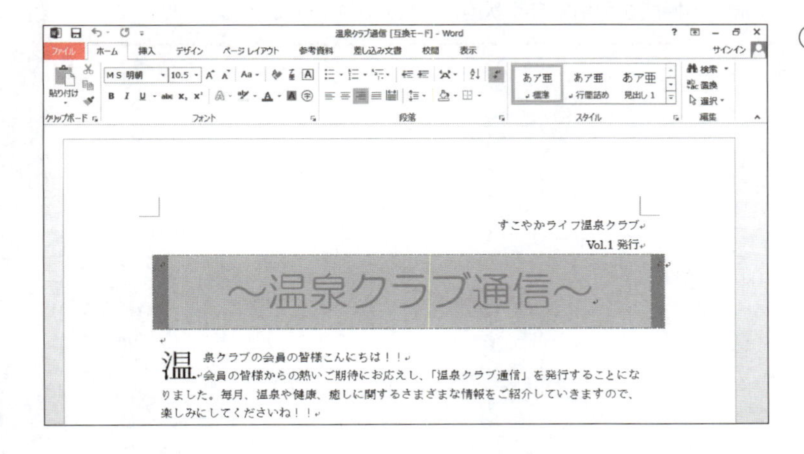

①《ファイル》タブを選択します。

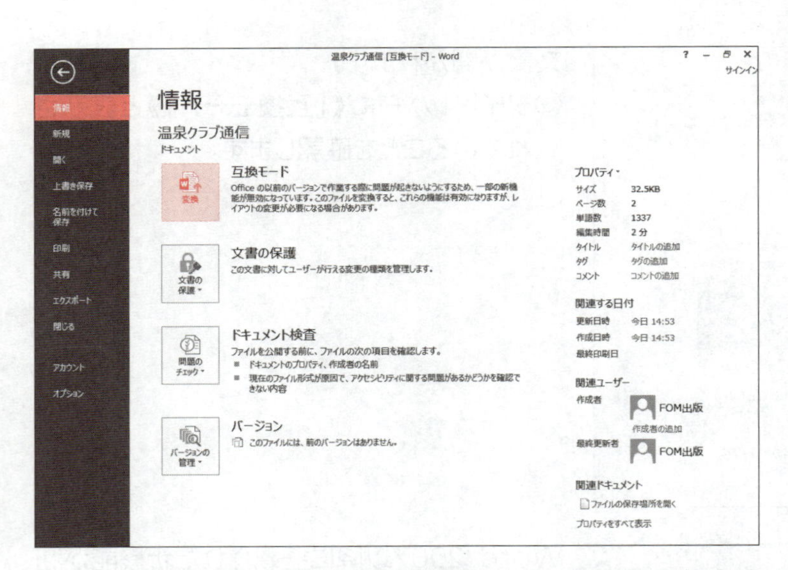

②《**情報**》をクリックします。
③《**変換**》をクリックします。

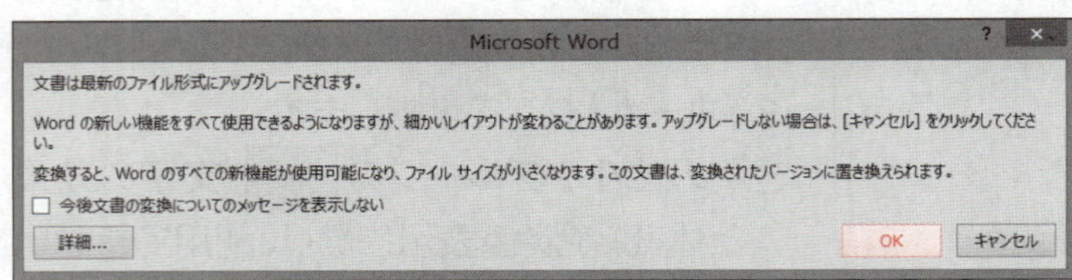

図のようなメッセージが表示されます。
④《**OK**》をクリックします。

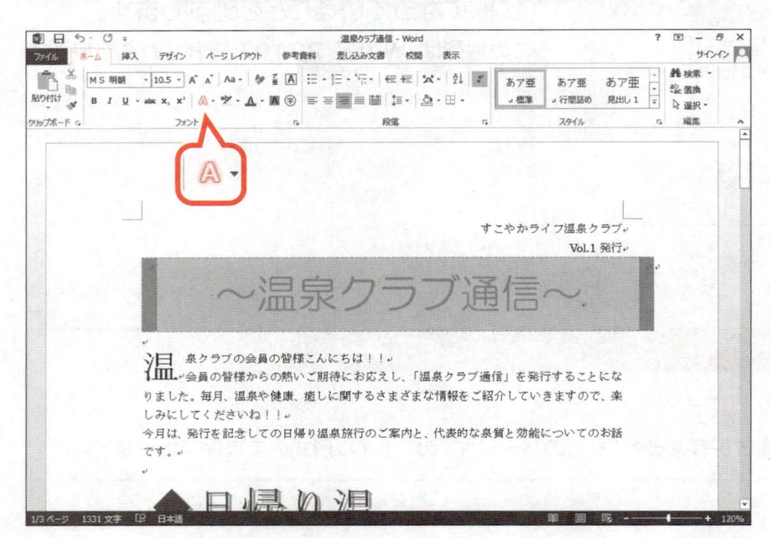

ファイル形式が変換されます。
⑤タイトルバーに《**[互換モード]**》と表示されていないことを確認します。
Word 2007以降に搭載された新機能が利用できることを確認します。
⑥《**ホーム**》タブを選択します。
⑦《**フォント**》グループの A (文字の効果と体裁)が利用できる状態になっていることを確認します。

POINT ▶▶▶

ファイル変換の基準

様々なバージョンのWordが存在する環境で、頻繁に文書のやり取りが発生する場合には、ファイル形式を変換せず、以前のファイル形式のままにしておいた方が、相互の編集作業が容易です。
Word 2013に環境を完全に移行して、以前のバージョンのWordとは文書のやり取りが発生しない場合には、ファイル形式を変換して、最新の機能を利用できる状態にした方がよいでしょう。

Index

■ 索引 ■

Index 索引

英字

あ

い

う

え

お

か

き

く

け

こ

さ

し

す

せ

そ

た

ち

て

と

な

に

ぬ

は

ひ

ふ

へ

ほ

ローマ字・かな対応表

あ	あ	い	う	え	お
	A	I	U	E	O
	ぁ	ぃ	ぅ	ぇ	ぉ
	LA XA	LI XI	LU XU	LE XE	LO XO
か	か	き	く	け	こ
	KA	KI	KU	KE	KO
	きゃ	きぃ	きゅ	きぇ	きょ
	KYA	KYI	KYU	KYE	KYO
さ	さ	し	す	せ	そ
	SA	SI SHI	SU	SE	SO
	しゃ	しぃ	しゅ	しぇ	しょ
	SYA SHA	SYI	SYU SHU	SYE SHE	SYO SHO
た	た	ち	つ	て	と
	TA	TI CHI	TU TSU	TE	TO
			っ		
			LTU XTU		
	ちゃ	ちぃ	ちゅ	ちぇ	ちょ
	TYA CYA CHA	TYI CYI	TYU CYU CHU	TYE CYE CHE	TYO CYO CHO
	てゃ	てぃ	てゅ	てぇ	てょ
	THA	THI	THU	THE	THO
な	な	に	ぬ	ね	の
	NA	NI	NU	NE	NO
	にゃ	にぃ	にゅ	にぇ	にょ
	NYA	NYI	NYU	NYE	NYO
は	は	ひ	ふ	へ	ほ
	HA	HI	HU FU	HE	HO
	ひゃ	ひぃ	ひゅ	ひぇ	ひょ
	HYA	HYI	HYU	HYE	HYO
	ふぁ	ふぃ		ふぇ	ふぉ
	FA	FI		FE	FO
	ふゃ	ふぃ	ふゅ	ふぇ	ふょ
	FYA	FYI	FYU	FYE	FYO
ま	ま	み	む	め	も
	MA	MI	MU	ME	MO
	みゃ	みぃ	みゅ	みぇ	みょ
	MYA	MYI	MYU	MYE	MYO

や	や	い	ゆ	いぇ	よ
	YA	YI	YU	YE	YO
	ゃ		ゅ		ょ
	LYA XYA		LYU XYU		LYO XYO
ら	ら	り	る	れ	ろ
	RA	RI	RU	RE	RO
	りゃ	りぃ	りゅ	りぇ	りょ
	RYA	RYI	RYU	RYE	RYO
わ	わ	うぃ	う	うぇ	を
	WA	WI	WU	WE	WO
ん	ん				
	NN				
が	が	ぎ	ぐ	げ	ご
	GA	GI	GU	GE	GO
	ぎゃ	ぎぃ	ぎゅ	ぎぇ	ぎょ
	GYA	GYI	GYU	GYE	GYO
ざ	ざ	じ	ず	ぜ	ぞ
	ZA	ZI JI	ZU	ZE	ZO
	じゃ	じぃ	じゅ	じぇ	じょ
	JYA ZYA JA	JYI ZYI	JYU ZYU JU	JYE ZYE JE	JYO ZYO JO
だ	だ	ぢ	づ	で	ど
	DA	DI	DU	DE	DO
	ぢゃ	ぢぃ	ぢゅ	ぢぇ	ぢょ
	DYA	DYI	DYU	DYE	DYO
	でゃ	でぃ	でゅ	でぇ	でょ
	DHA	DHI	DHU	DHE	DHO
	どぁ	どぃ	どぅ	どぇ	どぉ
	DWA	DWI	DWU	DWE	DWO
ば	ば	び	ぶ	べ	ぼ
	BA	BI	BU	BE	BO
	びゃ	びぃ	びゅ	びぇ	びょ
	BYA	BYI	BYU	BYE	BYO
ぱ	ぱ	ぴ	ぷ	ぺ	ぽ
	PA	PI	PU	PE	PO
	ぴゃ	ぴぃ	ぴゅ	ぴぇ	ぴょ
	PYA	PYI	PYU	PYE	PYO
ヴぁ	ヴぁ				
	VA				
っ	後ろに「N」以外の子音を2つ続ける 例:だった→DATTA				
	単独で入力する場合 LTU　XTU				

よくわかる
Microsoft® Word 2013 基礎
Windows® 10/8.1/7 対応
(FPT1519)

2015年11月22日　初版発行
2020年 5 月28日　初版第11刷発行

著作／制作：富士通エフ・オー・エム株式会社

発行者：山下　秀二

発行所：FOM出版（富士通エフ・オー・エム株式会社）
〒105-6891 東京都港区海岸1-16-1 ニューピア竹芝サウスタワー
https://www.fujitsu.com/jp/fom/

印刷／製本：株式会社サンヨー

表紙デザインシステム：株式会社ブレーンセンター

●本書に関するご質問は、ホームページまたは郵便にてお寄せください。
<ホームページ>
上記ホームページ内の「FOM出版」から「QAサポート」にアクセスし、「QAフォームのご案内」から所定のフォームを選択して、必要事項をご記入の上、送信してください。
<郵便>
次の内容を明記の上、上記発行所の「FOM出版 テキストQAサポート」まで郵送してください。
・テキスト名　・該当ページ　・質問内容（できるだけ詳しく操作状況をお書きください）
・ご住所、お名前、電話番号
※ご住所、お名前、電話番号など、お知らせいただきました個人に関する情報は、お客様ご自身とのやり取りのみに使用させていただきます。ほかの目的のために使用することは一切ございません。
なお、次の点に関しては、あらかじめご了承ください。
・ご質問の内容によっては、回答に日数を要する場合があります。
・本書の範囲を超えるご質問にはお答えできません。　・電話やFAXによるご質問には一切応じておりません。

●本製品に起因してご使用者に直接または間接的損害が生じても、富士通エフ・オー・エム株式会社はいかなる責任も負わないものとし、一切の賠償などは行わないものとします。

●本書に記載された内容などは、予告なく変更される場合があります。

●落丁・乱丁はお取り替えいたします。

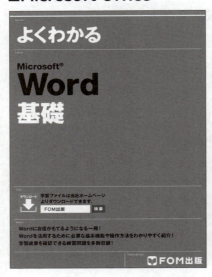

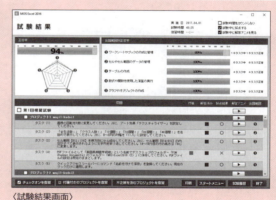

FOM出版テキスト

最新情報のご案内

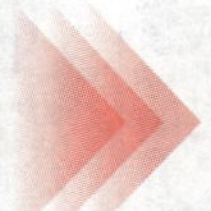

FOM出版では、お客様の利用シーンに合わせて、最適なテキストをご提供するために、様々なシリーズをご用意しています。

FOM出版

https://www.fom.fujitsu.com/goods/

FAQのご案内

テキストに関するよくあるご質問

FOM出版テキストのお客様Q&A窓口に皆様から多く寄せられたご質問に回答を付けて掲載しています。

FOM出版　FAQ

https://www.fom.fujitsu.com/goods/faq/

緑色の用紙の内側に、小冊子が添付されています。
この用紙を１枚めくっていただき、小冊子の根元を持って、
ゆっくりとはずしてください。

よくわかる

Microsoft® Word 2013 基礎

解答

Answer 練習問題解答

第2章　練習問題

省略

第3章　練習問題

①

①《ページレイアウト》タブを選択
②《ページ設定》グループの をクリック
③《用紙》タブを選択
④《用紙サイズ》が《A4》になっていることを確認
⑤《余白》タブを選択
⑥《印刷の向き》が《縦》になっていることを確認
⑦《文字数と行数》タブを選択
⑧《行数だけを指定する》を◉にする
⑨《行数》を「30」に設定
⑩《OK》をクリック

②

省略

③

①「平成25年6月吉日」の行にカーソルを移動
②《ホーム》タブを選択
③《段落》グループの (右揃え)をクリック
④「みなとカルチャースクール」と「校長　黒川　仁」の行を選択
⑤ F4 を押す

④

①「10周年記念発表会のご案内」の行を選択
②《ホーム》タブを選択
③《フォント》グループの (フォント)の をクリックし、一覧から《MSゴシック》を選択
④《フォント》グループの 10.5 (フォントサイズ)の をクリックし、一覧から《20》を選択
⑤《フォント》グループの B (太字)をクリック
⑥《フォント》グループの U (下線)の をクリック
⑦《 〰〰〰 》(波線の下線)をクリック
⑧《段落》グループの (中央揃え)をクリック

⑤

①「みなとカルチャースクール」を選択
②《ホーム》タブを選択
③《クリップボード》グループの (コピー)をクリック
④「創設にご尽力いただいた…」の前にカーソルを移動
⑤《クリップボード》グループの (貼り付け)をクリック

⑥

①「音田　奏さんにも…」の前にカーソルを移動
②「ピアニストの」と入力

⑦

①「日にち…」から「その他…」までの行を選択
②《ホーム》タブを選択
③《段落》グループの (インデントを増やす)を4回クリック

⑧

①「日にち…」から「その他…」までの行を選択
②《ホーム》タブを選択
③《段落》グループの (段落番号)の をクリック
④《1.2.3.》をクリック

⑨

①《ファイル》タブを選択
②《印刷》をクリック
③印刷イメージを確認
④《印刷》の《部数》が「1」になっていることを確認
⑤《プリンター》に出力するプリンターの名前が表示されていることを確認
⑥《印刷》をクリック

第4章　練習問題

①

①「**商品概要**」の表内をポイント

②「**特長**」と「**予定価格**」の行の間の罫線の左側をポイント

③ をクリック

④2行1列目に「**生地重量**」、2行2列目に「**350グラム（食べきりサイズ）**」と入力

②

①「**商品概要**」の表にカーソルがあることを確認

②《**表ツール**》の《**デザイン**》タブを選択

③《**表のスタイル**》グループの（その他）をクリック

④《**グリッドテーブル**》の《**グリッド（表）5濃色-アクセント6**》（左から7番目、上から5番目）をクリック

⑤《**表スタイルのオプション**》グループの《**タイトル行**》を☐にする

⑥《**表スタイルのオプション**》グループの《**縞模様（行）**》を☐にする

③

①「**商品概要**」の表全体を選択

②《**ホーム**》タブを選択

③《**段落**》グループの（中央揃え）をクリック

④

①「**担当：町井（内線：2551）**」の下の行を選択

②《**ホーム**》タブを選択

③《**段落**》グループの（罫線）のをクリック

④《**線種とページ罫線と網かけの設定**》をクリック

⑤《**罫線**》タブを選択

⑥《**設定対象**》が《**段落**》になっていることを確認

⑦左側の《**種類**》の《**指定**》をクリック

⑧中央の《**種類**》の《**－－－－－－－－－－－**》をクリック

⑨《**プレビュー**》のをクリック

⑩《**OK**》をクリック

⑤

①文末にカーソルを移動

※Ctrl＋Endを押すと、効率よく移動できます。

②《**挿入**》タブを選択

③《**表**》グループの（表の追加）をクリック

④下に5マス分、右に2マス分の位置をクリック

⑤表に文字を入力

⑥

①「**<応募用紙>**」の表の1列目の右側の罫線を左方向にドラッグ

⑦

①「**<応募用紙>**」の表の「**理由**」の行の下側の罫線を下方向にドラッグ

⑧

①「**<応募用紙>**」の表の1列目を選択

②《**表ツール**》の《**デザイン**》タブを選択

③《**表のスタイル**》グループの（塗りつぶし）のをクリック

④《**テーマの色**》の《**緑、アクセント6、白＋基本色60%**》（左から10番目、上から3番目）をクリック

⑨

①「**<応募用紙>**」の表全体を選択

②《**表ツール**》の《**デザイン**》タブを選択

③《**飾り枠**》グループの（ペンのスタイル）のをクリック

④《――――――――》をクリック

⑤《**飾り枠**》グループの（ペンの太さ）のをクリック

⑥《**1.5pt**》をクリック

⑦《**飾り枠**》グループの（ペンの色）をクリック

⑧《**テーマの色**》の《**緑、アクセント6、黒＋基本色25%**》（左から10番目、上から5番目）をクリック

⑨《**飾り枠**》グループの（罫線）のをクリック

⑩《**格子**》をクリック

⑩

①「**<応募用紙>**」の表の1列目を選択

②《**ホーム**》タブを選択

③《**段落**》グループの（均等割り付け）をクリック

第5章　練習問題

①

①**「プラネタリウム通信」**を選択
②**《ホーム》**タブを選択
③**《フォント》**グループの［A▾］(文字の効果と体裁)をクリック
④**《塗りつぶし-青、アクセント1、輪郭-背景1、影(ぼかしなし)-アクセント1》**(左から3番目、上から3番目)をクリック
⑤**「★今月のテーマ:『夏の夜空に輝くさそり座』」**を選択
⑥［F4］を押す
⑦**「★7月のプラネタリウム」**を選択
⑧［F4］を押す

②

①**「★今月のテーマ:…」**の上の行の**「★・。・☆・。・★…」**を選択
②**《ホーム》**タブを選択
③**《フォント》**グループの［A▾］(フォントの色)の［▾］をクリック
④**《標準の色》**の**《黄》**(左から4番目)をクリック
⑤**《フォント》**グループの［A▾］(文字の効果と体裁)をクリック
⑥**《文字の輪郭》**をポイント
⑦**《テーマの色》**の**《ゴールド、アクセント4、黒+基本色25%》**(左から8番目、上から5番目)をクリック
⑧**《クリップボード》**グループの［書式のコピー］(書式のコピー/貼り付け)をクリック
⑨**「★7月のプラネタリウム」**の上の行の**「★・。・☆・。・★…」**をドラッグ

③

①**「ギリシャ神話では…」**から**「…闇の力を持つ星だと考えていました。」**までの行を選択
②**《ページレイアウト》**タブを選択
③**《ページ設定》**グループの［段組み▾］(段の追加または削除)をクリック
④**《段組みの詳細設定》**をクリック
⑤**《種類》**の**《2段》**をクリック
⑥**《境界線を引く》**を☑にする
⑦**《OK》**をクリック

④

①**「ギリシャ神話では…」**の行にカーソルを移動
②**《挿入》**タブを選択
③**《テキスト》**グループの［ドロップキャップ▾］(ドロップキャップの追加)をクリック
④**《ドロップキャップのオプション》**をクリック
⑤**《位置》**の**《本文内に表示》**をクリック
⑥**《ドロップする行数》**を**「2」**に設定
⑦**《本文からの距離》**を**「2mm」**に設定
⑧**《OK》**をクリック
⑨**「S字にカーブしている…」**の行にカーソルを移動
⑩［F4］を押す
⑪**「赤い星アンタレス…」**の行にカーソルを移動
⑫［F4］を押す

⑤

①**「日本の瀬戸内海地方の漁師たちは…」**の行の先頭にカーソルを移動
②**《ページレイアウト》**タブを選択
③**《ページ設定》**グループの［区切り▾］(ページ/セクション区切りの挿入)をクリック
④**《ページ区切り》**の**《段区切り》**をクリック

⑥

①1つ目の**「蠍」**を選択
②**《ホーム》**タブを選択
③**《フォント》**グループの［ルビ］(ルビ)をクリック
④**《ルビ》**が**「さそり」**になっていることを確認
⑤**《OK》**をクリック
⑥**「青龍」**を選択
⑦**《フォント》**グループの［ルビ］(ルビ)をクリック
⑧**《文字列全体》**をクリック
⑨**《ルビ》**に**「せいりゅう」**と入力
⑩**《OK》**をクリック
⑪**「魚」**を選択
⑫**《フォント》**グループの［ルビ］(ルビ)をクリック
⑬**《ルビ》**に**「うお」**と入力
⑭**《OK》**をクリック

⑦

①**「定員」**を選択
②［Ctrl］を押しながら、**「入館料」**を選択

③《ホーム》タブを選択
④《段落》グループの（均等割り付け）をクリック
⑤《新しい文字列の幅》を《4字》に設定
⑥《OK》をクリック

⑧

①「開催曜日：…」から「入館料：…」までの行を選択
②《ホーム》タブを選択
③《段落》グループの（行と段落の間隔）をクリック
④《1.15》をクリック

⑨

①「お問合せ先県立学習センター」から「電話052 - 201 - XXXX」までの行を選択
②《表示》タブを選択
③《表示》グループの《ルーラー》を☑にする
④タブの種類が（左揃えタブ）になっていることを確認
※（左揃えタブ）になっていない場合は、何回かクリックして変更します。
⑤水平ルーラーの約36字の位置をクリック
⑥「お問合せ先」の後ろにカーソルを移動
⑦【Tab】を押す
⑧「電話」の行の先頭にカーソルを移動
⑨【Tab】を押す
⑩「お問合せ先…」の段落にカーソルを移動
⑪《ホーム》タブを選択
⑫《段落》グループのをクリック
⑬《タブ設定》をクリック
⑭《リーダー》の《・・・・・・・・（5）》を◉にする
⑮《OK》をクリック
※ルーラーを非表示にしておきましょう。

第6章　練習問題

①

①《挿入》タブを選択
②《テキスト》グループの（ワードアートの挿入）をクリック
③《塗りつぶし-青、アクセント1、輪郭-背景1、影（ぼかしなし）-アクセント1》（左から3番目、上から3番目）をクリック
④「新刊のお知らせ」と入力
⑤ワードアートを選択
⑥《ホーム》タブを選択
⑦《フォント》グループのＭＳ 明朝 (本（フォント）のをクリックし、一覧から《HGP明朝E》を選択
⑧《書式》タブを選択
⑨《ワードアートのスタイル》グループの（文字の効果）をクリック
⑩《変形》をポイント
⑪《形状》の《下カーブ》（左から4番目、上から4番目）をクリック
※ワードアートのに色がついて表示される場合があります。印刷はされません。

②

①ワードアートの枠線を移動先までドラッグ
②ワードアートの□（ハンドル）をドラッグ

③

①《挿入》タブを選択
②《図》グループの（画像ファイル）をクリック
③画像が保存されている場所を開く
※《ドキュメント》→「Word2013基礎 Windows10／8.1対応」→「第6章」を選択します。
④一覧から「釣り」を選択
⑤《挿入》をクリック
⑥画像が選択されていることを確認
⑦（レイアウトオプション）をクリック
⑧《文字列の折り返し》の（四角）をクリック
⑨《レイアウトオプション》の（閉じる）をクリック
⑩《書式》タブを選択
⑪《図のスタイル》グループの（その他）をクリック
⑫《対角を切り取った四角形、白》（左から5番目、上から3番目）をクリック
⑬画像を移動先までドラッグ
⑭画像の□（ハンドル）をドラッグ

④

①《挿入》タブを選択
②《図》グループの（画像ファイル）をクリック
③画像が保存されている場所を開く
※《ドキュメント》→「Word2013基礎 Windows10／8.1対応」→「第6章」を選択します。
④一覧から「キャンプ」を選択
⑤《挿入》をクリック

⑥画像が選択されていることを確認

⑦ (レイアウトオプション)をクリック

⑧**《文字列の折り返し》**の (四角)をクリック

⑨**《レイアウトオプション》**の (閉じる)をクリック

⑩**《書式》**タブを選択

⑪**《図のスタイル》**グループの (その他)をクリック

⑫**《対角を切り取った四角形、白》**(左から5番目、上から3番目)をクリック

⑬画像を移動先までドラッグ

⑭画像の□(ハンドル)をドラッグ

⑤

①**《挿入》**タブを選択

②**《図》**グループの (図形の作成)をクリック

③**《吹き出し》**の (角丸四角形吹き出し)をクリック

④マウスポインターの形が十に変わったら、左上から右下へドラッグ

⑤吹き出しの中にカーソルが表示されていることを確認

⑥**「9月10日発売!」**と入力

⑦吹き出しの先端に表示される黄色の□(ハンドル)をドラッグ

⑥

①図形が選択されていることを確認

② Ctrl を押しながら、図形の枠線をドラッグ

③コピーした図形の中をクリック

④**「9月20日発売!」**に修正

⑦

①**《デザイン》**タブを選択

②**《ページの背景》**グループの (罫線と網掛け)をクリック

③**《ページ罫線》**タブを選択

④左側の**《種類》**の**《囲む》**をクリック

⑤**《絵柄》**の をクリックし、一覧から**《 》**を選択

⑥**《線の太さ》**を**「14pt」**に設定

⑦**《OK》**をクリック

⑧

①**《デザイン》**タブを選択

②**《ドキュメントの書式設定》**グループの (テーマ)をクリック

③**《オーガニック》**をクリック

第7章　練習問題

①文頭にカーソルを移動

※ Ctrl + Home を押すと、効率よく移動できます。

②**《表示》**タブを選択

③**《表示》**グループの**《ナビゲーションウィンドウ》**を ☑ にする

④ナビゲーションウィンドウの (さらに検索)をクリック

⑤**《置換》**をクリック

⑥**《置換》**タブを選択

⑦**《検索する文字列》**に**「Yes」**と入力

⑧**《置換後の文字列》**に**「はい」**と入力

⑨**《すべて置換》**をクリック

※15個の項目が置換されます。

⑩**《OK》**をクリック

⑪**《検索する文字列》**に**「No」**と入力

⑫**《置換後の文字列》**に**「いいえ」**と入力

⑬**《すべて置換》**をクリック

※15個の項目が置換されます。

⑭**《OK》**をクリック

⑮**《閉じる》**をクリック

※ナビゲーションウィンドウを閉じておきましょう。

②

①**《ファイル》**タブを選択

②**《エクスポート》**をクリック

③**《PDF/XPSドキュメントの作成》**をクリック

④**《PDF/XPSの作成》**をクリック

⑤PDFファイルを保存する場所を開く

※《ドキュメント》→「Word2013基礎 Windows10／8.1対応」→「第7章」を選択します。

⑥**《ファイル名》**に**「健康チェックシート(配布用)」**と入力

⑦**《ファイルの種類》**が**《PDF》**になっていることを確認

⑧**《発行後にファイルを開く》**を ☑ にする

⑨**《発行》**をクリック

Answer 総合問題解答

総合問題1

①

①《ページレイアウト》タブを選択
②《ページ設定》グループの[ページ設定]をクリック
③《用紙》タブを選択
④《用紙サイズ》が《A4》になっていることを確認
⑤《余白》タブを選択
⑥《印刷の向き》が《縦》になっていることを確認
⑦《文字数と行数》タブを選択
⑧《行数だけを指定する》を◉にする
⑨《行数》を「30」に設定
⑩《OK》をクリック

②

省略

③

①「平成25年3月20日」の行にカーソルを移動
②《ホーム》タブを選択
③《段落》グループの[右揃え](右揃え)をクリック
④「青山電子産業株式会社」と「販売推進部」の行を選択
⑤[F4]を押す
⑥「担当:黒川」の行にカーソルを移動
⑦[F4]を押す

④

①「カタログ送付のご案内」の行を選択
②《ホーム》タブを選択
③《フォント》グループの[MS 明朝 (本](フォント)の[▼]をクリックし、一覧から《MSゴシック》を選択
④《フォント》グループの[10.5](フォントサイズ)の[▼]をクリックし、一覧から《20》を選択
⑤《フォント》グループの[B](太字)をクリック
⑥《フォント》グループの[U](下線)の[▼]をクリック
⑦《══════》(二重下線)をクリック
⑧《段落》グループの[中央揃え](中央揃え)をクリック

⑤

①「下記のとおり」を選択
②《ホーム》タブを選択
③《クリップボード》グループの[切り取り](切り取り)をクリック
④「…新シリーズのカタログを」の後ろにカーソルを移動
⑤《クリップボード》グループの[貼り付け](貼り付け)をクリック

⑥

①「新シリーズの」を選択
②[Delete]を押す

⑦

①「…ご送付いたしますので、」の後ろにカーソルを移動
②「ご査収のほど」と入力

⑧

①「<送付内容>」から「コンパクトLX…」までの行を選択
②《ホーム》タブを選択
③《段落》グループの[インデントを増やす](インデントを増やす)を7回クリック

⑨

①「デジタルカメラ…」から「コンパクトLX…」までの行を選択
②《ホーム》タブを選択
③《段落》グループの[段落番号](段落番号)の[▼]をクリック
④《①②③》をクリック

⑩

①《ファイル》タブを選択
②《印刷》をクリック
③印刷イメージを確認
④《印刷》の《部数》が「1」になっていることを確認
⑤《プリンター》に出力するプリンターの名前が表示されていることを確認
⑥《印刷》をクリック

総合問題2

①

①**「FOMファニチャー株式会社」**の下の行にカーソルを移動
②**「代表取締役　青木　宗助」**と入力

②

①**「平成25年4月8日」**の行にカーソルを移動
②**《ホーム》**タブを選択
③**《段落》**グループの(右揃え)をクリック
④**「FOMファニチャー株式会社」**と**「代表取締役　青木　宗助」**の行を選択
⑤F4を押す

③

①**「東京ショールーム移転のごあいさつ」**の行を選択
②**《ホーム》**タブを選択
③**《フォント》**グループの10.5(フォントサイズ)のをクリックし、一覧から**《14》**を選択
④**《フォント》**グループのU(下線)をクリック
⑤**《段落》**グループの(中央揃え)をクリック

④

①**「営業開始日…」**の行を選択
②Ctrlを押しながら、**「新住所…」**から**「最寄り駅　:」**までの行を選択
③**《ホーム》**タブを選択
④**《段落》**グループの(インデントを増やす)を2回クリック

⑤

①**「営業開始日…」**の行を選択
②Ctrlを押しながら、**「新住所…」**から**「最寄り駅　:」**までの行を選択
③**《ホーム》**タブを選択
④**《段落》**グループの(箇条書き)のをクリック
⑤**《■》**をクリック

⑥

①**「※5月11日(土)までは…」**から**「※5月12日(日)は…」**までの行を選択
②**《ホーム》**タブを選択
③**《段落》**グループの(インデントを増やす)を10回クリック

⑦

①**「最寄り駅　:」**の下の行にカーソルを移動
②**《挿入》**タブを選択
③**《表》**グループの(表の追加)をクリック
④下に4マス分、右に4マス分の位置をクリック
⑤表に文字を入力

⑧

①表の2～4行4列目のセルを選択
②**《レイアウト》**タブを選択
③**《結合》**グループのセルの結合(セルの結合)をクリック

⑨

①表全体を選択
②任意の列の右側の罫線をダブルクリック
③□(表のサイズ変更ハンドル)を下方向にドラッグ

⑩

①表の1行目を選択
②**《レイアウト》**タブを選択
③**《配置》**グループの(中央揃え)をクリック
④表の2～4行目を選択
⑤**《配置》**グループの(両端揃え(中央))をクリック

⑪

①表の1行目を選択
②**《表ツール》**の**《デザイン》**タブを選択
③**《表のスタイル》**グループの塗りつぶし(塗りつぶし)の塗りつぶしをクリック
④**《テーマの色》**の**《白、背景1、黒+基本色25%》**(左から1番目、上から4番目)をクリック

⑫

①表の1行目を選択
②**《表ツール》**の**《デザイン》**タブを選択
③**《飾り枠》**グループの0.5 pt(ペンの太さ)のをクリック
④**《1.5pt》**をクリック
⑤**《飾り枠》**グループの罫線(罫線)の罫線をクリック
⑥**《下罫線》**をクリック

⑬

①表全体を選択
②**《ホーム》**タブを選択
③**《段落》**グループの(中央揃え)をクリック

総合問題3

①

①**《ページレイアウト》**タブを選択
②**《ページ設定》**グループの[ボタン]をクリック
③**《用紙》**タブを選択
④**《用紙サイズ》**が**《A4》**になっていることを確認
⑤**《余白》**タブを選択
⑥**《印刷の向き》**が**《縦》**になっていることを確認
⑦**《余白》**の**《上》**を**「30」**に設定
⑧**《文字数と行数》**タブを選択
⑨**《行数だけを指定する》**を◉にする
⑩**《行数》**を**「40」**に設定
⑪**《OK》**をクリック

②

①**「日　　時」**を選択
②Ctrlを押しながら、**「場　　所」「種　　目」「試合方法」「申込方法」「申込期限」**を選択
③**《ホーム》**タブを選択
④**《フォント》**グループの[I](斜体)をクリック
⑤**《フォント》**グループの[U](下線)をクリック

③

①**「日　　時…」**から**「申込方法…」**までの行を選択
②Ctrlを押しながら、**「申込期限…」**の行を選択
③**《ホーム》**タブを選択
④**《段落》**グループの[ボタン](段落番号)の[▼]をクリック
⑤**《1.2.3.》**をクリック

④

①**「※1チーム6名…」**から**「チームは同期や部署内で…」**までの行を選択
②**《ホーム》**タブを選択
③**《段落》**グループの[ボタン](インデントを増やす)を9回クリック

⑤

①**「担当:白川(内線:XXXX)」**の下の行を選択
②**《ホーム》**タブをクリック
③**《段落》**グループの[ボタン](罫線)の[▼]をクリック
④**《線種とページ罫線と網かけの設定》**をクリック
⑤**《罫線》**タブを選択
⑥**《設定対象》**が**《段落》**になっていることを確認
⑦左側の**《種類》**の**《指定》**をクリック
⑧中央の**《種類》**の**《-------------》**をクリック
⑨**《プレビュー》**の[ボタン]をクリック
⑩**《OK》**をクリック

⑥

①文末にカーソルを移動
※Ctrl+Endを押すと、効率よく移動できます。
②**《挿入》**タブを選択
③**《表》**グループの[ボタン](表の追加)をクリック
④下に7マス分、右に6マス分の位置をクリック
⑤表に文字を入力

⑦

①表の1列目の右側の罫線を左方向にドラッグ
②表の3列目の右側の罫線を左方向にドラッグ
③表の5列目の右側の罫線を右方向にドラッグ

⑧

①表内にカーソルを移動
②**《表ツール》**の**《デザイン》**タブを選択
③**《表のスタイル》**グループの[▼](その他)をクリック
④**《グリッドテーブル》**の**《グリッド(表)6カラフル-アクセント6》**(左から7番目、上から6番目)をクリック
⑤**《表スタイルのオプション》**グループの**《縞模様(行)》**を□にする

⑨

①表の1行目を選択
②**《表ツール》**の**《デザイン》**タブを選択
③**《表のスタイル》**グループの[塗りつぶし](塗りつぶし)の[塗りつぶし▼]をクリック
④**《テーマの色》**の**《緑、アクセント6、白+基本色80%》**(左から10番目、上から2番目)をクリック

⑩

①表の1行目を選択
②**《レイアウト》**タブを選択
③**《配置》**グループの[ボタン](上揃え(中央))をクリック
④表の1列目を選択
⑤F4を押す

練習
総合

総合問題4

①

①「**■受講者**」の下の行にカーソルを移動
②《**挿入**》タブを選択
③《**表**》グループの(表の追加)をクリック
④下に3マス分、右に4マス分の位置をクリック
⑤表に文字を入力

②

①「**■受講者**」の表の1行2～4列目のセルを選択
②《**レイアウト**》タブを選択
③《**結合**》グループの セルの結合 (セルの結合)をクリック

③

①「**■受講者**」の表の1列目の右側の罫線を左方向にドラッグ
②「**■受講者**」の表の3列目の右側の罫線を左方向にドラッグ

④

①「**■受講者**」の表の1列目を選択
②《**ホーム**》タブを選択
③《**段落**》グループの(均等割り付け)をクリック
④「**社員ID**」と「**メールアドレス**」のセルを選択
⑤ F4 を押す

⑤

①「**■受講者**」の表の1列目を選択
②《**表ツール**》の《**デザイン**》タブを選択
③《**表のスタイル**》グループの(塗りつぶし)の 塗りつぶし をクリック
④《**テーマの色**》の《**白、背景1、黒+基本色25%**》(左から1番目、上から4番目)をクリック
⑤「**社員ID**」と「**メールアドレス**」のセルを選択
⑥ F4 を押す

⑥

①「**■受講内容**」の表の1行2列目のセルにカーソルを移動
②《**レイアウト**》タブを選択
③《**結合**》グループの セルの分割 (セルの分割)をクリック
④《**列数**》を「**3**」に設定
⑤《**行数**》を「**1**」に設定
⑥《**OK**》をクリック
⑦1行3列目に「**主催元**」と入力

⑦

①「**■受講内容**」の表の「**主催元**」のセルの左側の罫線を右方向にドラッグ
②「**■受講内容**」の表の「**主催元**」のセルの右側の罫線を左方向にドラッグ
③「**■受講内容**」の表の「**主催元**」のセルにカーソルを移動
④《**表ツール**》の《**デザイン**》タブを選択
⑤《**表のスタイル**》グループの(塗りつぶし)をクリック
⑥《**ホーム**》タブを選択
⑦《**段落**》グループの(均等割り付け)をクリック

⑧

①「**受講費用**」と「**受講内容**」の行の間の罫線の左側をポイント
②⊕をクリック
③挿入した行の1列目に「**受講理由**」と入力

⑨

①「**■受講内容**」の表の「**受講費用**」の行を選択
② Back Space を押す

⑩

①「**■受講内容**」の表の「**受講内容**」の下の行の下側の罫線を下方向にドラッグ
②「**■受講内容**」の表の「**所感**」の下の行の下側の罫線を下方向にドラッグ

⑪

①「**<押印欄>**」の表の2列目を選択
② Back Space を押す

⑫

①「**<押印欄>**」の表全体を選択
②《**ホーム**》タブを選択
③《**段落**》グループの(右揃え)をクリック
④「**<押印欄>**」の行にカーソルを移動
⑤《**段落**》グループの(インデントを増やす)を22回クリック

⑬

①「**■受講者**」の表全体を選択
②《**表ツール**》の《**デザイン**》タブを選択

③《飾り枠》グループの 0.5 pt (ペンの太さ)の をクリック
④《2.25pt》をクリック
⑤《飾り枠》グループの (罫線)の をクリック
⑥《外枠》をクリック
⑦「■受講内容」の表全体を選択
⑧ F4 を押す

総合問題5

①

①《挿入》タブを選択
②《図》グループの (図形の作成)をクリック
③《基本図形》の (太陽)をクリック
④マウスポインターの形が ＋ に変わったら、左上から右下へドラッグ
⑤図形が選択されていることを確認
⑥《書式》タブを選択
⑦《図形のスタイル》グループの (その他)をクリック
⑧《グラデーション-オレンジ、アクセント2》(左から3番目、上から5番目)をクリック

②

①「あなたの家は大丈夫?～住まいの防犯対策～」を選択
②《ホーム》タブを選択
③《フォント》グループの 10.5 (フォントサイズ)の をクリックし、一覧から《12》を選択
④《フォント》グループの (文字の効果と体裁)をクリック
⑤《塗りつぶし(グラデーション)-青、アクセント1、反射》(左から2番目、上から2番目)をクリック

③

①「あなたの家は大丈夫?～住まいの防犯対策～」を選択
②《ホーム》タブを選択
③《クリップボード》グループの (書式のコピー/貼り付け)をダブルクリック
④「市民防犯講演会を開催します!」をドラッグ
⑤「防犯活動リーダー養成講座 受講者募集!」をドラッグ
⑥「街頭防犯カメラの設置について」をドラッグ
⑦ Esc を押す

④

①「1件目は…」の行にカーソルを移動
②《挿入》タブを選択
③《テキスト》グループの (ドロップキャップの追加)をクリック
④《ドロップキャップのオプション》をクリック
⑤《位置》の《本文内に表示》をクリック
⑥《ドロップする行数》を「2」に設定
⑦《OK》をクリック
⑧「2件目は…」の行にカーソルを移動
⑨ F4 を押す
⑩「3件目は…」の行にカーソルを移動
⑪ F4 を押す

⑤

①1ページ目の「日時」から「電話)04X-334-XXXX…」までの行を選択
②《ホーム》タブを選択
③《段落》グループの (行と段落の間隔)をクリック
④《1.15》をクリック
⑤2ページ目の「会場」から「または、みなと駅前支所総務課防犯担当」までの行を選択
⑥ F4 を押す

⑥

①「防犯活動リーダー養成講座 受講者募集!」の行の先頭にカーソルを移動
② Ctrl ＋ Enter を押す

⑦

①「8月27日(火)は、みなと市文化会館　小ホールになります。」の前にカーソルを移動
②《ホーム》タブを選択
③《フォント》グループの (囲い文字)をクリック
④《スタイル》の《外枠のサイズを合わせる》をクリック
⑤《文字》の一覧から《注》を選択
⑥《囲い文字》の一覧から《○》を選択
⑦《OK》をクリック

⑧

①「①電話・FAXでのお申し込み…」から「または、みなと駅前支所総務課防犯担当」までの行を選択
②《表示》タブを選択
③《表示》グループの《ルーラー》を ✔ にする

④タブの種類が[L](左揃えタブ)になっていることを確認
※[L](左揃えタブ)になっていない場合は、何回かクリックして変更します。

⑤水平ルーラーの約20字の位置をクリック
⑥**「①電話・FAXでのお申し込み」**の後ろにカーソルを移動
⑦[Tab]を押す
⑧**「②窓口でのお申し込み」**の後ろにカーソルを移動
⑨[Tab]を押す
⑩**「または、みなと駅前支所総務課防犯担当」**の行の先頭にカーソルを移動
⑪[Tab]を押す
※ルーラーを非表示にしておきましょう。

⑨

①文頭にカーソルを移動
※[Ctrl]+[Home]を押すと、効率よく移動できます。
②**《表示》**タブを選択
③**《表示》**グループの**《ナビゲーションウィンドウ》**を☑にする
④**《ナビゲーションウィンドウ》**の[🔍](さらに検索)をクリック
⑤**《置換》**をクリック
⑥**《置換》**タブを選択
⑦**《検索する文字列》**に**「27日(火)」**と入力
⑧**《置換後の文字列》**に**「26日(月)」**と入力
⑨**《すべて置換》**をクリック
※3個の項目が置換されます。
⑩**《OK》**をクリック
⑪**《閉じる》**をクリック
※ナビゲーションウィンドウを閉じておきましょう。

⑩

①**《挿入》**タブを選択
②**《ヘッダーとフッター》**グループの[ページ番号▾](ページ番号の追加)をクリック
③**《ページの下部》**をポイント
④**《X/Yページ》**の**《太字の番号2》**をクリック
⑤**《ヘッダー/フッターツール》**の**《デザイン》**タブを選択
⑥**《位置》**グループの[17.5 mm](下からのフッター位置)を**「5mm」**に設定
⑦**《閉じる》**グループの[ヘッダーとフッターを閉じる](ヘッダーとフッターを閉じる)をクリック

総合問題6

①

①**《挿入》**タブを選択
②**《テキスト》**グループの[A▾](ワードアートの挿入)をクリック
③**《塗りつぶし-青、アクセント1、影》**(左から2番目、上から1番目)をクリック
④**「Piano & Lunch」**と入力
※編集記号を表示している場合は、ワードアートの半角空白は「・」のように表示されます。「・」は印刷されません。

②

①ワードアートを選択
②**《書式》**タブを選択
③**《ワードアートのスタイル》**グループの[A▾](文字の効果)をクリック
④**《変形》**をポイント
⑤**《形状》**の**《下凹レンズ》**(左から4番目、上から6番目)をクリック

③

①ワードアートを選択
②[ ](レイアウトオプション)をクリック
③**《文字列の折り返し》**の[ ](背面)をクリック
④**《レイアウトオプション》**の[×](閉じる)をクリック
⑤ワードアートの枠線を移動先までドラッグ
⑥ワードアートの□(ハンドル)をドラッグ

④

①**「期間」**を選択
②[Ctrl]を押しながら、**「時間」「コース・料金」「演奏者」**を選択
③**《ホーム》**タブを選択
④**《段落》**グループの[ ](均等割り付け)をクリック
⑤**《新しい文字列の幅》**を**《5字》**に設定
⑥**《OK》**をクリック

⑤

①**「期間…」**から**「演奏者…」**までの行を選択
②**《表示》**タブを選択
③**《表示》**グループの**《ルーラー》**を☑にする
④タブの種類が[L](左揃えタブ)になっていることを確認
※[L](左揃えタブ)になっていない場合は、何回かクリックして変更します。

⑤水平ルーラーの約10字の位置をクリック
⑥**「期間」**の後ろにカーソルを移動
⑦ Tab を押す
⑧**「時間」**の後ろにカーソルを移動
⑨ Tab を押す
⑩**「コース・料金」**の後ろにカーソルを移動
⑪ Tab を押す
⑫**「コンチェルト…」**の行の先頭にカーソルを移動
⑬ Tab を押す
⑭**「(サービス料…」**の行の先頭にカーソルを移動
⑮ Tab を押す
⑯**「演奏者」**の後ろにカーソルを移動
⑰ Tab を押す
※ルーラーを非表示にしておきましょう。

⑥

①**《挿入》**タブを選択
②**《図》**グループの (画像ファイル)をクリック
③画像が保存されている場所を開く
※《ドキュメント》→「Word2013基礎 Windows10/8.1対応」→「総合問題」を選択します。
④一覧から**「ピアノ」**を選択
⑤**《挿入》**をクリック

⑦

①画像を選択
② (レイアウトオプション)をクリック
③**《文字列の折り返し》**の (背面)をクリック
④**《レイアウトオプション》**の (閉じる)をクリック
⑤画像を移動先までドラッグ
⑥画像の□(ハンドル)をドラッグ

⑧

①**「♪アンサンブル」**から**「…全7品」**までの行を選択
②**《ページレイアウト》**タブを選択
③**《ページ設定》**グループの 段組み (段の追加または削除)をクリック
④**《2段》**をクリック

⑨

①**「♪アンサンブル」**を選択
②**《ホーム》**タブを選択
③**《フォント》**グループの (文字の効果と体裁)をクリック
④**《塗りつぶし(グラデーション)-青、アクセント1、反射》**(左から2番目、上から2番目)をクリック
⑤**「♪コンチェルト」**を選択
⑥ F4 を押す
⑦**「レストラン・SEAGULL」**から**「電　　話:078-333-XXXX」**までの行を選択
⑧ F4 を押す

⑩

①**「SEAGULL」**を選択
②**《ホーム》**タブを選択
③**《フォント》**グループの (ルビ)をクリック
④**《ルビ》**に**「シーガル」**と入力
⑤**《OK》**をクリック

⑪

①**《デザイン》**タブを選択
②**《ページの背景》**グループの (罫線と網掛け)をクリック
③**《ページ罫線》**タブを選択
④左側の**《種類》**の**《囲む》**をクリック
⑤**《絵柄》**の をクリックし、一覧から**《■ ■ ■ ■ ■》**を選択
⑥**《色》**の をクリック
⑦**《テーマの色》**の**《青、アクセント1》**(左から5番目、上から1番目)をクリック
⑧**《線の太さ》**を**「12pt」**に設定
⑨**《OK》**をクリック

⑫

①**《デザイン》**タブを選択
②**《ドキュメントの書式設定》**グループの (テーマ)をクリック
③**《オーガニック》**をクリック
④**《ドキュメントの書式設定》**グループの (テーマの色)をクリック
⑤**《赤味がかかったオレンジ》**をクリック

総合問題7

①**《デザイン》**タブを選択
②**《ドキュメントの書式設定》**グループの (テーマ)をクリック
③**《レトロスペクト》**をクリック

②

①1行目の「**Roseクッキングスクール**」の行を選択
②《**ホーム**》タブを選択
③《**フォント**》グループの 10.5 (フォントサイズ)の をクリックし、一覧から《**36**》を選択
④《**フォント**》グループの (文字の効果と体裁)をクリック
⑤《**塗りつぶし-白、輪郭-アクセント1、影**》(左から4番目、上から1番目)をクリック
⑥「**"少人数で・ゆっくり・わかりやすく"…**」の行を選択
⑦《**フォント**》グループの 10.5 (フォントサイズ)の をクリックし、一覧から《**12**》を選択
⑧《**フォント**》グループの (文字の効果と体裁)をクリック
⑨《**塗りつぶし-白、輪郭-アクセント1、影**》(左から4番目、上から1番目)をクリック
⑩「**■基礎クラス■**」の行を選択
⑪《**フォント**》グループの 10.5 (フォントサイズ)の をクリックし、一覧から《**16**》を選択
⑫《**フォント**》グループの (文字の効果と体裁)をクリック
⑬《**塗りつぶし-黒、文字1、輪郭-背景1、影(ぼかしなし)-アクセント1**》(左から2番目、上から3番目)をクリック
⑭「**※四季クラス・デザートクラス…**」の段落を選択
⑮《**フォント**》グループの 10.5 (フォントサイズ)の をクリックし、一覧から《**8**》を選択
⑯下から2行目の「**Roseクッキングスクール**」を選択
⑰《**フォント**》グループの 10.5 (フォントサイズ)の をクリックし、一覧から《**18**》を選択
⑱《**フォント**》グループの (文字の効果と体裁)をクリック
⑲《**塗りつぶし-オレンジ、アクセント2、輪郭-アクセント2**》(左から3番目、上から1番目)をクリック
⑳「**札幌市中央区北一条西X-X　緑ビル2F**」から「**TEL&FAX　011-210-XXXX**」までを選択
㉑《**フォント**》グループの 10.5 (フォントサイズ)の をクリックし、一覧から《**12**》を選択

③

①「**■基礎クラス■**」を選択
②《**ホーム**》タブを選択
③《**クリップボード**》グループの (書式のコピー/貼り付け)をダブルクリック
④「**■専科クラス■**」をドラッグ
⑤「**■四季クラス■**」をドラッグ
⑥「**■デザートクラス■**」をドラッグ
⑦「**■英語でクッキング■**」をドラッグ
⑧「**◆今月のレッスンスケジュール…**」をドラッグ
⑨ Esc を押す

④

①「**■基礎クラス■**」から「**…英会話がレッスンできるコースです。**」までの行を選択
②《**ページレイアウト**》タブを選択
③《**ページ設定**》グループの 段組み (段の追加または削除)をクリック
④《**2段**》をクリック
⑤「**■デザートクラス■**」の行の先頭にカーソルを移動
⑥《**ページ設定**》グループの 区切り (ページ/セクション区切りの挿入)をクリック
⑦《**ページ区切り**》の《**段区切り**》をクリック

⑤

①表内にカーソルを移動
②《**表ツール**》の《**デザイン**》タブを選択
③《**表のスタイル**》グループの (その他)をクリック
④《**グリッドテーブル**》の《**グリッド(表)5濃色-アクセント6**》(左から7番目、上から5番目)をクリック

⑥

①表の左上のセルにカーソルを移動
②《**表ツール**》の《**デザイン**》タブを選択
③《**飾り枠**》グループの ペンの色 (ペンの色)をクリック
④《**テーマの色**》の《**白、背景1**》(左から1番目、上から1番目)をクリック
⑤《**飾り枠**》グループの 罫線 (罫線)の 罫線 をクリック
⑥《**斜め罫線(右下がり)**》をクリック
⑦空欄のセルにカーソルを移動
⑧ F4 を押す
⑨同様に、空欄のセルに右下がりの斜め罫線を引く

⑦

①表全体を選択
②《**レイアウト**》タブを選択
③《**配置**》グループの (中央揃え)をクリック

⑧

①表全体を選択
②《**ホーム**》タブを選択
③《**段落**》グループの (中央揃え)をクリック

⑨

①《**挿入**》タブを選択

②《**図**》グループの (画像ファイル)をクリック

③画像が保存されている場所を開く

※《ドキュメント》→「Word2013基礎 Windows10/8.1対応」→「総合問題」を選択します。

④一覧から「**バラ**」を選択

⑤《**挿入**》をクリック

⑩

①画像を選択

② (レイアウトオプション)をクリック

③《**文字列の折り返し**》の (背面)をクリック

④《**レイアウトオプション**》の (閉じる)をクリック

⑤《**書式**》タブを選択

⑥《**図のスタイル**》グループの (その他)をクリック

⑦《**四角形、右下方向の影付き**》(左から4番目、上から1番目)をクリック

⑪

①画像を移動先までドラッグ

※文書の外側に画像がはみ出さないように移動します。

②画像の□(ハンドル)をドラッグ

総合問題8

①

①《**デザイン**》タブを選択

②《**ドキュメントの書式設定**》グループの (テーマ)をクリック

③《**ファセット**》をクリック

④《**ドキュメントの書式設定**》グループの (テーマのフォント)をクリック

⑤《**TrebuchetMs**》をクリック

②

①「**■母の日特別ギフト　お申し込み用紙■**」の行の先頭にカーソルを移動

② Ctrl + Enter を押す

③

①《**挿入**》タブを選択

②《**図**》グループの (図形の作成)をクリック

③《**四角形**》の (正方形/長方形)をクリック

④マウスポインターの形が＋に変わったら、左上から右下へドラッグ

⑤図形が選択されていることを確認

⑥《**書式**》タブを選択

⑦《**図形のスタイル**》グループの (その他)をクリック

⑧《**パステル-ゴールド、アクセント3**》(左から4番目、上から4番目)をクリック

⑨《**配置**》グループの (文字列の折り返し)をクリック

⑩《**背面**》をクリック

④

①《**挿入**》タブを選択

②《**図**》グループの (画像ファイル)をクリック

③画像が保存されている場所を開く

※《ドキュメント》→「Word2013基礎 Windows10/8.1対応」→「総合問題」を選択します。

④一覧から「**カーネーション**」を選択

⑤《**挿入**》をクリック

⑥画像が選択されていることを確認

⑦ (レイアウトオプション)をクリック

⑧《**文字列の折り返し**》の (四角)をクリック

⑨《**レイアウトオプション**》の (閉じる)をクリック

⑩《**書式**》タブを選択

⑪《**図のスタイル**》グループの (その他)をクリック

⑫《**四角形、面取り**》(左から1番目、上から5番目)をクリック

⑬同様に「**寄せ植え**」を挿入し、文字列の折り返しと図のスタイルを設定

⑤

①画像を移動先までドラッグ

②画像の□(ハンドル)をドラッグ

⑥

①「**お届け先①**」の表全体を選択

②《**ホーム**》タブを選択

③《**クリップボード**》グループの (コピー)をクリック

④「**お届け先①**」の表の2行下にカーソルを移動

⑤《**クリップボード**》グループの (貼り付け)をクリック

⑥貼り付けた表の2行下にカーソルを移動

⑦《**クリップボード**》グループの (貼り付け)をクリック

⑧貼り付けた表の1列目を「**お届け先②**」「**お届け先③**」に変更

⑦

①**「お届け先③」**の表の2行下にカーソルを移動
②**《挿入》**タブを選択
③**《表》**グループの（表の追加）をクリック
④下に3マス分、右に4マス分の位置をクリック
⑤表に文字を入力

⑧

①**「ご依頼主」**の表の1列目を選択
②**《レイアウト》**タブを選択
③**《結合》**グループの セルの結合（セルの結合）をクリック
④**「ご依頼主」**の表の2列目を選択
⑤F4を押す

⑨

①**「ご依頼主」**の表の1列目の右側の罫線を左方向にドラッグ
②**「ご依頼主」**の表の3列目の右側の罫線を左方向にドラッグ
③**「ご依頼主」**の表内をポイント
④□（表のサイズ変更ハンドル）を下方向にドラッグ
⑤**「ご依頼主」**の表全体を選択
⑥**《レイアウト》**タブを選択
⑦**《セルのサイズ》**グループの（高さを揃える）をクリック

⑩

①**「ご依頼主」**の表の1列目を選択
②**《表ツール》**の**《デザイン》**タブを選択
③**《表のスタイル》**グループの（塗りつぶし）の 塗りつぶし をクリック
④**《テーマの色》**の**《オレンジ、アクセント4、白+基本色60%》**（左から8番目、上から3番目）をクリック
⑤**「ご依頼主」**の表の3列目を選択
⑥F4を押す

⑪

①**「ご依頼主」**の表の2列目を選択
②**《レイアウト》**タブを選択
③**《配置》**グループの（下揃え（右））をクリック
④**「ご依頼主」**の表の3列目を選択
⑤**《配置》**グループの（中央揃え）をクリック

⑫

①**「<Florist FOM使用欄>」**の表内をポイント
②□（表のサイズ変更ハンドル）を左方向にドラッグ
③**「<Florist FOM使用欄>」**の表全体を選択
④**《ホーム》**タブを選択
⑤**《段落》**グループの（右揃え）をクリック

⑬

①**《ファイル》**タブを選択
②**《エクスポート》**をクリック
③**《PDF/XPSドキュメントの作成》**をクリック
④**《PDF/XPSの作成》**をクリック
⑤PDFファイルを保存する場所を開く
※《ドキュメント》→「Word2013基礎 Windows10／8.1対応」→「総合問題」を選択します。
⑥**《ファイル名》**に**「特別ギフトのご案内（配布用）」**と入力
⑦**《ファイルの種類》**が**《PDF》**になっていることを確認
⑧**《発行後にファイルを開く》**を☑にする
⑨**《発行》**をクリック